中国石油和化学工业行业规划教材

"十二五"职业教育国家规划教材
经全国职业教育教材审定委员会审定

有机化学基础
第二版

张文雯　张良军　杨怡　主编
袁红兰　主审

化学工业出版社
·北京·

内容简介

　　《有机化学基础》是"十二五"职业教育国家规划教材。按照化工及相关专业对有机化学基本理论和实践知识的要求，在第一版教材使用基础上进行了修订。教材包括有机物研究方法及认识有机物、烃的变化及应用、烃含卤衍生物的变化及应用、烃含氧衍生物的变化及应用、烃含氮衍生物的变化及应用、有机化合物的异构现象、生命活动的物质基础等七个模块。

　　每个模块以任务驱动的形式设置了1~4个任务。教材以任务引领，通过任务分析、工作过程、行动知识、理论知识四个部分展开。任务分析叙述了完成任务的工作要求；工作过程描述了完成任务的基本步骤；行动知识涵盖了有机化学基本实验技术；理论知识集中了有机化学的基本理论。教材在每个模块的第一部分给出学习指南以及本模块的知识目标、技能目标和素质目标，明确学习的方法及途径，指导教学。

　　本书具有实用性、综合性、典型性和先进性，既可作为高职高专院校化工、生物、制药等专业有机化学教学的学习教材，也可作为从事此类专业工作人员的参考用书。

图书在版编目（CIP）数据

　　有机化学基础/张文雯，张良军，杨怡主编.—2版.—北京：
化学工业出版社，2020.9（2024.2重印）

　　"十二五"职业教育国家规划教材

　　ISBN 978-7-122-37329-8

　　Ⅰ.①有… Ⅱ.①张…②张…③杨… Ⅲ.①有机化
学-高等职业教育-教材 Ⅳ.①O62

　　中国版本图书馆CIP数据核字（2020）第116161号

责任编辑：旷英姿　林　媛　刘心怡　　　　　装帧设计：李子姮
责任校对：王素芹

出版发行：化学工业出版社（北京市东城区青年湖南街13号　邮政编码100011）
印　　装：大厂聚鑫印刷有限责任公司
787mm×1092mm　1/16　印张16　字数392千字　2024年2月北京第2版第5次印刷

购书咨询：010-64518888　　　　　　　　　售后服务：010-64518899
网　　址：http://www.cip.com.cn
凡购买本书，如有缺损质量问题，本社销售中心负责调换。

定　　价：45.00元　　　　　　　　　　　　　　　　版权所有　违者必究

序

改革，伴随我国高等职业教育的发展，始终没有停止过前行的步伐。教育部对高等职业教育不同的发展阶段提出了相应的改革要求，高等职业院校在经历了各自建校和规模发展后，也都将自身发展的重点转移到质量和内涵的提升上来。

内涵要发展，质量要提高，专业建设无疑是核心。许多学校都确立了以培养高端技能型专门人才为己任的宗旨，紧扣高职教育改革发展的脉搏，按照教育部提出的高职专业建设要实现专业与产业对接、课程内容与职业标准对接、教学过程与生产过程对接、学历证书与职业资格证书对接、职业教育与终身学习对接的目标，大力推进专业建设改革，极力满足经济社会发展对专业人才的需求。

专业的建设总是要落实到课程教学上来，专业建设的成效必然要由课程教学来支撑。回顾我国高职课程改革，主要经历了基于实践本位→基于能力本位→基于工作过程本位的三次改革浪潮，分别体现了三个改革阶段的明显特征，即从理论课程必需、够用，加强实践教学的重职业技能训练→课程强调能力本位、任务训练、学生主体的重职业适应能力的培养→课程开发以工作过程六要素选取教学内容，以工作过程为参照序化教学内容的重职业整体行动能力培养的课程结构质变形态。当专业课程改革推进到打破学科体系，以工作过程系统化进行解构和重构之际，迫切呼唤公共课和专业基础课程冲破传统体系的樊笼。但囿于专业课程体系的架构基础尚不完善，教育工作者对改革深层次的认识及实践经验跟不上当前阶段课程改革的要求，导致课程改革在地区间、专业间、课程间不同步、不合拍的现状。

正是源于来自高职教育自身发展的内在动力和专业建设对课程改革的必然需求，全国化工高职基础化学教指委在主任袁红兰教授的组织下，从深入调研着手，广泛、全面地掌握全国化工高职基础化学教学的现状，紧密跟踪化工技术大类专业课程改革的进展，系统地把握各专业改革对基础化学教学的总体要求和期望，从而确立了基础化学改革的目标和定位。方针既定，基础化学教学指导委员会数次召开全体委员会议，邀请有关专家讲学指导，组织专题研讨，进一步提高和统一对教学改革的认识，将基础化学的改革彻底化于专业改革之中，强调了基础化学为专业课程服务的基础功能，确保基础化学改革的方向性。

经过学习和研讨，教学指导委员会提出彻底打破基础化学传统学科体系，以工作过程为导向，以任务、案例、项目等为载体，将课程教学内容与职业标准要求结合起来，将教学过程与工作过程结合起来，形成理论与实践相结合、知识传授与能力训练相结合，做中学，将基础化学教学深度融合到专业教学中去的改革思路，改造原有四大化学课程，重构整合成《化学基础》《有机化学基础》《物质分析基础》三大课程，明晰三大课程的边界，从而开启了基础化学改革的大闸。

教学指导委员会决定首先从制定课程标准开始，对制定课程标准的指导思想、基本原则、框架体系作了统一的要求。三门课程标准经过多次修改和审议，由教学指导委员会在全体委员会议上正式公布，奠定了基础化学改革的坚实基础。围绕标准，教学指导委员会部署了新一轮教材编写工作，制定教材编写方案，广泛动员，征集主、参编人员，并在化学工业出版社的大力支持下，顺利完成了教材招标。历经艰难，在全国化工基础化学教学工作者的共同努力下，新的一套基础化学教材终于要与广大读者见面了。

这套教材是在高职教育教学改革逐渐迈向深水区的历史时期编辑出版的，我们力求其能与化工类专业教学改革相伴而行，能将基础化学改革意图贯彻其中，并能在坚持改革的基础上体现以下几大特征。

一是实践性。作为一门经典学科，化学的知识体系比较成熟。但是面向高等职业院校的教学，要体现教学的职业性、工作性、实践性。我们在教材中突出了任务驱动、项目导向，依照学生一般认知规律，由实践上升到理论，由个别推绎到一般，引导学生做中学，在实践中实现知识、能力和素质目标。

二是开放性。基础化学是化工技术大类专业重要的基础平台课程，在课程架构上，我们充分尊重各专业教学指导委员会意见，十分注重与相关专业其他核心课程的逻辑联系，坚持本课程乃专业课程体系中不可或缺部分的大局观念，为不同专业的教学预留了个性化的接口，促进了本课程在专业课程体系中的融合，同时也为本课程自身进一步的改革与发展留下了广阔的空间。

三是系统性。在满足专业教学改革要求、秉承高职教学知识适度够用原则的前提下，我们仍然没有放弃本课程的系统性。编写中坚持教育部提出的"把促进人的全面发展和适应社会需要作为衡量人才培养水平的根本标准"的要求，从培养学生可持续发展的目标出发，将本课程涉及的知识、能力要素进行有机统筹排布，为构建学生终身学习体系进行了铺垫。

四是创新性。通过前期的学习、交流，广大编写人员切实转变了职业教育观念，掌握了现代职业教育理念和先进的教学方法，在选编内容上实现了与专业课程内容的对接、与相关职业标准的对接，在选编形式上为施教者采取先进的教学方法、促进教学过程与生产过程的对接提供了较好的范例和引导。

五是服务性。本教材突出服务的理念，主要体现在三个方面：(1) 为专业服务，只有将本课程置于专业课程体系中，为专业人才的培养提供基础的支撑，才能真正体现本课程的价值；(2) 为学生服务，课程学习的主体是学生，我们在本课程中贯穿了人本思想，以有利于学生学习掌握技能为出发点，突出知识性、实践性和趣味性的统一；(3) 为教师服务，教师是教学过程的引导者，由于各院校教学改革的基础不一，为了追求一致的教学效果，达到课程标准设置的基本要求，我们在教材内容的选编上尽可能提供更多的教学项目或任务，供广大教师选用。

本轮教材从筹划到出版历时三年多，整体设计期间得到了各专业教学指导委员会专家的启发与指导，编写过程中得到过许多行业、企业一线专家的指点和帮助，今天能顺利编辑出版，更是凝聚了广大基础化学教学工作者的创新智慧和实践经验，在此一并表示衷心的感谢！

由于基础化学改革尚处于开创阶段，要满足我国化工行业高端技能型人才培养的战略需要，我们还有很长的路要走。真诚地希望大家一如既往地关心、支持基础化学的改革，对我们在改革中存在的问题提出更多的批评和帮助。

改革创新，是高等职业教育永恒的主题，我们愿携手投身于化工职业教育的工作者们，共同将改革创新的旋律奏响、将化工行业的未来点亮！

全国化工高等职业教育

基础化学教学指导委员会

2012 年 5 月

前言

《有机化学基础》第一版于2014年出版。教材从有机化学的岗位应用入手，以任务为主线架构有机物模块框架，秉持"做中学，学中做"的理念，将知识体现于具体实践中，符合了基于工作过程的行动导向教学要求，使学习者以更直观的方式学习有机化学。同时，教材落实立德树人根本任务，使之成为引领学生形成正确的世界观、人生观和价值观的重要载体。几年来，在全国相关院校化工类专业使用后，作为专业基础课教材的这种改革形式得到了认可，先后被评为职业教育国家规划教材、江苏省高等学校重点教材。

随着高职教育改革的不断推进，为充分发挥教材的育人功能，适应"三教"改革及数字化教学的需要，结合化工类专业对有机化学的新要求，教材在此次再版中进行了以下修订。

1. 提炼了阅读小栏目。教材充分发掘与知识内容息息相关的科学故事、安全环保知识、新材料、新技术等内容，以"小故事"、"小知识"、"安全提示"、"知识应用"、"新技术"、"操作提示"等小栏目的形式穿插于模块任务中，以培养学生严谨细致的工作作风、安全环保的社会责任和求真创新的科学精神。

2. 新增了信息化资源。每个模块中以二维码的形式插入了大量的有机物结构动画、有机物特征反应动画、有机反应机理动画以及微课、PPT等信息化资源，使有机化学中抽象的理论形象化，微观的结构可视化，污染的反应直观化。学习者通过扫描二维码即可观看。

3. 丰富了理论知识。本着专业基础课程为专业服务的宗旨，考虑到对专业基础课理论知识要求的广泛性，本次修订丰富了任务模块中的理论知识，为学习者在行动导向教学过程中自主寻找任务所需理论提供了更广泛的思考空间，也为传统教学过程中系统化的学习提供了方便。

4. 补充了习题量。在每个理论知识点后，增加了"思考与练习"，便于学生及时巩固理论知识。在习题设置上除注重层次与联系外，更注重了对理论知识的应用。

本教材是以化工类专业有机化学课程标准为依据编写的。适用于高职高专化工、制药等专业的有机化学课程教学，也可作为专科层次化工类专业的培训、社会招生与同等学力的教材和参考书。

本书由张文雯、张良军、杨怡主编，教材修订工作及教材中的配套数字资源建设工作主要由常州工程职业技术学院张文雯、杨怡、陈绘如完成。其中，张文雯修订模块二，杨怡修订模块一、模块三、模块六和模块七，陈绘如修订模块四和模块五，全书由张文雯统稿。教材在修订及资源建设过程中得到了化学工业出版社、全国化工高职基础化学教学指导委员会的大力支持，同时也参考了一些期刊和书籍，在此一并表示感谢！

由于编者水平有限，书中难免有疏漏和不当之处，恳请同行和读者批评指正。

编者

2020年3月

第一版前言

随着高职教学改革的不断深入，以工作过程为依据的行动导向教学因其在提高学生综合素质方面的明显成效而成为当前教学改革的大方向。国内高职院校的许多专业课程已有了较成熟的与行动导向教学相配套的教材，《有机化学基础》作为化工及相关专业的专业基础课，教材改革已势在必行。本教材编写团队结合多年的教改经验，以全国化工高等职业教育基础化学教学指导委员会最新制定的《有机化学基础课程标准》为依据，本着专业基础课程为专业服务的宗旨，以有机化学知识在化工、生物、医药等领域的应用为出发点编写了此教材，本教材具有如下特点。

1. 以学做一体的高职教育理念设计教材

本教材坚持"做中学、学中做"的理念，彻底打破了以往有机化学教材的学科理论体系。教材从有机化学的应用入手，以任务为主线架构有机物模块框架，全书分七大模块，每个模块下设1～4个工作任务，每个任务按"任务分析—工作过程—行动知识—理论知识"进行展开，引导学生如何着手完成工作任务，并通过行动知识与理论知识，将有机化学理论及实践知识融入各模块的任务中，为学生解决工作中的问题提供支撑，在知识目标培养的同时，进行技能目标、素质目标的培养。

2. 以任务驱动的形势构建教材体系

教材以任务为主线，通过"任务分析""工作过程""行动知识""理论知识"四个部分展开。"任务分析"使学生知道"做什么""如何做"以及这一任务的工作要求；"工作过程"是对任务所需完成的事情进行概要性描述，帮助学生架构一个完整的完成任务的框架；完成任务所涉及的工具、手段、方法、操作、程序等归入"行动知识"，并将此内容与职业标准及岗位要求对接；任务完成的核心是通过对完成任务的各项原理的描述，学习"理论知识"，以此增强学生分析问题、解决问题的能力，能将任务完成得更好。

3. 以培养学习能力为出发点组织教材内容

教材在每一模块的第一部分给出"学习指南"，明确学习的方法及途径，在"学习指南"后，详细描述了本模块的"知识目标"、"技能目标"和"素质目标"，虽然少数"知识目标"中的内容未在教材中直接出现，但在每一模块后给出了完成任务所需的参考资料、网站等"相关链接"，力求使学习者掌握学习方法，并为将来的可持续发展提供帮助，同时，通过"供选实例""自测题"两部分内容对学生的学习进行评价，以完成有机化学的系统学习过程。为方便教学，本书配套有相关电子资源。

本教材由张文雯（常州工业职业技术学院）、张良军（广西工业职业技术学院）主编，张文雯编写模块二、模块五；张良军与尹丽（广西工业职业技术学院）合作编写模块四；杨怡（常州工程职业技术学院）编写模块一、模块三和模块七；石生益（甘肃工业职业技术学院）编写模块六，张良军编写各模块的"拓展知识"部分。全书由张文雯统稿，贵州工业职业技术学院袁红兰教授主审。

本教材在编写过程中得到了化学工业出版社、全国化工高等职业教育基础化学教学指导委员会的大力支持，并得到常州工程职业技术学院丁敬敏教授的指导，同时教材也参考了大量的专著、期刊和书籍（列于文后参考文献），在此一并表示感谢！

由于编者水平有限，书中或有疏漏和不当之处，恳请专家和读者批评指正。

编者

2013 年 9 月

目录

模块一
有机物研究方法及认识有机化合物

📖 学习指南

有机物的发展经历了漫长的过程，当有机物作为纯物质刚问世时，人类将从生物体中提纯的物质称作有机物。这种物质提纯的方法，开启了有机物的研究历史。随着人类社会的发展，有机物对人类的影响也越来越突出，人们需要知道这类物质中有什么不同的种类？其结构怎样？有些什么性质和用途？通过什么方法能够得到？为了寻找一个又一个诸如此类问题的答案，人们对有机物的研究从来就没有停止过，渐渐形成了研究有机物的相关理论及应用的一门学科——有机化学。

本模块通过"建立有机物的研究方法""解析有机物的组成结构"两个任务，让学习者在完成任务的过程中，初步认识有机物研究的一般方法，明确有机物的基本分类，了解分析有机物组成结构的波谱技术。同时引领学习者在任务的学习过程中，能将"学"与"做"有机结合，将知识与应用有机结合，将课堂学习与课后学习有机结合，学会有机化学的学习方法，为后续模块的学习奠定基础。

👥 目标导学

知识目标

知道有机物的研究方法；

认识有机物的特性；

知道有机物的组成、结构、分类；

认知有机物常见官能团；

体会有机物的物理性质的影响及其与结构的一般关系。

技能目标

能简单描述有机物的常用研究方法；

能检索课程所需基本资料；

能根据已知的实验数据计算出待定有机物的分子式；

能指出所给有机物的类别；

能正确命名常见有机物；

认识有机实验常用仪器及装置；

能对有机物进行正确的加热处理。

素质目标

初步形成崇尚科学、探究科学的思想意识；

初步形成一丝不苟、认真仔细的工作态度；

理解职业精神和职业规范。

任务1 建立有机物的研究方法

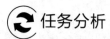

任务分析

有机物是有机化合物的简称，即碳氢化合物及其衍生物。到目前为止，已被认知的有机物主要有烃、烃的含卤衍生物、烃的含氧衍生物、烃的含氮衍生物、杂环化合物以及糖类、氨基酸、油脂、蛋白质等若干大类。这些物质中有的是基本有机化工产品，有的是有机化工产品的基础原料，有的是生命活动的物质基础，它们已渗透到人们的日常生活及国民经济的各行各业，吸引着人们研究的目光。

有机物的研究，一般是借助各种化学试剂、仪器及设备，通过分析检测实验，认识有机化合物的性质、结构。一般在分析检测前首先需要进行物质的分离纯化，因为不论被研究物来源于天然产物，还是人工合成，最初通常为混合物，需分离纯化得纯净物后才能真正对被研究物开展有效研究。分离纯化的方法很多，依据混合物性质的差别，可以采用蒸馏法、萃取法、重结晶法等方法。分析检测是采用特定的化学方法，或借助现代分析检测仪器的研究方法，如采用元素定量分析法，确定有机物的实验式；通过测定分子量确定有机物的分子式；以及运用波谱分析法确定结构式等。随着科技的不断发展，有机物研究方法的途径和手段也日益丰富和完善。

工作过程

（1）搜集被研究物质的资料

搜集被研究物质的来源、价值、用途以及研究的目的等信息，这些基础的信息知识对于后继研究方法的确立有重要的参考价值。

（2）初定被研究物质的组成

初定被研究物质的组成需要完成的工作是：判断被研究物质是纯净物还是混合物。物质的物理性质是判断的主要依据，具体实施时选择的方法应遵循由简单到复杂的原则。通常可先目测，如被研究物质不具有统一、均匀的外观和质感，通常为混合物；还可取少量研究对象，检验其能否全溶于某一溶剂，如不能全溶则为混合物；但要确定为纯净物还需要进一步测定研究对象的熔点、沸点或者折射率、旋光度等特征性物理性质。

扫码看课件

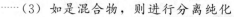

（3）如是混合物，则进行分离纯化

如被研究物质是混合物，则需进行分离提纯。物质的分离是将混合物通过物理或化学方法分开，选择分离方法的原则为“不增、不减、易分”。

不增：即在除掉杂质的同时不增加新的杂质；不减：要求被提纯的物质不能减少或改变；易分：操作简便易行，杂质易分离去除。

（4）确定被研究化合物的组成元素

这一步骤的主要任务是确定被研究化合物的组成元素及含量，即要确定有机物含有哪些元素，以及各组成元素的相对含量，最终得到该有机物的分子式。

（5）确定被研究化合物的结构

有机化合物中分子式相同而结构不同的现象普遍，这种现象称为异构现象。因此在确定有机物分子式的基础上还需根据化合物的化学性质或应用现代仪器分析方法进一步研究分子的内在结构。

行动知识

1. 获取知识的途径

（1）通过纸质资料获取知识

纸质资料包括各种教辅用书、期刊以及报纸等。从纸质资料中获取知识是最传统的形式。相对而言，这种获取知识的方式对局部知识介绍清晰、具有较高的准确性，但是由于个体纸质资料所承载的知识范围较小，如需全面获取知识需要大量的物质基础作为支撑，而且获取知识过程中查找、整理的时间相对较长。

（2）通过电子资料获取知识

电子资料是建立在计算机虚拟技术基础上的一种资料储存形式，可以实现海量知识的存储。随着计算机技术和网络技术的发展，支持在线检索的电子资料越来越多，各种形式的电子资源库（网）也应运而生，在知识的获取过程中发挥了重要的作用。例如，中国知网、万方数据库等。另外百度、谷歌等搜索引擎也能实现知识的检索功能，但是由于检索的结果有些未经验证，所以通过搜索引擎检索的结果有待考证。

2. 资料查阅方法

网络搜索引擎的查阅方法很简单，只需在页面中输入所查内容的关键词即可得到查阅的结果。

电子资源库（网）的查阅需先进入该资源库的主页面或镜像链接。以中国知网为例：第一步，输入网址为 http：//www.cnki.net/；第二步，选择检索范围，可以是文献、期刊、专利等等；第三步，选择检索的对象，可以选择全文、主题、关键词、作者，等等；第四步，输入检索的关键词即出现检索的结果；最后点击目标内容即得检索具体结果。

3. 混合物分离方法

根据分离过程中是否发生化学反应可将混合物分离方法分为物理分离法、化学分离法两大类。

物理分离法在分离过程中仅采用一些物理或机械的方法来进行分离，不发生化学反应。常用的方法如：过滤法、结晶法、升华法、色谱法等。

化学分离法是通过加入适当的试剂和杂质发生化学反应，使之转化为沉淀或气体而除去的过程。例如：HNO_3 中混有 H_2SO_4，可加入适量的 $Ba(NO_3)_2$ 溶液，将其转化为 $BaSO_4$ 沉淀除去；$NaCl$ 溶液中混有 Na_2CO_3，可加入适量的稀盐酸。

4. 元素分析方法

常用的元素组成分析的方法有：李比希法，通过燃烧测定有机物中碳和氢元素含量的方法；元素分析法，利用元素分析仪分析物质所含元素及其含量的方法；钠熔法，将有机物加热熔融定性确定有机物中是否存在 N、Cl、Br、S 等元素；铜丝燃烧法，利用焰色反应定性判断是否存在卤素的方法；特征反应法，利用特征反应定性确定特定官能团、离子的存在的方法，等等。其中，李比希法和元素分析法能分析特定有机物中原子相对个数比，确定该有机化合物的实验式；后三种方法则是定性鉴定某些元素或基团的方法。

另外一种常用的方法是质谱法，利用质谱分析仪测定有机物的分子量，结合定性分析中确定的实验式，得出分子式。

5. 结构确定方法

目前广泛应用的确定有机物结构的方法有：紫外光谱、红外光谱、核磁共振谱和质谱等。

紫外光谱，即紫外-可见吸收光谱。由于有机物分子的价电子（能参与成键的电子）能吸收一定的光能，根据价电子种类的不同，需要吸收不同的能量，即吸收不同波长的光，这些所吸收的光的波长恰好位于紫外-可见光区。因此在光源（紫外-可见光源）的照射下，有机物对某一波长的光吸收性很强，对其他波长的光的吸收可能很弱，或根本不吸收，这时所产生的吸收光谱即为紫外光谱。

红外光谱，即红外吸收光谱。由于不同化合物的分子，或同一化合物分子中不同原子间化学键的振动频率不同，能吸收特定波长的红外光。因此用连续频率的红外线扫描样品，当某一红外线频率与某化学键的振动频率相同时，样品吸收该频率红外线而发生跃迁，这种由于吸收红外光线而产生的光谱即为红外光谱。

核磁共振是由原子核自旋能级跃迁产生的，自旋量子数不等于 0 的核都能产生核磁共振，目前应用最广泛的是 ^{1}H 谱和 ^{13}C 谱。红外光谱只能确定化合物的类型，核磁共振谱则有助于指出是什么化合物。

由于氢原子具有磁性，在电磁波照射下，它能通过共振吸收电磁波能量，发生跃迁，用核磁共振仪记录到相关信号即得核磁共振氢谱。利用化学位移、峰面积和积分值以及耦合常数等信息，可以推测氢原子在碳骨架上的位置。

📖 理论知识

1. 有机物的官能团和碳原子

（1）官能团

官能团是指分子中比较活泼，容易发生化学反应的原子或原子团。通常官能团决定了化合物的主要性质。例如，醇分子中的羟基，卤代烃中的卤素原子等。官能团种类很多，表1-1 列出了一些常见的官能团。

表 1-1　一些常见的官能团

化合物类别	官能团	官能团名称	化合物实例	化合物名称
烯烃	—$\overset{\mid}{C}$=$\overset{\mid}{C}$—	双键	CH_2=CH_2	乙烯
炔烃	—C≡C—	三键	CH≡CH	乙炔
卤代烃	—X	卤素	CH_3—Cl	一氯甲烷

续表

化合物类别	官能团	官能团名称	化合物实例	化合物名称
醇	—OH	羟基	CH_3CH_2—OH	乙醇
酚	—OH	羟基	C_6H_5—OH	苯酚
醚	—O—	醚键	$CH_3CH_2OCH_2CH_3$	乙醚
醛	—CHO	醛基	CH_3CHO	乙醛
酮	$\underset{\|}{\overset{O}{\underset{}{}}}$ —C—	羰基	CH_3COCH_3	丙酮
羧酸	—COOH	羧基	CH_3COOH	乙酸
胺	—NH_2	氨基	$CH_3CH_2NH_2$	乙胺
腈	—CN	氰基	CH_3CN	乙腈
磺酸	—SO_3H	磺酸基	$C_6H_5SO_3H$	苯磺酸

 小故事

　　1837 年 10 月 23 日，两位德国化学家李比希和维勒联合发表论文，提出了著名的有机物"基团理论"，这里的基团就是官能团。该理论加深了对有机物的理解，加快了有机化学的体系化，填平了无机、有机化学间的鸿沟，被称为有机物结构的第一理论。李比希是"有机化学之父"，维勒因人工合成尿素、打破"生命力"学说而闻名世界。两位科学家既是挚友，又是并肩战斗的战友，共同研究出许多重大成果，奠定了有机化学和化学工业的基础。

（2）碳原子

① 碳原子是四价的

化学研究者在检测出有机物分子的元素组成之后，最迫切想要明确的是：这些原子在有机分子中怎样连接，有机分子又呈现怎样的结构？

19 世纪 50 年代，英国化学家弗兰克兰（E. Frankland）提出金属与其他元素化合时，具有一种特殊的结合力，称为"化合价"。德国化学家凯库勒（F. A. Kekule）通过研究发现，在有机化合物中，碳原子和其他原子的数目总保持着一定的比例，如 CH_4、CH_3CH_2OH 等。据此在 1857 年，凯库勒提出碳的化合价为 4。现在，化合价的含义得到了广泛的衍生，是指一种元素一定数目的原子与另一种元素一定数目原子化合的性质。

② 碳原子与其他原子以共价键结合

碳是组成有机物的最关键元素，因此在有机物中碳原子与其他原子如何成键一直是研究者关注的问题。由于碳原子最外层有 4 个电子，并且在有机物中碳原子是四价的，说明这 4 个最外层电子均能参与成键，即碳原子有四个价电子。如果碳原子要达稀有气体的稳定构型，必须失去或得到 4 个电子，这显然都很困难。因此，碳原子在和其他元素原子化合时，是采取共用电子对的方式结合，即形成共价键。例如，1 个 C 原子和 4 个 H 原子形成 4 个共价键，分别达到稳定构型，构成甲烷：

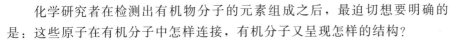

③ 分子中的原子按一定的次序和方式相连接

在有机化合物中碳是四价的，氢、氯是一价的，氧是二价的。元素原子在有机物中的化合价和该原子与相邻原子所形成的共价键数目相等，按照这一原则，不同数量的不同原子以共价键相结合。例如，乙烷分子由 2 个碳原子和 6 个氢原子构成，由于碳原子是四价的，可以和相邻原子形成 4 个共价键，氢原子是一价的，仅能和一个相邻原子形成 1 个共价键，因此这 8 个原子的成键方式是：

$$
\begin{array}{ccc}
& H & H \\
& \times\times & \times\times \\
H\times & C & \vdots C & \times H \\
& \times\times & \times\times \\
& H & H
\end{array}
$$

在乙烷分子中，两个 C 原子间形成 1 个 C—C 共价键，每个 C 原子分别和 3 个 H 原子各形成 1 个 C—H 共价键。

2. 有机化合物构造式的表示方法

分子中原子之间相互连接的顺序称为"构造"，表示化合物构造的化学式称为构造式。在表示有机化合物的构造式时，一种常用的方法是以一条短横"—"表示单键，以平行的两条短横"="表示双键，以平行的三条短横"≡"表示三键，这种表示方法称为价键式（也称蛛网式）。有的时候，为了书写方便，可省略碳与氢之间的键线，或省略碳氢单键和碳碳单键的键线，这种构造式的表达方法称为简写式。例如，乙烷、甲醇的构造式可表示为：

价键式　　　　　　简写式

$$
\begin{array}{cc}
\begin{array}{ccc}
H & H \\
| & | \\
H-C-C-H \\
| & | \\
H & H
\end{array}
& CH_3CH_3
\end{array}
$$

$$
\begin{array}{cc}
\begin{array}{c}
H \\
| \\
H-C-OH \\
|
\end{array}
& CH_3-OH
\end{array}
$$

3. 有机化合物特性

虽然不同类型的有机化合物性质各异，但有机化合物仍具有一些共同的特征性质。

有机物熔点、沸点较低。有机化合物常以分子状态存在，分子间以范德华力相结合，作用力相对较弱，因此熔点一般较低，很少超过 400℃，沸点也较低。很多有机化合物在常温下以气态或液态的形式存在。

有机物热稳定性差，易燃烧。一般有机化合物的热稳定性较差，很多有机物在 200～300℃时逐渐分解。除少数含卤素较多的有机物外，大多数有机化合物都易燃，燃烧后生成的产物主要为二氧化碳和水。

有机物难溶于水，易溶于有机溶剂。除了醇、醛、羧酸等因含强极性基团的物质外，大多数有机化合物都难溶于水，易溶于非极性的有机溶剂。例如石蜡不溶于水，易溶于汽油。

有机物反应速率慢，副反应多。有机化合物的反应多为分子间反应，反应速率慢，有的能长达几十个小时。由于有机物结构复杂，分子中可能有几个部位都能发生反应，因此除主反应外，常伴随有不同的副反应，最终所得产物种类复杂。

4. 有机化合物分子式的确定

对有机化合物进行元素定性、定量分析，能确定其组成元素，求出各元素的质量比，通过进一步计算就能得出该有机物的实验式（也称最简式）。但是实验式只能表示分子中各元素原子的相对数目比，只有测定其分子量，才能确定化合物的分子式。

【例1-1】　某由 C、H、O 三种元素组成的未知有机物 A，经燃烧分析实验测定该未知物中碳的质量分数为 54.56%，氢的质量分数为 9.10%。实验测定其分子量为 88。请确定该有机物的分子式。

【解题思路】　根据题意，可先求出 C、H、O 的相对原子数目，得到实验式，再根据分子量确定分子式。

第一步：求 C、H、O 的相对原子数目。

C、H、O 的物质的量　　C：$\dfrac{54.56}{12}=4.5$　　H：$\dfrac{9.10}{1}=9.10$　　O：$\dfrac{100-54.56-9.10}{16}=2.27$

C、H、O 的相对原子数目　　C：$\dfrac{4.5}{2.27}=1.98$　　H：$\dfrac{9.10}{2.27}=4.00$　　O：$\dfrac{2.27}{2.27}=1$

第二步：根据 C、H、O 的相对原子数目，得出实验式为 C_2H_4O。

第三步：求分子式。

根据 $(C_2H_4O)_n=88$　　　　$n=\dfrac{88}{12\times2+4+16}=2$

所以，分子式为 $C_4H_8O_2$。

通常，有机物完全燃烧后，各元素对应的产物为 C→CO_2，H→H_2O。若有机物完全燃烧后，产物只有 CO_2 和 H_2O，其组成元素肯定有 C、H，可能含有氧元素。欲判断该有机物中是否含氧元素，首先应求出产物 CO_2 中碳元素的质量及 H_2O 中的氢元素的质量，然后将 C、H 质量之和与原有机物相比，若两者的质量相等，则组成中不含氧，否则含有氧。

【例1-2】　1.63g 某有机试样燃烧后得到 2.37g CO_2 和 0.96g H_2O，测得其分子量为 90，求该有机物的分子式。

【解题思路】　根据 CO_2 和 H_2O 的质量求出 C、H 的质量和质量分数，将 C、H 的质量与试样质量比较，判断是否含有氧，其余解题过程与例 1-1 相同。

第一步：求 C、O 的质量和质量分数。

C 的质量：$\dfrac{2.37g}{44g/mol}\times12g/mol=0.646g$

C 的质量分数：$\dfrac{0.646g}{1.63g}\times100\%=39.65\%$

H 的质量：$\dfrac{0.96g}{18g/mol}\times2g/mol=0.107g$

H 的质量分数：$\dfrac{0.107g}{1.63g}\times100\%=6.56\%$

第二步：判断是否含氧。

C、H 的质量和 $=0.646g+0.107g=0.753g<1.63g$（试样质量），所以含 O 的质量：$1.63g-0.753g=0.877g$

O 的质量分数：$\dfrac{0.877g}{1.63g}\times100\%=53.80\%$

第三步：求 C、H、O 的相对原子数目。

C：$\dfrac{39.65}{12}=3.30$　　　　　　　　$\dfrac{3.30}{3.30}=1$

H：$\dfrac{6.56}{1}=6.56$　　　　　　　　　$\dfrac{6.56}{3.30}=1.99$

O：$\dfrac{53.80}{16} = 3.36$　　　　$\dfrac{3.36}{3.30} = 1.02$

第四步：得出实验式为　CH_2O。

第五步：求分子式。

根据 $(CH_2O)_n = 90$ 得：$\dfrac{90}{12+2+16} = 3$

所以，分子式为 $C_3H_6O_3$。

思考与练习

1-1　请列举有机物的常见组成元素。

1-2　混合物分离纯化方法选择的依据是什么？

1-3　现要研究某有机物，请列举可以选择的知识获取途径和方法。

任务 2　解析有机物的组成结构

任务分析

认识有机化合物，实质上是从认识其结构开始的，只有在掌握了有机物结构的基础上才能对其性质和作用进行深入研究。

解析有机物结构常用的方法有化学法和物理法两种。化学法是利用有机物体现的化学性质来推测其结构。在 20 世纪 50 年代前，人类无法预知物质的结构，只能通过这种方法来推测有机物结构，这项工作难以及时、准确地得出物质的结构。随着技术的发展，现在科学工作者在进行研究时，已经可以利用现代物理学方法，借助先进的分析仪器设备在短时间内准确确定物质的组成结构。

用分析仪器测定有机物结构的工作中专业技术含量很高，需专门的分析测试人员完成，本任务旨在让读者了解相关检测方法的基本过程，能对检测试样进行预处理，并能初步分析检测结果。

工作过程

（1）预处理

组成及结构检测的结果除与分析方法、检测仪器有关之外，待检测物的纯度、状态等因素都会对其产生影响。因此检测之前需对待检测物进行分离提纯，并进行干燥或溶解处理。

（2）元素组成分析

分离提纯后的有机物还需对其元素进行定性分析，在此基础上进一步进行元素定量分析，确定各组成元素的含量。

（3）结构测定及分析

根据实验条件和研究对象选择紫外光谱法、红外光谱法或核磁共振光谱法等检测方法测定有机物结构。根据检测结果，分析谱图所给信息，也可以和标准谱图对照，必要时还需对谱图数据进行计算等等，综合各项结果分析得出有机物的结构。

✳ 行动知识

1. 有机实验常用仪器和装置

　　有机实验是以有机物为主要研究对象的实验探究过程。有机实验的完成需借助各种仪器、设备，常用的有机实验仪器有：玻璃仪器，如试管、烧杯、烧瓶等；还有其他材质仪器，如铁架台、铁夹、水浴锅、研钵、石棉网等。具体用途、使用注意事项等见表1-2。

表 1-2　有机实验常用仪器

仪器名称	仪器图示	一般用途、规格	使用注意事项
试管 试管架	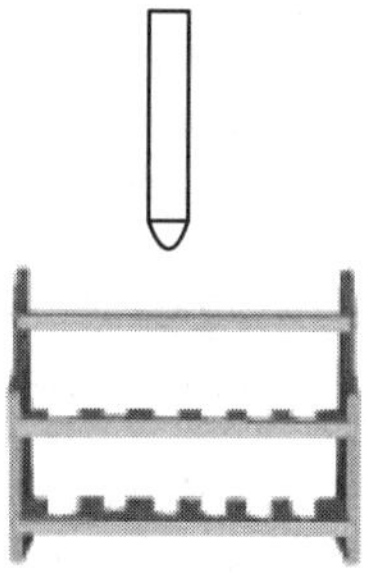	试管可用作反应容器；也可用于少量气体的收集 按材质分为软质试管和硬质试管 试管架用于承放试管	(1)反应液体不超过试管容积的1/2，加热时不超过1/3 (2)加热前试管外壁要擦干，加热时应用试管夹夹持 (3)加热液体时，管口不要对人，并将试管倾斜，与桌面成45° (4)加热固体时，管口略向下倾斜
烧杯	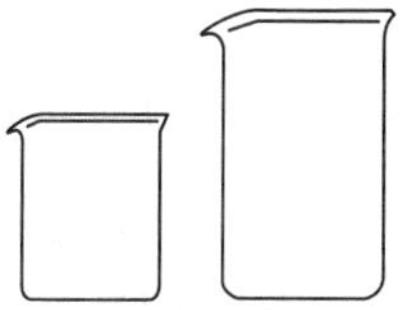	用作反应物较多时的反应容器；也用作配制溶液时的容器或简易水浴的盛水器 规格以容积表示，如100mL、250mL等	(1)反应液体不能超过烧杯容积的2/3，加热液体不超过容积的1/3 (2)加热前应先将外壁擦干，加热时放在石棉网上，使受热均匀 (3)刚加热后不能直接置于桌面上，应垫以石棉网
锥形瓶	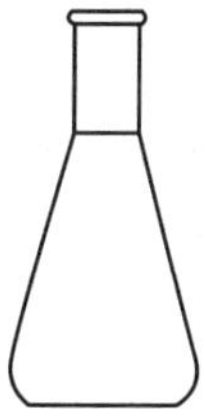	用作反应容器，加热时可避免液体大量蒸发，也可用于滴定操作 有有塞、无塞、广口、细口和微型几种 规格以容积(mL)表示	滴定时，所盛液体不超过容积的1/3 其他同烧杯
烧瓶	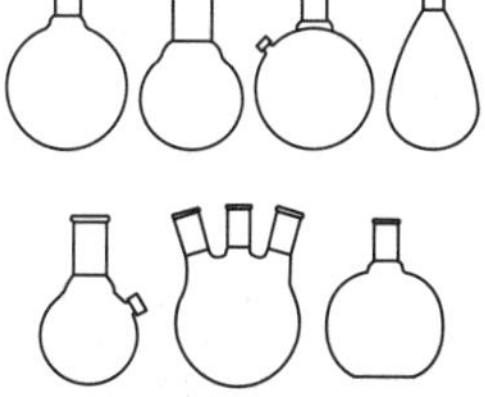	用作常温或加热条件下的反应容器；用作液体蒸馏的容器 有平底、圆底、长颈、短颈、圆形、茄形、梨形、单口、二口、三口等种类 规格以容积(mL)表示	(1)盛放液体量不能超过烧瓶容量的2/3，也不能太少 (2)加热前，先将外壁水擦干，使用时固定于铁架台上，下垫石棉网加热，不能直接加热 (3)放在桌面上时，下方应垫有木环或石棉环，以防滚动而打破
量筒 量杯	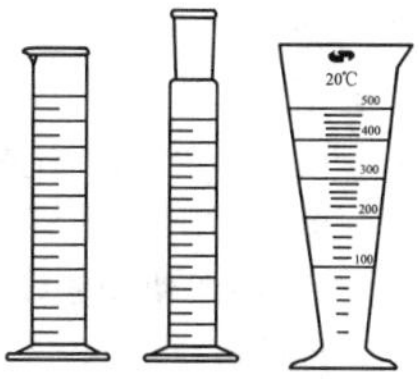	用于量取一定体积的液体 上口大，下口小的为量杯 规格以容积(mL)表示	(1)不能作为反应容器 (2)不能加热 (3)不可量热的液体 (4)读数时视线应与液面水平，读取与弯月面最低点相切的刻度

续表

仪器名称	仪器图示	一般用途、规格	使用注意事项
试剂瓶	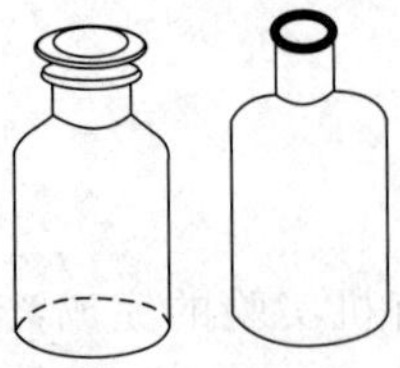	用于盛放试剂。其中广口瓶盛放固体试剂,细口瓶盛放液体试剂或溶液 　规格以容积(mL)表示	(1)不能加热 (2)如盛放碱性溶液需用胶塞或软木塞 (3)使用中保持标签完好,倾倒液体时,标签应对着手心 (4)使用时注意勿弄脏或弄乱塞子
漏斗	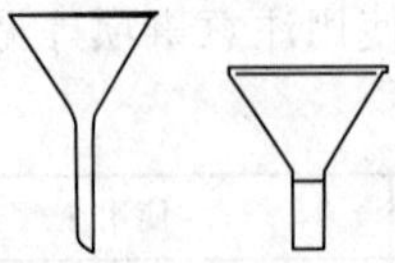	主要用于过滤或转移液体。粗颈漏斗可用于转移固体试剂;长颈漏斗还可用于气体发生器 　规格以漏斗口的直径(cm)表示	(1)不能受热或过滤太热的液体 (2)过滤时,漏斗颈部较长的一侧应贴紧接收容器内壁
吸滤瓶布氏漏斗	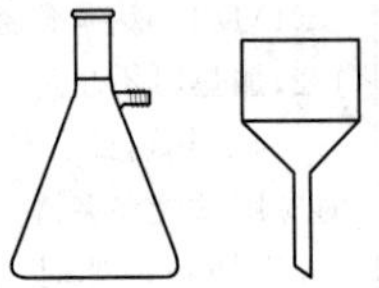	用于晶体或粗颗粒沉淀的减压过滤 　吸滤瓶的规格以体积表示 　布氏漏斗的规格以直径(cm)表示	(1)滤纸要略小于漏斗的内径 (2)抽滤前先抽气;结束时,先断开抽气管与抽滤瓶的连接处,后关闭抽气 (3)不能用火直接加热 (4)漏斗与吸滤瓶大小配合
分液漏斗滴液漏斗	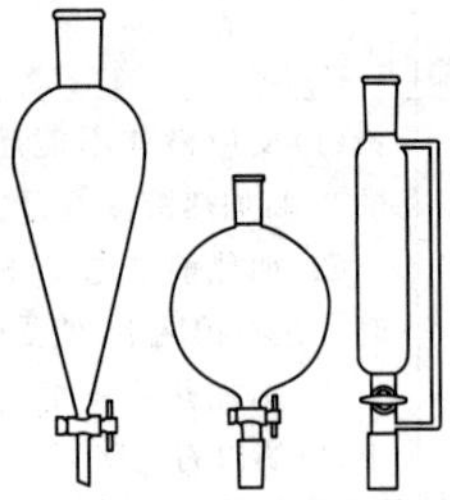	用于液体分离、洗涤和萃取;还可在气体发生器装置中加液体用;滴液漏斗用于反应中滴加液体 　有球形、梨形、筒形、锥形等种类 　规格以斗径(mm)表示	(1)不能加热 (2)漏斗和活塞需配套使用,使用前,将活塞涂一薄层凡士林,插入转动直至透明 (3)分液时,下层液体从漏斗管流出,上层液体从上口倒出 (4)装气体发生器或滴液加料时,漏斗管应插入液面内(漏斗管不够长,可接管)
表面皿	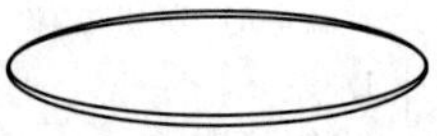	用于盖在蒸发皿、烧杯等容器上,以免溶液溅出或落入灰尘;用作称量固体试剂的容器 　规格以直径(cm)表示	(1)不能直接受热 (2)作盖用时,直径应比被盖容器略大 (3)用于称量时应洗净、干燥
干燥器		用于存放物品,防止吸潮,需在其内放干燥剂 　分普通干燥和真空干燥两种 　规格以内径(cm)表示	(1)灼烧过的物品放入干燥器前,温度不能过高,并在冷却过程中要每隔一定时间开一开盖子,以调节器内压力 (2)干燥器内的干燥剂要按时更换 (3)小心盖子滑动而打破
研钵		用于混合、研磨固体物质 　有玻璃、瓷、铁等不同材质 　规格以口径(cm)表示	(1)不能用作反应容器 (2)放入物质的量不能超过容积的1/3 (3)易爆物质只能轻轻压碎,不能研磨 (4)根据使用物质性质选用不同材质的研钵

续表

仪器名称	仪器图示	一般用途、规格	使用注意事项
冷凝管	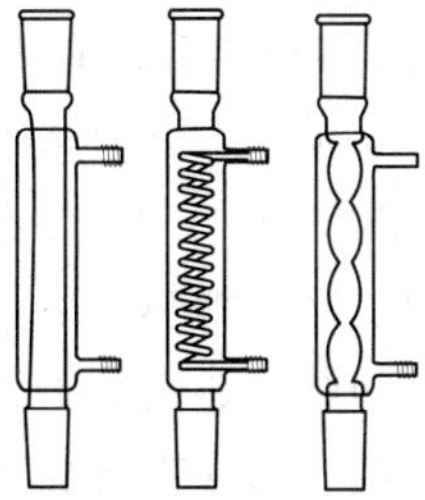	在蒸馏操作中作冷凝用；球形冷凝管冷却面积大，适用于加热回流；直形冷凝管用于沸点低于140℃的物质的蒸馏；空气冷凝管用于沸点高于140℃的物质的蒸馏 规格以管长(cm)表示	(1)装配仪器时，先装冷却水橡胶管，再装仪器 (2)下支管进水，上支管出水 (3)开冷却水需缓慢，水流不能太大
干燥管	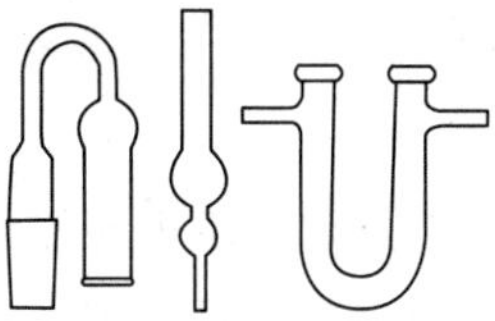	内盛干燥剂，用于干燥气体 有直形、弯形、U形几种类型 规格以大小表示	(1)干燥剂置球形部分，不宜过多。小管与球形交界处放少许棉花填充 (2)如两头大小不同，应大头进气、小头出气
塞子、接头		用作塞子 用于连接不同规格的磨口 标准磨口仪器	(1)磨口处需洁净，不得有脏物 (2)用后立即洗净，注意不要让磨口黏结而无法打开
蒸馏头	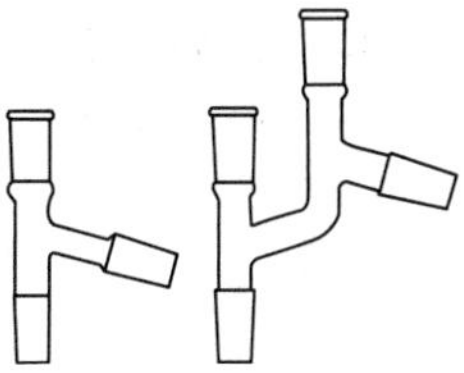	蒸馏头(左)用于简单蒸馏，上口装温度计，支管接冷凝管；克氏蒸馏头(右)用于减压蒸馏 标准磨口仪器	同塞子、接头
应接管	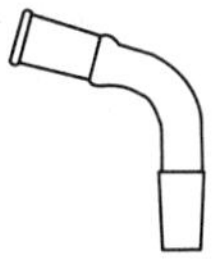	承接液体用，上口接冷凝管，下口接接收瓶	同塞子、接头
蒸发皿	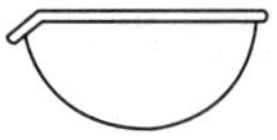	用于蒸发或浓缩溶液，也可用作反应器或灼烧固体 有瓷、玻璃、石英等不同材质 规格以口径(cm)表示	(1)耐高温，但不能骤冷 (2)须在预热后再高强度加热
铁架台 铁夹 铁圈	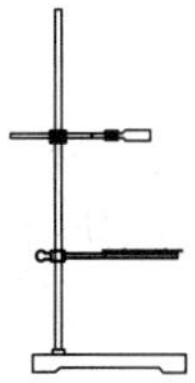	用于固定或放置容器 铁架台规格以高度表示；铁圈规格以直径表示；铁夹有十字夹、钳夹等类型	(1)固定仪器时，应保证装置的稳定性，使其中心位于铁架台中部 (2)铁夹使用时，应以仪器不转动为宜，不可过紧或过松 (3)应根据所用仪器的尺寸选择适宜大小的铁圈
洗瓶		用于蒸馏水洗涤沉淀或容器用 有玻璃、塑料两种材质 规格以容积(mL)表示	(1)不能装自来水 (2)塑料洗瓶不能加热

在有机实验过程中，通常需要根据不同的实验目的，将多个仪器进行综合组装，所得的仪器组合称为一套"装置"。常用的有机实验装置有：蒸馏装置、回流装置、抽滤装置等等。

这些装置在后面模块中均有介绍。

2. 有机物加热的常用方法

加热是有机实验中的常用操作方法。从热源的种类看,有煤气灯、酒精灯和酒精喷灯等加热灯具;还有电炉、电热套、烘箱、恒温水浴等电热设备。随着技术的发展,不断有新的加热方式应用于有机实验,例如,微波加热、电流加热,等等。

根据热能获得的途径,有机物常用的加热方法可分为直接加热、间接加热两种类型。直接加热是将热能直接加于物料的过程,例如将烧杯放置于电炉上加热。间接加热则是借助于一定载热体加热物料的过程,例如水浴、油浴、砂浴等,间接加热也称为热浴。通常直接加热过程升温速度快,但易受热不均且温度较难准确控制,热浴克服了直接加热的缺点,但升温速度较慢。

3. 灼烧实验

灼烧实验是指高温加热、脱水、分解或除去挥发性杂质等的过程。绝大多数有机物能燃烧,但不同类型的化合物燃烧的情况不一样,因此进行灼烧实验时应观察并记录火焰的颜色与特征。固体试样灼烧时应观察是否熔化或升华,有无残渣及残渣的性质等,灼烧时要小心毒性气体。物质灼烧时若有挥发产物或气体逸出,可利用某些试纸鉴别。

4. 钠熔法

钠熔法是将少量有机化合物(不超过 5mg)和小块金属钠共热,使有机物完全分解,同时其中所含的氮、硫、卤素分别转化为氰化钠、硫化钠和卤化钠,再用无机定性分析的方法鉴别这些阴离子的过程。

5. 元素鉴定法

鉴定有机物的组成元素是研究有机物的最基本、最重要的步骤之一。在鉴定有机物组成元素前通常需要将试样进行分解(如上文所述"灼烧实验")、除去其中干扰元素(如上文所述"钠熔法"),使有机元素转变为无机化合物或单质后,再用定量化学分析方法、仪器分析方法进行鉴定。

6. 溶解度试验

溶解性是物质的一项基本物理性质,是指某种物质(溶质)能被指定溶剂溶解的程度。对有机物溶解性的正确认识是研究其化学性质及应用的重要基础。溶解度是衡量溶解性大小的具体指标,通常用在一定温度下溶质在 100g 某溶剂中溶解达到饱和时所溶解的溶质的质量表示。

固体、液体的溶解度受溶质、溶剂的种类和性质,温度等因素的影响,气体的溶解度还和压力有关。在进行有机物溶解度试验时,需水浴恒温加热(详见模块 3 任务 2),一般先测试有机物在水中的溶解度。取 0.2mL 液体或 0.1g 固体,加入 1mL 水,振荡并恒温数分钟后,观察其溶解情况,如不溶,可添加 1~2mL 水,同样操作观察溶解情况。通常还需用类似过程测试有机物在乙醚等溶剂中的溶解情况。

7. 有机物基本物理常数的测定

物质的物理性质通常包括状态、颜色、气味、熔点、沸点、相对密度和溶解度等,是物质分子结构的特征性体现。纯物质的密度、熔点、沸点、黏

度、折射率等物理性质在一定条件下常有固定的数值,是物质的特性常数,亦称为物质的物理常数。这些物理常数的测定可用于物质的鉴定、纯度的检验以及浓度的确定等。

理论知识

1. 有机物颜色的成因

有机物的颜色与其结构密切相关。不同结构的有机物可以吸收不同波长的光，若所吸收的光是人眼不可分辨的，这样的有机物为无色，反之则为有色。自然光是不同波长的光组成的复合光，人眼能见到的光称为可见光，波长范围为：400～800nm。当自然光通过某一有机物时，一定波长的光被吸收，人眼观察到的有机物的颜色是未被吸收的可见光的颜色，即被吸收可见光颜色的互补色。图 1-1 为互补光示意图，图中处于直线关系的两种光为互补光，它们按一定强度比混合可得到白光，如绿色光和紫红色光，橙色光和青蓝色光为互补光。

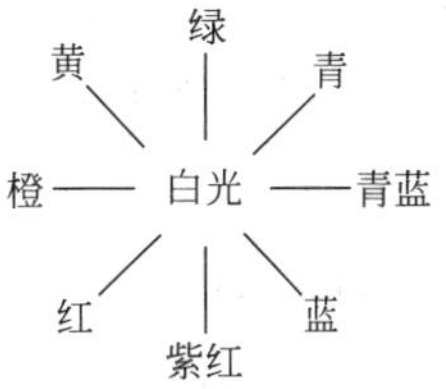

图 1-1　互补光示意图

大量的实验数据表明，有机物分子中共轭 π 键越多，所吸收光的最大波长越大，当共轭单位的总数大于 5 个时通常会显色。例如，联苯胺是无色的，氧化成醌的结构显蓝色。

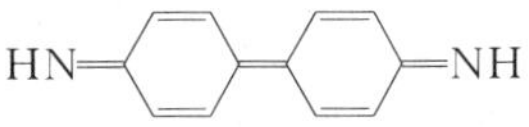

此外，—NR$_2$、—NH$_2$、—OR、—NO$_2$ 和—CN 等基团具有加深颜色的作用。这些基团除了能使颜色加深外，还能增加对纤维的亲和力，这也是染料分子的结构特征之一。

小知识

> 环保染料应符合不是过敏性染料、不是致癌性染料、不含会产生环境污染的化学物质、甲醛含量在规定的限值以下等特征。值得关注的是，环保染料还应该在生产过程中对环境友好，不产生"三废"，即使产生少量的"三废"，也可通过常规的方法处理而达到国家和地方的环保和生态要求。

2. 有机物的极性

（1）键的极性

由两个相同原子组成的共价键，成键的电子云对称地分布在两个原子之间，这种共价键称为非极性共价键，例如：H—H 键、Cl—Cl 键、C—C 键等。由两个不同原子形成的共价键，由于成键原子电负性的差异，成键电子云总是靠近电负性较大的原子，使其附近电子云密度较大，带部分负电荷（常用"δ^-"表示），另一端电负性较小的原子因电子云密度较小而带部分正电荷（常用"δ^+"表示），这种共价键具有极性，称为极性共价键。例如：$\overset{\delta^+}{H}$—$\overset{\delta^-}{Cl}$、$\overset{\delta^+}{C}$—$\overset{\delta^-}{F}$ 键等。

两个成键原子电负性的差值决定了共价键极性的大小，电负性差值越大，键的极性越大。有机物中常见元素电负性相对值见表 1-3。

表 1-3　有机物中常见元素电负性相对值

元素	C	H	O	S	N	F	Cl	Br	I	P
电负性	2.55	2.20	3.44	2.58	3.04	3.98	3.16	2.96	2.66	2.19

（2）分子的极性

有机物分子本身呈电中性，但在分子内部都存在带正电荷的原子核和带负电荷的电子，设想正、负两种电荷分别集中于某一点上，就像任何物体的重量可以认为集中在其重心上一样。把电荷的这种集中点称为"电荷重心"或"电荷中心"，分别用"＋""－"表示。正负电荷中心重合的分子称为非极性分子；正负电荷中心不重合的分子称为极性分子。

双原子分子中，共价键有极性分子就有极性，如氢分子为非极性分子，氯化氢分子为极性分子。

H_2：$\overset{+}{H}$—$\overset{-}{H}$（非极性分子）

HCl：$\overset{+}{H}$—$\overset{-}{Cl}$（极性分子）

多原子分子的极性与键的极性不一定相同。若多原子分子由同一种元素的原子构成，是非极性分子，如 P_4 等。若是由不同元素的原子构成，则要看分子的空间构型，若分子的空间构型对称，则键的极性可互相抵消，使整个分子正负电荷中心重合，为非极性分子，如 CO_2、BF_3、CH_4 等；若分子的空间构型不对称，分子的正负电荷中心不重合，为极性分子，如 H_2O、NH_3 等。

非极性分子：   O＝C＝O   F   H
                                    | |
                                    B   C
                                   / \   / | \
                                  F   F   H H H H

                （直线形）   （正三角形）   （正四面体）

极性分子：   O   N
                   / \   /|\
                  H   H   H | H
                                        H

3. 有机物物理性质与结构的关系

有机物的物理性质，经常被用于有机物的分离、鉴别和鉴定中，近代的研究发现，有机物的分子结构和某些物理性质有着紧密的联系。不同的分子结构导致有机物分子的极性、对称性、分子间作用力等不同，这些因素又会对物理性质产生影响。

有机物的溶解性受分子极性的影响，某些有机物的熔点和分子的对称性有关，有机物的熔点和沸点都和分子间作用力相关。例如：—OH、—COOH 等基团使有机物的极性增大，因此在水等极性溶剂中溶解度也随之增大。如新戊烷在戊烷的三个同分异构体中对称性最好，因此熔点最高。

4. 影响有机物溶解性的主要因素

有机物的溶解性基本符合"相似相溶"的经验规律，即极性溶质易溶于极性溶剂，非极性溶质易溶于非极性溶剂。大部分有机物为共价化合物，分子极性较小，一般不易溶于极性较大的水等溶剂，而易溶于极性较小的有机溶剂。但当分子中含有—OH、—CHO、—COOH 等与水亲和性好的基团时，在水中溶解性增强；当分子中含有—NO₂、—COOR、—X、—R 等与水亲和性差的基团时，在水中溶解性下降。不同基团对有机物溶解性的影响具有相对性，例如：甲醇、乙醇、丙醇能与水以任意比混溶，但随着碳原子数的增加，烃基的影响逐渐增强，从正丁醇开始，醇在水中的溶解度逐渐下降。

5. 影响有机物熔、沸点的主要因素

沸点是在一定压力下液体沸腾时的温度；熔点则是物质由固体变为液体的温度。一般而言，同类物质的分子量越大，分子间作用力越大，相应熔、沸点也越高。分子量相近的不同类物质，极性越大的有机物熔、沸点越高，例如丙烷的沸点为 −42.1℃，而分子量相近、极性较大的乙醇的沸点则高达 78.5℃。有机物分子的对称性对熔点也有影响，当分子有较高的对称性时，分子排列更紧密，导致分子间作用力加强，熔点也相应升高，例如正辛烷的熔点为 −56.8℃，而对称性较好的 2,2,3,3-四甲基丁烷的沸点则高达 100.6℃。如分子极性相同、分子量也相同的有机化合物，由于分子结构的不同，分子接触面积不同，也会引起沸点的不同，通常接触面积越大，沸点越大，例如，正丁烷的沸点为 −0.5℃，而受支链影响分子间接触面积较小的异丁烷的沸点只有 −10.2℃。

6. 红外光谱和核磁共振图谱

红外光谱法和核磁共振图谱法是化学实验室和生产中常用的测定有机物结构的方法。

（1）红外光谱

红外光谱图反映的是有机化合物中特定化学键的振动对红外光的吸收性能，因此可以用来确证两个化合物是否相同，也可用来确定某一特殊键或官能团是否存在。

红外光谱图多用波数 σ（单位 cm^{-1}）或波长 λ（单位 μm）为横坐标，根据横坐标可以确认吸收峰的位置。纵坐标有两种表示方式：如用吸光度 A 表示，吸收峰向上；如用透射率 T 表示，吸收峰为向下的谷。不论用哪种形式的纵坐标，峰越高则吸收强度越大。如图 1-2 所示为正辛烷的红外光谱图。

有机物分子内振动方式繁多，即使像甲烷这样最简单的有机物分子也有 9 种振动方式，虽然不是所有的振动都能在红外光谱中产生吸收峰，但随着分子量的增加，红外光谱中吸收峰也会增多，一般分子量较大的有机化合物的红外光谱常有几十个吸收峰。通过研究大量有机化合物的红外光谱，已大致能确定一些基团的特征吸收峰。

以 $1400cm^{-1}$ 为界，将红外光谱图分为两个区域：特征吸收谱带区，波数在 $3800\sim1400cm^{-1}$ 间（见表 1-4），吸收峰大多由成键原子间键的伸缩振动产生，通过该区域的吸收峰能确定分子中的官能团，如图 1-2 所示的 $2960\sim2870cm^{-1}$ 为分子中甲基、亚甲基 C—H 伸缩振动；指纹区，波数在 $1400\sim650cm^{-1}$ 的低频区，吸收峰主要是 C—C、C—N、C—O 单键的伸缩振动和各种键的弯曲振动。图 1-2 中 $1466cm^{-1}$、$1380cm^{-1}$ 为 C—H 的面内弯曲振动，$726cm^{-1}$ 为长链亚甲基面外弯曲振动。通常，$\left(CH_2\right)_n$ 中 $n\geq4$ 时出现类似吸收峰。

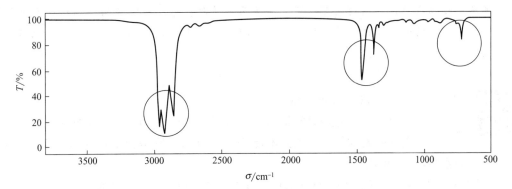

图 1-2　正辛烷的红外光谱图

表 1-4　一些基团的红外特征吸收峰

键	类　型	波数/cm^{-1}
Y—H （伸缩吸收峰）	O—H	3650～3100
	N—H	3550～3100
	≡C—H	3333～3267
	=C—H	3095～3010
	烷烃 C—H	2960～2870
	Ar—H	3030
	S—H	2590～2550
X=Y （伸缩吸收峰）	C=O	1850～1650
	C=NR	1690～1590
	C=C	1680～1600
	N=N	1630～1575
	N=O	1600～1500
	 ⬡	1600～1450（4 个吸收带）
X≡Y （伸缩吸收峰）	C≡N	2260～2240
	RC≡CR	2260～2190
	RC≡CH	2140～2100

　　红外光谱图往往很复杂，仅通过红外光谱图很难确定未知化合物的结构，通常还需综合核磁共振谱图、质谱等。一般而言，分子的对称性越高，相应红外光谱图越简单，反之红外光谱图越复杂。CCl_4 等对称分子的红外光谱特别简单，因此红外测定时可用作溶剂。

⚙ 新技术

　　　　原位红外光谱技术是一种非侵入式的技术，能够实现在反应过程中对物质进行在线监测。测定时将反应混合物放置于光学透明的反应池中，通过红外光谱仪观察反应物在光谱范围内的变化情况，从而可随时获取反应混合物结构和化学键的信息，对进一步研究反应过程及反应机理发挥了重要的作用，开拓了红外光谱技术新的应用领域。

　　　　（2）核磁共振氢谱
　　　　由于红外光谱只能指出是什么类型的化合物，对于某些细致的结构不能得到明确的证明，因此不能单独确定未知物是什么化合物。这一问题可以借助于核磁共振谱来解决。
　　核磁共振谱中最有价值的是碳谱和氢谱，其中氢谱研究最多、应用最广。
　　利用核磁共振氢谱分析分子结构要综合考虑谱图中不同吸收峰的化学位移、吸收峰面积以及峰的分裂情况。

① 化学位移

同一类型的氢核，由于在分子中的化学环境不同、吸收电磁波的频率不同而出现不同的吸收峰，峰与峰之间的差距称为化学位移（用 δ 表示）。可用一个标准化合物（一般用四甲基硅烷）为原点，测出峰与原点的距离，就是该峰的化学位移。各种基团的化学位移相对固定，可用于分子结构的鉴定。各种基团的 δ 值见表 1-5。

如图 1-3 所示的丙烷核磁共振氢谱中，—CH_2— 的吸收峰出现在化学位移为 1.37 处，—CH_3 的吸收峰出现在化学位移为 0.85 处。

表 1-5　各种基团的 δ 值

基　　团	δ 值	基　　团	δ 值
$(CH_3)_4Si$	0.00	$Ar—CH_3$	2.35 ± 0.15
$CH_2—CH_2$ CH_2	0.22	$\equiv CH$	1.8 ± 0.1
CH_4	0.23	$X—CH_3$	3.5 ± 1.2
—C—CH_3	1.1 ± 0.1	$O—CH_3$	3.6 ± 0.3
—C—CH_2—C—	1.3 ± 0.1	$=CH_2$	$4.5\sim7.5$
C—C—H $\;$ C C	1.5 ± 0.1	$Ar—H$	7.4 ± 1.0
		$RCONH_2$	8.0 ± 0.1
$R—NH_2$	$0.6\sim4.0$	$RCHO$	9.8 ± 0.3
$=C—CH_3$	1.75 ± 0.15	$RCOOH$	11.6 ± 0.8
$\equiv C—CH_3$	1.80 ± 0.15	RSO_3H	11.9 ± 0.3

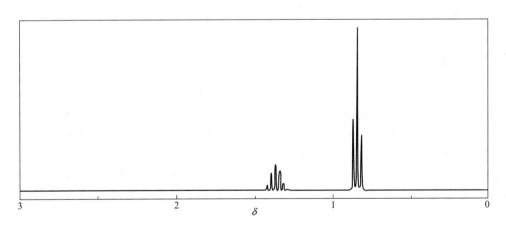

图 1-3　丙烷的核磁共振氢谱

② 峰面积

从图 1-3 还可看出两组共振峰的面积不同，衡量其面积比为 1∶3，恰好等于 CH_2 和 2 个 CH_3 中氢原子数之比。因此核磁共振氢谱中共振峰的面积还表示了各种不同 H 的数量。

③ 峰的裂分

核磁共振谱中信号分裂为多重峰，峰的数目等于 $n+1$。n 是相邻 H 原子的数目。如图 1-3 所示：—CH_3 的吸收峰受相邻的—CH_2—的影响分裂为三重峰；—CH_2—的吸收峰受相邻的两个—CH_3 的影响分裂为七重峰。

通过综合分析核磁共振谱图中的化学位移、峰面积、峰的数目等信息，即能判断分子中不同种氢的个数，从而推导出分子的可能结构。如同时结合红外光谱图中获得的特征官能团的信息，则可确证分子的结构。

小知识

核磁共振碳谱，也称为 ^{13}C-核磁共振谱（^{13}C-NMR），简称碳谱，和核磁共振氢谱类似，利用 ^{13}C 的核磁共振现象工作。因碳谱可以直接提供碳骨架的信息，在检测羰基、氰基和季碳等无氢官能团方面具有明显的优势，是有机物结构分析中最常用的方法之一。

思考与练习

1-4　请归纳哪些类型的有机物是有颜色的。

1-5　现要研究某有机物的组成结构，请列举可选择利用的研究方法并说明原因。

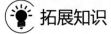

供选实例

(1) 现有一定量从中药材东莨菪中提取的粉末，可能为东莨菪碱，请尝试设计对其成分进行确证的方法。

(2) 现有一袋红糖，请设计方案，确定其元素组成和结构。

拓展知识

诺贝尔化学奖与逆合成分析理论

科里（Elias James Corey），美国有机化学家，生于 1928 年 7 月 12 日，科里从 20 世纪 50 年代后期开始从事有机合成的研究工作，30 多年来他和他的同事们共同合成了几百个重要天然化合物。这些天然化合物的结构都比较复杂，合成难度很大。1967 年他提出了具有严格逻辑性的"逆合成分析原理"，以及合成过程中的有关原则和方法。他建议采取逆行的方式，从目标物开始，往回推导，每回推一步都可能有好几种断裂键的方式，仔细分析并比较优劣，挑其可行而优者，然后继续往回推导至简单而易得的原料为止。按照这样的方式，一个有机合成化学家就不需要漫无边际的冥想，而不知从何着手了，因为他的起点其实就是他的终点。科里还开创了运用计算机技术进行有机合成设计的方法，这实际上是使他的"逆合成分析原理"及有关原则、方法数字化。由于科里提出有机合成的"逆合成分析方法"并成功地合成 50 多种药剂和百余种天然化合物，对有机合成有重大贡献，而获得 1990 年诺贝尔化学奖。

自测题

1. 请指出下列有机物的类别和官能团：

(1) $CH_2{=}CH{-}CH{=}CH_2$

(2) CH_2Cl_2

(3) 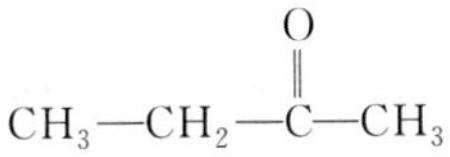 $CH_3{-}CH_2{-}\overset{\displaystyle O}{\overset{\|}{C}}{-}CH_3$

(4)

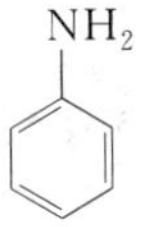

(5) 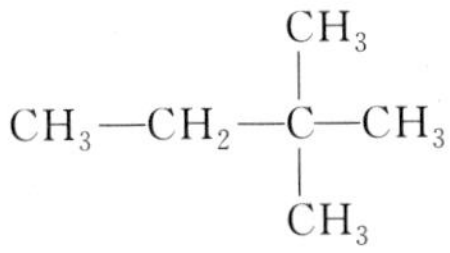 $CH_3{-}CH_2{-}\overset{\displaystyle CH_3}{\underset{\displaystyle CH_3}{\overset{|}{\underset{|}{C}}}}{-}CH_3$

(6) CH_3COOH

2. 某有机物，经元素定量分析，$w_C=92.1\%$，$w_H=7.9\%$，其分子量为 78。请确定其分子式。

3. 称取某有机试样 3.26g，将其燃烧后，得到 4.74g CO_2 和 1.92g H_2O，测得该有机物的分子量为 60，请确定其分子式。

4. 请判断下列说法的正误：

(1) 试管中反应液体不超过试管容积的 2/3，加热时不超过 1/3。（　）

(2) 烧杯可以用来量取液体。（　）

(3) 圆底烧瓶不需垫石棉网加热，可以直接加热。（　）

(4) 少量不需要加热的反应可以在量筒中进行。（　）

(5) 分液漏斗用于液体分离、洗涤和萃取。（　）

(6) 白光是由不同波长的光组成的复合光。（　）

5. 请判断下列分子中共价键的极性、分子的极性：

(1) Br_2

(2) HI

(3) CH_3Cl

(4) CH_2Cl_2

(5) $CHCl_3$

(6) H_2S

(7)  ⬡

(8)  $Cl{-}\bigcirc{-}Cl$

模块二
烃的变化及应用

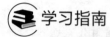 学习指南

　　烃是由碳氢两种元素组成的有机化合物。烃的种类较多，分子中碳原子连接成链状的烃，称为链烃，也称脂肪烃，烷烃是饱和脂肪烃，烯烃、炔烃、二烯烃等是不饱和脂肪烃。碳原子连接成环状的烃称为环烃，环烃又分为脂环烃和芳香烃两类。脂肪烃和脂环烃在性质上相似，模块二中将两类化合物放在一起讨论。

　　烃主要来源于天然气和石油。这类化合物不仅是有机化合物的母体，也是地球上最重要的能源资源的组成，是现代化学工业的原料，在经济上扮演着重要的角色，加工应用烃类化合物的规模和深度可以反映一个国家经济和技术的发展程度。

　　本模块通过"鉴别脂肪烃和脂环烃化合物""分离纯化芳香烃""合成芳香烃衍生物"三个任务，使学习者在任务的完成过程中，模拟有机物的鉴别、分离纯化及合成等工作过程，熟悉化学实验的基本操作，学习烃的性质及应用，体会烃与国民经济及人类生活的休戚关系。

目标导学

知识目标

　　认识烷烃的氧化反应、取代反应等化学性质；

　　认识烯烃的亲电加成、氧化、α-H 取代聚合等化学性质；

　　知道炔烃的亲电加成、氧化、炔氢反应等化学性质；

　　认知脂环烃的加成反应、取代反应、氧化反应等化学性质；

　　说出各类脂肪烃结构与性质之间的关系；

　　推导各类脂肪烃之间的相互转化；

　　认知芳香烃的亲电取代反应（硝化、磺化、傅-克酰基化、傅-克烷基化）、还原反应；

　　说出芳香烃结构与性质之间的关系。

技能目标

　　能按物质鉴别的程序，根据脂肪烃的性质对脂肪烃作简单的化学鉴别；

　　能由给定脂肪烃的结构推测其在给定反应条件下发生的化学变化；

　　能按有机物分离纯化的程序，根据芳香烃的性质分离纯化芳香烃；

　　能由给定芳香烃的结构推测其在给定反应条件下发生的化学变化；

　　能模拟有机物的合成过程，完成芳香烃合成路线选择、合成方案制定、合成实施、产品测定等工作过程。

素质目标

感知实事求是，严谨踏实的工作作风；

培养胸怀祖国，服务人民的爱国情怀；

培养坚持不懈，求真务实的科学精神；

认识安全环保，绿色低碳的社会责任。

任务 1　鉴别脂肪烃和脂环烃化合物

任务分析

有机物在生产、研究及检验过程中经常会遇到这样的问题：2 种或 2 种以上的化合物的标签丢失，虽知道这其中有什么物质，但无法一一对应。对分别存放的 2 种或 2 种以上的有机物进行定性辨认的过程，称为有机化合物的鉴别，它是有机化学知识的一个基本应用。

鉴别中的待鉴别物，一般为纯净物，鉴别的依据是几种物质的不同特性。特性可以是某一种有机物的化学性质，也可以是物质的颜色、气味、溶解性以及溶解时的热效应等物理性质。

鉴别有机物常用方法：①水溶性法。通过观察有机物是否溶于水以及溶于水的密度大小进行判断。有机物中只有少数物质易溶于水，大部分有机物都不易溶于水。②燃烧法。通过观察有机物燃烧现象不同进行鉴别，如通过烟雾的颜色、燃烧时的气味等。③官能团法。这是本书着重介绍的方法。官能团决定有机物的主要化学性质，通过官能团的特征反应可鉴别有机物。鉴别时，并不是化合物的所有化学性质都可以用于鉴别，必须具备一定的条件。如：化学反应中有颜色变化；化学反应过程中伴随着明显的温度变化（放热或吸热）；反应产物有气体产生；反应产物有沉淀生成或反应过程中有沉淀溶解、产物分层等。

无论脂肪烃还是脂环烃，大多有其可用于鉴别的特征反应：烷烃与单质溴在光照条件下的取代反应，可使溴的红棕色褪去；不饱和烃及小环的环烷烃可与溴发生加成反应而使溴褪色；不饱和烃与高锰酸钾的氧化反应，可使高锰酸钾溶液的紫色褪去；末端炔烃加到硝酸银或氯化亚铜的氨溶液中，立即生成不同颜色的金属炔化物沉淀。

鉴别过程应根据物质的化学性质选择有机试剂，并使用量筒、滴管、烧杯、搅拌棒等玻璃仪器。

工作过程

（1）了解待鉴别物

详细了解待鉴别物来源、价值、性质和用途，明确不同物质的物理或化学性质差异，为确定鉴别方案做准备。

（2）给待鉴别物编号

为防止混淆不同有机物的鉴别现象，在鉴别前，实验员需对待鉴别的所有有机物依次进行编号。

（3）拟定鉴别方案

根据有机物的性质差异，实验员拟定有机物鉴别方案，作为鉴别实施过程的依据。

（4）鉴别实验

根据鉴别方案，依次进行以下鉴别实验：

① 观察外观

待鉴别物中，如果某一个或几个有机物在状态、颜色、气味等外观上明显区别于其他物质，可直接通过观察将其鉴别出。

② 物理鉴别

待鉴别物中，如果某一个或几个有机物在水溶性上明显区别于其他物质，可分别取少量待鉴别物，依次进行水溶性实验。

③ 化学鉴别

根据鉴别方案，分别取少量被鉴别物于试管中，选择适宜的化学试剂，通过不同有机物的特征现象进行鉴别。

（5）给出鉴别结论

根据鉴别现象，实验员填写表 2-1，得出鉴别结论，并签字确认。

表 2-1　有机物鉴别实验报告

待鉴别物序号	外观	鉴别试剂	鉴别操作	现象	结论
1					
2					
3					

实验员
鉴别时间

 行动知识

1. 有机物鉴别的相关要求

有机物鉴别的要求主要有：①同时鉴别多种物质应编号以免弄乱；②选择反应灵敏、现象明显的试剂进行鉴别操作；③不能向待鉴别物中直接加试剂，应取出少量物质进行鉴别实验，若是固体试样，必要时需加水配制。

2. 脂肪烃和脂环烃的物理性质

由于有机物的物理性质主要取决于分子间的范德华力，因此对于同系列的化合物，随着碳原子数的增加，其物理性质呈规律性变化。如同系列的烃化合物的熔、沸点均随分子中碳原子数的增加而升高，且碳原子数相同的环烷烃比相应烷烃的熔、沸点高，碳原子数相同的炔烃比相应烯烃和烷烃的熔、沸点高，在碳原子数目相同的烷烃异构体中，直链烷烃的沸点较高，支链烷烃的沸点较低，支链越多，沸点越低。有机物的鉴别，必要时也可通过测定液态物质的沸点或固态物质熔点的方法对物质进行确定，但在快捷的鉴别过程中，主要运用物质的外观及水溶性。

（1）外观观察

外观观察是最简单直观的方法，在有机物的鉴别过程中应首先考虑。有机物的外观主要是状态、颜色、气味等特征，脂肪烃及脂环烃类物质大多无色，同系列的化合物，随着碳原子数的增加，其状态、颜色等物理性质呈规律性变化，脂肪烃及脂环烃类有机物在状态上就具有如下特点：常温常压下，4 个碳原子以内的烷烃、烯烃、炔烃和环烷烃为气体；$C_5 \sim$ C_{16} 的烷烃、$C_5 \sim C_{18}$ 的烯烃、$C_5 \sim C_{17}$ 的炔烃、$C_5 \sim C_{11}$ 的环烷烃为液体；高级烷烃、烯烃、炔烃和环烷烃为固体。

（2）气味鉴别

气味的强弱与物质的挥发性有关，在同系列中，分子量低的液体比分子量高的固体具有较强的气味。烷烃分子中，$C_5 \sim C_{16}$ 的液体，具有特殊的气味；C_4 以下的气体及 C_{17} 以上的固体没有气味。不饱和烃的气体较饱和烃的气味强，不饱和性越大，气味越臭。芳香族化合物的气味较脂肪族化合物的气味弱，液体芳烃有类似苯的气味。

闻化合物的气味时，只能在瓶口用手扇闻，不可面对化合物猛烈吸气，以防中毒。

（3）溶解度及有机物水溶性实验

不同官能团化合物因为结构的不同在水中溶解度不同。烃类化合物一般都是非极性或低极性化合物，几乎不溶于水，易溶于有机溶剂。

水溶性实验的过程是：据待鉴别物的样品数，领取相同的试管数，依次进行编号，置于试管架上，分别在试管中加入 2mL 水，再分别加入 10 滴液体样品，每加入 1 滴样品均需振荡试管，观察溶解情况。

由于烃类化合物的相对密度小于 1，在水溶性实验中，明显比水轻，浮于上层。

理论知识

不同类型的脂肪烃及脂环烃由于结构差异导致化学性质不同。烷烃分子中仅含有牢固的 σ 键，化学性质相对稳定，在常温常压下一般不与酸、碱、氧化剂、还原剂、活泼金属等物质发生化学反应，只有在特定条件下才体现出一定的化学性质。环烷烃虽然也由 C—C σ 键组成，但由于碳环结构的存在，致使小环、大环均有其各自特殊的化学性质。烯烃、炔烃等不饱和烃分子中存在着较易断裂的 π 键，化学性质活泼，易发生化学反应。

在化合物的化学鉴别中，应充分运用不同物质的化学特性，通过明显的反应现象，将某一物质与其他物质区别开来。

1. 脂肪烃和脂环烃的分类、通式和同分异构现象

（1）脂肪烃和脂环烃的分类

脂肪烃和脂环烃是烃的重要组成部分，根据这两类物质分子中的共价键或官能团不同，分别分类如下：

根据碳环数的不同，脂环烃又可分为：

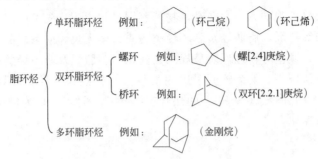

（2）脂肪烃和脂环烃的通式和同分异构现象

① 烷烃的通式、同系列和构造异构

分子中碳原子之间以单键相连，其余价键与氢原子结合的链烃叫做烷烃，烷烃又称为饱和烃。

从甲烷开始，每增加一个碳原子，就相应增加两个氢原子，若烷烃分子中含有 n 个碳原子，则含有 $2n+2$ 个氢原子，因此烷烃的通式为 C_nH_{2n+2}，烷烃即是一系列饱和烃化合物的总称。

相邻碳原子数的两烷烃分子间相差一个 CH_2 基团，像烷烃分子这样，通式相同、结构相似、在组成上相差一个或多个 CH_2 的一系列化合物叫做同系列，这个 CH_2 叫做系差。同系列中的各化合物互称为同系物。同系物一般具有相似的化学性质。

从丁烷开始，烷烃分子中碳原子间会有不同的连接方式，如，丁烷的分子式为 C_4H_{10}，存在以下两种构造：

$$CH_3—CH_2—CH_2—CH_3 \qquad\qquad CH_3—\underset{\underset{CH_3}{|}}{CH}—CH_3$$

前者称正丁烷，后者称异丁烷。这种分子式相同而结构不同的现象称同分异构现象，这些化合物互称为同分异构体。正丁烷和异丁烷是同分异构体，且是碳链的连接次序不同而引起的同分异构，人们把分子中由于原子或原子团的连接次序不同而产生的异构，称为构造异构，构造异构包括碳链异构、官能团异构、官能团位置异构及互变异构等。

烷烃分子中，随着碳原子数的增加，构造异构体的数目迅速增加。例如，C_5H_{12} 有 3 种异构体，C_6H_{14} 有 5 种，C_7H_{16} 有 9 种，C_8H_{18} 有 18 种，$C_{20}H_{42}$ 则有 36 万多种。

② 烯烃、炔烃的通式和构造异构

分子中含有碳碳双键的烃叫做烯烃，含有碳碳三键的烃叫做炔烃。与碳原子数相同的烷烃相比，它们的氢原子数较少，烯烃和炔烃都属于不饱和烃。烯烃的官能团是碳碳双键，炔烃的官能团是碳碳三键，双键和三键称为不饱和键。

分子中只含有一个碳碳双键的链烃叫做单烯烃，通常所说的烯烃就是指单烯烃。烯烃比碳原子数相同的烷烃少两个氢原子，通式为 C_nH_{2n}。

烯烃的构造异构现象比烷烃复杂，除碳链异构外，还存在着由碳碳双键位置不同引起的官能团位置异构。例如，烯烃 C_4H_8 有以下 3 种构造异构体：

① $CH_2=CHCH_2CH_3$　　　② $CH_2=\underset{\underset{CH_3}{|}}{C}—CH_3$　　　③ $CH_3CH=CHCH_3$

其中，①或③和②互为碳链异构体，①和③互为官能团位置异构体。

　　分子中含有两个碳碳双键的链烃叫做二烯烃。通式为 C_nH_{2n-2}。根据二烯烃分子中两个碳碳双键的相对位置的差异，可以分为累积二烯烃、共轭二烯烃和孤立二烯烃。

　　两个双键连在同一个碳原子上的二烯烃称累积二烯烃。例如：

$$CH_2=C=CH_2 \quad （丙二烯）$$

　　两个双键被一个单键隔开的二烯烃称共轭二烯烃。例如：

$$CH_2=CH-CH=CH_2 \quad （1,3\text{-}丁二烯）$$

　　两个双键被两个或多个单键隔开的二烯烃称孤立二烯烃。例如：

$$CH_2=CH-CH_2-CH=CH_2 \quad （1,4\text{-}戊二烯）$$

　　累积二烯烃不稳定，自然界极少存在。孤立二烯烃相当于两个孤立的单烯烃，与单烯烃的性质相似。只有共轭二烯烃因结构比较特殊，具有独特的性质。

　　炔烃分子的通式为 C_nH_{2n-2}，与二烯烃相同。故相同碳原子数的炔烃和二烯烃互为构造异构体。这种因官能团不同引起的异构现象叫做官能团异构。此外，炔烃也存在着碳链异构和官能团位置异构。

　　③ 脂环烃的通式和构造异构

　　分子中只有单键的脂环烃叫做环烷烃。环烷烃通常是指单环环烷烃，通式为 C_nH_{2n}。环烷烃和烯烃的通式相同，碳原子数相同的环烷烃和烯烃是同分异构体。

　　环烷烃 C_5H_{10} 有以下 5 种构造异构体：

　　这些构造异构体又叫做碳架异构体。

　　若脂环烃分子中含有双键称为环烯烃；含有三键称为环炔烃；含有两个双键则称为环二烯烃。它们的结构特征和研究方法均与其对应的不饱和链烃相同。

思考与练习

　　2-1　脂肪烃有哪些？分别写出它们的通式。

　　2-2　试写出分子式为 C_6H_{14} 的所有构造异构体。

　　2-3　指出下列化合物中哪些是同系物？哪些是同分异构体？哪些是同一化合物？

　　(1) $CH_2=\underset{\underset{CH_3}{|}}{C}-CH_2CH_3$　　(2) $CH_3-\underset{\underset{\underset{CH_3}{|}}{CH_2}}{CH}-CH_3$　　(3) $CH_3-CH_2-\underset{\underset{CH_3}{|}}{CH}-CH_3$

　　(4) ⬠　　(5) C_3H_8　　(6) ⬡　　(7) $CH\equiv C-\underset{\underset{CH_3}{|}}{CH}CH_2CH_3$　　(8) $CH_2=CH-CH_3$

　　2-4　根据烷烃的物理性质，将下列化合物按沸点由高到低的顺序排列：

　　(1) 正丁烷　　(2) 正己烷　　(3) 2-甲基戊烷　　(4) 2,2-二甲基丁烷

2. 脂肪烃和脂环烃的结构

（1）烷烃的结构及 sp^3 杂化

碳原子的最外层为 4 个电子，碳原子基态时的最外层电子构型是 $2s^2 2p_x^1 2p_y^1$，只有两个未成对电子，又如何能形成四价碳原子？杂化轨道理论解释了这个问题。

根据杂化轨道理论，碳原子在成键时，碳原子的 2s 轨道上首先激发 1 个电子到空的 $2p_z$ 轨道，形成具有 4 个未成对电子的结构。然后碳原子的 1 个 2s 轨道和 3 个 2p 轨道重新组合分配，形成 4 个完全相同的新的原子轨道，称之为 sp^3 杂化轨道。如下图所示：

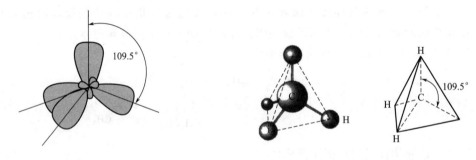

4 个完全等同的 sp^3 杂化轨道以正四面体形对称排布在碳原子的周围，对称轴之间的夹角为 $109.5°$。sp^3 杂化轨道的形状、分布如图 2-1 所示。

图 2-1　碳原子的 sp^3 杂化轨道　　　　图 2-2　甲烷的正四面体构型

每一个 sp^3 杂化轨道含有 1/4 的 s 成分和 3/4 的 p 成分，形成了一头大、一头小的形状，通常称为葫芦形。这样的杂化轨道有明显的方向性，杂化轨道的大头表示电子云密度较大，成键时由大头与其他原子的轨道重叠，重叠程度越大，形成的键越牢固。

甲烷是最简单的烷烃，甲烷分子中 4 个氢原子的状态完全相同。在形成分子时，4 个氢原子分别沿着 sp^3 杂化轨道对称轴方向接近碳原子，即"头碰头"重叠形成 σ 共价键，这样氢原子的 1s 轨道与碳原子的 sp^3 杂化轨道可以进行最大限度的重叠，形成 4 个等同的碳氢键，4 个碳氢键的键长均为 0.110nm，彼此间的键角为 $109.5°$，因此甲烷分子具有正四面体构型（见图 2-2）。

σ 键的特点是轨道重叠程度大，键比较牢固；成键电子云呈圆柱形在键轴周围对称分布，成键的两原子可以绕键轴相对自由旋转。σ 键的自由旋转，使分子中的原子产生不同的空间排布，从而形成不同的立体异构体。

碳原子在形成其他烷烃分子时也都是发生 sp^3 杂化，除 C—H σ 键外，烷烃分子的碳原子间也是 σ 键。只是由于其他烷烃分子中的各个碳原子上相连的 4 个原子或基团并不完全相同，致使每个碳上的键角也不尽相同，但都趋于 $109.5°$ 的稳定键角。为接近这样的键角（也就是四面体结构），烷烃分子的碳链并不是呈直线形排列的，而是呈一定的锯齿形。如己烷的碳链结构可表示如下：

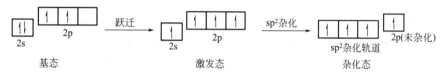

但为书写的方便，在用构造式表示烷烃结构时，通常仍将其写成直链形式。

（2）烯烃的结构及 sp^2 杂化

烯烃的结构特征是分子中具有碳碳双键。以乙烯为例，说明碳碳双键的结构。物理方法测得乙烯分子中的 2 个碳原子和 4 个氢原子分布在同一平面上。其中 H—C—C 键角约为 121°，H—C—H 键角约为 118°，接近于 120°；C≡C 键长约为 0.133nm，C—H 键长约为 0.108nm。实验还测知，C≡C 的键能为 611kJ/mol，并不是 C—C 单键键能（C—C 的键能为 347kJ/mol）的 2 倍。

根据杂化轨道理论，乙烯分子中的碳原子在成键时发生了 sp^2 杂化，即碳原子的 1 个 2s 轨道和 2 个 2p 轨道重新组合分配，组成了 3 个完全相同的 sp^2 杂化轨道，还剩余一个未参与杂化的 2p 轨道。碳原子的 sp^2 杂化过程如下：

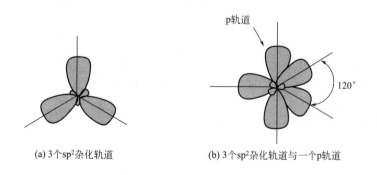

每一个 sp^2 杂化轨道含有 1/3 的 s 成分和 2/3 的 p 成分，其形状同样是一头大、一头小的葫芦形，但与 sp^3 杂化轨道相比，由于分子中 s 成分相对增加，致使其小的一头更小，大的一头更大。3 个 sp^2 杂化轨道以平面三角形对称地排布在碳原子周围，它们的对称轴之间的夹角为 120°，未参与杂化的 2p 轨道垂直于 3 个 sp^2 杂化轨道组成的平面。如图 2-3 所示。

p轨道

120°

(a) 3个sp²杂化轨道   (b) 3个sp²杂化轨道与一个p轨道

图 2-3　碳原子的 sp^2 杂化轨道

形成乙烯分子时，两个碳原子各以一个 sp^2 杂化轨道沿键轴方向重叠形成一个 C—C σ键，并以剩余的两个 sp^2 杂化轨道分别与两个氢原子的 1s 轨道沿键轴方向重叠形成 4 个等同的 C—H σ键，构成了 5 个 σ键都在同一平面内的平面构型。

在乙烯分子中，每个碳原子上还有一个未参与杂化的 p 轨道，它们的对称轴垂直于 5 个σ键所在的平面，且相互平行，电子的自旋方向相反，侧面重叠，即"肩并肩"重叠成键。这种成键原子的 p 轨道平行侧面重叠形成的共价键叫做 π 键。乙烯分子中的 σ 键和 π 键如图 2-4 所示。

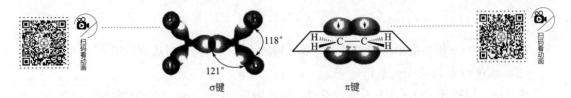

图 2-4　乙烯分子中的 σ 键和 π 键

由于 π 键电子云不像 σ 键电子云那样集中在两个原子核连线上，而是分散在 σ 键所在平面的上下，因此重叠程度小，π 键键能低，易断裂。另外，π 键电子云的分布不是轴对称的，所以成键原子不能围绕键轴自由旋转。

其他烯烃的结构与乙烯相似，双键碳原子也是 sp^2 杂化，与双键碳原子相连的各个原子在同一平面上，碳碳双键都是由一个 σ 键和一个 π 键组成的。

（3）炔烃的结构及 sp 杂化

炔烃的结构特征是分子中具有碳碳三键。以乙炔为例说明碳碳三键的结构。实验表明，乙炔分子中的 C≡C 的键能为 837kJ/mol，既不是 C—C 单键键能的 3 倍，也不是 C—C 单键和 C≡C 双键键能之和。C≡C 键长约为 0.120nm，C—H 键长约为 0.106nm，而且键角为 180°，也就是说，乙炔分子中的 2 个碳原子和 2 个氢原子在同一条直线上，乙炔为直线形分子。

根据杂化轨道理论，乙炔分子中的每个碳原子，各以一个 2s 轨道和一个 2p 轨道进行 sp 杂化，组成了两个完全相同的 sp 杂化轨道，每个碳原子还剩余 2 个未参与杂化的 2p 轨道。杂化过程如下：

每一个 sp 杂化轨道含有 1/2 的 s 成分和 1/2 的 p 成分，其形状仍是葫芦形，相比 sp^2 与 sp^3 杂化轨道，sp 轨道中 s 的成分更多，轨道形状在长度上更小，在宽度上更大。两个 sp 杂化轨道的对称轴在同一条直线上，夹角为 180°，未参与杂化的 2 个 2p 轨道相互垂直并同垂直于 sp 杂化轨道的对称轴，如图 2-5 所示。

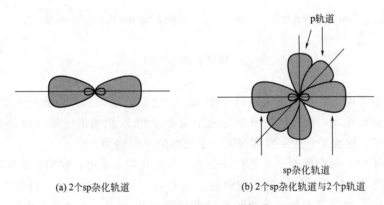

(a) 2个sp杂化轨道　　(b) 2个sp杂化轨道与2个p轨道

图 2-5　碳原子的 sp 杂化轨道

乙炔分子形成时，2 个碳原子各以一个 sp 杂化轨道沿键轴方向重叠形成一个 C—C σ 键，并以剩余的 sp 杂化轨道分别与氢原子的 1s 轨道沿键轴方向重叠形成 2 个 C—H σ 键，这 3 个 σ 键的对称轴在同一条直线上，故乙炔为直线构型。

此外，每个碳原子上都有两个未参与杂化且又相互垂直的 p 轨道，2 个碳原子的 4 个 p 轨道，其对称轴两两平行，侧面"肩并肩"重叠，形成 2 个相互垂直的 π 键。这两个 π 键电子云对称地分布在 σ 键周围，呈圆筒形，如图 2-6 所示。

因此，乙炔分子中的碳碳三键是由一个 σ 键和两个 π 键组成的。其他炔烃分子中碳碳三键的结构与乙炔完全相同。

（4）共轭二烯烃的结构及共轭效应

1,3-丁二烯是最简单的共轭二烯烃，它的结构体现了所有共轭二烯烃的结构特征。用物理方法测得，在 1,3-丁二烯分子中，4 个碳原子和 6 个氢原子在同一平面上，其键长和键角的数据如图 2-7 所示。

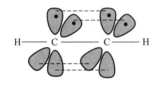

图 2-6　乙炔分子中的 π 键

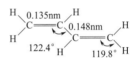

图 2-7　1,3-丁二烯的键长和键角

由图 2-7 中所示的数据可以看出，丁二烯分子中碳碳双键的键长比一般烯烃的双键（0.133nm）稍长，碳碳单键的键长比一般烷烃的单键（0.154nm）短，碳碳双键和单键的键长有平均化的趋势。另外，比较 1-丁烯和 1,3-丁二烯加氢时所放出的能量（即氢化热），1-丁烯为 126.8kJ/mol，1,3-丁二烯为 238.9kJ/mol，说明共轭二烯烃的氢化热低于 2 个双键的氢化热，即共轭二烯烃较稳定。

这是因为丁二烯的每个碳原子都是 sp^2 杂化，它们各以 sp^2 杂化轨道沿键轴方向与相邻碳原子相互重叠形成 3 个 C—C σ 键，与氢原子的 1s 轨道沿键轴方向相互重叠形成 6 个 C—H σ 键，这 9 个 σ 键都在同一平面上，它们之间的夹角都接近 120°。每个碳原子都还有一个未参与杂化的 p 轨道，这 4 个 p 轨道的对称轴都与 σ 键所在的平面相垂直，彼此平行，并从侧面重叠，形成 π 键。这样 p 轨道就不仅是在 C1 与 C2、C3 与 C4 之间平行重叠，而是扩展到所有碳原子的周围，这种现象叫做 π 电子的离域。形成的 π 键包括了 4 个碳原子，这种包括多个（至少 3 个）原子的 π 键叫做大 π 键，也叫做离域 π 键或共轭 π 键。1,3-丁二烯分子中的大 π 键如图 2-8 所示。

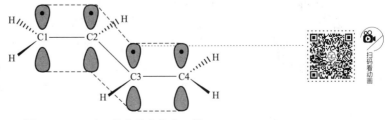

图 2-8　1,3-丁二烯分子中的大 π 键

　　具有共轭 π 键的体系或者说连续 3 个或更多个相键连原子的 p 轨道处于平行取向从而相互重叠的体系叫做共轭体系。它是指分子中发生原子轨道重叠的部分，可以是整个分子，也可以是分子的一部分，主要包括以下几类。

　　π，π 共轭体系：凡双键和单键交替排列的结构是由 π 键和 π 键形成的共轭体系，叫做 π，π 共轭体系。如 1,3-丁二烯（C＝C—C＝C）、烯丙腈（C＝C—C≡C）等。

　　p，π 共轭体系：具有 p 轨道且与双键碳原子直接相连的原子，其 p 轨道与双键 π 轨道平行并侧面重叠形成共轭，这种共轭体系叫做 p，π 共轭体系。例如氯乙烯的 p，π 共轭体系如图 2-9 所示。

　　超共轭体系：碳氢 σ 轨道与相邻 π 轨道（或 p 轨道）之间发生的一定程度的重叠，叫做 σ，π（或 σ，p）超共轭。这种体系中，由于 σ 轨道与 π 或 p 轨道并不平行，轨道之间重叠程度较小，所以称为超共轭体系。例如丙烯的 σ，π 超共轭体系如图 2-10 所示。

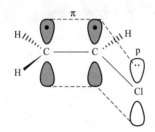

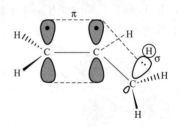

图 2-9　氯乙烯的 p，π 共轭体系　　　　图 2-10　丙烯的 σ，π 超共轭体系

　　由于形成共轭 π 键而引起的分子性质的改变叫做共轭效应。共轭效应主要特点是：键长平均化；体系能量低，比较稳定；极性交替现象沿共轭链传递。极性交替现象沿共轭链传递是指当共轭体系受到外界试剂进攻或分子中其他基团的影响时，形成共轭键的原子上的电荷会发生正负极性交替现象，这种现象可沿共轭链传递而不减弱。例如，1,3-丁二烯分子受到试剂（如 H^+）进攻时，发生极化：

$$\overset{\delta^+}{CH_2}＝\overset{\delta^-}{CH}—\overset{\delta^+}{CH}＝\overset{\delta^-}{CH_2} \longleftarrow H^+$$

（5）环烷烃的结构及环的稳定性

　　在环烷烃分子中，碳原子都是 sp^3 杂化，但为了形成环，它们的杂化轨道不可能沿键轴方向重叠，为了重叠得更好，每个碳原子 C—C 键的轨道间角度必须缩小，形成的 C—C 键是弯曲的，形似"香蕉"，称为"弯曲键"或"香蕉键"。图 2-11 表示了环丙烷分子中的弯曲键。

　　环丙烷弯曲键键角为 105.5°，小于 109.5°。由于键的重叠度小，因此较一般 σ 键弱，并

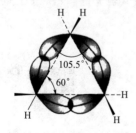

图 2-11　环丙烷分子
中弯曲键的形成

且具有向外扩张、恢复正常键角的趋势，这种趋势叫做角张力。除角张力外，环丙烷中相邻两碳原子上的原子在成环时，偏离了最合适排列，碳碳键便受到扭转产生了扭转张力。

　　角张力和扭转张力总称为环张力。环张力越大，分子的热力学能就越高，稳定性越差。但随着环上原子数的增多，当环上达 6 个或 6 个以上碳原子时，C—C 键角基本保持 109.5°，不存在角张力和扭转张力，称为无张力环，是稳定的结构。因此，环戊烷、环己烷等大环较稳定，不易发生开环反应。

思考与练习

2-5　烷烃分子中碳原子间的共价键类型是什么？碳原子间是以什么杂化形式成键的？此类杂化轨道的分布形状是什么？

2-6　烯烃分子中双键碳原子间是以什么杂化形式成键的？此类杂化轨道的分布形状是什么？

2-7　炔烃分子中三键碳原子间是以什么杂化形式成键的？此类杂化轨道的分布形状是什么？

2-8　判断正误：

(1) 环丙烷和环戊烷中的碳原子都是 sp^3 杂化，所以分子中的碳碳键均为正常 σ 键。

(2) 环丙烷和环戊烷的通式相同，彼此相差两个 CH_2 基团，因此互为同系物。

2-9　试比较 1,3-戊二烯与 1,4-戊二烯哪个更稳定？为什么？

3. 脂肪烃和脂环烃的命名

在对脂肪烃和脂环烃进行鉴别前，首先要能命名。各类脂肪烃和脂环烃化合物的命名方法，主要有习惯命名法和系统命名法两种。

(1) 烷烃的命名

① 碳原子的类型

烷烃分子中碳原子与不同数量的其他碳原子成键，连接的碳原子数目不同，形成的支链也不同，据此通常将碳原子分为 4 类：

伯碳原子，也称为一级碳原子，指只与 1 个碳原子直接相连的碳原子，常用 1° 表示；

仲碳原子，也称为二级碳原子，指与两个碳原子直接相连的碳原子，常用 2° 表示；

叔碳原子，也称为三级碳原子，指与 3 个碳原子直接相连的碳原子，常用 3° 表示；

季碳原子，也称为四级碳原子，指与 4 个碳原子直接相连的碳原子，常用 4° 表示。

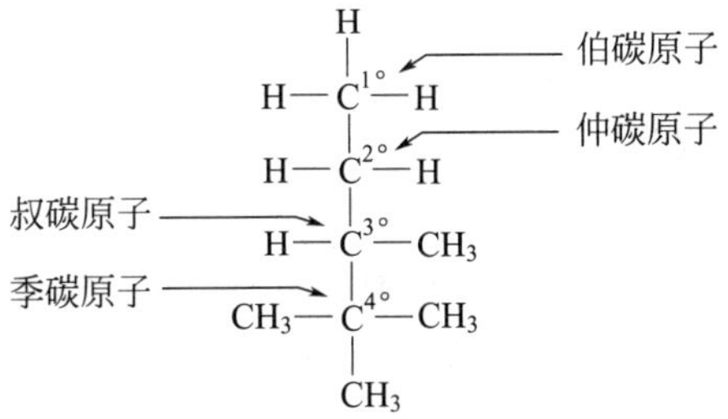

与伯、仲、叔碳原子直接相连的氢原子分别叫伯、仲、叔氢原子（常用 1°H，2°H，3°H 表示）。

② 烷基

烷烃分子从形式上去除一个氢原子所剩余的部分称为烷基。通式为 $—C_nH_{2n+1}$，常用 R— 表示。需注意的是，烷基是一种人为的定义，既不是自由基也不是离子，不能独立存在。

烷基的命名只需将烷烃命名中的"烷"字换为"基"字。例如，甲烷去掉一个氢得到甲基（$—CH_3$），乙烷去掉一个氢得到乙基（$—CH_2CH_3$）。常见一价烷基的名称见表 2-2。

表 2-2　常见一价烷基的名称

烷基	名称	烷基	名称
CH_3-	甲基	$CH_3CHCH_2- \\ \quad\ \ \ \ \mid \\ \quad\ \ \ \ CH_3$	异丁基
CH_3CH_2-	乙基	$CH_3CH_2CH- \\ \qquad\ \ \ \mid \\ \qquad\ \ \ CH_3$	仲丁基
$CH_3CH_2CH_2-$	正丙基	$\quad\ \ \ CH_3 \\ \quad\ \ \ \mid \\ CH_3-C- \\ \quad\ \ \ \mid \\ \quad\ \ \ CH_3$	叔丁基
$CH_3CH- \\ \ \ \ \ \mid \\ \ \ \ \ CH_3$	异丙基	$CH_3CHCH_2CH_2- \\ \quad\ \ \ \mid \\ \quad\ \ \ CH_3$	异戊基
$CH_3CH_2CH_2CH_2-$	正丁基	$CH_3CHCH_2CH_2CH_2- \\ \quad\ \ \ \mid \\ \quad\ \ \ CH_3$	异己基

如从烷烃分子中去掉两个氢，则得到二价的烷基，称为亚基。去掉三个氢则得到三价烷基，称为次基。

$$-CH_2- \qquad\qquad \overset{\textstyle\mid}{\underset{\textstyle\mid}{-CH}}$$

亚甲基　　　　　　次甲基

③ 习惯命名法

习惯命名法是以烷烃分子中碳原子的数目命名为"某烷"，适用于结构比较简单的烷烃的命名。碳原子数目 $C_1\sim C_{10}$ 的用天干"甲、乙、丙、丁、戊、己、庚、辛、壬、癸"来表示，碳原子数在 10 以上的用中文数字"十一、十二、十三……"来表示。同时，用"正""异""新"表示碳链连接方式的不同，不带支链的直链烷烃为"正"，链端第 2 位碳原子上连有一个甲基的为"异"，链端第 2 位碳原子上连有两个甲基的为"新"。例如：

$$CH_3CH_2CH_2CH_2CH_2CH_3 \qquad CH_3\underset{\underset{\textstyle CH_3}{\mid}}{CH}CH_2CH_2CH_3 \qquad CH_3\overset{\overset{\textstyle CH_3}{\mid}}{\underset{\underset{\textstyle CH_3}{\mid}}{C}}CH_2CH_3$$

正己烷　　　　　　　　　　异己烷　　　　　　　　　新己烷

异辛烷是个特例，其结构为：

$$CH_3\overset{\overset{\textstyle CH_3}{\mid}}{\underset{\underset{\textstyle CH_3}{\mid}}{C}}CH_2\underset{\underset{\textstyle CH_3}{\mid}}{CH}CH_3$$

异辛烷是俗称，并非习惯命名。这是衡量汽油质量的基准物。

小知识

　　汽油燃烧，往往会出现"爆震"，这种现象会使气缸受损，并降低发动机的动力。组成汽油的烷烃结构不同，"爆震"现象也有所不同，人们以辛烷值表示燃料的相对抗震能力，其中异辛烷的抗震力最强，人们将其辛烷值定为 100，正

> 庚烷抗震力最差，为 0。其中的异辛烷并非习惯命名，而是俗称，用系统命名法命名应该是 2,2,4-三甲基戊烷。

④ 系统命名法

系统命名法是中国化学会在国际纯粹与应用化学联合会（International Union of Pure and Applied Chemistry，IUPAC）命名法的基础上，结合汉字的特点制定的一种具有普适性的有机化合物命名方法，我国常用的是 1980 年出版的《有机化学命名原则》增订本。随着 IUPAC 对命名的不断更新，中国化学会对有机化合物的命名规则也进行了多次修订，最新版本是 2017 年 12 月 20 日发布的《有机化合物命名原则 2017》。鉴于目前尚处于两种规则并行阶段，且人们对 1980 年版的命名规则应用还很普遍，本书仍然沿用了 1980 年版的有机物的系统命名规则。

烷烃的系统命名法包括以下步骤。

选主链：主链是最长的碳链，按主链碳原子数命名为"某烷"。如有两条或两条以上等长碳链时，应选择取代基多的碳链为主链。例如：

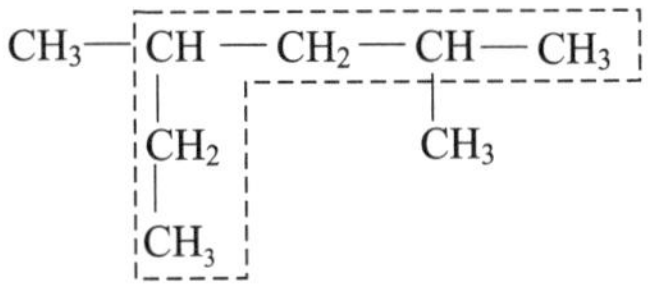

母体名称为"己烷" 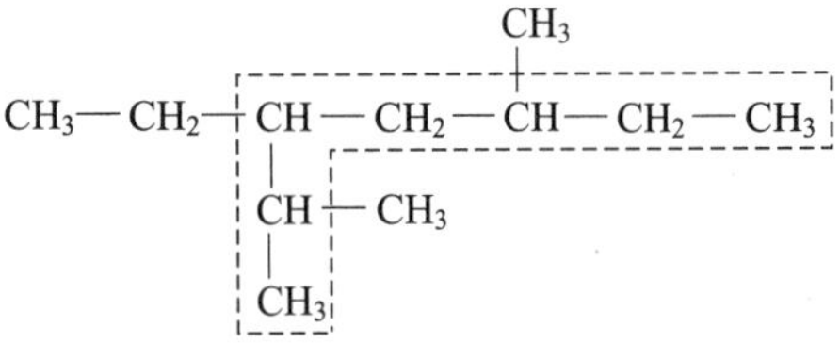　　　母体名称为"庚烷"

编号：主链选定后，应从距离支链最近的一端开始对主链碳原子进行逐个编号，以确定取代基的位次。编号用阿拉伯数字 1，2，3，4…表示，称为 1 位、2 位、3 位、4 位等。以此为前提，应综合考虑取代基，使取代基的位次尽可能小，例如：

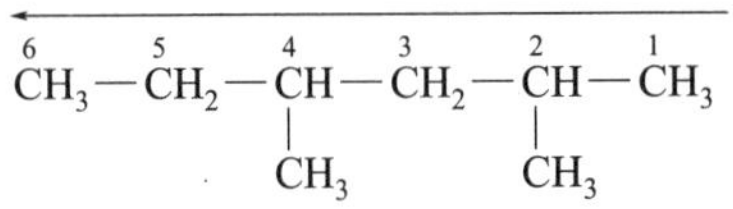

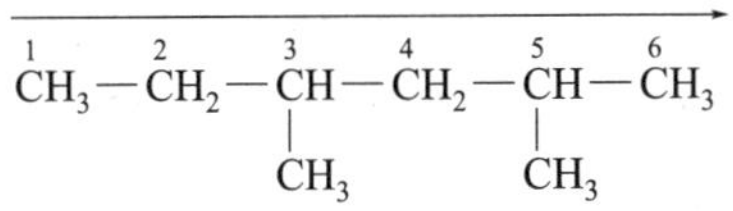

从左至右取代基位次：3，5；从右至左取代基位次：2，4（最低系列）

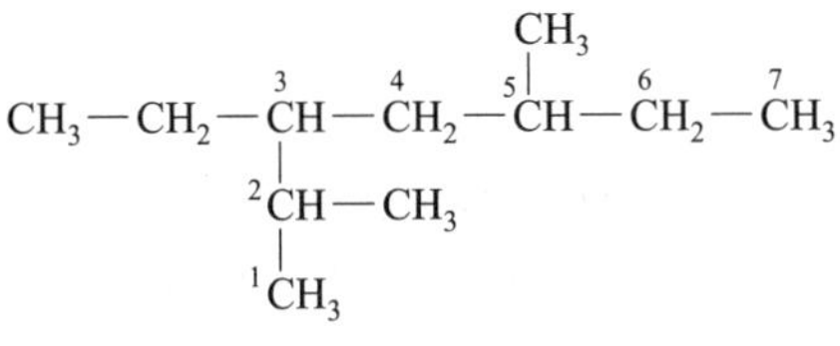

书写名称：将各取代基的位次、名称写在主链名称前。取代基的位次用阿拉伯数字表示，相同取代基的数目用中文数字"二、三……"表示，阿拉伯数字之间用"，"隔开；阿拉伯数字与文字之间用"-"相连。不同取代基列出顺序按"次序规则"（见模块六），较优基团后列出。例如：

$$\overset{\longleftarrow}{\underset{6}{CH_3}-\underset{5}{CH_2}-\underset{4}{CH}-\underset{3}{CH_2}-\underset{2}{CH}-\underset{1}{CH_3}}$$
$$\qquad\quad\ |\qquad\qquad\ |$$
$$\qquad\quad CH_3\qquad\quad CH_3$$

2,4-二甲基己烷

$$\underset{1}{CH_3}-\underset{2}{CH_2}-\underset{3}{CH}-\underset{4}{CH}-\underset{5}{CH_2}-\underset{6}{CH_3}$$
$$\qquad\qquad\quad |\qquad\ |$$
$$\qquad\qquad CH_3\ \ C_2H_5$$

3-甲基-4-乙基己烷（不能命名为：4-甲基-3-乙基己烷）

$$\qquad\qquad\qquad CH_3$$
$$\qquad\qquad\qquad\ |$$
$$CH_3-CH_2-\underset{3}{C}H-\underset{4}{C}H_2-\underset{5}{C}H-\underset{6}{C}H_2-\underset{7}{C}H_3$$
$$\qquad\qquad\quad |$$
$$\qquad\qquad\ \underset{2}{C}H-CH_3$$
$$\qquad\qquad\quad |$$
$$\qquad\qquad\ \underset{1}{C}H_3$$

2,5-二甲基-3-乙基庚烷

（2）烯烃、炔烃和二烯烃的命名

① 烯基、炔基的命名

烯烃分子去掉一个氢原子剩下的部分，叫做烯基；炔烃分子去掉一个氢原子剩下的部分，叫做炔基。常见的烯基、炔基有：

$$CH_2=CH-\qquad\qquad CH_3-CH=CH-\qquad\qquad CH_2=CH-CH_2-$$

　　乙烯基　　　　　　　　　丙烯基　　　　　　　　　烯丙基

$$CH\equiv C-\qquad\qquad CH_3-C\equiv C-\qquad\qquad CH\equiv C-CH_2-$$

　　乙炔基　　　　　　　　　丙炔基　　　　　　　　　炔丙基

② 习惯命名法

烯烃和二烯烃中有个别化合物可采用习惯命名法命名。例如：

$$CH_3CH_2CH=CH_2\qquad\qquad CH_3-\underset{|}{C}=CH_2\qquad\qquad CH_2=\underset{|}{C}-CH=CH_2$$
$$\qquad\qquad\qquad\qquad\qquad\qquad CH_3\qquad\qquad\qquad CH_3$$

　　　正丁烯　　　　　　　　　异丁烯　　　　　　　　　异戊二烯

③ 系统命名法

选主链：选择含官能团的最长的碳链为主链，按主链碳原子数目称为"某烯（或炔）"，若含 10 个以上碳原子称为"某碳烯（或炔）"。

编号：从靠近双（或三）键一端开始编号，即使官能团的位次最低。对于二烯烃，编号要使两个双键的位次符合"最低系列"。母体称为"某二烯"，用"a，b-某二烯"表示。其中：a，b 各自代表两个双键的位次的阿拉伯数字，并且 a＜b。

例如：

$$\underset{12}{CH_3}(CH_2)_9\underset{2}{CH}=\underset{1}{CH_2}\qquad\quad \underset{5}{CH_3}\underset{4}{CH_2}\underset{3}{C}\equiv\underset{2}{C}\underset{1}{CH_3}\qquad\quad \underset{5}{CH_3}\underset{4}{CH}=\underset{3}{CH}-\underset{2}{CH}=\underset{1}{CH_2}$$

　　1-十二碳烯　　　　　　　　2-戊炔　　　　　　　　1,3-戊二烯

书写名称：以双（或三）键碳中较小的位次标出双（或三）键的位置，再将取代基位次、取代基名称、官能团位次、母体名称依次列出。例如：

$$\underset{7}{CH_3}-\underset{6}{CH_2}-\underset{5}{CH}-\underset{4}{CH_2}-\underset{3}{CH}-\underset{2}{C}=\underset{1}{CH_2}$$
$$\qquad\qquad\quad |\qquad\qquad |\qquad\ |$$
$$\qquad\qquad CH_3\qquad CH_3\ CH_2-CH_3$$

3,5-二甲基-2-乙基-1-庚烯

$$CH_3-CH_2-\underset{4}{CH}-\underset{3}{C}\equiv\underset{2}{C}-\underset{1}{CH_3}$$
$$\qquad\qquad\quad |$$
$$\qquad\qquad\ \underset{5}{CH}-CH_3$$
$$\qquad\qquad\quad |$$
$$\qquad\qquad\ \underset{6}{CH_3}$$

5-甲基-4-乙基-2-己炔

$$\underset{\underset{1}{CH_3}\ \underset{}{CH_2}\ \underset{\underset{CH_3}{3}}{CH}\ \underset{4}{CH}=\underset{5}{CH}\ \underset{\underset{C_2H_5}{6}}{CH}\ \underset{7}{CH_2}\ \underset{8}{CH_3}}{}$$

3-甲基-6-乙基-4-辛烯

$$\underset{1}{CH_3}-\underset{\underset{CH_3}{2}}{C}\equiv\underset{3}{CH}-\underset{\underset{C_2H_5}{4}}{C}=\underset{5}{CH}-\underset{6}{CH_3}$$

2-甲基-4-乙基-2,4-己二烯

（3）烯炔的命名

分子中既含碳碳双键又含碳碳三键的化合物，称为烯炔。它的命名是选取同时含有双键和三键的最长碳链为主链，位次的编号通常使双键位次最小，但若两种编号中一种较高时，则宜采用最低的一种。书写名称时以"a-某烯-b-炔"表示，a、b分别表示烯和炔的位次。例如：

$$CH_2=CH-CH_2-C\equiv CH \qquad\qquad CH_3-CH=CH-C\equiv CH$$

1-戊烯-4-炔 　　　　　　　　　　　　　　　 3-戊烯-1-炔

（4）脂环烃的命名

以环为母体，根据成环碳原子的数目，称为"环某烷（或烯等）"，环上的烷基作为取代基。若分子中含有多个取代基时，遵循"次序规则"，给较优基团较大的编号，且使所有取代基编号最小。例如：

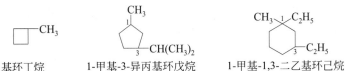

甲基环丁烷　　　　1-甲基-3-异丙基环戊烷　　　1-甲基-1,3-二乙基己烷

对于环烯烃或其他不饱和脂环烃，编号时应使不饱和键的位次最低。例如：

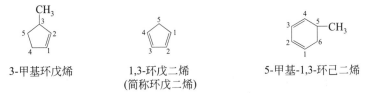

3-甲基环戊烯　　　　　1,3-环戊二烯　　　　　5-甲基-1,3-环己二烯
　　　　　　　　　　　（简称环戊二烯）

当环上连有复杂的烷基或不饱和烃基时，以环上的支链为母体，环为取代基，称为"环某基"，按支链烃的命名原则命名。例如：

2-甲基-4-环戊基戊烷　　　　　　　　　　2-环己基-3-己烯

思考与练习

2-10　写出下列烃或烃基的构造式。

（1）丙炔基　　（2）烯丙基　　（3）异戊二烯　　（4）环丁基乙炔

（5）2,2-二甲基戊烷　　（6）2-乙基-2-丁烯　　（7）3-甲基丁炔

（8）乙基环丁烷

2-11　下列化合物的系统命名是否正确，若不正确，请改正。

（1）1,1-二甲基丁烷　　（2）3-丙基-4-甲基己烷　　（3）2-甲基-4-戊烯

（4）2-乙基-3-戊炔　　（5）3-乙基-3,5-己二烯　　（6）3-甲基-1,4-己二烯

2-12　用系统命名法命名下列化合物。

(1) 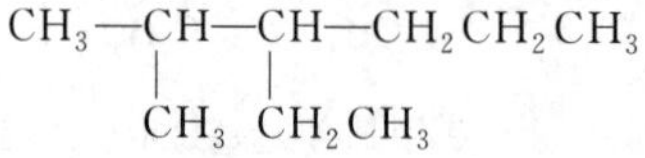 $CH_3-CH-CH-CH_2CH_2CH_3$
　　　　　$|$　$|$
　　　　CH_3 CH_2CH_3

(2) 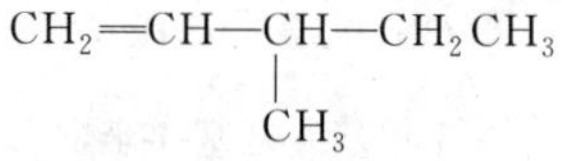 $CH_2=CH-CH-CH_2CH_3$
　　　　　　　　$|$
　　　　　　　CH_3

(3) $CH_3-C\equiv C-CHCH_3$
　　　　　　　　　$|$
　　　　　　　　CH_2CH_3

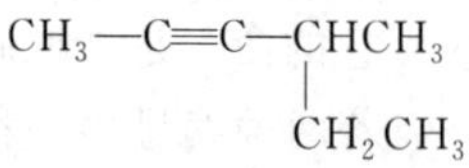

(4) 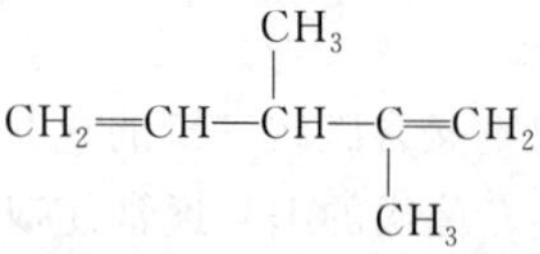 $CH_2=CH-CH-C=CH_2$
　　　　　　　$|$　$|$
　　　　　　CH_3 CH_3（上方为CH_3）

(5) 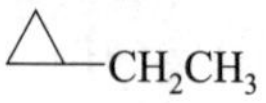 △—CH_2CH_3

(6) 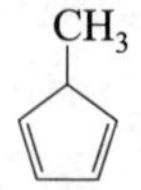 （甲基环戊二烯结构，含CH_3）

(7) 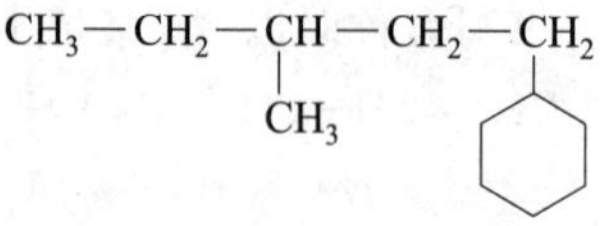 $CH_3-CH_2-CH-CH_2-CH_2$（连环己烷）
　　　　　　　　$|$
　　　　　　　CH_3

4.脂肪烃和脂环烃可用于鉴别的化学性质及变化规律

烷烃分子由 C—C σ键及 C—H σ键组成，电子云可以达到最大限度的重叠，因此形成的键比较牢固，需要较高的能量才能使之断裂。所以一般情况下，烷烃具有极大的化学稳定性，与强酸、强碱及常用的氧化剂、还原剂都不发生化学反应。另外，碳原子和氢原子的电负性差别很小，分子中 σ键的极性很弱，很难被极化，故烷烃的分子也不易和极性试剂发生共价键异裂的离子型反应。因此，烷烃的反应往往需要使用高温、高压或催化剂，在一般的物质鉴别中，烷烃常常表现为惰性。

在脂肪烃和脂环烃的其他化合物中，可用于物质鉴别的化学性质主要有不饱和烃与溴的加成反应、不饱和烃与高锰酸钾的氧化反应、炔氢原子的反应、环烷烃小环的加成。

（1）不饱和烃的加成

烯烃、炔烃等不饱和烃分子中含有 π 键，易断裂发生化学反应。当不饱和烃与某些试剂作用时，不饱和键中的 π 键断裂，试剂中的两个原子或基团加到不饱和碳原子上，生成饱和化合物的反应称为加成反应。这是不饱和烃的特征反应之一，与不饱和烃发生加成的试剂主要有 H_2、X_2、HX、H_2SO_4、H_2O、HOX 等。其中，氢气与不饱和烃的加成需在催化剂的作用下发生催化加氢反应，生成饱和烃。其余试剂与不饱和烃的反应为亲电加成反应，较易发生，反应式如下：

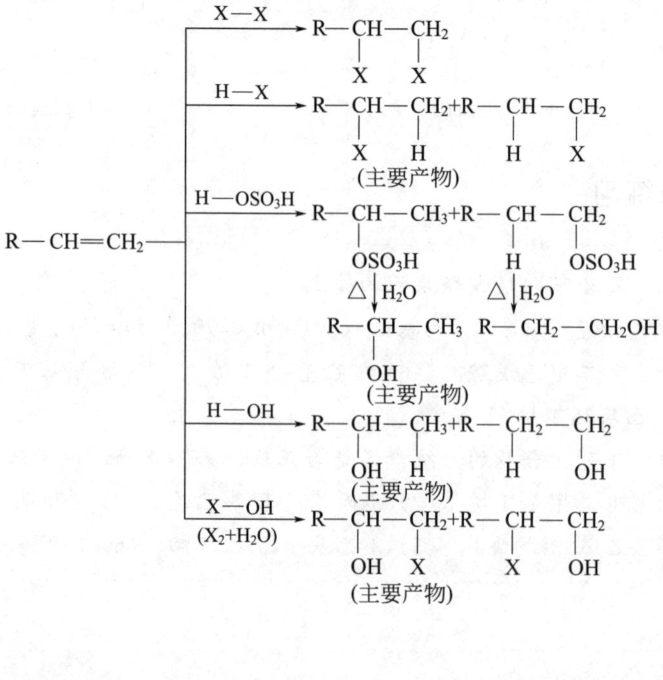

　　反应式中，双键两端连接不同烃基的不对称烯烃与 HX 等极性试剂加成时，得到两种加成产物。其中主要产物是氢原子或带部分正电荷的原子或基团加到含氢较多的双键碳原子上，这是俄国科学家马尔科夫尼科夫（Markovnikov）发现的一条经验规则，即马尔科夫尼科夫规则，简称马氏加成规则。只有当有过氧化物存在时，不对称烯烃与溴化氢的加成是反马氏加成，即氢原子加到双键含氢较少的碳原子上。这种现象称为过氧化物效应。例如：

$$CH_3-CH=CH_2 + HBr \xrightarrow{\text{过氧化物}} CH_3-CH_2-CH_2Br$$

　　在物质鉴别中，主要运用不饱和烃与单质溴的加成反应。例如：

$$CH_3CH=CH_2 + Br_2 \xrightarrow{CCl_4} CH_3\underset{\underset{Br}{|}}{CH}\underset{\underset{Br}{|}}{CH_2}$$

$$CH_2=CHCH=CH_2 + Br_2 \longrightarrow CH_2=CH\underset{\underset{Br}{|}}{CH}\underset{\underset{Br}{|}}{CH_2}$$

$$CH_3C\equiv CH \xrightarrow{Br_2}{CCl_4} CH_3\underset{\underset{Br}{|}}{C}=\underset{\underset{Br}{|}}{CH} \xrightarrow{Br_2}{CCl_4} CH_3\underset{\underset{Br}{|}}{\overset{\overset{Br}{|}}{C}}-\underset{\underset{Br}{|}}{\overset{\overset{Br}{|}}{CH}}$$

　　以上反应通常以四氯化碳作溶剂，在室温下即可发生。溴的四氯化碳溶液是棕红色的，与不饱和烃反应后转变成无色，褪色过程快，现象明显。

　　另外，烯烃与硫酸的加成反应，可用于分离提纯。如：

$$CH_3-CH=CH_2 + HOSO_2OH(75\% \sim 85\%) \xrightarrow{50℃} CH_3-\underset{\underset{OSO_2OH}{|}}{CH}-CH_3$$

硫酸氢异丙酯

知识应用

　　硫酸氢异丙酯易水解，生成相应的醇。

$$CH_3-\underset{\underset{OSO_2OH}{|}}{CH}-CH_3 \xrightarrow{\text{水解}} CH_3-\underset{\underset{OH}{|}}{CH}-CH_3$$

　　烯烃与硫酸作用生成的硫酸氢烷酯能溶于硫酸，根据这一性质，可分离提纯某些不与硫酸反应，又不溶于硫酸的有机物，如烷烃、卤代烃等。在石油工业中，将含少量烯烃的烷烃与适量浓硫酸一起混合振荡，可除去烷烃中的烯烃。另外，硫酸氢酯加热水解得到醇，这是工业上制备醇的方法之一，称为烯烃间接水合法。

　　二烯烃分子中含有两个碳碳双键，也能通过加成反应使溴水褪色。但双键的位置不同，对二烯烃性质的影响较大。隔离二烯烃与溴水的反应与单烯烃类似；共轭二烯烃，如 1,3-丁二烯 $CH_2=CH-CH=CH_2$，其加成反应有 1,4-加成与 1,2-加成两种情况：

$$\underset{4}{CH_2}=\underset{3}{\overset{\delta^+}{CH}}-\underset{2}{\overset{\delta^-}{CH}}=\underset{1}{\overset{\delta^+}{CH_2}}+Br_2 \xrightarrow{CCl_4}$$

1,2-加成 → $CH_2=CH-\underset{\overset{|}{Br}}{CH}-\underset{\overset{|}{Br}}{CH_2}$

3,4-二溴-1-丁烯

1,4-加成 → $\underset{\overset{|}{Br}}{CH_2}-CH=CH-\underset{\overset{|}{Br}}{CH_2}$

1,4-二溴-2-丁烯

一般在低温下或非极性溶剂中有利于 1,2-加成产物的生成，在高温下或极性溶剂中则有利于 1,4-加成产物的生成。例如：

$$CH_2=CH-CH=CH_2+HBr$$

$\xrightarrow{-80℃}$ $CH_2=CH-\underset{\overset{|}{Br(80\%)}}{CH}-CH_3 + CH_2=CH-CH=CH-CH_3$（20%）

　　　　　　　3-溴-1-丁烯　　　　　　1-溴-2-丁烯

$\xrightarrow{40℃}$ $\underset{\overset{|}{Br}}{CH_2}-CH=CH-CH_3$（80%）$ + CH_2=CH-\underset{\overset{|}{Br}}{CH}-CH_3$（20%）

　　　　　　　1-溴-2-丁烯　　　　　　3-溴-1-丁烯

共轭二烯烃除发生一般的加成反应外，还可与含碳碳双键或碳碳三键的不饱和化合物发生 1,4-加成，生成环状化合物，这个反应叫双烯合成，又叫 Diels-Alder（狄尔斯-阿尔德）反应。

$$\xrightarrow{\underset{17h}{165℃，90MPa}}$$

反应中，共轭二烯烃称为双烯体，含碳碳双键或碳碳三键的化合物为亲双烯体。若亲双烯体上连有—COOH、—CHO、—CN 等吸电子基时，更有利于反应的进行。例如：

$$\xrightarrow{\underset{100℃}{苯}}$$

顺丁烯二酸酐　　（固体，100%）

该反应可定量进行，且生成白色固体，可用于共轭二烯烃的鉴定。

（2）不饱和烃与高锰酸钾的氧化反应

有机化学中，将引入氧或脱去氢的反应称为氧化反应。烯烃和炔烃可以被高锰酸钾氧化，氧化产物视烃的结构和反应条件的差异而不同。

在碱性或中性条件下，用稀、冷高锰酸钾溶液氧化，烯烃中的 π 键发生断裂，生成邻二元醇。

$$3RCH=CHR'+2KMnO_4+4H_2O \longrightarrow 3\underset{\overset{|}{OH}}{RCH}-\underset{\overset{|}{OH}}{CHR'}+2MnO_2\downarrow+2KOH$$

反应后高锰酸钾溶液的紫色褪去，生成褐色的二氧化锰沉淀。因此，这是鉴别碳碳双键的另一常用方法。

在碱性或中性条件下，用浓、热高锰酸钾溶液或酸性高锰酸钾氧化，烯烃和炔烃中的不饱和键发生断裂，生成不同的产物。例如：

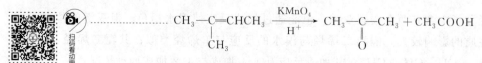

$$\cdots\cdots CH_3-\underset{\overset{|}{CH_3}}{C}=CHCH_3 \xrightarrow[H^+]{KMnO_4} CH_3-\underset{\overset{\|}{O}}{C}-CH_3+CH_3COOH$$

$$CH_3CH\!=\!C\!-\!CH_2\!-\!CH\!=\!CH_2 \xrightarrow[H^+]{KMnO_4} CH_3COOH + CH_3\overset{O}{\overset{\|}{C}}CH_2COOH + CO_2\uparrow + H_2O$$

以CH$_3$为支链

$$\overset{CH_3}{\underset{}{\bigcirc}} \xrightarrow[H^+]{KMnO_4} CH_3\overset{O}{\overset{\|}{C}}CH_2CH_2CH_2CH_2COOH$$

$$CH_3CH_2C\!\equiv\!CH \xrightarrow[H^+]{KMnO_4} CH_3CH_2COOH + CO_2\uparrow$$

安全提示

　　高锰酸钾为强氧化剂，应用广泛。但高锰酸钾有燃烧爆炸的危险，并且有一定的腐蚀性，可对人体的呼吸道、眼睛、皮肤等造成伤害。因此，本物质的残余物和容器必须作为危险废物处理，避免有害物质排放到环境中。

·（3）炔氢的反应

　　在炔烃分子中，与三键碳原子直接相连的氢原子，叫做炔氢原子。由于三键碳原子是 sp 杂化，其中 s 成分比 sp^2、sp^3 杂化轨道的 s 成分多，s 成分愈多，电负性愈强，因此三键碳原子的电负性较强，炔氢原子非常活泼。末端炔烃加到硝酸银或氯化亚铜的氨溶液中，炔氢立即被 Ag$^+$ 或 Cu$^+$ 取代，生成白色的乙炔银或红棕色的乙炔亚铜沉淀，可用于鉴别末端炔烃。

$$CH\!\equiv\!CH \begin{cases} \xrightarrow{Ag(NH_3)_2NO_3} AgC\!\equiv\!CAg\downarrow \\ \qquad\qquad\qquad\text{乙炔银} \\ \xrightarrow{Cu(NH_3)_2Cl} CuC\!\equiv\!CCu\downarrow \\ \qquad\qquad\qquad\text{乙炔亚铜} \end{cases}$$

扫码看课件

$$R\!-\!C\!\equiv\!CH \begin{cases} \xrightarrow{Ag(NH_3)_2NO_3} R\!-\!C\!\equiv\!CAg\downarrow \\ \qquad\qquad\qquad\text{炔化银} \\ \xrightarrow{Cu(NH_3)_2Cl} R\!-\!C\!\equiv\!CCu\downarrow \\ \qquad\qquad\qquad\text{炔化亚铜} \end{cases}$$

安全提示

　　干燥的金属炔化物很不稳定，受热易发生爆炸，为避免危险，生成的炔化物应加稀酸将其分解。

$$R\!-\!C\!\equiv\!CCu + HCl \longrightarrow R\!-\!C\!\equiv\!CH + Cu_2Cl_2$$
$$R\!-\!C\!\equiv\!CAg + HNO_3 \longrightarrow R\!-\!C\!\equiv\!CH + AgNO_3$$

金属炔化物遇酸又生成了原来的炔烃，这一性质可用于分离末端炔烃。

（4）小环环烷烃的加成反应

环烷烃的化学性质与烷烃相似，可以发生取代反应。但由于环烷烃结构差异，使环丙烷和环丁烷及其烷基衍生物等小环化合物容易开环，与卤素或卤化氢发生亲电加成反应。例如环丙烷与溴在室温下就能反应，使溴的颜色褪去。

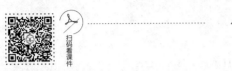

$$\triangle + Br_2 \xrightarrow[\text{室温}]{CCl_4} CH_2{-}CH_2{-}CH_2$$
$$\underset{Br}{|} \qquad\qquad \underset{Br}{|}$$

1,3-二溴丙烷

环丁烷与溴的加成反应需在加热下进行。

$$\square + Br_2 \xrightarrow[\triangle]{CCl_4} CH_2{-}CH_2{-}CH_2{-}CH_2$$
$$\underset{Br}{|} \qquad\qquad\qquad\qquad \underset{Br}{|}$$

1,4-二溴丁烷

取代环丙烷与卤化氢反应时，含氢最多和含氢最少的碳碳键断裂，且加成产物符合马氏加成规则。例如：

$$\xrightarrow{\hspace{1cm}} CH_3{-}CH{-}\underset{\underset{Cl}{|}}{C}{-}CH_3$$

2,3-二甲基-2-氯丁烷

小环环烷烃与溴水反应的褪色现象比较明显，但在常温下，即使是较活泼的环丙烷与一般的氧化剂也不起反应，这是环烷烃与不饱和烃的差别，因此可用高锰酸钾水溶液是否褪色鉴别环烷烃与不饱和烃。

👥 思考与练习

2-13　完成下列化学反应式。

(1) $CH_3\underset{\underset{CH_3}{|}}{CH}CH_2C{=}\underset{}{CH}CH_3 + HBr \longrightarrow$

(2) $CH_3CH_2CH{=}CH_2 + Br_2 \longrightarrow$

(3) $CH_3\underset{\underset{CH_3}{|}}{CH}CH{=}CH_2 \xrightarrow[H^+]{KMnO_4}$

(4) $\text{⬠}{-}CH_3 \xrightarrow[H^+]{KMnO_4}$

(5) $CH_3{-}C{\equiv}CH + Ag(NH_3)_2NO_3 \longrightarrow$

(6) $CH_2{=}CHCH{=}CH_2 + CH_3CH{=}CH_2 \xrightarrow{\text{高温，高压}}$

2-14　正己烷中混有少量 3-己烯，用什么方法除去 3-己烯？

5. 脂肪烃和脂环烃的其他主要化学性质及变化规律

(1) 取代反应

① 烷烃的取代反应

烷烃在光照或加热条件下，也可使单质溴褪色，但此反应需要条件，往往不是鉴别反应的首选。

烷烃的卤代反应一般难以停留在一取代阶段，通常得到各卤代烃的混合物。例如甲烷的氯代：

$$CH_4 + Cl_2 \xrightarrow[\text{或光照}]{400℃} CH_3Cl + CH_2Cl_2 + CHCl_3 + CCl_4$$

$$\text{一氯甲烷} \qquad \text{二氯甲烷} \qquad \text{三氯甲烷} \qquad \text{四氯化碳}$$

$$CH_3CH_2CH_3 + Br_2 \xrightarrow{\text{光照}} CH_3CH_2CH_2Br + \underset{\overset{|}{Br}}{CH_3CHCH_3}$$

$$\text{1-溴丙烷（3％）} \qquad\qquad \text{2-溴丙烷（97％）}$$

② 环烷烃的取代反应

与直链烷烃类似，环烷烃在光照或加热条件下，也可以与卤素发生取代反应，在碳环不变的情况下，生成相应的卤代物。

$$\text{氯代环戊烷}$$

$$\text{1-甲基-1-氯环己烷}$$

取代反应优先在含氢少的碳原子上进行。

③ 烯烃 α-氢原子上的卤代反应

有机物分子中与官能团直接相连的碳原子称为 α-碳原子，α-碳原子上的氢原子称为 α-氢原子。含 α-氢原子的烯烃，α-碳氢上的电子云受双键 π 电子云的影响，使 α-氢原子的活性增强，可与卤素发生取代反应。

$$CH_3—CH\!=\!CH_2 + Cl_2 \xrightarrow{500℃} \underset{\overset{|}{Cl}}{CH_2}—CH\!=\!CH_2 + HCl$$

得到的 3-氯丙烯是一种有特殊气味的液体，是工业上制备合成甘油、环氧树脂的重要原料。

（2）催化加氢

催化加氢又称催化氢化，是不饱和烃在铂、钯、镍等金属催化剂作用下与氢气发生的加成反应。铂和钯通常是吸附在活性炭上使用，而镍则是由镍铝合金经碱处理后，得到表面积较大的海绵状金属镍，称雷尼镍（Raney Ni）。

$$CH_3—CH\!=\!CH_2 + H_2 \xrightarrow{Pt/C} CH_3—CH_2—CH_3$$

$$CH_3—C\!\equiv\!CH + H_2 \xrightarrow{Raney\ Ni} CH_3—CH\!=\!CH_2 \xrightarrow[Raney\ Ni]{H_2} CH_3—CH_2—CH_3$$

催化剂为铂、钯、镍时，炔烃加氢很难停留在烯烃阶段，通常是加两分子氢直接生成烷烃。活性较低的林德拉（Lindlar）催化剂，可使炔烃在加氢过程中停留在烯烃阶段。

$$CH_3—C\!\equiv\!CH + H_2 \xrightarrow{Lindlar\ 催化剂} CH_3—CH\!=\!CH_2$$

林德拉催化剂是将金属钯沉淀在硫酸钡上并用喹啉毒化，或将金属钯沉淀在碳酸钙上用醋酸铅毒化，降低金属活性。

应用催化加氢，可将汽油中少量的不饱和烃转化为烷烃，增加汽油的稳定性，提高质量。液态油脂中若含有少量烯烃，也可通过催化加氢使其转变为固态油脂，防止变质，且便于保存和运输。

（3）其他氧化反应

脂烃的氧化反应，除了不饱和烃与高锰酸钾的氧化外，还有一些其他的氧化反应。

① 催化氧化

一些脂烃在催化剂作用下，与空气中的氧气或纯氧发生氧化反应。

$$\mathrm{CH_2{=}CH_2} + \mathrm{O_2} \xrightarrow[250\text{℃}]{\mathrm{Ag}} \underset{\text{环氧乙烷}}{\mathrm{CH_2{-}CH_2}}$$

② 烷烃燃烧

烷烃在空气中燃烧是一种强烈的氧化反应，完全燃烧时生成二氧化碳和水，同时放出大量的热。通式如下：

$$\mathrm{C}_n\mathrm{H}_{2n+2} + \frac{3n+1}{2}\mathrm{O}_2 \xrightarrow{\text{点燃}} n\mathrm{CO}_2 + (n+1)\mathrm{H}_2\mathrm{O} + Q$$

小知识

　　烷烃氧化产生二氧化碳。气候变化是人类面临的全球性问题，随着各国二氧化碳排放，温室气体猛增，对生命系统形成威胁。在这一背景下，各国以全球协约的方式减排温室气体，我国由此提出了"碳达峰"和"碳中和"的目标。

　　"碳达峰"是我国承诺 2030 年前，二氧化碳排放不再增加，达互峰值后逐步降低。"碳中和"是指企业、固体或个人测算在一定时间内直接或间接产生的温室气体排放总量，通过造树造林植物、节能减排等形式抵消，实现二氧化碳零排放。

（4）不饱和烃的聚合反应

在催化剂作用下，烯烃、炔烃分子中的 π 键断裂，分子间互相结合生成长链的大分子或高分子化合物，这种反应称聚合反应。聚合反应的生成物为聚合物，能进行聚合反应的低分子量化合物称单体。聚合反应是一种特殊的加成反应。

$$n\mathrm{CH_2{=}CH_2} \xrightarrow{\text{引发剂}} \underset{\text{聚乙烯}}{{\vphantom{}}{\uparrow}\!\mathrm{CH_2{-}CH_2}\!{\downarrow}_n}$$

$$\underset{\text{顺1,4-聚丁二烯}}{\cdots}$$

$$\mathrm{CH{\equiv}CH} + \mathrm{CH{\equiv}CH} \xrightarrow[\mathrm{HCl}]{\mathrm{CuCl\text{-}NH_4Cl}} \underset{\text{1-丁烯-3-炔}}{\mathrm{CH_2{=}CH{-}C{\equiv}CH}}$$

小知识

聚乙烯是无味、无嗅、无毒的乳白色半透明物质，用于生产薄膜、编织袋和塑料容器等，在工业和日常生活中应用广泛。顺 1,4-聚丁二烯，也称为顺丁橡胶，是轮胎、胶管等橡胶制品的原料。1-丁烯-3-炔，也称乙烯基乙炔，是制造氯丁橡胶的重要原料。

思考与练习

2-15 完成下列化学反应式。

（1） $CH_3CH_3 + Cl_2 \xrightarrow{\text{光}}$

（2） $CH_3CH_2CH = CH_2 + Br_2 \xrightarrow{\text{光}}$

（3） $nCH_3CH_2CH = CH_2 \xrightarrow{\text{引发剂}}$

（4） 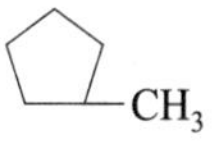 $+ Br_2 \xrightarrow{\text{光}}$

6. 反应机理与影响因素

反应机理又称为反应历程。它是对由反应物到产物所经历途径的详细描述，是建立在实验基础上的一种理论假说。

（1）亲电加成反应机理与影响因素

烯烃与不饱和烃的加成属于亲电加成反应。烯烃具有双键，在分子平面双键位置的上方和下方都有较大的 π 电子云，碳原子核对 π 电子云的束缚较小，使 π 电子云容易流动和极化，因而使烯烃具有亲核性能，易受带正电或部分带正电的亲电性的分子或离子的进攻而发生反应。反应中具有亲电性能的试剂称亲电试剂。由亲电试剂的作用而引起的加成反应叫亲电加成反应。实验表明，亲电加成反应是分步进行的。

当烯烃与 HX 发生亲电加成反应时，烯烃首先与 HX 相互极化影响，π 电子云偏移，使双键的一个碳原子上带有部分负电荷，更易受极化分子 HX 中 H^+ 的进攻，生成带正电的中间体碳正离子和卤素负离子。该过程较慢，是决定反应速率的步骤。随后中间体碳正离子迅速与卤素负离子形成卤烷。

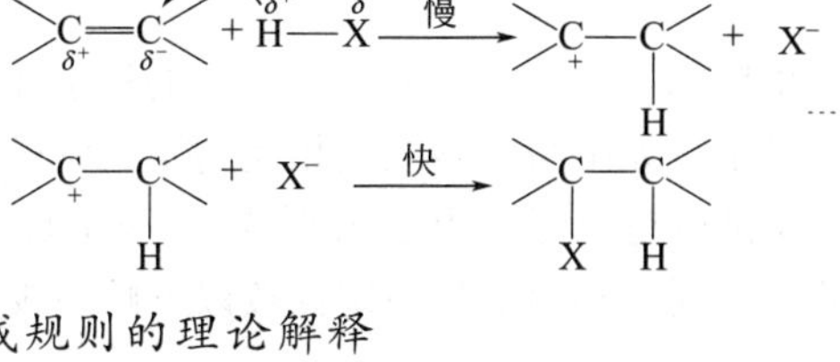

（2）马氏加成规则的理论解释

认识了烯烃和卤化氢的加成反应历程，就可以从理论上解释不对称的马氏加成规律。

当不对称烯烃（如丙烯）与 HX 加成时，反应首先由 H^+ 进攻发生。在丙烯分子中，含氢较少的双键碳原子上连接着甲基，甲基的存在直接影响了双键中电子云密度的分布。甲基碳原子为 sp^3 杂化，而双键碳原子为 sp^2 杂化，sp^2 杂化轨道与 sp^3 杂化轨道相比含有更多的 s 轨道成分，因此电负性较大，相比而言，甲基具有给电子性能，使双键上的 π 电子云向双键的另一个碳原子偏移，从而使含氢较多的双键碳原子上带部分负电荷。加成时，H^+ 首先加到含氢较多带部分负电荷的双键碳原子上，生成碳正离子；然后 X^- 与碳正离子结合，加到含氢较少的双键碳原子上。

$$\overset{\delta^-}{CH_2}=\overset{\delta^+}{CH}\leftarrow CH_3 + H^+ \xrightarrow{\text{第一步}} CH_3-\overset{+}{CH}-CH_3 \xrightarrow[X^-]{\text{第二步}} CH_3-\underset{X}{\overset{\ }{CH}}-CH_3$$

　　由于分子中成键原子或基团的电负性不同，引起分子中成键的电子云向一方偏移，分子发生极化的效应，叫做诱导效应。用符号 I 表示。

　　诱导效应分为吸电子诱导效应和供电子诱导效应两种，其判断标准是相对于 H 原子的电负性。电负性比氢大的原子与碳相连引起的诱导效应叫做吸电子诱导效应，一般用 $-I$ 表示；电负性比氢小的原子与碳相连引起的诱导效应叫做给电子诱导效应，一般用 $+I$ 表示。不同的诱导效应对烯烃中碳碳双键的影响表示如下：

$$\overset{\delta^+}{CH_2}=\overset{\delta^-}{CH}\to Y \qquad -I$$

$$\overset{\delta^-}{CH_2}=\overset{\delta^+}{CH}\leftarrow X \qquad +I$$

其中，Y 表示吸电子基，X 表示给电子基。

　　诱导效应的强弱主要取决于官能团中心原子相对电负性的大小。常见取代基的吸电子或给电子能力的强弱顺序为：

吸电子基　$-NO_2>-CN>-COOH>-F>-Cl>-Br>-I>-OR>-H$

给电子基　$(CH_3)_3C->(CH_3)_2CH->CH_3CH_2->CH_3->H-$

　　诱导效应沿键链的传递是以静电诱导的方式进行的，只涉及电子云分布状态的改变，一般不引起整个电荷的转移和价态的变化，也不会在分子链上出现正负交替现象。而且随着距离的增加，诱导效应明显减弱，一般经过 5 个碳原子后，诱导效应可忽略不计。

　　除诱导效应外，马氏规则也可以用碳正离子的稳定性进行解释。当丙烯与 HX 加成时，H^+ 首先和不同的双键碳原子加成形成两种碳正离子，然后碳正离子再和卤素结合，得到两种加成产物。

$$CH_3-CH=CH_2 + H^+ \begin{cases} \xrightarrow{I} CH_3-\overset{+}{CH}-CH_3 \xrightarrow{X^-} CH_3-\underset{X}{\overset{\ }{CH}}-CH_3 \\ \qquad\qquad \text{仲碳正离子} \\ \\ \xrightarrow{II} CH_3-CH_2-\overset{+}{CH_2} \xrightarrow{X^-} CH_3-CH_2-\underset{X}{\overset{\ }{CH_2}} \\ \qquad\qquad \text{伯碳正离子} \end{cases}$$

　　显然，碳正离子的稳定性越大，也就越容易生成。而碳正离子的稳定性取决于所带正电荷的分散程度，正电荷越分散，体系越稳定。如果与碳碳双键相连的 α-C 原子上带有正电荷（即烯丙基碳正离子）时，α-C 原子上的 p 轨道与双键 π 电子云形成 p，π 共轭体系，碳正离子的正电荷充分分散，稳定性更强。因此，不同碳正离子的稳定性按以下顺序减小。

$$CH_2=CH\overset{+}{CH_2} > CH_3-\underset{CH_3}{\overset{+}{C}}-CH_3 > CH_3-\overset{+}{CH}-CH_3 > CH_3\overset{+}{CH_2} > \overset{+}{CH_3}$$

烯丙基碳正离子　　叔碳正离子　　　　仲碳正离子　　伯碳正离子　甲基碳正离子

　　在丙烯与 HX 的反应中，途径 I 形成的是仲碳正离子，途径 II 形成的是伯碳正离子。

根据碳正离子稳定性顺序，显然加成主要采取途径Ⅰ，得到符合马氏加成规则的加成产物。

（3）自由基取代反应机理与影响因素

烷烃的卤代反应属于自由基取代反应。自由基取代反应是通过共价键的均裂生成自由基而进行的链反应，包括链引发、链增长和链终止 3 个阶段。以甲烷的氯代反应为例。

链引发是在高温或光照条件下，氯分子吸收能量发生共价键均裂，产生两个氯自由基引发反应。

$$Cl_2 \xrightarrow{\text{光或热}} 2Cl\cdot$$

链增长是在自由基与分子的碰撞中进行的。氯自由基很活泼，与甲烷碰撞，可使甲烷分子中的一个 C—H 键均裂，氯自由基与氢自由基结合成氯化氢分子，同时产生了新的甲基自由基。

$$Cl\cdot + CH_4 \longrightarrow HCl + \cdot CH_3$$

甲基自由基也很活泼，再与氯分子作用，生成一氯甲烷与氯自由基。新的自由基又重复进行上述反应，逐步生成二氯甲烷、三氯甲烷和四氯甲烷。

$$\cdot CH_3 + Cl_2 \longrightarrow CH_3Cl + Cl\cdot$$
$$CH_3Cl + Cl\cdot \longrightarrow CH_2Cl\cdot + HCl$$
$$CH_2Cl\cdot + Cl_2 \longrightarrow CH_2Cl_2 + Cl\cdot$$
$$\cdots\cdots$$
$$CCl_3\cdot + Cl_2 \longrightarrow CCl_4 + Cl\cdot$$

在大量甲烷存在时，引发生成的氯自由基主要与甲烷分子碰撞发生反应，而自由基间碰撞的概率较小。但当甲烷的量减少时，自由基间碰撞的概率随之增加，两个自由基相互作用形成分子，这一过程也就是链终止。

$$Cl\cdot + Cl\cdot \longrightarrow Cl_2$$
$$CH_3\cdot + CH_3\cdot \longrightarrow CH_3CH_3$$
$$CH_3\cdot + Cl\cdot \longrightarrow CH_3Cl$$

在自由基卤代反应中，决定反应速率的最慢步骤是氢的获取。

$$RH + X\cdot \longrightarrow R\cdot + HX$$

而氢的获取，即氢的活泼性取决于形成的烃基自由基的稳定性。实验表明：各种烃基自由基的稳定性按以下顺序减小。

$$CH_2=CH\overset{\cdot}{C}H_2 > CH_3-\overset{\cdot}{\underset{\overset{|}{CH_3}}{C}}-CH_3 > CH_3-\overset{\cdot}{C}H-CH_3 > CH_3\overset{\cdot}{C}H_2 > \overset{\cdot}{C}H_3$$

　　烯丙基自由基　　　叔碳自由基　　　仲碳自由基　　　伯碳自由基　甲基自由基

越稳定的自由基越容易形成，这个顺序与伯、仲、叔氢原子被夺取的容易程度（即活泼性 $3°H > 2°H > 1°H$）是一致的。

📖 供选实例

（1）现有 4 瓶丢失标签的无色液体，分别是正戊烷、1-戊烯、异戊二烯和溴代环丙烷，请将其一一对号。

（2）实验室有 4 瓶失去标签的无色液体，只知是正己烷、1-己炔、1,3-环戊二烯、2-甲基-1-丁烯，如何快速将其一一鉴别。

任务 2　分离纯化芳香烃

🔄 任务分析

有机物的制备需要经过有机合成及后处理两个环节，所谓"后处理"，就是指有机物的分离纯化。经化学反应得到的合成产物大多为混合物，既包含目标化合物，也含有剩余的原料、辅料、副产物等其他物质，必须进行分离纯化才能获得符合纯度要求的产物。分离是根据有机混合物中各组分彼此间的化学性质或物理性质的差别，将其逐一分开的过程；而纯化是从不纯的有机物中除去杂质的过程。分离纯化的目的是得到比较纯净的各个有机物，因此过程中应尽量减少物质的损失。

分离和纯化有机混合物的方法主要有物理法和化学法两类。物理法是利用各有机化合物的挥发性、溶解性等物理性质间的差别来进行分离。化学法是利用混合物中各组分间化学性质的差别，采用不同性质的反应性溶剂，通过化学反应来进行分离。

无论何种方法，均需一定的单元操作，才能达到分离纯化的效果，使用较多的分离纯化操作有重结晶、升华、萃取、蒸馏、减压蒸馏、水蒸气蒸馏、分馏、色谱等。

芳香烃的分离纯化，除可运用不同芳烃的物理性质外，芳环上的磺化反应也是化学法分离纯化芳香烃的常用性质。

✳️ 工作过程

（1）分析有机混合物的组成

在分离纯化有机混合物前，需根据主副反应原理及原辅料情况认真分析反应过程，推测反应混合物中可能含有的化合物。了解各化合物的物理化学性质，如对某些溶剂的溶解情况、挥发性、所含官能团的种类及反应特征等。为分离纯化方案的制定做好前期准备。

（2）制定分离纯化方案

依据样品中可能存在的各有机化合物的性质差别来选择分离纯化的方法。分离纯化方案的详略由实际要求而定。若只需要一个目标化合物，则方案的侧重点在于运用该化合物与混合物中其他化合物的性质差别将其分离提纯；若需要将化合物逐个分离或所需纯化的物质较多，则提纯方案的步骤也相应增加。

方案中往往需要运用多种方法完成一个分离纯化过程，其中化学方法通常是为物理处理做准备的，最后的分离提纯以物理方法为主。

（3）实施分离纯化操作

依据重结晶、升华、萃取、蒸馏、减压蒸馏、水蒸气蒸馏、分馏、色谱等单元操作的具体要求搭建装置，控制条件，收集产物。

（4）完成实验记录

根据分离纯化步骤及现象，实验员填写表 2-3 有机混合物分离纯化实验记录。

（5）获得纯物质

由实验过程完成各步操作后，获得纯度达到要求的化合物，按各化合物的性质要求存放待用。

表 2-3　有机混合物分离纯化实验记录

实验序号	实验步骤	实验现象	结　论
1			
2			
3			
			实验员
			实验时间

 行动知识

1. 物质分离纯化的相关要求

有机物分离纯化的基本要求是不增加新的物质，不影响被纯化物的组成结构。在纯化过程中若需要使用化学方法将被纯化物转变成其他物质时，应容易将其恢复到原来的状态；若需要使用多种试剂除去不同杂质时，应考虑加入试剂的顺序，后续试剂的加入以可除去前一种过量试剂为宜；杂质与外加试剂形成的物质需易与被提纯物质分离；尽量选择常见易得试剂，且操作简单方便。

2. 液-液混合物分离纯化的方法

液-液混合物的分离纯化方法主要有萃取、蒸馏、减压蒸馏、水蒸气蒸馏、分馏、色谱等。萃取操作适合将反应混合物中的酸碱催化剂、无机盐、酸性、碱性或可溶性杂质的除去。蒸馏是纯化液体有机物最常用的方法，可以回收溶剂或根据产品的沸程截取馏分，操作过程中可视各组分间挥发性和蒸气压的大小选用常压蒸馏、减压蒸馏、水蒸气蒸馏、分馏等不同的蒸馏方法。液体混合物使用不同的蒸馏方法进行分离纯化，不仅需要用到不同的装置，同时其操作方法也是有机物制备中典型的单元操作技术。色谱法是利用混合物中各组分在某一物质中的吸附或溶解性能的不同，或其他亲和作用的差异，使混合物的溶液流经该种物质，进行反复的吸附和分配，从而达到分离的目的。这种方法适用于分离化合物的物化性质十分相似的各组分，它是分离复杂混合物的有效方法。

3. 萃取及分液漏斗的使用

溶质从一相转移到另一相的操作过程称为萃取。萃取可以从液体或固体混合物中提取所需的物质，也可以用于洗去混合物中少量的杂质，是目前应用广泛、简单快速的分离纯化方法。

（1）萃取原理

萃取是利用物质在互不相溶（或微溶）的溶剂中的溶解度不同而达到分离的目的。在一定温度和压力下，若需萃取溶质在两种溶剂中不发生电解、电离、缔合和溶剂化等作用，则该溶质在两液相中的浓度比在平衡时是一常数，该常数称分配系数，用 K 表示：

$$K = \frac{c_A}{c_B} \qquad (2\text{-}1)$$

式(2-1) 称为分配定律。式中，c_A、c_B 表示溶质在两种互不相溶的溶剂中的物质的量浓度，其极限情况是如果溶质在两种互不相溶的一种溶剂中完全溶解，则 K 将为无穷大或等于

零，这是不可能达到的。但只要当 $K>1$，溶剂 A 的体积等于或大于溶剂 B 的体积，就意味着溶剂 A 中的溶质较多，那么，溶剂 B 中的溶质量就取决于 K 值的大小。式(2-1) 也可改写为：

$$K=\frac{m_A/V_A}{m_B/V_B}=\frac{m_A V_B}{m_B V_A} \tag{2-2}$$

式中，K 不变，当 V_B 不变，而 V_A 增加时，在溶剂 A 中溶质的质量与溶剂 B 中溶质的质量之比也明显增加。表明如果从溶剂 A 中回收溶质，A 溶剂用量越大，回收的溶质也越多。

若将分配定律进一步推论，可得式(2-3)：

$$m_n=m_0\left(\frac{KV}{KV+S}\right)^n \tag{2-3}$$

式中，m_0 为萃取前化合物总量；m_n 为萃取 n 次后化合物剩余量；S 为萃取溶剂的体积。该式说明，若用一定体积的萃取溶剂从另一溶剂中分离溶质，将总体积分几次连续萃取的效果比用总体积一次萃取的效果更好。但多次萃取是有极限的，当超过这一极限，回收率也不会增加。

萃取溶剂直接影响萃取效果，选择萃取溶剂应遵循以下原则：萃取溶剂对被提取物有较大的溶解度，并且与原溶剂不相溶或微溶；萃取溶剂对所萃取物应有较大的分配系数；萃取溶剂应与原溶剂和被提取物均不反应；萃取后溶剂应与溶质易于分离，通常还要求萃取溶剂沸点低，以便于蒸馏回收；溶剂纯度高，不带入新的杂质；性质稳定毒性小；价格低。

（2）萃取装置

萃取需要相应的仪器或装置，按被萃取物的种类，最常用的有以下两种。

① 分液漏斗

分液漏斗（见图 2-12）是水溶液中萃取物质的常用仪器，可用于间歇多次萃取。分液漏斗有圆形和长梨形几种，末端有一活塞，分层液从此放出。漏斗越长，两液相振摇后分层所需时间越长。

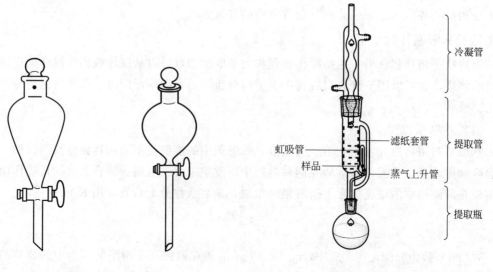

图 2-12　分液漏斗　　　　　　　　　　图 2-13　索氏提取器

② 索氏提取器

索氏提取器也叫脂肪提取器，是从固体中提取所需物质的常用装置，如图 2-13 所示。装置通过对烧瓶内溶剂加热，使其蒸气沿抽提筒侧面的蒸气通道上升至冷凝管而被冷凝为液体；液体滴到滤纸筒上，使滤纸筒被冷凝液浸泡。当提取管中的液面超过虹吸管的最高处时，溶剂带着从固体中萃取出来的物质流回烧瓶，由此利用溶剂的回流和虹吸原理，使固体物质每次都被纯的热溶剂萃取，纯溶剂冷凝回到提取管。索氏提取器的具体操作方法在本书模块四中详细介绍。

（3）萃取操作

① 液-液萃取

液-液萃取主要在分液漏斗中完成。选用分液漏斗的容积通常要比液体的体积大 1 倍以上。使用前先要检查旋塞处是否漏水，确认不漏水后，将漏斗放在固定于铁架上的铁圈中，关好活塞，倒入萃取液，然后加入萃取溶剂。萃取溶剂的用量一般为被萃取液体积的 1/3 左右，总体积不超过分液漏斗容积的 3/4。塞紧

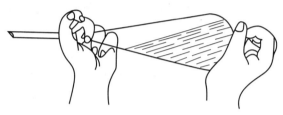

图 2-14　分液漏斗的操作方法

玻璃塞，取下漏斗，右手握住漏斗上口颈部，并用手掌顶住塞子，左手握漏斗活塞处，用拇指压紧活塞，前后振荡，如图 2-14 所示。振荡是为了增加溶剂间的接触面，使溶质在溶剂间按分配系数短时间内达到平衡。振荡几次后，应将漏斗向上倾斜，开启活塞排气，直至放气压力很小为止。这对低沸点溶剂或萃取洗涤过程中可能产生气体的情况尤为重要，否则漏斗内压力增大，活塞会被冲脱造成液体损失。振荡充分后，将漏斗置于铁圈上，静置、分层。待分层完全后，打开漏斗上口塞子，下层液体由下口放出，上层液体由上口倒出。

② 液-固萃取

液-固萃取操作主要是借助于索氏提取器。它是利用固体样品中被提取的物质和杂质在同一液体溶剂中的溶解度不同而达到分离的目的。为增加液体浸润面积，应先将固体研细，放入提取器的滤纸筒内，上下包紧以免固体逸出，纸筒的高度不得超过索氏提取器的虹吸管。然后按自下而上的顺序安装提取装置，先装烧瓶，并放入数粒沸石，再装提取器，再于提取器上方安装球形冷凝管。于提取器上口加入有机溶剂，液体通过虹吸管流入蒸馏瓶，加入溶剂的量应视提取时间和溶解程度而定。最后通入冷凝水，加热。经多次蒸发、冷凝、提取、虹吸的过程，即可使固体中易溶解的物质流入蒸馏瓶中，然后用适当的方法将萃取物从溶液中分离出来。

📋 理论知识

芳香烃，也称芳烃，是苯及其衍生物的总称，是指分子结构中含有一个或者多个苯环的烃类化合物。"芳香"二字的由来，是在有机化学发展初期，这一类化合物几乎都是从有香味的挥发性物质中发现的，如从安息香胶中得到了安息香酸，从苦杏仁油中得到了苯甲醛等，但后来许多性质同属芳香族的化合物，却没有香味，因此现今芳香烃指的只是这些含有苯环的化合物。

1. 苯的结构及表达方式

苯是最简单的芳香烃，也是所有芳香族化合物的母体。根据元素分析和分子量的测定，证明苯的分子式为 C_6H_6。由苯的分子式可见，碳氢比和乙炔相同，都是 1∶1，它应具有不饱和性，但是事实并非如此。苯极为稳定，不易氧化，难起加成反应，但在催化剂的作用下，易发生取代反应。这说明苯的性质与不饱和烃大有区别，苯的这种性质来自苯的特殊结构。

自 1825 年英国物理学家化学家法拉第（M. Faraday）首先从照明气中分离出苯后，人们一直在探索苯的结构及表达方式，其中较有代表性的是：

（1）凯库勒构造式

1865 年凯库勒（Kekule）首先提出了苯的环状结构，即 6 个碳原子在同一平面上彼此连接成环，每个碳原子上都结合着 1 个氢原子。为了满足碳的四价，凯库勒提出如下的构造式：

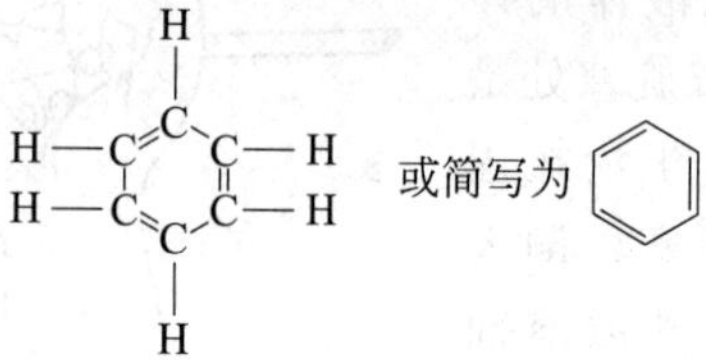

这个式子称为苯的凯库勒式。这个式子虽然可以说明苯分子的组成以及原子间的次序，但仍存在问题：其一，在上式中既然有 3 个双键，为什么苯不起类似烯烃的加成反应？其二，据上式，苯的邻二元取代物应有以下两种异构体，但事实只有 1 种。

从而，凯库勒又假设苯环是下列两种结构式的平衡体系：

它们间相互转化极快，因而分不出两种异构体。

经过许多事实证明以上两种异构体呈平衡的假设是不存在的。但凯库勒关于苯分子的六元环状结构的提出是一个非常重要的假设，至今我们仍用凯库勒式来表示苯分子的结构，然而苯分子中并不存在简单的碳碳单键和碳碳双键。

🌱 小故事

1825 年，英国科学家法拉第首先发现苯，此后几十年间，人们一直都不知道它的结构。1864 年冬的一天，德国化学家凯库勒（Friedrich·Kekule，1829—1896）正坐在壁炉前打瞌睡，睡梦中，原子和分子们开始在幻觉中跳起舞来，一条碳原子链像蛇一样咬住了自己的尾巴，在他眼前旋转。在睡梦中惊醒之后，凯库勒终于明白苯分子是一个环，由六个碳原子首尾相接。苯环结构的诞生，是有机化学发展史上的里程碑。

（2）闭合共轭体系

近代物理方法测定，苯分子中的 6 个碳原子都是 sp^2 杂化的，每个碳原子各以两个 sp^2 杂化轨道分别与另外两个碳原子形成 C—Cσ 键，这样 6 个碳原子构成了一个平面正六边形。每个碳原子上的另一个 sp^2 轨道与氢原子的 1s 轨道形成 C—Hσ 键，使苯分子中的所有原子都在同一平面上，键角都是 120°。见图 2-15（a）。每个碳原子还有一个未参与杂化的 p 轨道，它的对称轴垂直于此平面，与相邻的两个碳原子上的 p 轨道分别从侧面平行重叠，形成一个闭合的共轭体系，见图 2-15（b）。

在这个体系中，环上有 6 个碳原子和 6 个 π 电子，离域的 π 电子云完全平均化，体系能量低，比较稳定。π 电子云成两个轮胎状，均匀分布在苯环平面的上下两侧，见图 2-15（c）。苯分子中的碳碳键长也完全平均化，都是 0.1393nm。这种具有 6π 电子的闭合共轭体系，使得苯环具有高度的对称性和特殊的稳定性。由于形成了闭合共轭体系，无单、双键之分，故苯的邻位二元取代物只能有一种。

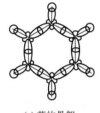 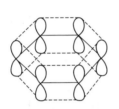 

(a) 苯的骨架　　　　　　(b) 苯的环状共轭体系　　　　　(c) 苯的π电子云

图 2-15　苯的结构

至今还没有更好的结构式表示苯的这种结构特点，出于习惯和解释问题的方便，仍沿用凯库勒式表示苯的结构。目前，为了描述苯分子中完全平均化的大 π 键，也用下式表示苯的结构。

思考与练习

2-16　苯具有高度不饱和性，却不易发生加成或氧化反应，这是为什么？

2-17　苯分子中的共轭体系是如何形成的？

2. 单环芳烃的分类与同分异构现象

根据分子中所含苯环的数目和连接方式，芳香烃可分为如下几类：

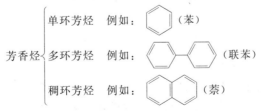

其中，单环芳烃是指分子中含有一个苯环的芳烃。

（1）单环芳烃的分类

单环芳烃有苯、烷基苯和不饱和烃基苯三类。

苯是最简单的单环芳烃，当苯环上的氢原子被不同的烷基取代时，可得到烷基苯。苯和烷基苯互为同系物，它们的通式为 C_nH_{2n-6}（$n \geqslant 6$）。如：

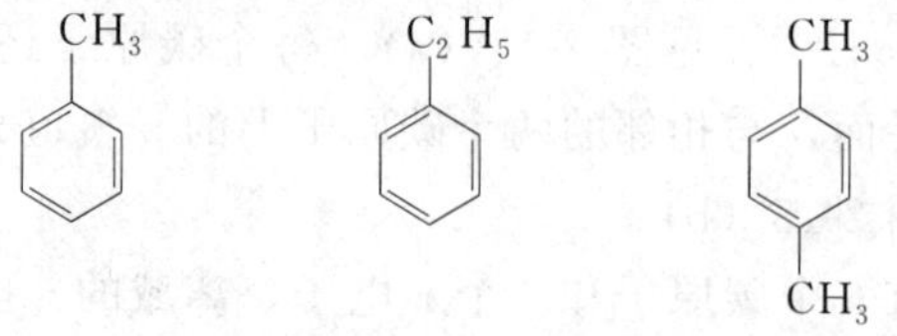

甲苯　　　　　乙苯　　　　　对二甲苯

不饱和烃基苯是与苯环相连的侧链含有 $C = C$ 或 $C \equiv C$ 的化合物。如：

苯乙烯　　　　　　苯乙炔

（2）单环芳烃的同分异构现象

单环芳烃的异构主要是构造异构，有两种情况：

① 苯环上的侧链异构

当苯环上的侧链有 3 个以上碳原子时，可能出现碳链排列方式不同而产生构造异构现象。如：

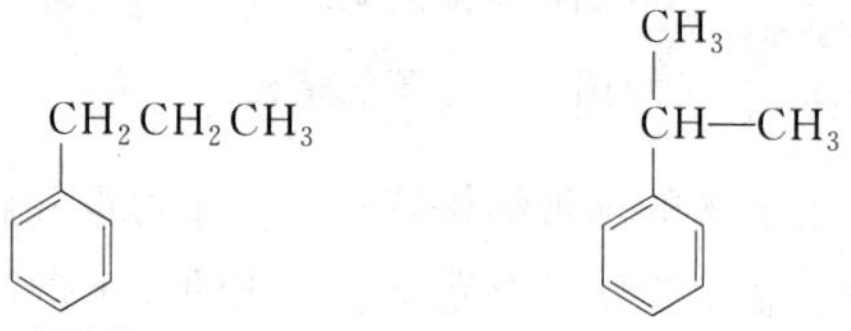

正丙苯　　　　　　　异丙苯

② 侧链在苯环上的位置异构

当苯环上连有两个或两个以上侧链时，就会因侧链在环上位置不同而产生异构现象。如：

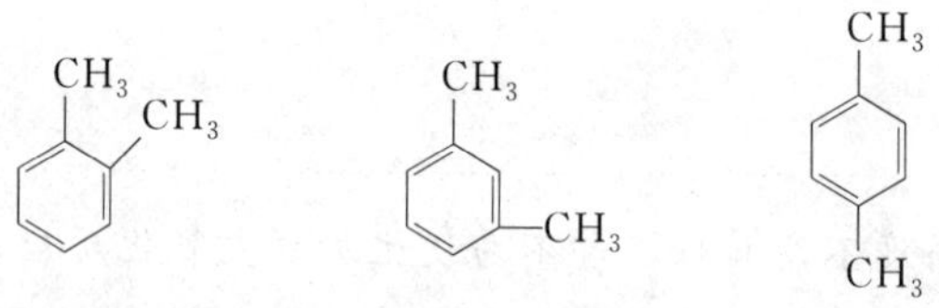

邻二甲苯　　　　间二甲苯　　　　对二甲苯

思考与练习

> 2-18　写出分子式为 C_9H_{12} 的芳烃所有异构体。

扫码看课件

3. 单环芳烃的命名

认识并能正确地命名芳香烃是分离纯化芳香烃的前提。在有机物中，芳香烃的命名有其特定的规则，本模块主要介绍单环芳烃的命名。

（1）苯的一元衍生物的命名

苯环上的氢原子被其他原子或基团取代后生成的化合物叫做苯的衍生物。其中，苯环上仅1个氢原子被取代的称一元衍生物，去掉1个氢原子后余下的基团叫做苯基，用 Ph— 表示。同样，芳烃分子中的1个氢原子被去掉后，所余下的基团称为芳基，常用 Ar 表示。常见的有苯甲基或苄基（ CH_2- 苯环 ），是甲苯分子去掉1个甲基上的氢原子后余下的基团；邻甲苯基（ CH_3 苯环 ），是甲苯分子中去掉一个邻位苯环上的氢原子后余下的基团。

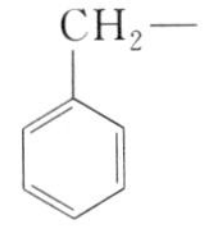

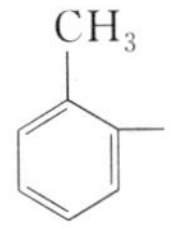

苯的一元衍生物的命名有两种。一种是将苯作为母体，苯环上取代氢的基团作为取代基，称为"某某苯"，如：

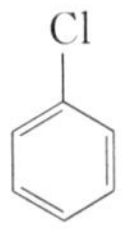

Cl 苯环　　NO$_2$ 苯环　　CH$_3$ 苯环
氯苯 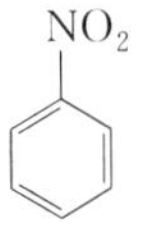　　　硝基苯 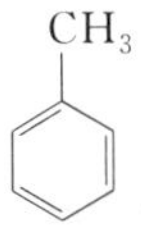　　　甲苯

另一种是将苯作为取代基，称为"苯（基）某某"，如：

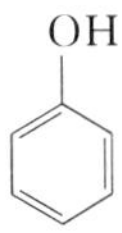

OH 苯环　　CHO 苯环　　COOH 苯环　　SO$_3$H 苯环　　NH$_2$ 苯环
苯酚 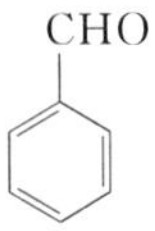　　　苯甲醛 　　　苯甲酸 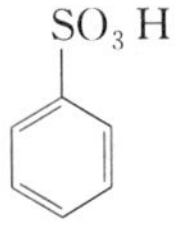　　　苯磺酸 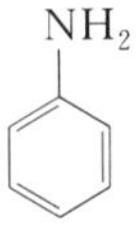　　　苯胺

苯在什么情况下作为母体，什么情况下作为取代基，依据表 2-4 中的官能团优先次序，表中苯环上的取代基是"烷烃"后（包括"烷烃"）的官能团时，通常苯作母体；苯环上的取代基是"烷烃"前的官能团时，通常苯作取代基。

表 2-4　主要官能团的优先次序（按优先递降排列）

类别	官能团	类别	官能团	类别	官能团
羧酸	—COOH	醛	—CHO	炔烃	—C≡C—
磺酸	—SO$_3$H	酮	C=O	烯烃	C=C
羧酸酯	—COOR	醇	—OH	醚	—OR
酰氯	—COCl	酚	—OH	烷烃	—R
酰胺	—CONH$_2$	硫醇,硫酚	—SH	卤化物	—X
腈	—CN	胺	—NH$_2$	硝基化合物	—NO$_2$

但当苯环上连有构造复杂的烷基时，则将苯环作取代基，烷基碳链作母体。

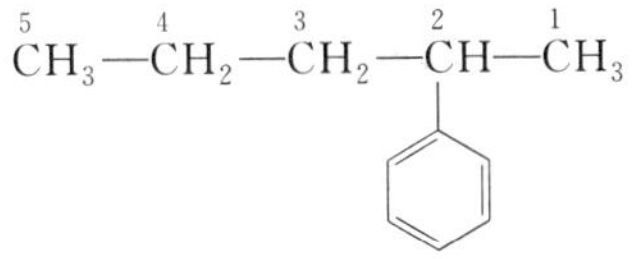

$$\overset{5}{CH_3}-\overset{4}{CH_2}-\overset{3}{CH_2}-\overset{2}{CH}-\overset{1}{CH_3}$$
苯环

2-苯基戊烷

（2）苯的多元衍生物的命名

苯的二元取代有3种异构，它们是由取代基在苯环上相对位置的不同而引起的，命名时

用邻（o）、对（p）和间（m）标明两个取代基的相对位置，也可用 1,2-、1,4-、1,3- 表示邻、对、间。如：

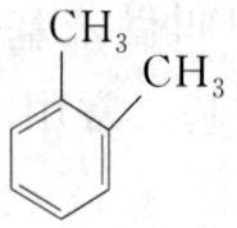

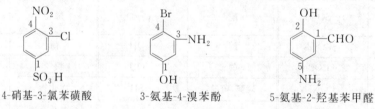

1,2-二甲苯	1,3-二甲苯	1,4-二甲苯	3-叔丁基甲苯
（邻二甲苯）	（间二甲苯）	（对二甲苯）	（间叔丁基甲苯）

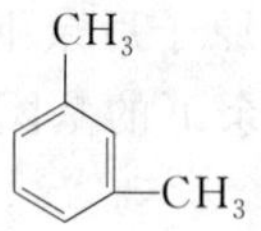

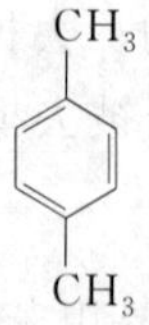

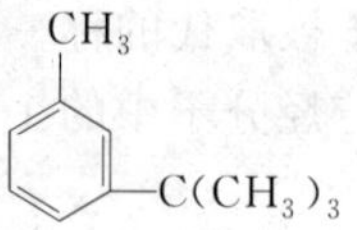

若两个取代基不同，按表 2-4 中列出的顺序，优先官能团与苯环一起为母体，另一为取代基。如：

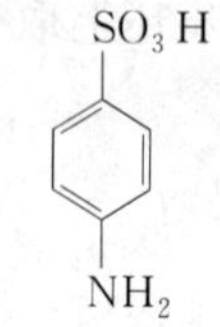

对氨基苯磺酸 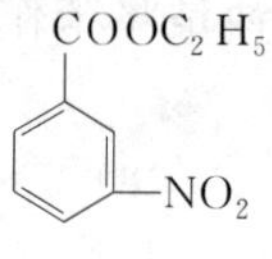　　　　间硝基苯甲酸乙酯 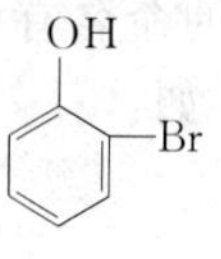　　　　邻溴苯酚

当苯环上连有 3 个相同的烷基，除可用数字表示其相对位置外，还可用"连""偏""均"标明。

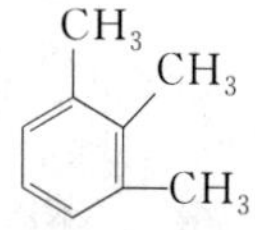

1,2,3-三甲苯	1,2,4-三甲苯	1,3,5-三甲苯
（连三甲苯）	（偏三甲苯）	（均三甲苯）

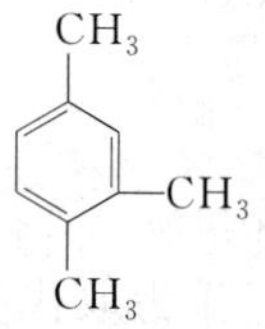

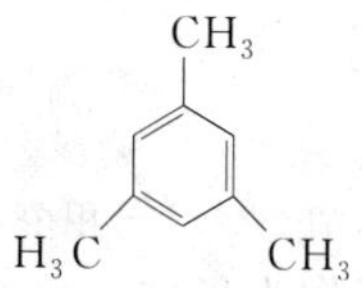

当苯环上有三个或更多的取代基时，命名时，同样以表 2-4 中列出顺序，先出现的官能团与苯环一起作母体，母体官能团的位次为 1，其他基团为取代基，取代基的编号以母体官能团为标准，位次尽可能小，写名称时，取代基的排列顺序以小基团（英文按字母顺序排列）优先。如：

4-硝基-3-氯苯磺酸　　　3-氨基-4-溴苯酚　　　5-氨基-2-羟基苯甲醛

思考与练习

2-19　用系统命名法命名下列化合物。

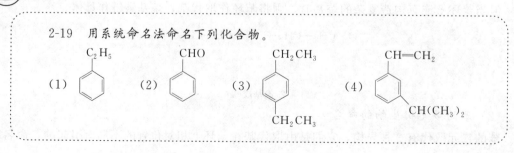

（1）　　　　（2）　　　　（3）　　　　（4）

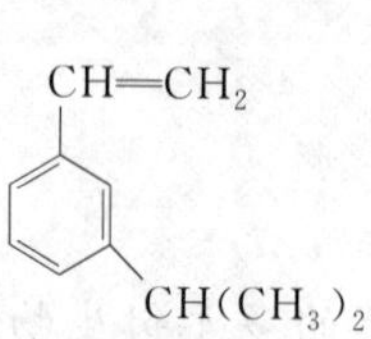

（5）　$CH_3-CH-CH_2-CH-CH_3$
　　　　　　　|　　　　　|
　　　　　　　C_2H_5 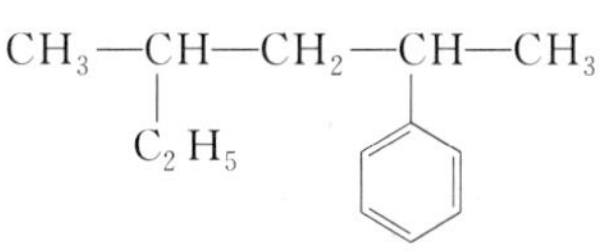　　　　　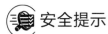

（6） 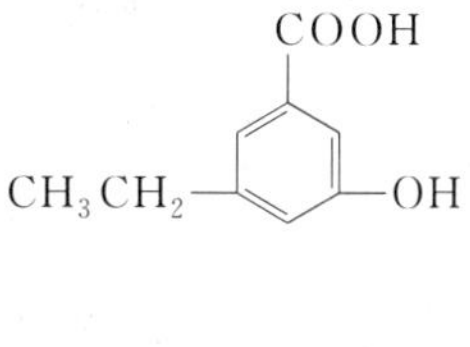　

4. 单环芳烃的物理性质及变化规律

苯和它的常见同系物一般为无色透明、有特殊气味的液体，不溶于水，易溶于有机溶剂。如乙醚、四氯化碳、石油醚等非极性溶剂，在二甘醇、环丁砜、N,N-二甲基甲酰胺（简称DMF）等特殊溶剂中有很好的溶解性，因此常用这些溶剂萃取芳香烃。同时，液态芳香烃本身也是良好的溶剂。芳香烃的相对密度大多为 0.86～0.93；沸点随分子量增大而升高；熔点除与分子量有关外，还与结构的对称性有关，通常结构对称性高的化合物，熔点较高。

🔬 安全提示

芳香烃一般都有毒性，长期吸入它们的蒸气，会损害造血器官及神经系统。

5. 单环芳烃的亲电取代反应与变化规律

扫码看课件

扫码看微课

苯环中离域的 π 电子云分布在环平面的上、下两侧，受原子核的束缚小，易流动，虽由于共轭效应的存在，较烯烃稳定，不易发生亲电加成反应，但它们也能对亲电试剂提供电子，易进行亲电取代。芳香烃的亲电取代反应种类较多，其中的磺化反应是分离纯化芳香烃的常用化学性质。

（1）磺化反应

有机化合物分子中的氢被磺酸基（$-SO_3H$）取代的反应称为磺化反应。

在加热条件下，苯与浓硫酸反应，苯环上的氢原子被磺酸基取代，生成苯磺酸。

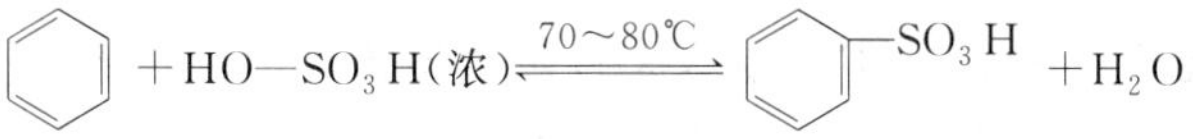

$$\bigcirc + HO-SO_3H(浓) \underset{}{\overset{70\sim80℃}{\rightleftharpoons}} \bigcirc-SO_3H + H_2O$$

苯磺酸是有机强酸，其酸性可与无机强酸相比。苯磺酸是重要的有机合成原料。

⬡ 知识应用

磺化反应是可逆反应，且苯磺酸在水中溶解度很大，利用这一性质，将难溶于水的芳香族化合物中引入磺酸基可增加在水中的溶解度，使其与原有机混合物油水分离后，再将苯磺酸与水共热脱去磺酸基，达到芳烃分离纯化的目的。

这一性质也常被用来在苯环的某些特定位置引入某些基团，即利用磺酸基占据苯环上的某一位置，待新的基团引入后，再将磺酸基水解脱除。

若苯磺酸继续磺化，需要发烟硫酸及较高温度，产物主要为间苯二磺酸。

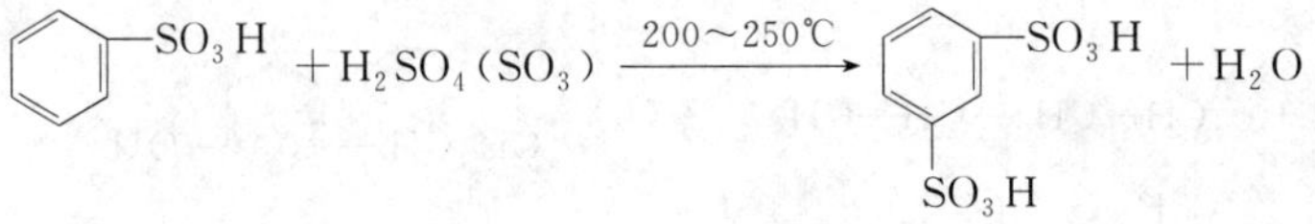

$$\text{（苯磺酸）}—SO_3H + H_2SO_4(SO_3) \xrightarrow{200～250℃} \text{（间苯二磺酸）}—SO_3H + H_2O$$

可见，苯环上已有了磺酸基后，再引入第二个磺酸基时比苯要难，而且第二个磺酸基主要进入原来磺酸基的间位。

烷基苯的磺化反应比苯容易进行。例如，甲苯与浓硫酸在常温下即可发生磺化反应，产物主要是邻甲苯磺酸及对甲苯磺酸，而在 100～120℃时，反应则以对甲苯磺酸为主要产物。

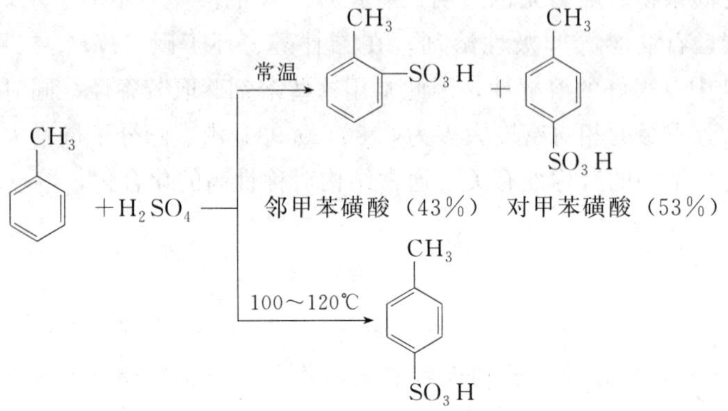

$$\text{（甲苯）}+H_2SO_4$$

常温 → 邻甲苯磺酸（43%）　对甲苯磺酸（53%）

100～120℃ → （79%）

（2）硝化反应

有机化合物分子中的氢被硝基（—NO₂）取代的反应称为硝化反应。

苯与浓硝酸及浓硫酸的混合物（简称混酸）共热，苯环上的氢原子被硝基取代，生成硝基苯。

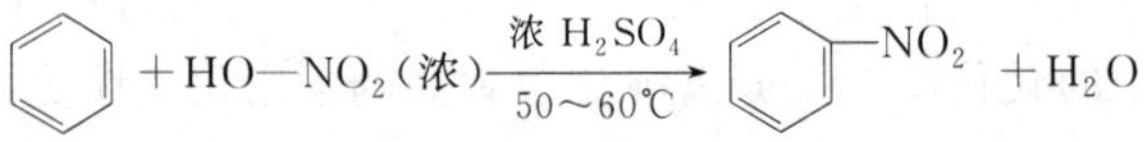

$$\text{（苯）}+HO—NO_2\text{（浓）} \xrightarrow[50～60℃]{\text{浓 } H_2SO_4} \text{（硝基苯）}—NO_2 + H_2O$$

🔬 安全提示

> 硝基苯是无色或微黄色具苦杏仁味的油状液体，密度比水大，是有机合成的重要中间体。但其毒性大，吸入大量蒸气或皮肤大量沾染，可引起急性中毒，使血红蛋白氧化或络合，血液变成深棕褐色，并引起头痛、恶心、呕吐等，是世界卫生组织国际癌症研究机构公布的致癌物质。且遇明火或高热会燃烧、爆炸。需谨慎使用，并做好安全防护措施。

上述硝化反应中，浓硫酸除了起催化作用外，还是脱水剂。

硝基苯不易继续硝化，若增加硝酸的浓度，并提高温度，可得间二硝基苯。

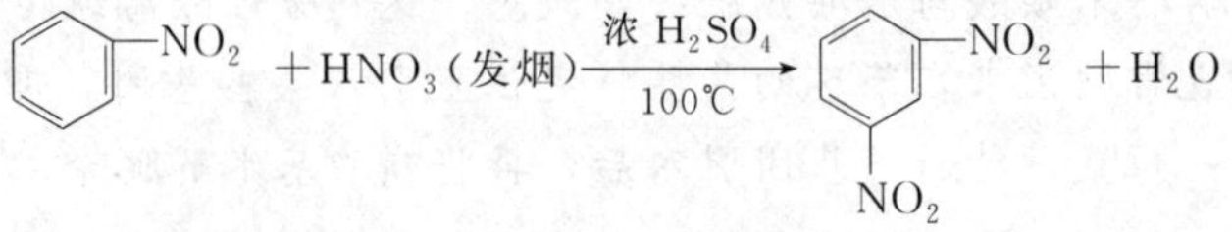

$$\text{（硝基苯）}—NO_2 + HNO_3\text{（发烟）} \xrightarrow[100℃]{\text{浓 } H_2SO_4} \text{（间二硝基苯）}—NO_2 + H_2O$$

显然，当苯环上带有硝基时，再引入第二个硝基到苯环上就比较困难；或者说，硝基苯进行硝化反应比苯要难。此外，第二个硝基主要是进入苯环上原有硝基的间位。

烷基苯的硝化反应比苯容易进行。例如甲苯在 30℃ 就可以反应，主要生成邻硝基甲苯和对硝基甲苯。

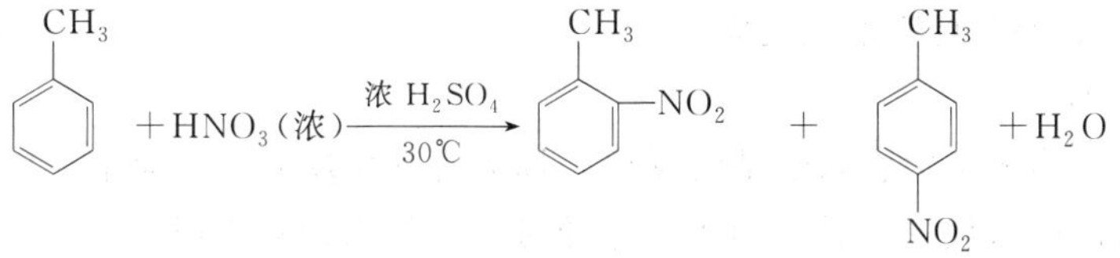

$$\text{甲苯} + HNO_3(浓) \xrightarrow[30℃]{\text{浓 } H_2SO_4} \text{邻硝基甲苯} + \text{对硝基甲苯} + H_2O$$

邻硝基甲苯（58%）　　对硝基甲苯（38%）

（3）卤化反应

有机化合物分子中的氢被卤素取代的反应称为卤化反应。

在铁粉或路易斯酸（卤化铁、卤化铝等）的催化下，氯或溴原子可取代苯环上的氢，主要生成氯苯或溴苯。

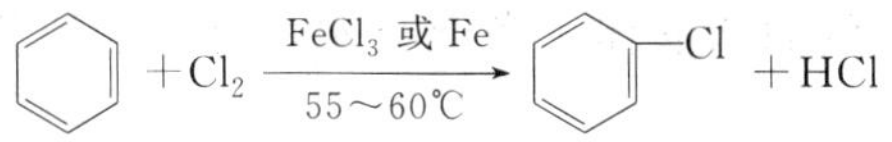

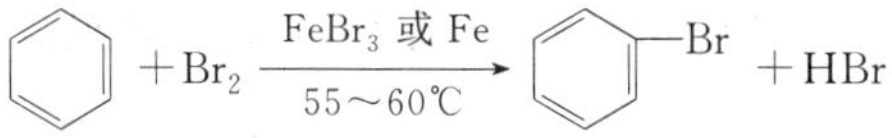

$$\text{苯} + Cl_2 \xrightarrow[55\sim60℃]{FeCl_3 \text{ 或 } Fe} \text{氯苯} + HCl$$

$$\text{苯} + Br_2 \xrightarrow[55\sim60℃]{FeBr_3 \text{ 或 } Fe} \text{溴苯} + HBr$$

在卤化反应中，卤素的活性顺序是：$F_2 > Cl_2 > Br_2 > I_2$。其中，氟化反应太剧烈，反应不易控制而无实际意义。碘的活性太低，不易发生反应。因此，单环芳烃的卤化反应主要是与氯或溴的反应。

氯苯和溴苯易继续反应生成二元取代物，且主要发生在卤原子的邻、对位。例如：

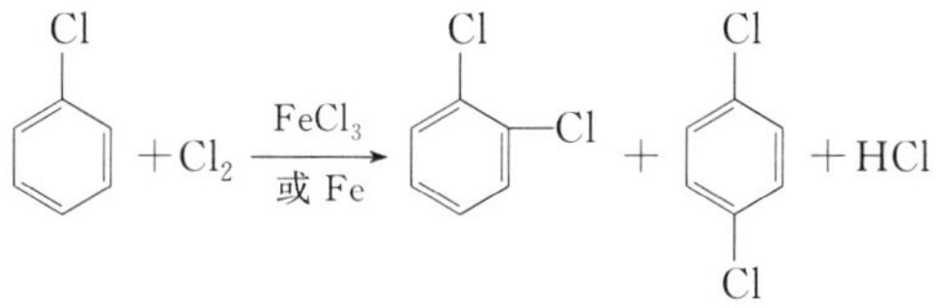

$$\text{氯苯} + Cl_2 \xrightarrow[\text{或 } Fe]{FeCl_3} \text{邻二氯苯} + \text{对二氯苯} + HCl$$

邻二氯苯（55%）　　对二氯苯（45%）

烷基苯发生环上的卤化反应时，比苯容易进行，主要生成邻位和对位取代物。例如：

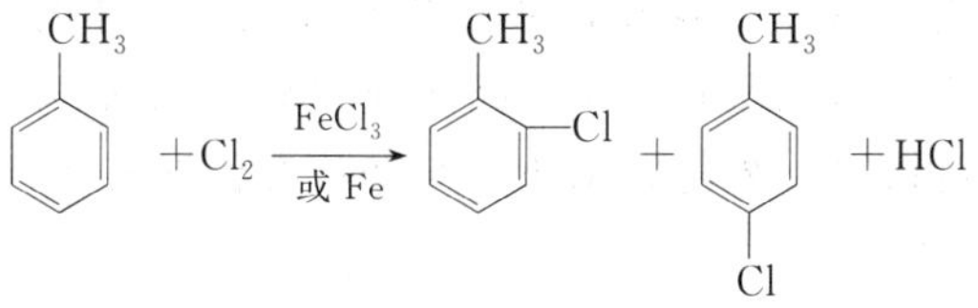

$$\text{甲苯} + Cl_2 \xrightarrow[\text{或 } Fe]{FeCl_3} \text{邻氯甲苯} + \text{对氯甲苯} + HCl$$

邻氯甲苯（59%）　　对氯甲苯（41%）

需要注意的是：甲苯与氯气在光照或加热条件下会发生侧链上的取代反应。

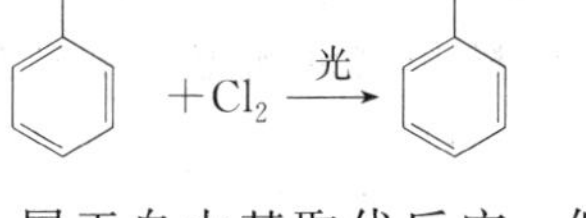

$$\text{甲苯} + Cl_2 \xrightarrow{\text{光}} \text{氯化苄}$$

该反应是芳环侧链 $\alpha\text{-H}$ 卤代，属于自由基取代反应。但甲苯氯化时，反应易停留在苯一氯甲烷阶段，这是因为氯化反应进行中生成的苄基自由基（$\text{—CH}_2\cdot$）比较稳定的缘故。

（4）傅-克（Friedel-Crafts）反应

1877 年法国化学家傅瑞德（C. Friedel）和美国化学家克拉夫茨（J. M. Crafts）发现了制备烷基苯和芳酮的反应，常简称为傅-克反应。制备烷基苯的反应又叫傅-克烷基化反应；制备芳酮的反应又叫傅-克酰基化反应。

① 烷基化反应

凡在有机化合物分子中引入烷基的反应，称为烷基化反应。反应中提供烷基的试剂叫做烷基化剂，它可以是卤代烷、烯烃和醇。芳烃与烷基化剂在催化剂作用下，芳环上的氢原子可被烷基取代。

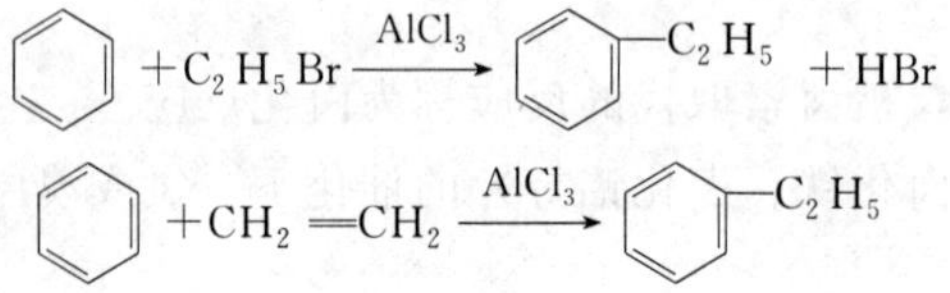

$$\text{苯} + C_2H_5Br \xrightarrow{AlCl_3} \text{苯}-C_2H_5 + HBr$$

$$\text{苯} + CH_2=CH_2 \xrightarrow{AlCl_3} \text{苯}-C_2H_5$$

反应所得产物乙苯是无色油状液体，微溶于水，易溶于有机溶剂。具有麻醉与刺激作用，是重要的医药原料。

当烷基化剂含有 3 个或 3 个以上直链碳原子时，就易获得碳链异构化产物。

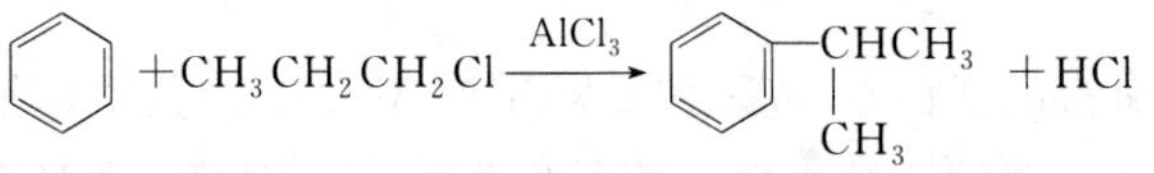

$$\text{苯} + CH_3CH_2CH_2Cl \xrightarrow{AlCl_3} \text{苯}-\underset{CH_3}{CHCH_3} + HCl$$

烷基化反应中，当苯环上引入 1 个烷基后，反应可继续进行，得多烷基取代物，只有当苯过量时，才以一元取代物为主。但当苯环上已有硝基等吸电子基团时，苯的烷基化反应不再发生。

⚙ 新技术

> 芳烃烷基化反应传统上使用的催化剂是无水三氯化铝，以及 $FeCl_3$、$SnCl_4$、$ZnCl_2$、BF_3、HF、H_2SO_4 等路易斯酸催化剂，但由于这类催化剂在使用时还需加入盐酸作助催化剂，腐蚀性较大，且无法循环运用，不符合绿色化学的要求。目前逐渐被性能优异、环境友好、易于循环使用的多相固体酸催化剂所代替，如沸石分子筛、固体超强酸、金属氧化物以及金属有机框架材料等。

② 酰基化反应

凡在有机化合物分子中引入酰基（ $R-\overset{O}{\underset{\diagdown}{C}}$ ）的反应，称为酰基化反应。反应中提供酰基的试剂叫做酰基化试剂，常用的酰基化试剂主要是酰卤和酸酐。

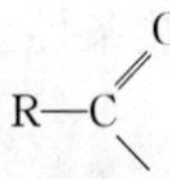

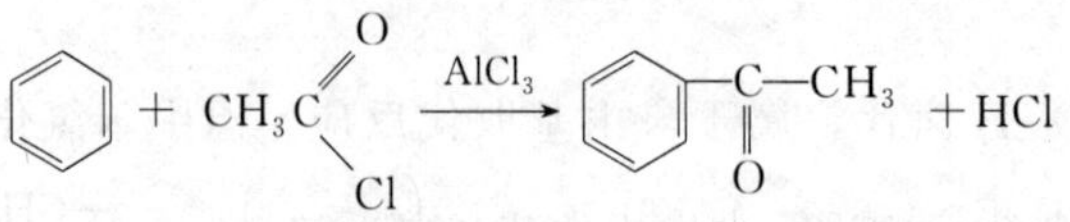

$$\text{苯} + CH_3-\overset{O}{\underset{Cl}{C}} \xrightarrow{AlCl_3} \text{苯}-\underset{O}{\overset{}{C}}-CH_3 + HCl$$

苯乙酮

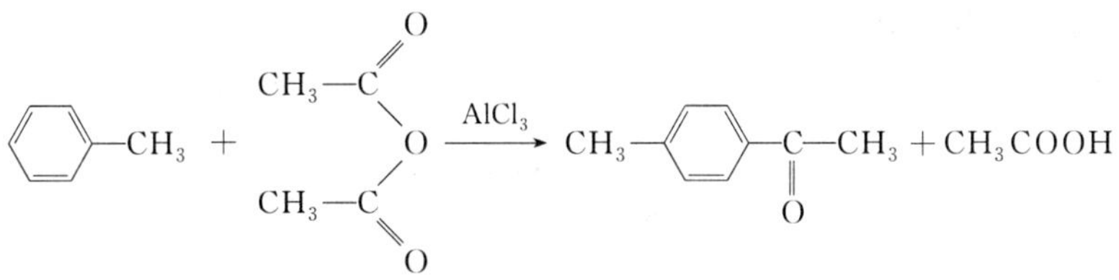

对甲基苯乙酮

　　苯乙酮为无色液体，有类似山楂的香味，微溶于水，易溶于有机溶剂。用于制造香皂、果汁和香烟的添加剂，医药上用于生产甲喹酮。

　　酰基化反应是制备芳酮的重要方法之一。酰基化反应不能生成多元取代物，也不发生异构化。当苯环上已有硝基等吸电子基团时，酰基化反应也不能发生，所以硝基苯可以作为酰化反应的溶剂。

👥 思考与练习

2-20　完成下列化学反应式。

(1)

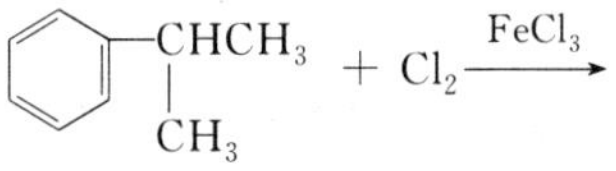

(2)

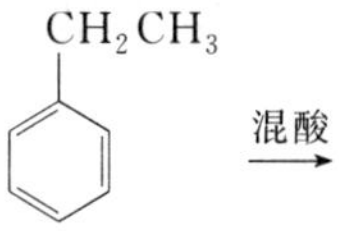

(3)

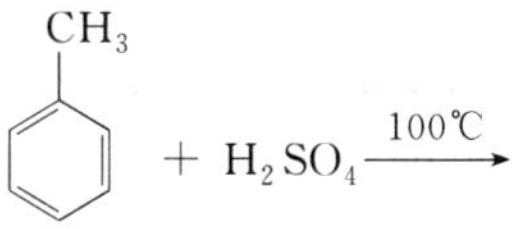

(4)

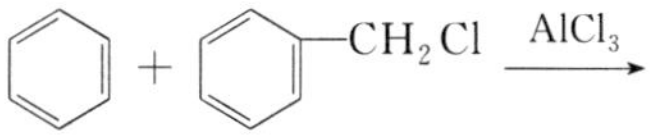

(5)

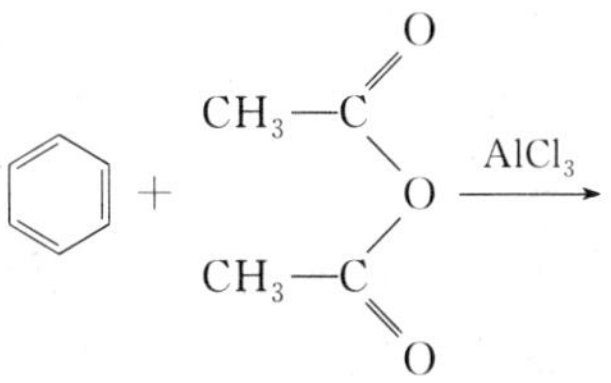

2-21　在单环芳烃的硝化反应中，浓硫酸起什么作用？

6. 单环芳烃的亲电取代反应机理与影响因素

　　苯环上的取代反应都属于共价键异裂的离子型反应。和芳环起作用的试剂都是缺电子或带正电的亲电试剂，如卤素、硝酸、硫酸。它们中的 X^+、$^+NO_2$、SO_3 取代了芳环上的氢，因此叫做亲电取代反应。其反应机理可表述如下。

　　首先，试剂在催化剂作用下离解出亲电的正离子，例如：

$$A-B \Longrightarrow A^+ + B^-$$

　　其次，离解出来的亲电试剂 A^+ 进攻苯环，从苯环的闭合 π 体系中获得 2 个电子，与苯环的某一个碳原子结合成 σ 键，此时苯环原有的 6 个 π 电子只剩下 4 个 π 电子，形成了一个环状的碳正离子中间体，称为 σ-配合物，这个中间体的形成步骤是反应速率的决定步骤，中间体本身能量较高，不稳定。

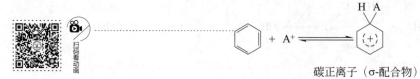

碳正离子（σ-配合物）

最后碳正离子中间体与亲电试剂 A 相连的碳原子上失去一个 H$^+$，重新恢复为稳定的苯环结构，形成了最后的取代产物。而反应体系中的负离子 B$^-$ 与环上取代下来的 H$^+$ 结合，形成了另一取代产物。例如：

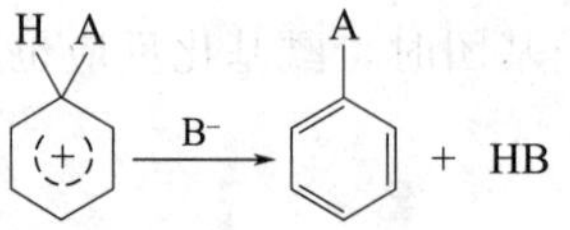

在这种反应机理中，碳正离子生成的一步是"加成"过程，失去氢离子的一步是"消除"过程，故此反应分两步进行，其机理亦称加成-消除机理。

📖 供选实例

(1) 试从以苯为原料，经傅-克烷基化反应合成乙苯的反应液中分离纯化乙苯。

(2) 试从以苯为原料，经单质溴苯环取代合成溴苯的反应液中分离纯化溴苯。

任务 3 合成苯的衍生物

🔄 任务分析

苯的衍生物不仅是基本有机化工，也是医药、染料、香料等精细化工产品的原料或主要成分。合成苯的衍生物，是以苯及其他较简单的化合物为原料，经化学反应得到产品的过程。苯的衍生物的合成是有机合成的重要组成部分。

有机合成的基础是各种类型的单元反应。合成苯的衍生物的主要单元反应有苯环上的亲电取代反应及苯的同系物的氧化反应。其中，苯环上的亲电取代反应可用于合成芳香族卤代物、硝基苯、苯磺酸、芳酮、芳香烃；苯的同系物的氧化反应是合成苯甲酸的主要方法。

在进行有机合成实验时，常需要将多种玻璃仪器组装成一定的装置。回流装置是合成反应的主要装置，根据反应物的特性及反应条件，还可选择性地使用搅拌装置、气体吸收装置、干燥装置、分水装置等。

⚙️ 工作过程

（1）确定合成路线

合成路线是合成的技术核心。合成路线的确定，必须综合考虑起始原料获得的难易程度、合成步骤的长短、收率的高低以及反应条件、反应的后处理、环保要求等因素。

在确定合成路线时，起始原料和试剂的质量是合成的基础，直接关系到终产品和工艺的稳定，以及劳动保护和安全生产问题，因此，起始原料和试剂应满足一定的要求。

（2）制定合成方案

小试方案是实验的依据，根据已确定的合成路线，从合成反应基本原理入手，制定化学反应的合成工艺条件。具体包括：原料辅料名称及用量、催化剂的选择、反应仪器类型及规格、反应装置、工艺指标、实验步骤。

合成过程中应考虑的工艺指标主要有：原料比、溶剂、反应时间、反应温度、反应压力、酸碱度等，各工艺指标的确定因反应情况而异。在确立合成方案时，还应充分了解所选反应物及中间体的物理常数，如熔点、沸点、溶解性、密度、挥发性等。

（3）实施合成操作

通过化学反应，运用加热、冷却、回流等手段合成化合物。

（4）撰写合成报告

根据实验完成情况，实验员认真完成合成实验报告。

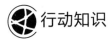 行动知识

1. 有机物合成的相关要求

有机合成的要求总体可概括为"优质、高产、低耗、环保"。"优质"是指获得产品纯度高，质量好的产品。"高产"是指所得产品收率高，"高产"往往与"低耗"联系在一起，并与多个因素有关，合成反应步骤是其中的一个主要因素。通常合成路线步数越多，总收率就越低，成本也就越高。例如，一个按线型方式进行的合成，如图 2-16 式（1）所示，若每步反应的收率为 90%，可得总收率为 35%；若按图 2-16 式（2）进行，收率上升至 53%；按图 2-16 式（3）进行，则收率可达 66%。

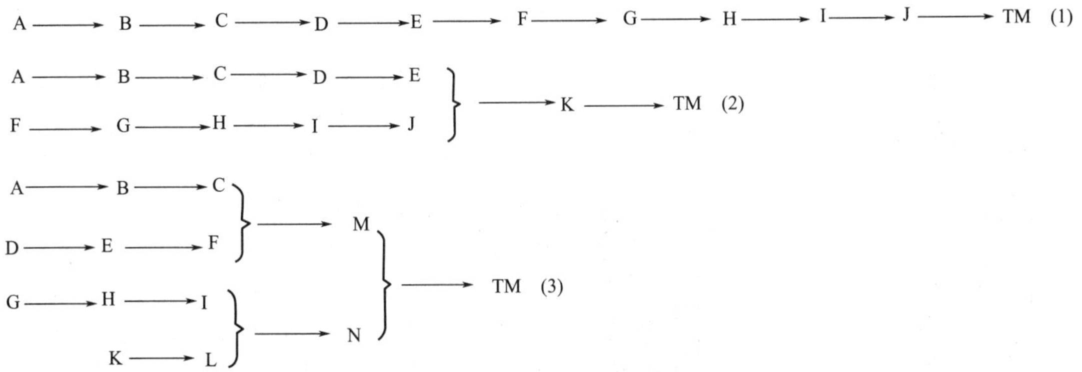

A ⟶ B ⟶ C ⟶ D ⟶ E ⟶ F ⟶ G ⟶ H ⟶ I ⟶ J ⟶ TM　(1)

$$\left.\begin{array}{l} A \longrightarrow B \longrightarrow C \longrightarrow D \longrightarrow E \\ F \longrightarrow G \longrightarrow H \longrightarrow I \longrightarrow J \end{array}\right\} \longrightarrow K \longrightarrow TM \quad (2)$$

图 2-16　线型方式合成示意图

反应步数增加的同时，也带来了反应周期的延长和操作步骤的复杂等问题，因此，应尽可能选用步数少、总收率高的合成路线。此外，反应原料、反应条件、设备等均与消耗有关。合成路线中主原料的价格和利用率的高低直接影响了成本，若反应需要在高温、高压、低温、高真空或严重腐蚀的条件下进行，就会给设备提出较高的要求，无疑也是增加了反应消耗，因此在选择合成路线时应尽量选用不需高温、高压、高真空或复杂防护的设备。"环保"是指合成过程中，优先考虑"三废"排放量少，处理容易的合成路线，同时应着眼于不使用或尽量少用易燃、易爆和有毒性的原料，鼓励开发绿色合成方法。

2.有机合成反应装置

在有机物的合成中，需要选用合适的反应仪器及装置来完成。同类型的合成反应有相似或相同的反应装置，不同类型的合成反应往往有不同特点的反应装置，下面介绍有机合成中常用的反应装置。

（1）回流反应装置

大多数有机物是在液相或固液混合相中，通过较长时间的沸腾才得以完成，为了防止长时间的加热造成反应物料的蒸发损失，以及因物料蒸发导致火灾、爆炸及环境污染等事故，在有机物的制备过程中经常应用回流技术。回流是指在反应中令加热产生的蒸气冷却并使冷凝液流回反应系统的过程，能实现这一过程的装置称回流装置。

回流反应装置主要由烧瓶与回流冷凝管构成。反应混合物沸点高于140℃时选用空气冷凝管；沸点低于140℃时选用球形冷凝管；反应混合物中有毒性较大的原料或溶剂时，应选用蛇形冷凝管。回流加热前应先加入沸石，如果有搅拌，可不加沸石。

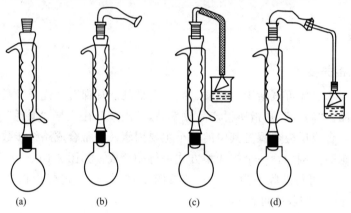

图 2-17　回流反应装置

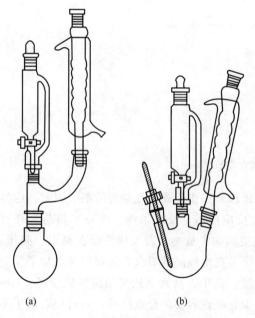

常见的回流反应装置见图 2-17，其中如图 2-17(a) 所示的是最简单的回流冷凝装置。如果反应物怕受潮，可以在冷凝管上端安装干燥管以防止空气进入，见图 2-17(b)。干燥管中一般选用无水氯化钙干燥剂，干燥剂不能装得太紧，以免因其堵塞不通气而使整个装置成为封闭体系造成事故。如果反应放出有害气体，可在回流管上装配气体吸收装置，见图 2-17(c)。吸收液可以根据放出气体的性质，选用酸液或碱液。在安装仪器时，应使整个装置与大气相通，以免发生倒吸现象。如果反应既有有害气体放出又要避免水汽进入，可以用如图 2-17(d) 所示的装置。

某些合成反应比较剧烈，放热量大，一次加料会使反应难以控制，有些反应为了控制反应的选择性，也需要缓慢加料，此时可采用带滴液漏斗的滴加回流冷凝反应装置，见图 2-18。

图 2-18　滴加回流冷凝反应装置

图 2-19 是一组带电动搅拌器的回流冷凝反应装置。如果只是要求搅拌、回流，可以选用如图 2-19(a) 所示的装置。如果除要求搅拌回流外，还需要滴加试剂，可以选用如图 2-19(b) 所示的装置。如果不仅要满足上述要求，而且还要经常测定反应温度，可以选用如图 2-19(c) 所示的装置。

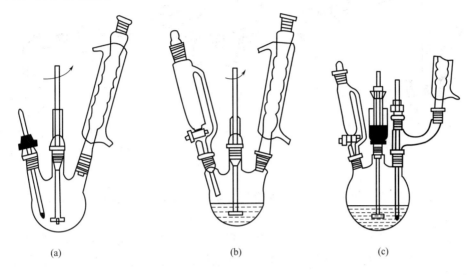

(a)   (b)   (c)

图 2-19　电动搅拌回流反应装置

在进行一些可逆平衡反应时，为了使正向反应进行彻底，可将产物中的水不断从反应混合体系中除去，此时可以用如图 2-20 所示的回流分水冷凝反应装置。在该装置中有一个分水器，回流下来的蒸气冷凝液进入分水器。分层以后，有机层自动流回到反应烧瓶，生成的水一般从分水器下端放出去。这样就可以使某些生成水的可逆反应尽可能反应彻底，以提高合成收率。

（2）滴加蒸出反应装置

某些有机反应需要一边滴加反应物，一边将产物之一蒸出反应体系，防止产物发生再次反应或产物破坏可逆反应平衡，此时可采用如图 2-21(a) 或如图 2-21(b) 所示的反应装置。图 2-21(a) 是滴加分馏反应装置，在装置中有一个刺形分馏柱，上升的蒸气经分馏以后，低沸点组分从上口流出，高沸点组分流回反应烧瓶继续反应。图 2-21(b) 是滴加蒸馏反应装置。利用图 2-21(a) 和图 2-21(b) 的滴加蒸出反应装

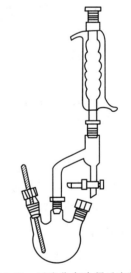

图 2-20　回流分水冷凝反应装置

置，反应产物可单独或形成共沸混合物不断从反应体系中蒸馏出去，并通过恒压滴液漏斗将一种试剂逐渐加入反应烧瓶中，以控制反应速率或使这种试剂反应完全。

（3）反应装置的安装

反应装置安装的正确与否，直接关系到反应结果的好坏。装置安装时应遵循以下要求。

① 玻璃仪器的选用

选用的玻璃仪器和配件都要洗净、烘干，否则会影响产品的质量或产量；根据反应液的

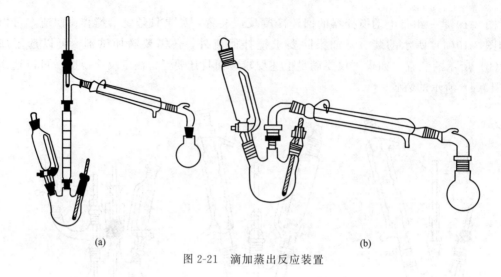

图 2-21 滴加蒸出反应装置

量选择反应瓶，如在选用圆底烧瓶时，反应物总量应占反应瓶容量的 1/3～2/3。

② 装置的安装

反应装置的安装应满足"从下到上，从左到右"的原则。首先选定主要仪器的位置，然后按照一定的顺序逐个装配。在试验操作前应仔细检查仪器装配得是否严密，以保证反应物不受损失，避免挥发性易燃液体的蒸气逸出，造成着火、爆炸或中毒等事故。如无特别说明，一般应先开启搅拌，待搅拌转动平稳后再开启冷却水，然后再加热。回流结束时，先撤去热源、热浴，再停止搅拌，待不再有冷凝液滴下时关闭冷却水。

 操作提示

> 在试验操作前应仔细检查仪器装配得是否严密，以保证反应物不受损失，避免挥发性易燃液体的蒸气逸出，造成着火、爆炸或中毒等事故。

③ 装置的拆卸

反应结束后，应及时拆除仪器，并洗净晾干，防止仪器粘连损坏。装置拆卸时，仪器按相反的顺序，即从右往左，从上往下逐个拆除。

3. 回流操作

（1）选择仪器

反应仪器有圆底烧瓶或平底烧瓶两种，在较高温的反应中，通常选用圆底烧瓶，因其材料厚薄均匀，可承受较大的温度变化。以回流反应装配的仪器选择单口或多口烧瓶。以反应物料的量选择烧瓶的规格，物料体积约占反应器容积的 1/3～2/3 为宜。若反应中有大量气体或泡沫产生，则应选择稍大些的反应容器。

（2）组装装置

根据反应的需要选择回流反应装置，并按反应装置的安装要求进行组装。选择适当的加热方式，实验中常用的加热方式有水浴（加热温度＜100℃）、油浴（加热温度 100～250℃）、电热套和电炉直接加热等。然后以选好的热源高度为基准固定反应容器，再由下到上依次安装冷凝管等其他仪器。各仪器的连接部位要紧密，冷凝管上口必须与大气相通。整套装置安装要规范、准确、美观。

（3）加料

一般将反应物料事先加到反应容器中，再按顺序组装仪器。不要忘记加沸石，如有搅拌，则不需加沸石。

（4）加热反应

检查装置气密性后，先通冷凝水，再开始加热。加热时逐渐调节热源，使温度缓慢上升至反应液沸腾或达到要求的反应温度，然后控制回流速度使液体蒸气浸润面不超过冷凝管有效冷却长度的 1/3。冷凝水的流量应保持蒸气得到充分冷凝。

（5）停止反应

回流结束时，先停止加热，待冷凝管中没有蒸气后再停冷凝水。稍冷后按由上到下的顺序拆卸装置。

实验结束后，将实际测得的数据写在标签上，在收集产物的样品瓶上贴好标签，交指导教师。标签的格式如下：

正溴丁烷	
沸程：100～102℃	
折射率（n_D^{20}）：1.4401	
产量：18.5g	产率：67％
班级：	姓名：
	年　月　日

4. 有机合成实验报告撰写

有机合成实验报告通常包括预习、实验记录以及数据整理或结论 3 个部分。

预习部分是实验前应完成的内容，包括实验名称、日期、目的、仪器药品、试剂及产物的物性数据、装置图、实验原理及实验步骤。

 操作提示

实验记录是在实验过程中完成的，它是实验的原始材料，及时、准确、客观地记录下了各种测量数据和实验现象。实验记录应用钢笔填写，不得随意抄袭、拼凑或伪造数据，也不能在实验结束后凭想象进行填写。

数据整理或结论部分是在实验结束后，根据实验记录进行相关计算、讨论和总结。实验报告格式见实验报告示例。

实验报告示例：

实验名称　　正溴丁烷

专业_____班级_____姓名_____同组者_____实验日期_____

1. 实验目的

（1）熟悉醇与氢卤酸发生亲核取代反应的原理，掌握正溴丁烷的制备方法；

（2）掌握带气体吸收的回流装置的安装与操作及液体干燥操作；

（3）掌握使用分液漏斗洗涤和分离液体有机物的操作技术；

（4）熟练掌握蒸馏装置的安装与操作。

2. 实验原理

（1）正溴丁烷的制备

正溴丁烷是正丁醇与氢溴酸经取代反应制得的。

主反应：
$$NaBr + H_2SO_4 \longrightarrow HBr + NaHSO_4$$

$$n\text{-}C_4H_9OH + HBr \xrightarrow{H_2SO_4} n\text{-}C_4H_9Br + H_2O$$

副反应：
$$CH_3CH_2CH_2CH_2OH \xrightarrow{H_2SO_4} CH_3CH_2CH=CH_2 + H_2O$$

$$2CH_3CH_2CH_2CH_2OH \xrightarrow{H_2SO_4} CH_3CH_2CH_2CH_2OCH_2CH_2CH_2CH_3 + H_2O$$

$$2NaBr + 3H_2SO_4 \longrightarrow Br_2 + SO_2\uparrow + 2H_2O + 2NaHSO_4$$

（2）反应混合物的分离

通过将反应混合物逐一分离，可得纯度较高的正溴丁烷。

反应混合物：$n\text{-}C_4H_9OH$，$n\text{-}C_4H_9Br$，$(n\text{-}C_4H_9)_2O$，HBr，H_2SO_4，$NaHSO_4$，H_2O

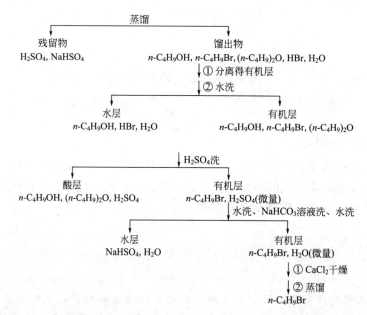

3. 主要试剂及产物的物理常数

名　称	分子量	性　状	相对密度	熔点/℃	沸点/℃	溶解度/(g/100mL 溶剂)		
						水	醇	醚
正丁醇	74.12	无色透明液体	0.809	−89.2	117.71	7.92	∞	∞
正溴丁烷	137.03	无色透明液体	1.299	−112.4	101.6	不溶	∞	∞
浓硫酸	98.08	无色透明油状液体	1.83	10.38	340(分解)	∞		
溴化钠	102.90	白色结晶颗粒或粉末	3.20	755	1390	79.5(0℃)	微溶	微溶

4. 主要试剂用量及规格

正丁醇　实验试剂，15g(18.5mL，0.20mol)

浓硫酸　工业品，29mL(53.40g，0.54mol)

溴化钠　实验试剂，25g(0.24mol)

5. 装置图（略）

6. 实验步骤及现象记录

时间	步　骤	现　象	备　注
8:30	于 150mL 的烧瓶中加入 20mL 水、29mL 浓硫酸，振摇冷却	放热，烧瓶烫手	烧瓶中先放 20mL 水，用冰水冷却
8:35	加 18.5mL 正丁醇及 25g NaBr	不分层，有许多 NaBr 未溶。瓶中已出现白雾状 HBr	
8:50	振摇+沸石 装冷凝管、溴化氢气体吸收装置，加热回流 1h	沸腾，瓶中白雾状 HBr 增多，并从冷凝管上升，为气体吸收装置吸收。瓶中液体由一层变成三层，上层开始极薄，中层为橙黄色，上层越来越厚，中层越来越薄，最后消失。上层颜色由淡黄色变为橙黄色	……
……	……		
11:50	称量无色液体	空瓶质量 15.52g，空瓶+产物的质量 34.02g、产物质量 18.50g	

7. 产率计算

因其他试剂过量，理论产量应按正丁醇计算。0.2mol 正丁醇能产生 0.2mol（即 0.2mol×137g/mol＝27.4g）正溴丁烷。

$$收率 = \frac{18.50g}{27.4g} \times 100\% = 67\%$$

8. 讨论

醇能与硫酸生成镁盐，而卤代烷不溶于硫酸，故随着正丁醇转化为正溴丁烷，烧瓶中分成三层。上层为正溴丁烷，中层可能为硫酸氢正丁酯，中层消失即表示大部分正丁醇已转化为正溴丁烷。上、中两层液体呈黄色是由于副反应产生的溴所致。从实验可知溴在正溴丁烷中溶解度较硫酸中的溶解度大。

蒸去正溴丁烷后，烧瓶冷却析出的结晶是硫酸氢钠。

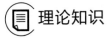 **理论知识**

1. 苯环上亲电取代反应定位规则

苯环上亲电取代反应是合成苯的衍生物的主要途径，在任务 2 的理论知识中已阐述了苯环上亲电取代反应的基本规律，在苯衍生物的合成中，经常会出现苯环上的二元甚至多元取代，从前面讨论的一些苯环亲电取代反应可以看出，一元取代苯在进行亲电取代反应时，第 2 个基团取代环上不同位置的氢原子则可得到邻、间、对 3 种二元取代产物，不同位置的取代直接影响了合成产物。在任何一个具体反应中，这些位置上的氢原子被取代的机会不是均等的，第 2 个取代基进入的位置常取决于第 1 个取代基，也就是说第 1 个取代基对第 2 个取代基的进入有定位的作用，这种起定位作用的取代基称作定位基。定位基不仅决定新的基团进入苯环的位置，还直接影响取代反应进行的难易，这两个作用称为定位基的定位效应。

根据大量的实验结果，可以将一些常见的基团按其定位效应分为两类。

（1）邻、对位定位基

邻、对位定位基也称第一类定位基，当苯环上已有一个邻、对位定位基时，第 2 次取代的基团主要进入它的邻位和对位，产物以邻位和对位两种二元取代物为主，并且比苯更易发生亲电取代反应（卤素除外），因此它们大多属于致活基团。如任务 2 所述的甲苯硝化、磺化等产物都是邻、对位异构体的混合物，且它们都比苯的亲电取代反应容易。

邻、对位定位基按照它们对苯环亲电取代反应的致活作用由强到弱排列如下：
—O⁻（氧负离子）＞—N(CH₃)₂（二甲氨基）＞—NHCH₃（甲氨基）＞—NH₂（氨基）＞—OH（羟基）＞
—OCH₃（甲氧基）＞ —NH—C—CH₃（乙酰氨基）＞ —O—C—CH₃（乙酰氧基）＞—CH₃（甲基）＞
　　　　　　　　　　　　　　║　　　　　　　　　　　　　　║
　　　　　　　　　　　　　　O　　　　　　　　　　　　　　O

—C₆H₅（苯基）＞—X(Cl,Br)

这类定位基一般与苯环直接相连的原子以单键与其他原子相连接（—C₆H₅ 例外）或带负电荷或带有孤对电子，且对苯环活化程度较大的基团，其定位能力也较强。

（2）间位定位基

间位定位基也称第二类定位基，当苯环上已有了间位定位基时，再进行取代反应时，第 2 个基团主要进入它的间位，并且比苯更难进行亲电取代反应，因此它们大多属于致钝基团。如任务 2 中的硝基苯、苯磺酸在进行亲电取代反应时，取代基主要进入它们的间位，且它们比苯的取代反应更难进行。

这类定位基按照它们对苯环亲电取代反应的致钝作用由强到弱排列如下：
—N⁺H₃（铵基）＞—N⁺(CH₃)₃（三甲铵基）＞—NO₂（硝基）＞—CN（氰基）＞—SO₃H（磺酸基）＞
—CHO（醛基）＞—COOH（羧基）＞—CCl₃（三氯甲基）

这类定位基与苯环直接相连的原子以不饱和键与电负性强的原子相连接（—CCl₃ 例外）或带正电荷，且对苯环钝化程度较大的基团，其定位能力较强。

值得注意的是：定位基的定位规则只表示取代基进入芳环的某些位置的比例较高，并不意味着它不进入其他位置。另外，反应条件（如温度、试剂、催化剂等）对反应中生成的各种异构体的比例也有一定的影响。

（3）二元取代苯的定位规律

在合成苯的衍生物时，如果苯环上已有两个取代基，再进行亲电取代反应时，第 3 个基团进入的位置取决于已有的两个定位基的性质、相对位置、空间位阻等条件，通常有以下几种情况。

① 两定位基定位效应一致

若苯环上原有的两个定位基的定位效应一致时，则第 3 个基团进入两定位基一致指向的位置。如：

② 两定位基定位效应不一致

若苯环上原有的两个定位基的定位效应不一致时，会出现两种情况。

两个定位基属于同一类，第 3 个基团进入苯环的位置由定位效应强的定位基决定。如：

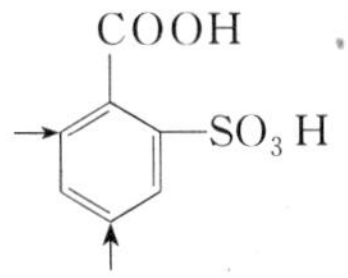

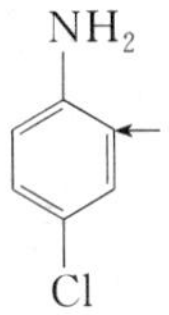

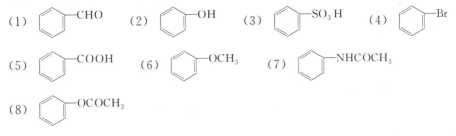

两个定位基属于不同类时，第 3 个基团进入苯环的位置主要由邻对位定位基决定。如：

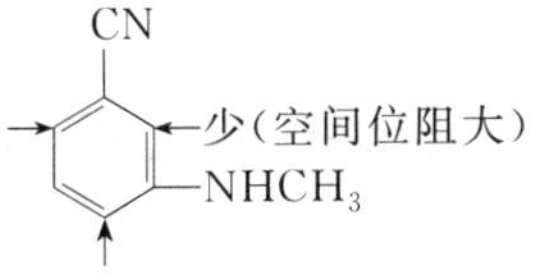

思考与练习

2-22　比较下列化合物进行磺化反应时反应强弱。

（1）苯-CH₃　　（2）苯-OH　　（3）苯-NO₂　　（4）苯-Cl

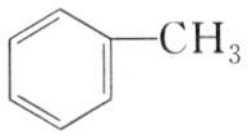

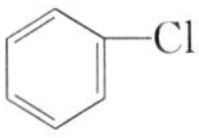

2-23　用箭头表示下列化合物一元硝化时进入苯环的位置。

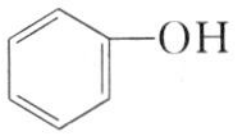

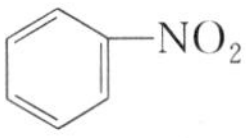

（1）苯-CHO　　（2）苯-OH　　（3）苯-SO₃H　　（4）苯-Br

（5）苯-COOH　　（6）苯-OCH₃　　（7）苯-NHCOCH₃

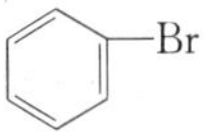

（8）苯-OCOCH₃

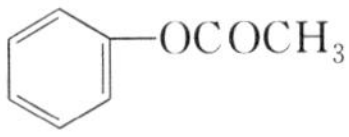

2. 苯的其他主要化学反应

（1）氧化反应

① 苯环侧链氧化

苯环侧链的氧化反应是制备苯甲酸的常用方法。苯环在一般情况下较稳定，不易被氧化，但有 α-H 的烷基苯，在强氧化剂（高锰酸钾、重铬酸钾）作用下，都发生侧链氧化反应，且无论侧链长短，氧化产物均为苯甲酸。

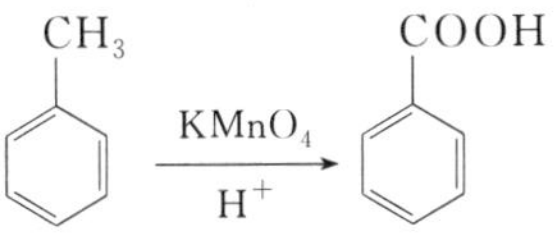

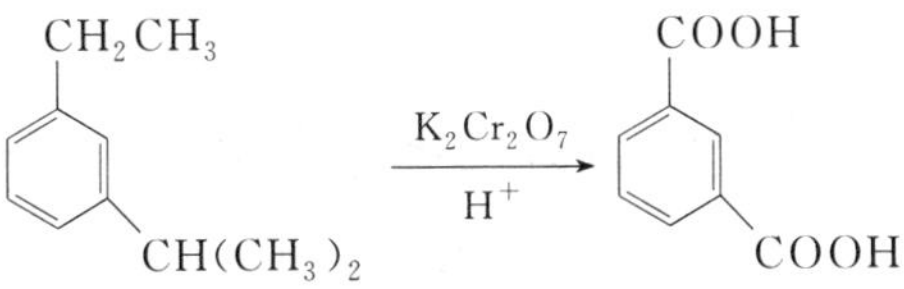

$$\text{甲苯} \xrightarrow[\text{H}^+]{\text{KMnO}_4} \text{苯甲酸}$$

$$\text{间乙基异丙基苯} \xrightarrow[\text{H}^+]{\text{K}_2\text{Cr}_2\text{O}_7} \text{间苯二甲酸}$$

间苯二甲酸

对于侧链无 α-H 的烷基苯，则不能发生此类氧化反应。用酸性高锰酸钾作氧化剂时，随着苯环侧链氧化的发生，高锰酸钾的紫色逐渐褪去。用此反应可鉴别苯环侧链有无 α-H。

② 苯环氧化

苯环一般较稳定，不易被氧化，但当条件较激烈时，也可发生氧化反应。例如：

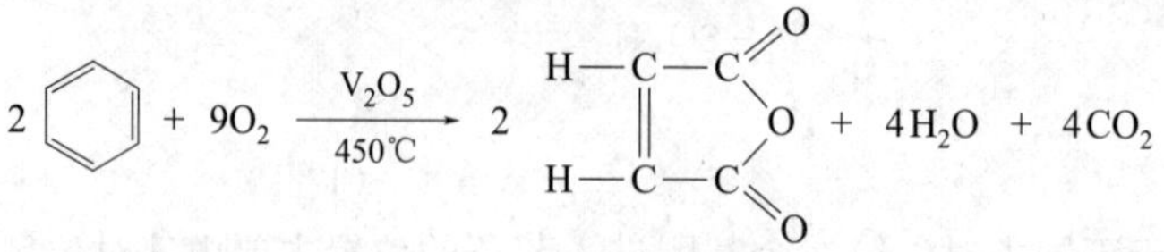

$$2\ \bigcirc\ +\ 9O_2\ \xrightarrow[450℃]{V_2O_5}\ 2\ \begin{array}{c}H-C-C{\diagdown}^{O}\\ \|\quad\quad\ \diagup O\\ H-C-C{\diagdown}_{O}\end{array}\ +\ 4H_2O\ +\ 4CO_2$$

顺丁烯二酸酐

苯环氧化是工业上生产顺丁烯二酸酐的主要方法。顺丁烯二酸酐又名马来酸酐或失水苹果酸酐，为无色结晶粉末，有强烈的刺激气味，是重要的工业原料，用于制备聚酯树脂、马来酸及脂肪和油类的防腐剂。

（2）加成反应

苯在催化剂或高温高压紫外光照射等条件作用下，可以发生加成反应。如在铂、钯或镍的作用下，苯与氢气反应生成环己烷。

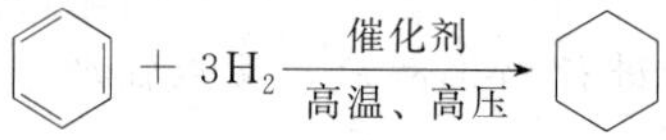

$$\bigcirc\ +\ 3H_2\ \xrightarrow[\text{高温、高压}]{\text{催化剂}}\ \bigcirc$$

这是工业上生产环己烷的主要方法。环己烷不仅是广泛运用的溶剂，也是重要的化工原料，可用于制备环己醇、环己酮。

👥 思考与练习

2-24　完成下列化学反应式。

(1) 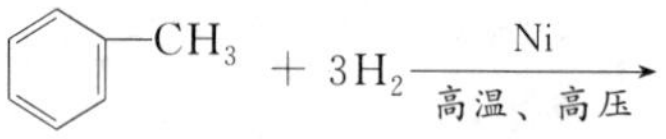 $\bigcirc\!\!-CH_3\ +\ 3H_2\ \xrightarrow[\text{高温、高压}]{Ni}$

(2) $\bigcirc\!\!\begin{array}{l}-CH_3\\-CH(CH_3)_2\end{array}\ \xrightarrow[H^+]{KMnO_4}$

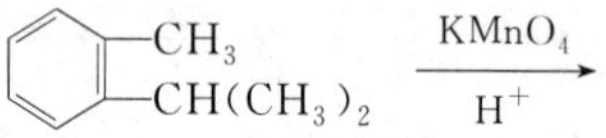

(3) $\bigcirc\!\!-CH_2CH\!=\!CH_2\ \xrightarrow[H^+]{KMnO_4}$

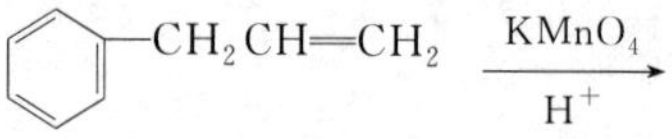

📖 供选实例

（1）试以苯为原料，设计邻硝基乙苯的合成路线。
（2）试以甲苯为原料，设计间硝基苯甲酸的合成路线。

💡 拓展知识

凝析油与现代分析技术

凝析油又称天然汽油，其化学组成中有较大含量的饱和烃和芳烃，有些凝析油中芳香烃含量是很高的。凝析油芳烃馏分中蕴藏着丰富的地球化学信息，其含量和成分至少能表征有机质性质、类型和成熟度，得到油源对比信息，并且是凝析油加工利用的基础数据之一。饱和烃馏分的分析研究已较完善，特别是借助色质联机（GC/MS）的使用。由于色谱法的高分离效能和质谱计的高灵敏度，GC/MS分析上百个乃至几百个组分的混合物已不困难。GC/MS库存量大、灵敏度高、广谱性强，可提供分子碎片及分子量信息，特别适合于同系物的分离鉴定，但对异构体的鉴定困难大，不能提供比较直接的分子结构信息，缺乏库图或标样时难以获得鉴定信息。因而，GC/MS难以有效地分析组成复杂、结构相似的芳烃馏分，这也是芳烃组分分析研究较饱和烃滞后的一个重要原因。迄今，对各种芳烃系列的母源、演化机制及其地球化学意义尚未完全了然。实践表明，分析技术的改进和新分析方法的引进，尤其是几种分析技术的联合是对芳烃馏分进行有效分析的前提。气相色谱/傅里叶变换红外光谱联机（GC/FTIR）是与GC/MS具互补性的一种新的分析技术手段，对几何异构体的鉴定有特效，尤其适用于芳香族混合物的分析鉴定。GC/FTIR更适合于图谱检索，它所提供的比较完整、直接的分子结构信息往往是GC/MS所不能提供的，在无标样情况下亦可鉴定像高温煤焦油轻馏分这样的特定复杂的芳烃混合物，至少可快速方便地确定出化合物类别。这对芳烃新生物标志化合物的鉴定有一定的辅助作用。GC/FTIR与GC/MS相结合，可大大提高色谱峰的完全鉴别率。GC/FTIR/MS三机联用技术是其两者的最佳结合，显示出强大的分离鉴定能力，是一个新的发展方向。

自测题

1.用系统命名法命名下列化合物。

（1）
$$CH_3-\underset{\underset{CH_3}{|}}{\overset{\overset{CH_3}{|}}{C}}-\underset{\underset{\;}{|}}{\overset{\overset{CH_3}{|}}{CH}}-CH_3$$

（2）
$$CH_3-CH_2-\underset{\underset{CH_3}{|}}{\overset{\overset{|}{CH-CH_2-CH_3}}{CH}}-CH_2-CH_2-CH_3$$

（3）
$$CH_3-\underset{\underset{CH_3}{|}}{\overset{\overset{CH_3}{|}}{C}}-CH=CH_2$$

（4）
$$CH_3-CH_2-\underset{\underset{CH_2-CH_3}{|}}{\overset{\overset{CH_3}{|}}{CH}}-CH_3$$

（5）
$$CH_2=\underset{\underset{\;}{|}}{\overset{\overset{CH_3}{|}}{C}}-CH=CH_2$$

（6）
$$CH\equiv C-\underset{\underset{CH_2-CH_3}{|}}{\overset{\overset{CH_3}{|}}{C}}-CH_3$$

（7）
$$CH_3-\underset{\underset{\;}{|}}{\overset{\overset{CH_3}{|}}{C}}=CH-CH_2-\underset{\underset{\;}{|}}{\overset{\overset{CH_3}{|}}{C}}=CH_2$$

（8）
$$CH_2=CH-\underset{\underset{\;}{|}}{\overset{\overset{CH_3}{|}}{CH}}-C\equiv CH$$

（9）对位二乙苯结构（1,4-位 CH₂CH₃）

（10）1,2,4-三取代苯（CH₂CH₂CH₃、CH₃CH₂、CH₂CH₃）

（11）间位取代苯（CH=CH₂ 与 CH(CH₃)₂）

（12）
$$\underset{\underset{C_2H_5}{|}}{\overset{\overset{\;}{}}{CH_3-CH}}-CH_2-\overset{}{CH}-C_2H_5 \text{（连环戊基）}$$

（13）乙基环己烷（C₂H₅ 取代环己烷）

（14）对硝基甲苯（CH₃ 与 NO₂ 对位）

(15)
$$CH_3CH_2 \overset{COOH}{\underset{OH}{\bigodot}}$$

(16)
$$O_2N \overset{CH_3}{\underset{NO_2}{\bigodot}} NO_2$$

(17)
$$\overset{\bigodot}{\underset{C_2H_5}{CH}} \bigodot$$

(18)
$$\overset{C_2H_5}{\underset{\bigodot}{CH}} - CH_2 - CH_3$$

2.写出下列化合物的构造式。

(1) 2-丁烯 　　　　　(2) 2,3,4-三甲基-3-乙基己烷 　　　(3) 2,3-二甲基戊烷

(4) 2,3-二甲基-1,3-戊二烯 　(5) 3-甲基-1-丁炔 　　　　　(6) 1-甲基-4-乙基环己烷

(7) 间氯苯磺酸 　　　(8) 对甲基苄基氯 　　　　　(9) 间二乙烯苯

(10) 2,3-二溴苯甲醛 　(11) 4-氯-2,3-二硝基甲苯 　　　(12) 对乙氧基苯甲酸

3.已知一烷烃的分子式为 C_5H_{12}，根据以下条件分别写出此烷烃的构造式：

(1) 有3种一元氯代物的构造式；(2) 只有1种一元氯代物的构造式；

(3) 有4种一元氯代物的构造式。

4.写出符合下列条件的 C_6H_{14} 烷烃的构造式，并用系统命名法命名。

(1) 分子中既没有叔碳原子也没有季碳原子；(2) 分子中没有叔碳原子但有1个季碳原子；(3) 分子中有1个叔碳原子；(4) 分子中有2个叔碳原子。

5.比较下列各组化合物进行硝化反应的活性。

(1) 苯、乙苯、苯磺酸、苯胺

(2) 硝基苯、溴苯、苯甲酸、苯

(3) 邻二甲苯、甲苯、苯甲醚、苯甲醛

6.完成下列化学反应方程式。

(1) $CH_3CH_2CH_3 + Cl_2 \xrightarrow{h\nu}$

(2) $CH_3 - \overset{\underset{\displaystyle CH_3}{|}}{C} = CH_2 + Cl_2 + H_2O \longrightarrow$

(3) $CH_3CH_2CH = CH_2 + H_2SO_4(浓) \longrightarrow ? \xrightarrow{H_2O}$

(4) $CH_3 - \overset{\underset{\displaystyle CH_3}{|}}{C} = CH_2 + HBr \xrightarrow{过氧化物}$

(5) $\overset{\bigodot}{} + Cl_2 \xrightarrow{500℃} ? \xrightarrow{Br_2/CCl_4}$

(6) $CH_3CH = CH_2 + KMnO_4 + H_2O \longrightarrow$

(7) $CH_3\overset{\underset{\displaystyle CH_3}{|}}{CH}C \equiv CH + H_2 \xrightarrow{Pd/C} ? \xrightarrow[Pd/C]{H_2} ?$

(8) $CH_3CH_2C \equiv CH \xrightarrow{KMnO_4/H^+}$

(9) $\triangle - C_2H_5 + HBr \longrightarrow$

(10) $CH_3\overset{\underset{\displaystyle CH_3}{|}}{CH}C \equiv CH + NaNH_2 \longrightarrow ?$

(11) $CH_3C=CHCH=CH_2$ $\xrightarrow{Br_2/CCl_4}$
　　　　　|
　　　　CH_3

(12) $CH_3CH=CCH=CH_2$ + $CH_2CH=CHCOOH$ $\longrightarrow$
　　　　　　|
　　　　　CH_3

(13) 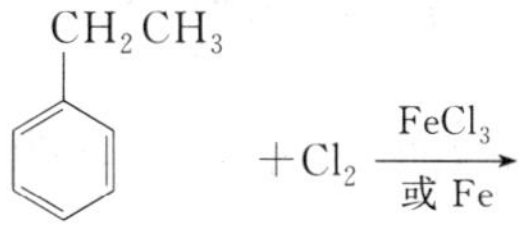 $+Cl_2$ $\xrightarrow[\text{或 Fe}]{FeCl_3}$

(14) 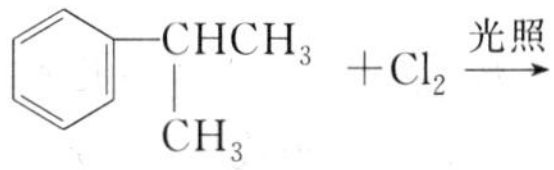 $+Cl_2$ $\xrightarrow{\text{光照}}$

(15) 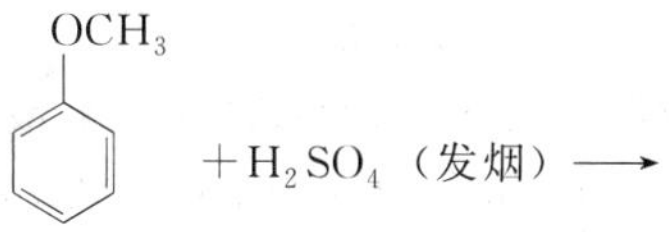 $+H_2SO_4$（发烟）$\longrightarrow$

(16) 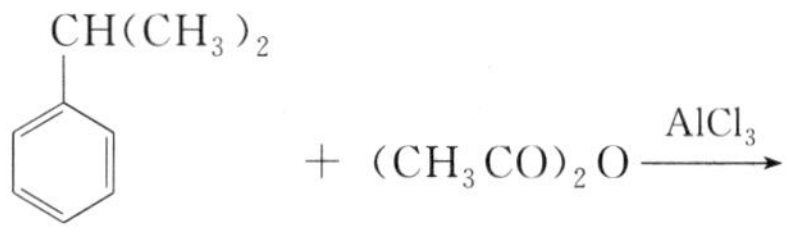 $+$ $(CH_3CO)_2O$ $\xrightarrow{AlCl_3}$

(17) 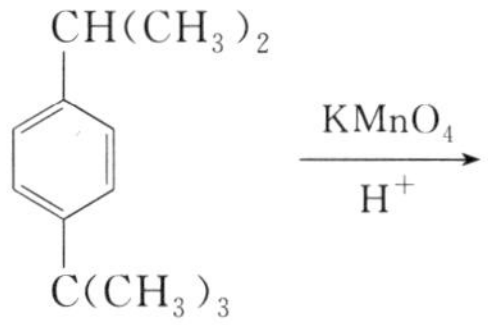 $\xrightarrow[H^+]{KMnO_4}$

(18) 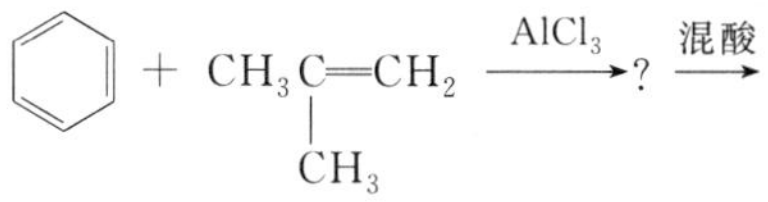 $+$ $CH_3C=CH_2$ $\xrightarrow{AlCl_3}$? $\xrightarrow{\text{混酸}}$
　　　　　　　　　|
　　　　　　　CH_3

(19) 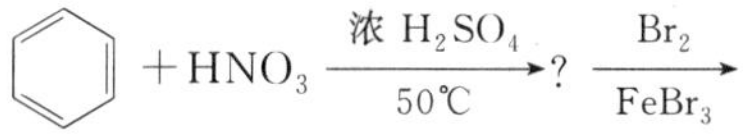 $+HNO_3$ $\xrightarrow[50℃]{\text{浓 }H_2SO_4}$? $\xrightarrow{Br_2}{FeBr_3}$

(20) 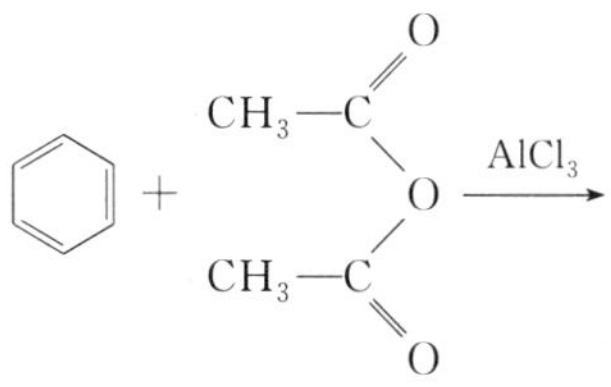 $+$ $\xrightarrow{AlCl_3}$

7. 以苯或甲苯及其他无机试剂为原料，合成下列化合物。

(1) 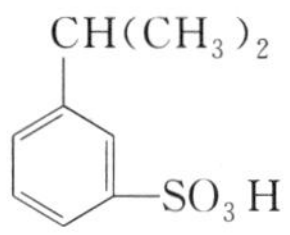 　　(2)  　　(3)

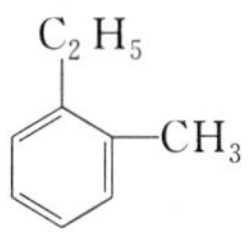

(4) 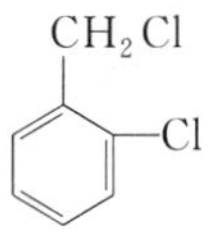 　　(5) 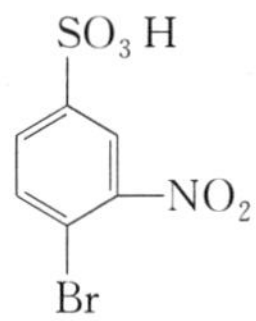 　　(6)

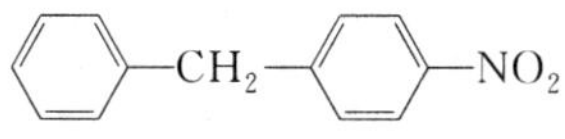

8. 有两个分子式为 C_6H_{12} 的烯烃，分别用浓的高锰酸钾酸性溶液处理，一个得到的产物为 $CH_3COCH_2CH_3$ 和 CH_3COOH；另一个得到的产物为 $(CH_3)_2CHCH_2COOH$、CO_2、H_2O，试写

出这两个烯烃的构造式。

9. 有两个分子式均为 C_5H_8 的化合物，经氢化后都可以得到 2-甲基丁烷。这两种化合物均可与两分子溴加成，其中之一可使硝酸银氨溶液产生白色沉淀，另一个不可。试推断这两个异构体的构造式，并写出各步反应式。

10. 化合物 A 的分子式为 C_4H_8，它可使溴溶液褪色，但不可使高锰酸钾溶液褪色。1mol A 和 1mol HBr 作用生成 B，B 也可以从 A 的同分异构体 C 与 HBr 作用得到，C 能使溴溶液及稀的酸性高锰酸钾溶液褪色。试推断 A、B、C 三种化合物的构造式，并写出各步反应式。

11. 分子式为 C_9H_{12} 的芳烃 A，以高锰酸钾氧化后得二元羧酸。将 A 硝化，得到两种一硝基产物。试推测该芳烃构造式并写出各步反应式。

12. 溴苯氯代后分离得到两个分子式为 C_6H_4ClBr 的异构体 A 和 B，将 A 溴代得到几种分子式为 $C_6H_3ClBr_2$ 的产物，而 B 经溴代得到两种分子式为 $C_6H_3ClBr_2$ 的产物 C 和 D。A 溴代后所得产物之一与 C 相同，但没有任何一个与 D 相同。试推测 A、B、C、D 的结构式并写出各步反应。

13. 某芳烃化合物 A 的分子式为 C_9H_{10}，它能使溴的四氯化碳溶液褪色。用高锰酸钾的硫酸溶液氧化 A，可得脂肪酸 B 和芳酸 C，C 发生烷基化反应时，只得一种主产物 D。试推测 A、B、C、D 的结构式并写出各步反应。

模块三

烃含卤衍生物的变化及应用

学习指南

烃含卤衍生物是烃分子中的氢原子被卤素原子取代后的化合物，简称卤代烃。卤代烃的通式为 $(Ar)R—X$，X 可看做卤代烃的官能团，包括 F、Cl、Br、I。天然存在的卤代烃数量不多，主要分布在海洋生物中，但通过化学方法合成的卤代烃有很重要的用途，广泛用作农药、麻醉剂、制冷剂、灭火剂、杀虫剂等。一些化学性质活泼的卤代烃是化学合成的重要原料或中间体，一些化学性质稳定的卤代烃则是常用的溶剂。需要指出的是大部分卤代烃都具有一定的毒性，使用时应注意安全。

本模块通过"分离纯化卤代烃""鉴别卤代烃"两个任务，使学习者在熟悉有机物的分离纯化及鉴别过程中，进一步体验有机物的基本单元操作，领会卤代烃性质在分离纯化、鉴别等工作中的应用，以及在实验过程中不同卤代烃的性质变化。

目标导学

知识目标

认识卤代烃的结构、分类和同分异构；

叙述卤代烃的命名方法；

认知卤代烃的化学性质：亲核取代、消除反应、与金属镁的反应；

说出卤代烃结构与性质之间的关系；

知道常用的卤代烃的鉴别方法。

技能目标

能正确命名常见卤代烃；

能由给定含卤衍生物的结构推测其在给定反应条件下发生的化学变化；

能利用含卤衍生物的性质对其混合物进行分离纯化；

能鉴别不同卤代烃。

素质目标

感受实事求是，严谨踏实的工作作风；

启发创新意识；

感悟安全环保，绿色低碳的社会责任。

任务 1 分离纯化卤代烃

任务分析

由于卤代烃在自然界极少存在，因此只能用合成的方法制备，无论是实验室合成制备还是工业大规模生产，得到的产物往往是混合物，除卤代烃外还含有一些其他的成分。同时卤代烃还经常是合成其他有机化合物的有用副产物。这些情况下，都需要采用一定的方法从合成产物中将卤代烃进行分离纯化。

卤代烃的分离纯化和一般有机混合物的分离纯化过程基本一致，通常根据卤代烃的密度、溶解度等性质，通过萃取、蒸馏、过滤、干燥等装置，应用化学或机械工艺过程实施。例如，利用卤代烃难溶于水、易溶于有机溶剂的性质，可用有机溶剂萃取的方法从卤代烃和水的混合物中分离液态卤代烃，再利用不同结构卤代烃的沸点差别，通过蒸馏达到纯化的目的。

需要注意的是卤代烃的分离纯化过程应尽量选择环保的方法，分离后的废液要及时回收处理，避免污染环境。因卤代烃本身具有一定的毒性，建议分离纯化卤代烃的过程在通风橱中进行，取用卤代烃等相关试剂应做好安全保护措施。

工作过程

（1）分析含卤代烃混合物的组成

通过查阅资料，综合分析有关信息，详细了解混合物的可能组成，各组成成分的价值、性质和用途，明确不同组分在物理或化学性质上的差异，为确定分离提纯方案做准备。在此过程中应重点分析卤代烃的性质，特别是卤代烃的物理性质，例如卤代烃的沸点高于相应的烃、大多数卤代烃的相对密度大于 1 等性质都可用于分离纯化。

（2）制定分离纯化方案

根据混合物及混合物中各组分性质的差异，拟定分离纯化方案。

（3）实施分离纯化操作

卤代烃的分离纯化过程中通常需采用萃取、蒸馏、洗涤、过滤、干燥以及色谱分离等单元操作。根据操作对象的具体性质，选择适当的操作实施分离纯化。

（4）完成实验记录

根据分离纯化步骤及现象，实验员填写表 3-1 有机混合物分离纯化实验记录。

表 3-1 有机混合物分离纯化实验记录

实验序号	实验步骤	实验现象	结 论
1			
2			
3			
			实验员
			实验时间

（5）获得纯物质

由实验过程将卤代烃从有机混合物中分离纯化，获得纯度达到要求的卤代烃，按各卤代烃的性质要求存放待用，如碘代烃需避光保存，等等。

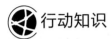 行动知识

1. 有机物的酸洗、碱洗及水洗

洗涤是分离纯化有机物时最常用、最简单易实现的操作，借助过滤装置即可实现目的。有机物的洗涤通常包括酸洗、碱洗、水洗和有机溶剂洗涤，在本书中主要介绍前3种方法。

（1）有机物洗涤方法的选择

很多有机物具有一定的酸碱性。根据酸碱质子理论（布朗斯特酸碱理论）：凡是能给出质子的任何物质（分子或离子），叫做酸；凡是能接受质子的任何物质，叫做碱。简言之，酸是质子的给予体，碱是质子的接受体。例如：

$$H_2O + CH_3NH_2 \rightleftharpoons OH^- + CH_3NH_3^+$$
$$\text{酸1} \qquad \text{碱1} \qquad \text{碱2} \qquad \text{酸2}$$

上述反应中 H_2O 失去质子，是酸；CH_3NH_2 得到质子，是碱。

卤代烃一般不体现出特殊的酸碱性，且极性较低，根据有机混合物中目标组分和杂质的水溶性、酸碱性差异，可以采用水洗、酸洗或碱洗的方法分离纯化卤代烃。

水是一种强极性溶剂，其穿透能力很强，可以很容易进入样品中将亲水的强极性物质洗脱。"水洗"是以蒸馏水为洗涤试剂，适用于极性较小、不溶或微溶于水的有机物的分离，可去除混合物中极性较大、能溶于水或易溶于水的杂质。

如目标组分和杂质间极性差异不大、水洗不能有效分离时，根据酸碱性不同，可用"酸洗"或"碱洗"。"酸洗"是以盐酸、硫酸、磷酸等为洗涤试剂，适用于目标组分呈酸性或中性有机物的分离，可去除混合物中的碱性杂质。"碱洗"则以氢氧化钠或氢氧化钾等碱性溶液为洗涤剂，适用于碱性或中性有机物的分离，可去除混合物中的酸性杂质。具体洗涤方法的选择见表3-2。

表 3-2　洗涤方法选择

目标组分性质	杂质性质	洗涤方法
不溶或微溶于水	溶于水	水洗
酸性或中性	碱性	酸洗
中性或碱性	酸性	碱洗

（2）有机物洗涤操作

有机混合物的洗涤对气态、固态、液态混合物的分离纯化都适用。

固态混合物的洗涤通常和过滤操作相结合。将混合物置于漏斗中，用胶头滴管从固体上方加蒸馏水（或其他洗涤试剂）直至固体被浸没，待过滤完全后，重复洗涤操作2~3次，直至固体被洗净。液态混合物的洗涤则通过萃取完成，萃取的操作原理和步骤参见模块二。气态混合物需要将混合气体通过装有适当洗涤溶剂的洗气装置以除去对应的杂质。

扫码看课件

扫码看动画

（3）洗涤溶剂的选择

物质的极性、酸碱性是选择洗涤溶剂的基本依据，具体选择原则为：极性物质易溶于极性溶剂；非极性物质易溶于非极性溶剂；碱性物质易溶于酸性溶剂；酸性物质易溶于碱性溶剂。常用溶剂的极性大小顺序依次为：水＞甲酸＞二甲基亚砜＞甲醇＞乙醇＞正丙醇＞丙酮＞乙酸＞乙酸乙酯＞乙醚＞氯仿＞四氯化碳＞液体石蜡。

选择洗涤溶剂时应注意以下事项：a.洗涤溶剂不能和目标组分发生反应，防止引入新的杂质。b.尽可能选用低沸点、易挥发，方便去除的溶剂。例如在允许的情况下，可以选择使用乙醇等有机亲水性溶剂代替水进行洗涤。c."酸洗""碱洗"中通常使用稀酸或稀碱。由于盐酸是一种挥发性酸，当浓度超过 20% 或温度较高时会产生大量酸雾，因此工作浓度应低于 20%，并在常温下使用。d.选择对环境、健康危害较小的溶剂。现有的工业溶剂约有 3万余种，绝大多数溶剂都有着火爆炸的危险，具有不同程度的毒性，还会对环境造成危害。根据溶剂对健康、环境的危害程度可以分为四类，见表 3-3。

表 3-3　溶剂的分类

类　别	毒　性	溶　剂　实　例
第一类溶剂	致癌，对人、环境有害	苯、四氯化碳、1,2-二氯乙烷、1,1,1-三氯乙烷
第二类溶剂	无基因毒性，但有动物致癌性	氯仿、1,1,2-三氯乙烯、嘧啶、正己烷、甲酰胺、氯苯、甲苯、N,N-二甲基甲酰胺、甲醇、环己烷
第三类溶剂	毒性较低，环境危害较小	戊烷、甲酸、乙酸、丙酮、苯甲醚、甲乙酮、二甲基亚砜、乙酸乙酯、2-丙醇、1-丙醇、1-丁醇、戊醇
第四类溶剂	没有足够毒性	四氢呋喃、石油醚

表 3-3 中第一类溶剂危害最大，第二类次之，第四类溶剂危害最小。使用溶剂时，因尽可能选择危害性较小的溶剂。若条件允许，应避免使用第一、二类溶剂，如生产过程中不可避免使用了这类溶剂，应严格控制其用量，特别是在产品中的残留量必须控制在规定范围内。

2. 有机物的干燥

干燥是去除物料中含有的少量水分或少量有机溶剂的过程，工业上称为去湿。干燥是有机物纯化过程中常用的一项操作。在纯化过程的中途通过干燥可使后继操作过程更易进行，例如，液体有机物中的水分如不干燥，蒸馏时会使前馏分增加，造成损失，另外产品也可能与水形成共沸混合物而无法分离，影响产品纯度。分离结束时也经常对产品进行干燥以提高纯度。

根据干燥过程中被干燥物质和干燥剂间是否发生化学反应，可以将干燥方法分为物理干燥法与化学干燥法两种。物理干燥法常用的有：吸附、共沸蒸馏、冷冻干燥、加热和真空干燥等。化学干燥法按水作用的方式又可分为两类：一类能与水可逆地结合生成水合物，如氯化钙、硫酸钠等；另一类能与水发生剧烈的化学反应，如金属钠、五氧化二磷等。实际干燥操作中应根据操作对象的不同，选择相应的干燥方法。

（1）固体的干燥

固体有机物中的水分和有机溶剂的去除，常采用以下方法。

① 晾干

将待干燥的固体放在表面皿或培养皿中，尽量平铺成均匀的薄层，再用滤纸或培养皿覆盖上，以免灰尘沾污，然后在室温下放置直到干燥为止。该方法适用于除去低沸点溶剂。为加快晾干速度，可以先用滤纸将固体表面的水分或有机溶剂吸去。

② 烘干

通过加热升温，使水分或有机溶剂汽化速度加快而达到干燥的目的。热稳定性好又不易升华的固体中如含有不易挥发的溶剂时，可以使用红外灯干燥；无腐蚀、无挥发性、加热不分解的物质可以用烘箱干燥；高温下易分解、聚合和变质以及加热时对氧气敏感的有机化合物，可采用专门的真空加热干燥箱进行干燥。采用红外灯和烘箱干燥有机化合物前，必须了解化合物的性质，特别是热稳定性，否则会造成有机化合物分解、氧化、转化等严重问题。烘干时应选择适宜的干燥温度，防止被干燥对象受热发生熔化、燃烧、焦化等现象。

③ 吸附干燥

固体有机物还可以使用具有吸附性的干燥剂进行干燥，如硅胶干燥剂、黏土干燥剂、分子筛干燥剂等。最常用的是硅胶干燥剂，它是一种高活性吸附材料，通常是用硅酸钠和硫酸反应，并经老化、酸泡等一系列后处理过程而制得。根据用途可以将硅胶干燥剂制成不同的规格，实验室中经常使用蓝色硅胶干燥剂。该干燥剂能根据吸湿程度呈现不同的颜色，干燥时为蓝色、半透明，经吸湿其颜色由蓝色变成浅红色。实际操作时，需将硅胶干燥剂和待干燥固体同时放入密闭容器中，经一段时间达水分吸附平衡后即可达到干燥目的。

（2）液体的干燥

有机液体的干燥，一般是直接将干燥剂加入液体中以除去水分。干燥后的有机液体，通常需蒸馏提纯。

① 干燥剂的选择原则

a. 干燥剂不能与待干燥的有机物发生化学反应，不能溶解于所干燥的液体。如无水氯化钙与醇、胺类易形成配合物，因而不能用来干燥这两类化合物；碱性干燥剂不能干燥酸性有机化合物，等等。

b. 干燥剂颗粒大小要适宜。颗粒太大时吸水较慢，且干燥剂内部不起作用；颗粒太小时尽管吸水较快，但因表面积太大，吸附有机物过多，造成产物的损耗。

c. 综合考虑干燥剂的干燥能力，包括吸水容量、干燥效能和干燥速度。吸水容量是指单位质量干燥剂所吸收的水量；干燥效能是指达到吸水平衡时液体的干燥程度。常先用吸水容量大的干燥剂除去大部分水分，然后再用干燥效能强的干燥剂进行干燥。

② 干燥剂的用量

在确定干燥剂的用量时，可以先查阅该有机物在水中的溶解度，或根据有机物的结构判断其水溶性。如难溶于水，则混合物中含水量较少，反之则含水量较多，据此估计干燥剂的用量。由于干燥剂在干燥水分的同时也能吸附一部分有机物，因此干燥剂的用量应严格控制。一般 100mL 液体约需用干燥剂 0.5～1g。干燥剂的具体用量应根据实际情况进行调整，需要综合考虑混合物中的含水量、干燥剂的颗粒大小、干燥温度，等等。

③ 干燥剂的使用方法

液体混合物在干燥前应先将水分尽可能分离干净（如沉降、过滤、离心分离等），将液体置于干燥的锥形瓶中，直接取适量干燥剂加入液体中，用塞子塞紧，振摇，静置（至少0.5h），静置过程中加以振摇，如液体由浑浊变为澄清，说明水分基本清除。如干燥剂与瓶壁黏结，或液体仍保持浑浊，则表示干燥剂用量不够，应继续添加。

（3）气体的干燥 ··

除去有机气体中的湿分需将气体通过洗气瓶或干燥管，如图 3-1 所示。

扫码看视频

洗气瓶中放置液体干燥剂（如浓硫酸），干燥管中则加入固体干燥剂（如无水氯化钙）。

图 3-1　洗气瓶（a）和干燥管（b）

 小知识

当液体受热时，溶解在液体内或吸附在粗糙瓶壁上的空气被释放出来，形成一个个蒸气气泡的核心，随着气泡的上升、增大，直至破裂并释放出气体，这一过程可使液体受热均匀、沸腾平稳可控。

如果受热液体中几乎不存在空气，瓶壁又非常洁净光滑，就难以形成气泡，会导致液体受热局部温度升高（有时甚至会超过液体沸点），一旦形成一个气泡会快速增大，甚至将液体冲出瓶外，这便是"暴沸"。为防止产生暴沸，可在加热前引入汽化中心，在液体受热后释放许多小气泡来保证沸腾平稳。

3. 有机物的蒸馏

蒸馏是分离纯化液态有机物的常用方法，是利用混合物中各组分沸点不同，加热使低沸点组分蒸发，再冷凝收集，以分离各个组分的单元操作过程，是蒸发和冷凝两种单元操作的联合。蒸馏包括常压蒸馏、水蒸气蒸馏、分馏和减压蒸馏，如无特别说明，一般蒸馏常指常压蒸馏。

（1）常压蒸馏

常压蒸馏主要适用于沸点在 $40\sim150℃$ 之间液态化合物的分离纯化，并要求两种液体组分的沸点差大于 $30℃$。通过一次汽化-冷凝，在接收器中得到纯度较高的低沸点组分，高沸点组分则留在反应器中。蒸馏的实施需要借助于蒸馏装置，由热源、圆底烧瓶、温度计、直形冷凝管、锥形瓶等仪器搭建而成，如图 3-2 所示。

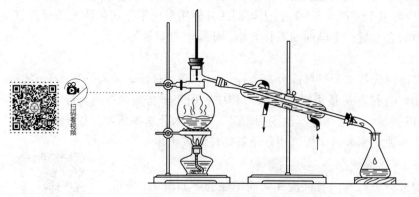

图 3-2　常压蒸馏装置

（2）水蒸气蒸馏

水蒸气蒸馏适用于难溶或不溶于水，并具有一定挥发性（一般要求在100℃时，该物质的蒸气压≥667Pa）的有机化合物的分离纯化。水蒸气蒸馏过程中能使有机物在较低的温度下随水蒸气一起蒸馏出来，有效防止了直接加热蒸馏产生的有机物，尤其是固态有机物焦化、黏结等现象，因此也广泛应用于天然物质的纯化。水蒸气蒸馏的装置和常压蒸馏装置相比较更为复杂，需增加一套水蒸气发生器，具体装置图见图3-3。

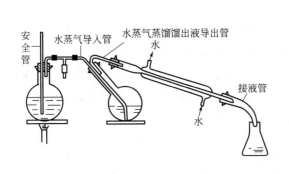
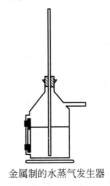

图 3-3　水蒸气蒸馏装置

（3）分馏

分馏（也称精馏）主要用于两种或两种以上沸点相近的有机化合物的分离纯化。分馏是多次简单蒸馏的集合，经过多次的汽化-冷凝，在接收容器中得到高纯度的低沸点组分，留在反应器中的高沸点组分的纯度也大大高于普通蒸馏。和常压蒸馏装置相比较，分馏装置需要在圆底烧瓶的瓶口安装分馏柱，以实现多次汽化-冷凝，分馏装置图见图3-4。

（4）减压蒸馏

减压蒸馏适用于沸点大于150℃的高沸点有机化合物或在常压下易分解、氧化或聚合的有机化合物的分离纯化。由于系统压力下降时，液体的沸点也随之降低，因此在低压的条件下能使高沸点液体在较低的温度下被蒸出来。和蒸馏、分馏比较，减压蒸馏的装置最为复杂，需要增加水泵或油泵、安全瓶、冷却阱、压力计以及各种保护装置。如图3-5所示。

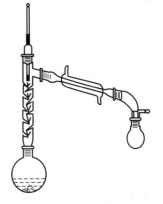

图 3-4　分馏装置

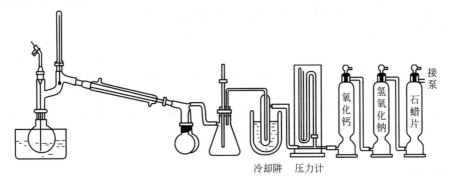

图 3-5　减压蒸馏装置

（5）蒸馏装置的安装与拆除

蒸馏装置安装时需遵循从左到右、从下到上的原则，拆除时顺序相反。安装前应检查磨口仪器是否洁净，安装的过程中要注意保持装置的紧密性。从正面、侧面观察，整套装置与仪器的轴线均应在同一个平面内，所有的铁夹、铁架应整齐地安放在仪器背后。

安装温度计时，为保证测定温度的准确性，应使温度计水银球的上端和蒸馏支管的下端在同一水平线。若水银球位置偏低，所测量温度偏低；反之则偏高。

（6）蒸馏注意事项

常压蒸馏、分馏在加热前均要在蒸馏瓶中加入沸石。沸石是汽化中心，可以防止液体爆沸，如加热中断、再加热时，应重新加入新的沸石。水蒸气蒸馏时，在水蒸气发生器中也应加入一定量沸石。减压蒸馏是以带螺旋夹的毛细管作为汽化中心，不能使用沸石。

蒸馏挥发性或易燃的液体时，不能使用明火。除减压蒸馏外，蒸馏系统不能密闭，否则会引起爆炸。如蒸馏易挥发、易燃或有毒的液体，需在接液管的支管上连接一根乳胶管，将其通入吸收溶液中。

蒸馏前根据待蒸馏液体的体积选择合适的蒸馏瓶，一般液体体积占蒸馏瓶容积的 1/3～2/3 即可，其中减压蒸馏加入待蒸馏液体的量不可超过蒸馏瓶容积的 1/2。

蒸馏开始时，应先通冷却水再加热；结束时，应先停止加热，待装置适当冷却后再停止通冷却水。常压蒸馏的速度控制为每秒钟滴下 1～2 滴，分馏速度为 1 滴/1～2s。

思考与练习

3-1　请以苯、石油醚为例，通过查阅资料，分析比较不同种类溶剂的安全性、环保性及其使用注意事项。

3-2　请结合现有实验条件，列举实验室常用的干燥剂及其适用范围。

3-3　请列表分析比较蒸馏、分馏的异同。

理论知识

1. 卤代烃的分类和同分异构现象

（1）卤代烃的分类

卤代烃种类丰富，依据不同的分类标准可将卤代烃分为不同的类别。

① 根据所含卤原子种类的不同，可将卤代烃分为氟代烃、氯代烃、溴代烃和碘代烃。例如：

$$CH_3F \qquad CH_2ClCH_2Cl \qquad CH_3CH_2Br \qquad CH_3I$$
$$\text{氟代烃} \qquad\quad \text{氯代烃} \qquad\qquad \text{溴代烃} \qquad\quad \text{碘代烃}$$

② 根据所含卤素原子数量的不同，可将卤代烃分为一卤代烃和多卤代烃。例如：

一卤代烃：$CH_3Cl \qquad CH_3CH_2I \qquad C_6H_5I$

多卤代烃：$CH_2Cl_2 \qquad$ $\qquad CCl_4$

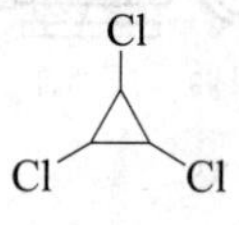

③ 根据分子中烃基的不同，可将卤代烃分为饱和卤代烃（卤代烷）、不饱和卤代烃以及芳香卤代烃。例如：

$$CH_3CH_2Cl \qquad CF_2{=}CF_2$$

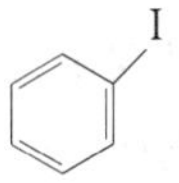

饱和卤代烃　　　不饱和卤代烃　　　芳香卤代烃

④ 根据和卤素原子直接相连的碳原子的类型，分为伯卤代烃、仲卤代烃和叔卤代烃。例如：

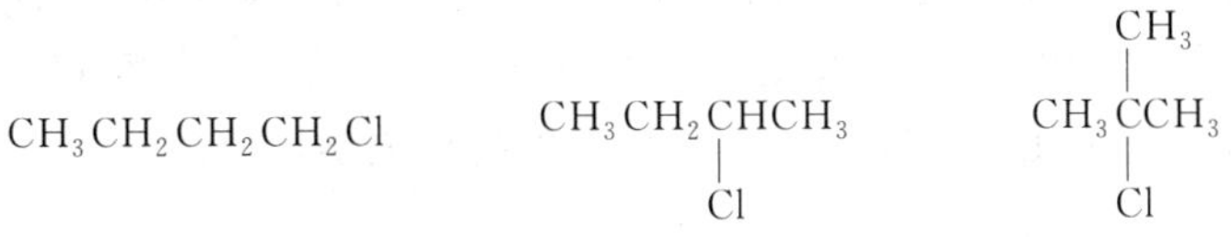

伯卤代烃　　　仲卤代烃　　　叔卤代烃

伯、仲、叔卤代烃也相应称为一级、二级、三级卤代烃，它们的化学性质呈现一定的规律性，可用于卤代烃的鉴别。

（2）卤代烃的同分异构现象

卤代烃的同分异构现象主要由烃基和卤素原子位置的不同引起，因此卤代烃的同分异构体数量比相应烃的同分异构体多。

饱和卤代烃可能有碳架和位置异构体。例如，因碳架异构，丁烷有正丁烷、异丁烷两种同分异构体，氯原子在这两种碳架上又可以分别位于不同的位置（即位置异构），因此一氯丁烷共有 4 种同分异构体。

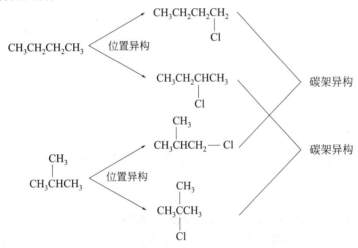

不饱和卤代烃除碳架异构体、位置异构体外，还存在顺反异构体（将在本教材模块六中介绍），因此异构体也比相应烯烃的异构体多。

思考与练习

3-4　试写出 C_4H_7Br 的所有异构体。

3-5　请指出下列卤代烃可能隶属的类别：

（1）$CH_2{=}CH{-}\overset{\overset{\displaystyle Br}{|}}{\underset{\underset{\displaystyle CH_3}{|}}{C}}{-}CH_2CH_3$ 　　　（2）

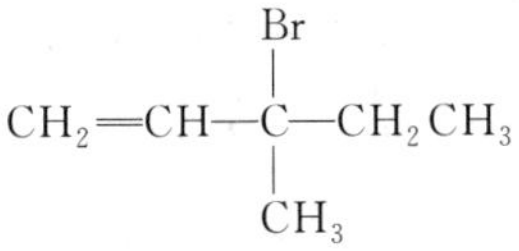

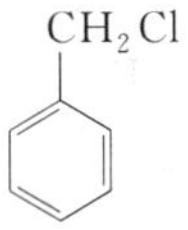

扫码看动画

2. 卤代烃的结构

卤素（F、Cl、Br、I）原子是卤代烃分子中的官能团，是决定卤代烃化学性质的主要因素。由于卤素原子是一个单原子官能团，因此，卤代烃的化学性质主要表现在 C—X 键的断裂反应上。

卤代烃中 C 原子与 X 原子以 σ 键相连，在 C—X 键中，卤素原子的电负性比碳原子大，导致 C—X 键的极性较强，电子云偏向卤素原子，使得 C 原子带部分正电荷，卤素原子带部分负电荷。在外来试剂作用下，C—X 键易发生异裂。C—X 键的键能（C—F 键除外）都比 C—H 键小，因此，C—X 比 C—H 容易断裂而发生各种化学反应。

$$\blacktriangleright \overset{\delta^+}{C} \!-\! \overset{\delta^-}{X}$$

3. 卤代烃的命名

（1）习惯命名法

卤代烃的习惯命名法是由"烃基名称＋卤素名称"构成，因受烃基名称表述的局限性限制，适用于结构简单卤代烃的命名。例如：

$$CH_3CH_2CH_2Br$$　　　　$$CH_3CH_2CHBrCH_3$$　　　　$$CH_3\text{—}\overset{\overset{\displaystyle CH_3}{|}}{\underset{\underset{\displaystyle CH_3}{|}}{C}}\text{—}Br$$

正丙基溴　　　　　　　　仲丁基溴　　　　　　　　叔丁基溴

环己基氯　　　　　　$$CH_3CH\!=\!CHCl$$　　　　苄基氯

环己基氯　　　　　　丙烯基氯　　　　　　苄基氯

（2）系统命名法

系统命名法适用于结构复杂的卤代烃，将卤素原子作为取代基，烃作为母体，命名方法、规则与烃类似。

① 饱和卤代烃

以烷烃为母体，选择含有卤素原子的最长碳链为主链，卤素原子作为取代基，根据主链碳原子的数量称为"某烷"，再以取代基位次组最小为原则对主链碳原子进行编号。书写名称时，支链、取代基按次序规则（较优基团后列出）写在"某烷"前面。

当卤素原子与烷基位次相同时，应优先给烷基较小的编号。例如：

$$\overset{5}{C}H_3\text{—}\overset{4}{C}H\text{—}\overset{3}{C}H_2\text{—}\overset{2}{C}H\text{—}\overset{1}{C}H_3$$
　　　　|　　　　　　|
　　　　Cl　　　　　CH_3

2-甲基-4-氯戊烷（正确）

$$\overset{1}{C}H_3\text{—}\overset{2}{C}H\text{—}\overset{3}{C}H_2\text{—}\overset{4}{C}H\text{—}\overset{5}{C}H_3$$
　　　　|　　　　　　|
　　　　Cl　　　　　CH_3

4-甲基-2-氯戊烷（错误）

当出现不同位次的卤素原子时，原子序数小的卤素原子编号较小。例如：

$$\overset{1}{C}H_3\text{—}\overset{2}{C}H\text{—}\overset{3}{C}H\text{—}\overset{4}{C}H_3$$
　　　　|　　　|
　　　　Cl　　Br

2-氯-3-溴丁烷（正确）

$$\overset{4}{C}H_3\text{—}\overset{3}{C}H\text{—}\overset{2}{C}H\text{—}\overset{1}{C}H_3$$
　　　　|　　　|
　　　　Cl　　Br

2-溴-3-氯丁烷（错误）

② 不饱和卤代烃

以不饱和烃为母体，选择含不饱和键的最长碳链为主链，编号时应优先使不饱和键的位次最小。例如：

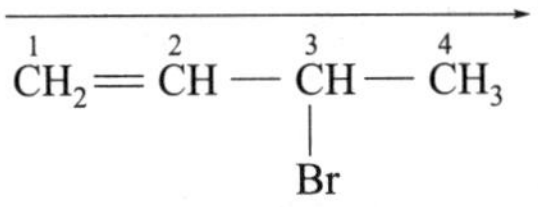

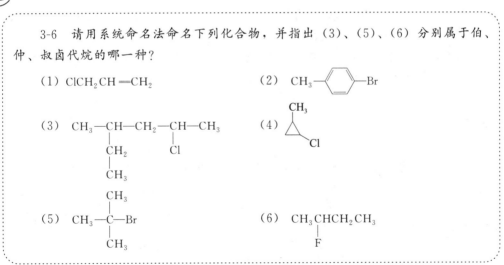

3-溴-1-丁烯（正确） 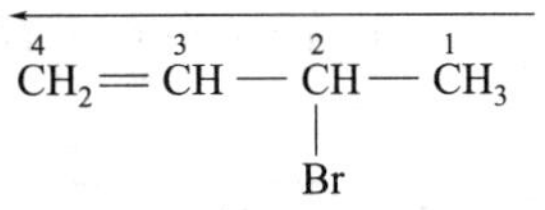　　　　　　2-溴-3-丁烯（错误）

③ 卤代环烃、卤代芳烃

卤代环烃、卤代芳烃一般以环烃、芳烃为母体，卤素原子为取代基，取代基编号原则和饱和卤代烃相同。例如：

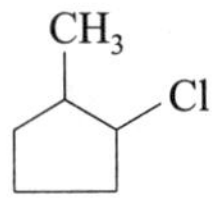

1-甲基-3-氯环戊烷 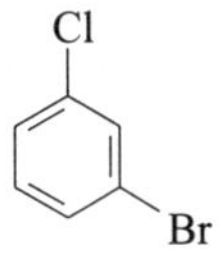　　　　　　1-氯-3-溴苯

如果卤素原子连接在芳烃的侧链上，以脂肪烃为母体，芳基和卤素原子均作为取代基。例如：

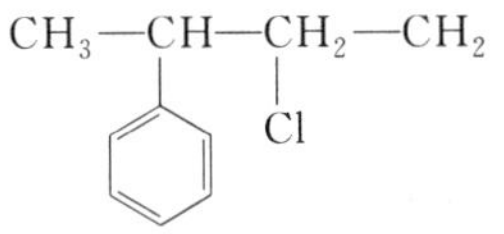

2-苯基-3-氯丁烷 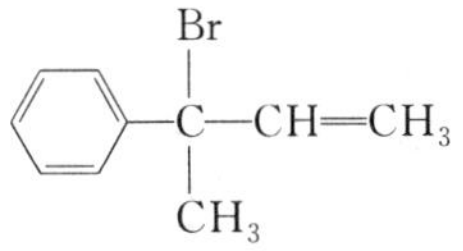　　　　　　3-苯基-3-溴-1-丁烯

思考与练习

3-6　请用系统命名法命名下列化合物，并指出（3）、（5）、（6）分别属于伯、仲、叔卤代烷的哪一种？

（1）$ClCH_2CH{=\!\!=}CH_2$

（2）CH_3——Br

（3）$CH_3—CH—CH_2—CH—CH_3$（带 CH_2、CH_3、Cl 支链）

（4）

（5）$CH_3—\underset{CH_3}{\overset{CH_3}{C}}—Br$

（6）$CH_3CHCH_2CH_3$（带 F）

4. 卤代烃的物理性质及变化规律

在常温下，溴甲烷、氯甲烷、氯乙烷、氟代烷（4个碳以下）为气体，其余为无色液体或固体。

由于卤素原子取代烃分子中的氢原子后，分子量、分子极性均较烃增大，导致分子间作用力增大，所以，卤代烃的沸点均高于相应的烃。一元直链卤代烃的沸点随化合物分子量的增大而增大。同分异构体中，支链卤代烃的沸点比直链卤代烃低，且支链越多，沸点越低。烃基相同的卤代烷，沸点的规律为：碘代烷＞溴代烷＞氯代烷＞氟代烷。一些常见卤代烃的沸点见表 3-4。卤代烃沸点的差异，是分离纯化的一项重要依据。例如：利用常压蒸馏可以从 $CH_3(CH_2)_4Cl$、C_2H_5OH 和 $CH_3(CH_2)_4Br$ 的混合物中将各个组分逐个分离。

表 3-4　常见卤代烃的沸点　　　　　　　　　　　　　　　单位：℃

卤代烃	氟代烃	氯代烃	溴代烃	碘代烃
CH_3X	−78.4	−24.2	3.6	42.4
CH_2X_2	−52	40	99	180(分解)
CHX_3	−83	61	151	升华
CX_4	−128	77	189.5	升华
CH_3CH_2X	−37.7	12.3	38.4	72.3
$CH_3CH_2CH_2X$	−2.5	46.6	71.0	102.5
$(CH_3)_2CHX$	−9.4	34.8	59.4	89.5
$CH_3CH_2CH_2CH_2X$	32.5	78.4	101.6	130.5
$(CH_3)_2CHCH_2X$	25.1	68.8	91.4	121
$(CH_3)_3CX$	12.1	50.7	73.1	100(分解)
$CH_3(CH_2)_4X$	62.8	108	130	157
$CH_3(CH_2)_5X$	91.5	134.5	155.3	181.3
$CH_3(CH_2)_6X$	117.9	159	178.9	204
$CH_3(CH_2)_7X$	142	182	200.3	225.5

一氟代烷和一氯代烷相对密度小于 1，其余卤代烃相对密度都大于 1；在卤代烃同系列中，随着碳原子数目增加，相对密度降低。绝大多数卤代烃不溶或微溶于水，易溶于有机溶剂，有些可以直接作为有机溶剂使用。由于大多数卤代烃具有密度大于水，且极性较低的性质，卤代烃密度和极性的特点可以作为分离纯化相关卤代烃的依据，同时四氯化碳、氯仿等卤代烃亦是常用的分离或洗涤溶剂。

一般来说，一卤代烃无色，但碘代烷易分解而产生游离碘，故长期放置的碘代烷常带有红色或棕色。卤代烃大多具有特殊气味，多卤代烃一般不具有可燃性。

⊕ 安全提示

> 卤代烃具有肝毒性，还可能致癌，使用需注意。

👥 思考与练习

> 3-7　请预测下列各对有机物哪一个沸点高：
>
> (1) 正丁基氯，正丁基溴　　　　　　　　(2) 正戊基溴，异戊基溴
>
> (3) 正丙基溴，正己基溴　　　　　　　　(4) 溴苯，氯苯
>
> 3-8　能够用萃取的方法从 $CHCl_3$ 和水的混合物中提取 $CHCl_3$ 吗？请简述理由。

5. 多元恒沸物的形成与应用

恒沸物，又称共沸物，是指含两种或多种组分的液体混合物，在恒定压力下沸腾时，产生的蒸气与液体本身有着完全相同的组成，仍然是几种组分形成的混合物。因此，恒沸物是不可能通过常规的蒸馏或分馏手段加以完全分离的。

有些恒沸物的共沸温度低于其中任一纯净组分的沸点，这种恒沸物称为最低恒沸物。例如：正戊醇的沸点是137.8℃，水的沸点是100℃，而它们的混合物当正戊醇的质量分数为46.0%时，在96℃就沸腾，因此从正戊醇和水的混合物中无法蒸馏得到纯净的正戊醇，气相冷凝得到液体是正戊醇和水形成的恒沸物。

有些恒沸物的共沸温度比任一纯净组分的沸点都高，这种恒沸物称为最高恒沸物。例如纯硝酸的沸点是86℃，水的沸点是100℃，尽管二者沸点仅相差14℃，但可以通过蒸馏得到较纯的硝酸，因为硝酸和水组成的恒沸物在120.5℃才沸腾。常见二元恒沸混合物的组成和沸腾温度见表3-5。

表 3-5　常见二元恒沸混合物的组成和沸腾温度

组分名称		沸点/℃			质量分数/%	
I	II	I	II	混合物	I	II
水	乙醇	100.0	78.4	78.1	4.5	95.5
水	正丙醇	100.0	97.2	87.7	28.3	71.7
水	正丁醇	100.0	117.8	92.4	38.0	62.0
水	异丁醇	100.0	108.0	90.0	33.2	66.8
水	仲丁醇	100.0	99.5	88.5	32.1	67.9
水	叔丁醇	100.0	82.8	79.9	11.7	88.3
水	正戊醇	100.0	137.8	96.0	54.0	46.0
水	2-甲基-1-丁醇	100.0	131.4	95.2	49.6	50.4
水	2-甲基-2-丁醇	100.0	102.3	87.4	27.5	72.5
水	2-戊醇	100.0	119.3	92.5	38.5	61.5
水	3-戊醇	100.0	115.4	91.7	36.0	64.0
水	正己醇	100.0	157.9	97.8	75.0	25.0
水	正庚醇	100.0	176.2	98.7	83.0	17.0
水	正辛醇	100.0	195.2	99.4	90.0	10.0
水	烯丙醇	100.0	97.0	88.2	27.1	72.9
水	苯甲醇	100.0	205.2	99.9	91.0	9.0
水	糠醇	100.0	169.4	98.5	80.0	20.0
水	苯	100.0	80.2	69.3	8.9	91.1
水	甲苯	100.0	110.8	84.1	19.6	80.4
水	二氯乙烷	100.0	83.7	72.0	8.3	91.7
水	二氯丙烷	100.0	96.8	78.0	12.0	88.0
水	乙醚	100.0	34.5	34.2	1.3	98.7
水	二异丙醚	100.0	68.4	62.2	4.5	95.5
水	乙基正丙基醚	100.0	63.6	59.5	4.0	96.0
水	二异丁基醚	100.0	122.2	88.6	23.0	77.0
水	二异戊基醚	100.0	172.6	97.4	54.0	46.0
水	二苯醚	100.0	259.3	99.3	96.8	3.2
水	苯乙醚	100.0	170.4	97.3	59.0	41.0
水	苯甲醚	100.0	153.9	95.5	40.5	59.5
水	间苯二酚二乙醚	100.0	235.0	99.7	91.0	9.0
水	甲酸	100.0	100.7	107.3	22.5	77.5

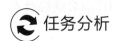 **供选实例**

(1) 实验室通常利用乙醇和 HI 反应制备 CH_3CH_2I，请设计合理方案从反应液中分离提纯 CH_3CH_2I。

(2) 请设计合理的方案将 $CH_3CH_2CH_2CH_2Cl$、$CH_3CH_2CH_2Cl$ 和 NaCl 水溶液的混合物中的两种卤代烃逐一分离得纯物质。

任务 2 鉴别卤代烃

任务分析

鉴别卤代烃是对卤代烃的定性辨认，卤代烃（R—X）由烃基（R—）和卤素原子（X—）两部分组成。不同的卤素原子和硝酸银/乙醇溶液反应能生成具有特征颜色的卤化银沉淀；不同种类的烃基，反应速率存在明显差别。利用这些特征的反应现象可以鉴别不同类别的卤代烃。

鉴于卤代烃的特殊性，鉴别时需注意以下事项：卤代烃有毒，能经皮肤吸收，使用过程中应避免和皮肤接触，鉴别过程中应佩戴橡胶手套，加强通风，切忌将其滴在皮肤上。鉴别过程中可能会使用硝酸银，这是一种具有刺激性和腐蚀性的物质，会对环境造成一定的污染，鉴别后的试剂不得随意排放，应加入适量稀盐酸将鉴别中过量的硝酸银沉淀析出。另外，硝酸银具有强氧化性，应远离火种、热源，避免与还原剂接触，未使用的硝酸银溶液应避光，并用棕色试剂瓶保存。

工作过程

（1）了解待鉴别的卤代烃

分析各卤代烃的来源、性质和用途，了解基本的物理性质（如外观、状态、气味和熔、沸点等）和化学性质，为确定鉴别方案做准备。

（2）待鉴别物编号

取几支试管作为鉴别反应容器，每支试管粘贴标号以防止混淆。

（3）拟定鉴别方案

根据卤代烃性质差异，拟定鉴别方案。

（4）鉴别试验

根据鉴别方案，分别进行以下工作：

① 外观、物理鉴别。详细内容参见模块二任务 1 的工作过程。

② 化学鉴别。根据鉴别方案，分别取少量待鉴别卤代烃于试管中，选择适宜的化学试剂，通过不同的特征现象进行鉴别。

③ 得出鉴别结论。根据鉴别现象，试验员填写"有机物鉴别实验报告"（见模块二表 2-1），得出鉴别结论，签字确认。

行动知识

1. 固体试样乙醇溶液的配制

扫码看视频

鉴别卤代烃通常需要用1%的硝酸银乙醇溶液，其配制方法为：称取0.8g硝酸银固体，溶于20mL无水乙醇，待完全溶解后转移至100mL容量瓶，加乙醇至刻度线，摇匀待用。

2. 水浴恒温加热控制

扫码看动画

部分卤代烃的鉴别需用恒温水浴槽进行恒温水浴加热。恒温水浴槽主要由圆形玻璃缸、智能化控温单元、电动无级调速搅拌机和不锈钢加热器四部分组成，见图3-6。

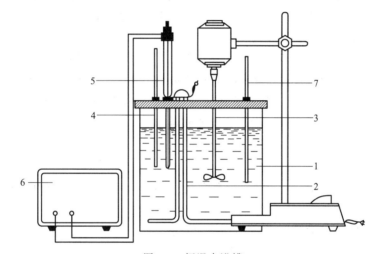

图 3-6　恒温水浴槽

1—浴槽；2—加热器；3—搅拌器；4—温度计；5—感温元件；6—恒温控制器；7—贝克曼温度计

恒温水浴槽操作时，先于槽内加适量的自来水，也可以按需要的温度加入热水，以缩短加热时间；接通电源，选择温度；当处于加热状态时，绿色指示灯亮，当加热到所需温度时，红色指示灯亮，此时为恒温状态；放入需加热的试样，恒温加热一定时间；工作完毕，仪器复原，切断电源。

恒温水浴锅（见图3-7）的使用操作与恒温水浴槽类似。相对而言，由于恒温水浴锅平衡时间短，同时具有温度波动小、均匀性好的优点。另外根据实际使用需求，可以选择单

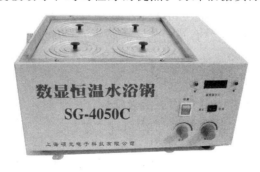

图 3-7　恒温水浴锅

孔、双孔、四孔等不同规格的恒温水浴锅，其结构紧凑，节约能源，能满足各种不同需求。鉴于以上原因，恒温水浴槽已逐渐被使用更方便的恒温水浴锅替代。

理论知识

卤代烃分子中的官能团为卤素原子（X），因 C—H 键的键能比 C—X 键（C—F 键除外）的键能大，卤代烃的化学性质主要表现为 C—X 键的断裂反应。由于卤素原子的电负性大于碳原子，成键电子云偏向卤素原子，C—X 键极性较大，易发生异裂。

1. 卤代烃可用于物质鉴别的化学性质及变化规律

（1）卤代烷与硝酸银-乙醇的反应

由于 C—X 键中 C 原子带部分正电荷，容易受到带负电荷或带部分负电荷试剂的进攻，

卤素原子则带着一对电子以负离子的形式离去，这一取代卤素原子的过程便是卤代烷的亲核取代反应。

卤代烷与硝酸银的乙醇溶液发生的亲核取代反应现象明显，伯、仲、叔不同类别的卤代烃反应活性差异明显，卤代烃中卤素原子的不同能产生不同颜色的沉淀，是可应用于卤代烃鉴别的特征性反应。在这类反应中，卤素原子被硝酸根取代，反应生成硝酸酯和具有特征颜色的卤化银沉淀。

$$R—X + AgNO_3 \xrightarrow{\text{乙醇}} R—ONO_2 + AgX\downarrow$$

实验表明，反应时各类卤代烷的活性顺序为：叔卤代烷＞仲卤代烷＞伯卤代烷＞CH_3X。

根据卤代烷的反应活性对产生沉淀快慢的影响，及卤化银颜色的差别，该反应既可用于鉴别不同类别的烃基，也可用于鉴别不同的卤原子。

① 鉴别烃基

取数支已标号的试管，分别加入 1mL 1% $AgNO_3$ 乙醇溶液，再分别滴加 3 滴卤代烃。根据不同卤代烃和硝酸银醇溶液发生反应的快慢可以鉴别不同的烃基。

$$\left.\begin{array}{l}\text{叔卤代烷}\\\text{仲卤代烷}\\\text{伯卤代烷}\end{array}\right| \xrightarrow[C_2H_5OH]{AgNO_3} \left|\begin{array}{l}\text{立即反应产生沉淀}\\\text{过一会儿产生沉淀}\\\text{加热产生沉淀}\end{array}\right.$$

② 鉴别卤素原子

取数支已标号的试管，分别加入 1mL 1% $AgNO_3$ 乙醇溶液，再分别滴加 3 滴卤代烃。根据卤代烃和 $AgNO_3$ 乙醇溶液反应生成的沉淀的颜色可以鉴定不同的卤素原子。如生成白色沉淀，卤代烃含氯原子；生成淡黄色沉淀，含溴原子；生成黄色沉淀，则含碘原子。

（2）卤代烃和 NaI/丙酮溶液的反应

一些氯代烃、溴代烃能与 NaI 的丙酮溶液反应，由于 NaI 能溶于丙酮，而反应生成的 NaCl、NaBr 不溶于丙酮，因此可观察到白色沉淀产生。

$$R—Cl + NaI \xrightarrow{\text{丙酮}} R—I + NaCl\downarrow$$

$$R—Br + NaI \xrightarrow{\text{丙酮}} R—I + NaBr\downarrow$$

这一反应可用于氯代烃、溴代烃的鉴定。反应活性伯卤代烷＞仲卤代烷＞叔卤代烷＞乙烯型卤代烷和芳卤代烷，通常活泼的卤代烷在常温下 3min 内产生沉淀，中等活性的卤代烷需温热（50℃左右）才能反应，乙烯型卤代烷和芳卤代烷加热也不生成沉淀。

思考与练习

3-9　请概述如何应用 $AgNO_3$/乙醇溶液鉴别不同的卤代烃。

3-10　请用化学方法鉴别下列各组化合物

（2）$CH_3CH_2CH_2Cl$　　　　$CH_3CH_2CH_2CH_2Br$　　　　$CH_3CH_2CH_2I$

2. 卤代烃的其他主要化学性质及变化规律

（1）卤代烷的其他亲核取代反应

亲核取代反应是卤代烷的特征反应。卤代烷除与硝酸银发生亲核取代反应外，还与其他一些亲核试剂发生此类反应。和上述卤代烷与硝酸银的反应类似，在一定条件下，卤代烷分子中的卤素原子还可以被其他原子或基团（如：—OH、—OR、—NH$_2$、—CN 等）取代。在卤代烷和水、醇等化合物的反应中，用作溶剂的水、醇等同时又是参加反应的试剂，故这类反应又称溶剂解反应。

① 水解反应

卤代烷不溶或微溶于水，水解速率很慢。但是卤代烷和强碱的水溶液共热，卤素原子被羟基取代而生成醇，这一反应称为卤代烷的水解反应。

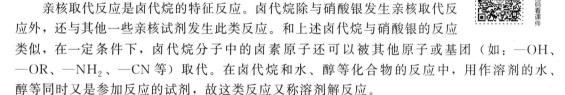

由于卤代烷通常是由醇转化而来的，所以一般不用这种方法制备卤代烷。但由于反应生成醇，可以间接用硝酸铈铵等试剂鉴定醇而实现对卤代烷的鉴定。由于醇分子的极性比卤代烷大，在后处理时也更容易和极性较小的其他有机物分离。

② 醇解反应

卤代烷和醇钠以相应的醇溶液为溶剂，在加热的条件下卤素原子被烷氧基取代生成醚的反应称为卤代烷的醇解反应。

$$RX+R'ONa \xrightarrow{\triangle} ROR'+NaX$$

$$CH_3CH_2Br+NaOCH_3 \xrightarrow{\triangle} CH_3CH_2OCH_3+NaBr$$

这是实验室常用的制备混醚的方法，称威廉森（Williamson）制醚法。反应物 RX 如为仲卤代烷，则产率较低；反应物 RX 如为叔卤代烷，主要生成烯烃，因此最常用的卤代烷是伯卤代烷或 CH_3X。生成醚后有机物极性下降，有利于和水等极性较大的物质分离。

③ 氨解反应

卤代烷和过量的氨反应，氨基取代卤素原子生成胺的反应称为氨解反应。

$$RX+NH_3 \longrightarrow RNH_2+HX$$

$$CH_3CH_2CH_2CH_2Br+NH_3 \longrightarrow CH_3CH_2CH_2CH_2NH_2+HBr$$

生成的伯胺可以与卤代烷继续反应，生成仲胺和叔胺。所以氨解反应最终往往得到的是各类胺的混合物。

④ 氰解反应

卤代烷和氰化钠在醇溶液中反应，得到相应的腈（RCN）。这一反应称为卤代烷的氰解反应。

$$RX+NaCN \xrightarrow[\triangle]{醇} RCN+NaX$$

$$CH_3CH_2CH_2Br+NaCN \xrightarrow[\triangle]{CH_3CH_2OH} CH_3CH_2CH_2CN+NaBr$$

由于腈中的氰基还可以转变为氨甲基、羧基，使有机物分子中碳链增长，是有机化学反应中常用的增碳反应之一，但氰化钠有剧毒，该反应的应用受到很大限制。产物腈在酸或碱溶液中水解为羧酸或羧酸盐，通过测定溶液酸碱性的变化可间接鉴定卤代烷。

扫码看课件

（2）卤代烷的消除反应

含有两个碳原子以上的卤代烷与碱（常用氢氧化钾或氢氧化钠）的醇溶液共热时，脱去一分子卤化氢生成不饱和烃的反应称消除反应。由于不饱和烃能使溴的四氯化碳溶液或酸性高锰酸钾溶液褪色，因此通过鉴定不饱和烃可间接鉴别卤代烷。

发生消除反应时，卤代烷分子中的 C—X 键和 β-C—H 键断裂。

$$R-\underset{\boxed{H}}{C}H-\underset{\boxed{X}}{C}H_2 \xrightarrow[\triangle]{KOH/C_2H_5OH} R-CH{=\!=}CH_2$$

实验表明，叔卤代烷、仲卤代烷发生消除反应时，主要是从含氢较少的 β-碳原子上脱去氢原子。这是一条经验规律，称扎伊采夫规则。

$$CH_3-\underset{\boxed{H}}{C}H-\underset{\boxed{Cl}}{C}H_2 \xrightarrow[\triangle]{KOH/C_2H_5OH} CH_3-CH{=\!=}CH_2$$

$$CH_3-\underset{\boxed{H}}{C}H-\underset{\boxed{Cl}}{C}H-\underset{\boxed{H}}{C}H_2 \xrightarrow[\triangle]{KOH/C_2H_5OH} CH_3-CH{=\!=}CH-CH_3$$

各种卤代烷脱去卤化氢的反应活性为：叔卤代烷＞仲卤代烷＞伯卤代烷。

卤代烷的水解和消除反应都是在碱性条件下进行的，两种反应不可避免地会相互竞争。一般说来，卤代烃的结构和反应条件决定了反应的进程。实验证明：强极性溶剂（如碱的水溶液）有利于取代反应，弱极性溶剂（如碱的醇溶液）有利于消除反应；反应条件相同时：伯卤代烷易取代，叔卤代烷易消除。

🔅 知识应用

卤代烃的消除反应除了上述常见的 β-消除外，还存在卤素原子与 α-碳原子上的氢一起脱去的情况，这一消除方式称为 α-消除。

只有当 α-氢活性很强时才能发生 α-消除，如氯仿在碱的作用下生成二氯卡宾：

$$H-CCl_3 \xrightarrow{OH^-} :CCl_2$$

卡宾是一种活泼的有机中间体，由于中心碳原子最外层只有 6 个电子，处于缺电子状态，因此是一种强活性亲电试剂。

（3）卤代烷与金属镁的反应

卤代烷在无水乙醚中能与多种金属如 Mg、Li、Al 等作用，生成金属有机化合物。金属有机化合物是指金属原子直接与碳原子相连的一类化合物。和金属的反应是卤代烷的重要反应之一。以卤代烷和镁的反应为例，在常温下，以无水乙醚为溶剂，加入镁屑，滴加卤代烷，镁和卤代烷反应生成烷基卤化镁。烷基卤化镁又称为格利雅试剂，简称为格氏试剂，一般用 RMgX 表示。

$$R{-}X + Mg \xrightarrow{\text{无水乙醚}} RMgX$$

一卤代烷生成格氏试剂的活性顺序是：RI＞RBr＞RCl＞RF。实验室应用最多的是溴代烷，烷基溴化镁能溶于乙醚，不需分离即可应用于各种反应。如：

$$CH_3CH_2CH_2CH_2Br + Mg \xrightarrow{\text{无水乙醚}} \underset{94\%}{CH_3CH_2CH_2CH_2MgBr}$$

格氏试剂中，碳原子直接与金属 Mg 原子相连，性质极为活泼，作为亲核试剂在有机合成中有广泛的应用。

① 与含活泼氢的化合物反应

格氏试剂能与含有活泼氢的化合物（如水、醇等）反应，生成相应的烷烃。

$$RMgX \xrightarrow{\text{无水乙醚}}
\begin{cases}
\xrightarrow{HOH} RH + Mg(OH)X \\
\xrightarrow{HNH_2} RH + Mg(NH_2)X \\
\xrightarrow{HOR'} RH + Mg(OR')X \\
\xrightarrow{HX} RH + MgX_2 \\
\xrightarrow{R'C\equiv CH} RH + R'C\equiv CMgX
\end{cases}$$

上述反应说明卤代烷通过生成格氏试剂，再和水等试剂反应可以制得相应的烷烃，这是由卤代烷制备烷烃的一种方法。此外，用定量的碘化甲基镁（CH_3MgI）与一定量的含活泼氢的化合物作用，可定量得到甲烷，通过测定甲烷的体积，可用来测定某化合物中所含活泼氢的数目。

② 与 CO_2 反应

格氏试剂还能与 CO_2 反应，产物水解后得到增加一个碳原子的羧酸，反应过程如下：

$$RMgX + CO_2 \xrightarrow{\text{无水乙醚}} R{-}\overset{\displaystyle O}{\overset{\displaystyle \|}{C}}{-}OMgX$$

$$\downarrow H_2O$$

$$R{-}\overset{\displaystyle O}{\overset{\displaystyle \|}{C}}{-}OH + Mg(OH)X$$

③ 与醛、酮等反应

格氏试剂与醛、酮等反应生成不同类型的醇，这些反应将在后续模块中介绍。

由于格式试剂的性质活泼，在制备和使用时都必须在无水、无醇条件下进行，通常以绝对乙醚（无水、无醇乙醚）为溶剂，同时操作过程要采取隔绝空气的措施。

🌱 小故事

格氏试剂因其发现者法国化学家维克多·格利雅而得名。格氏试剂是一种共价化合物，镁原子直接与碳原子相连形成极性共价键，因此碳为负电性端。格氏试剂的出现让烷基首次在有机合成中从亲电试剂转变为亲核试剂，这一发现被誉为碳-碳键构建的里程碑。格氏试剂一经问世便迅速成为有机合成中的重要试剂，在实验室和工业合成中发挥重要的作用。格利雅也因此于 1912 年获得诺贝尔化学奖。

思考与练习

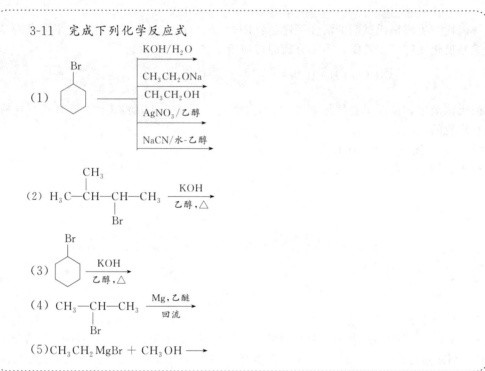

3-11　完成下列化学反应式

（1）

（2）$H_3C-\underset{}{\overset{CH_3}{\overset{|}{C}H}}-\underset{\underset{Br}{|}}{CH}-CH_3 \xrightarrow[乙醇,\triangle]{KOH}$

（3）

（4）$CH_3-\underset{\underset{Br}{|}}{CH}-CH_3 \xrightarrow[回流]{Mg,乙醚}$

（5）$CH_3CH_2MgBr + CH_3OH \longrightarrow$

3. 亲核取代反应机理与影响因素

卤代烷分子中，由于碳卤键极性较强，当碳卤键发生异裂时，外加试剂的阴离子部分或具有未共用电子对的分子总是倾向于进攻卤代烷分子中电子云密度较小、带部分正电荷的碳原子。这些进攻的离子或分子都能提供一对电子与异裂后缺电子的碳形成共价键，具有亲核的性质，称为亲核试剂（常用 Nu^- 表示）。这种由亲核试剂进攻引起的取代反应称为亲核取代反应。卤代烷作为反应中被进攻的分子称为反应底物，反应过程中 C—X 键断裂，生成的 X^- 称为离去基团。

$$R-\overset{|}{\underset{|}{C}}-X \xrightarrow[亲核取代]{Nu^-} R-\overset{|}{\underset{|}{C}}-Nu + X^-$$

卤代烷的亲核取代反应根据反应机理可以分成两种：单分子亲核取代反应（S_N1）和双分子亲核取代反应（S_N2）。

（1）单分子亲核取代反应（S_N1）历程

以叔丁基溴与碱性水溶液反应生成叔丁醇为例：

$$H_3C-\overset{CH_3}{\overset{|}{\underset{\underset{CH_3}{|}}{C}}}-Br + OH^- \longrightarrow H_3C-\overset{CH_3}{\overset{|}{\underset{\underset{CH_3}{|}}{C}}}-OH + Br^-$$

实验结果表明：该反应为一级反应，反应速率只与叔丁基溴的浓度成正比，而与碱的浓度无关。通常认为反应分两步进行，历程可表示如下：

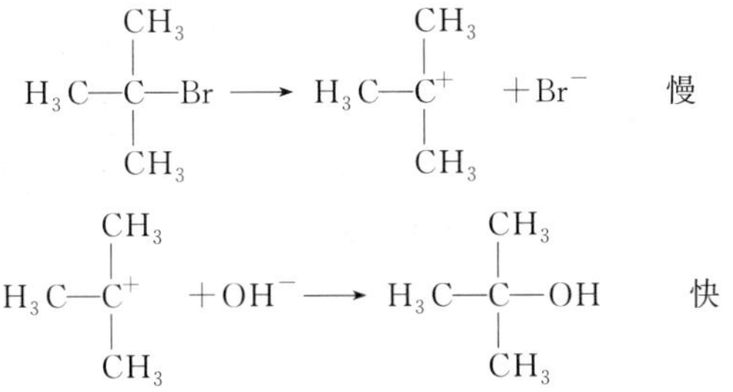

$$\underset{\underset{CH_3}{|}}{\overset{\overset{CH_3}{|}}{H_3C-C-Br}} \longrightarrow \underset{\underset{CH_3}{|}}{\overset{\overset{CH_3}{|}}{H_3C-C^+}} + Br^- \qquad 慢$$

$$\underset{\underset{CH_3}{|}}{\overset{\overset{CH_3}{|}}{H_3C-C^+}} + OH^- \longrightarrow \underset{\underset{CH_3}{|}}{\overset{\overset{CH_3}{|}}{H_3C-C-OH}} \qquad 快$$

第一步反应，叔丁基溴解离为叔丁基碳正离子和溴负离子，这步反应比较慢。碳正离子是性质活泼的反应中间体，碳正离子一旦形成，立即开始第二步反应，即碳正离子和亲核试剂结合生成最终产物，第二步反应是快反应。

对于多步反应而言，生成最终产物的速率主要由速率最慢的一步决定。叔丁基溴的水解反应中 C—Br 键的断裂是最慢的一步，因此，第一步反应是决定整个反应速率的一步。在决定反应速率的这一步骤中，发生共价键变化的只有一种分子，所以称作单分子亲核取代反应（S_N1）。

单分子亲核取代反应（S_N1）的关键步骤是碳正离子的生成，因此碳正离子的稳定性对反应有很大的影响。实验数据表明，碳正离子稳定性顺序为：

叔碳正离子＞仲碳正离子＞伯碳正离子

卤代烷和硝酸银-乙醇溶液反应的速率是不同烃基结构对取代反应速率影响的验证。

相对稳定性较差的碳正离子有重排为稳定性较好的碳正离子的趋势，所以 S_N1 反应的特征是易生成重排产物。例如：

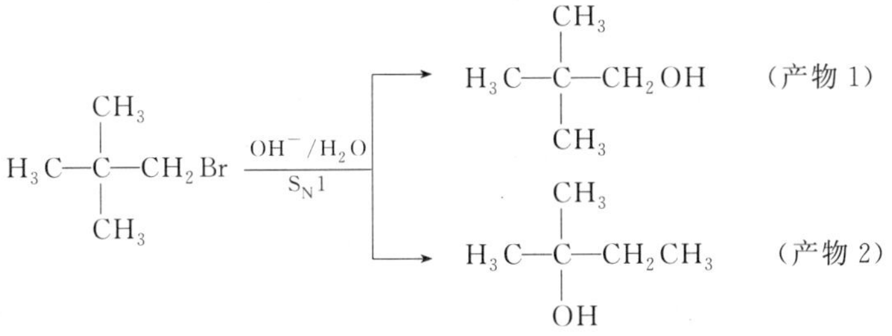

在上述反应过程中可以生成两种产物，其中产物 2 为重排后产物。C—Br 键断裂生成伯碳正离子，伯碳正离子稳定性较差，大部分重排为更稳定的叔碳正离子，所以重排后产物为主要产物。碳正离子重排过程如下：

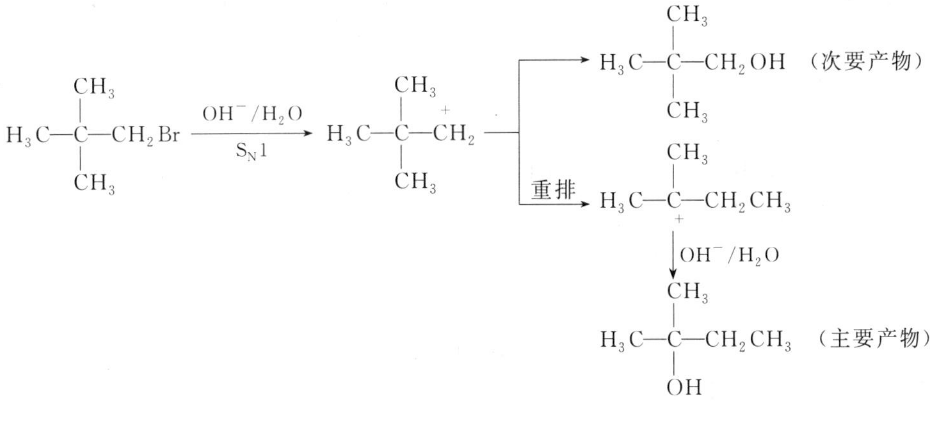

（2）双分子亲核取代反应（S_N2）历程

以溴甲烷的碱性水解为例：

$$CH_3Br+OH^- \xrightarrow{\text{水溶液}} CH_3OH+Br^-$$

　　溴甲烷在碱性条件下的水解反应和叔丁基的水解反应不同。实验证明，该反应为二级反应，溴甲烷水解反应的速率不仅和溴甲烷的浓度成正比，也和碱的浓度成正比。由于反应速率与卤代烃和亲核试剂（碱）两种反应物的浓度都呈正比，所以称为双分子亲核取代反应（S_N2）。

　　上述反应是一步协同反应，具体过程如下：

$$\underset{\text{过渡态}}{\text{H}\overset{\text{H}}{\underset{\text{H}}{C}}-Br + OH^- \longrightarrow \left[HO\text{---}\overset{\text{H}}{\underset{\text{H}}{C}}\text{---}Br\right] \longrightarrow HO-\overset{\text{H}}{\underset{\text{H}}{C}} + Br^-}$$

　　这类反应的特点是 C—X 键的断裂和 C—O 键的生成同时发生，反应经过一个过渡态。当 OH^- 向中心碳原子靠近到一定程度时，OH^- 上的氧原子和中心碳原子形成一个微弱的键（以虚线表示），而 C—Br 键逐渐伸长和变弱，但还没有完全断裂（以虚线表示）。与此同时，中心碳原子也由 sp^3 杂化变成 sp^2 杂化。因此，在此过渡状态下，中心碳原子同时和—OH 及—Br 部分键合。且—OH、中心碳原子及溴原子在一条直线上。另一方面，中心碳原子和 3 个氢原子分布在垂直于这条直线的平面上。当 OH^- 进一步接近中心碳原子时，生成 C—O 共价键，则 C—Br 键彻底断裂，生成 Br^-，中心碳原子又恢复到 sp^3 杂化态。

　　在形成过渡态时，亲核试剂 OH^- 只有从离去基团 Br^- 的背后沿着 C—Br 键的轴线进攻电子云密度低的中心碳原子，OH^- 与 Br^- 相互排斥作用力才会最小。整个取代过程好像是雨伞被大风由里向外吹翻转了一样，结果得到的产物与原来卤代烃构型相反。在取代反应中，这种构型转化叫瓦尔登转化。

　　S_N2 反应是一步反应，亲核试剂与中心碳原子新键的生成是反应的一个重要影响因素。中心碳原子上连接的基团越多，则周围空间位阻越大，导致亲核试剂接近中心碳原子就越困难，这对形成 S_N2 反应的过渡态越不利。因此，卤代烷发生 S_N2 反应的活性顺序为：

$$CH_3—X>伯卤代烷>仲卤代烷>叔卤代烷$$

　　卤代烷的两种亲核取代反应机理在反应中总是同时存在和相互竞争的，在一定条件下某一反应机理占优势。在伯、仲、叔三类卤代烃中，由于烷基数目增加，中心碳原子上电子云密度升高，有利于碳正离子的稳定，但从空间效应来看，也阻碍亲核试剂从卤原子背面向中心碳原子进攻，故不利于 S_N2 反应。因此亲核取代的速率是伯卤代烷按 S_N2 历程最快，叔卤代烷最慢。反之，叔卤代烷按 S_N1 反应最快，而伯卤代烷最慢，仲卤代烷介于二者之间。

思考与练习

　　3-12　已知某卤代烃与氢氧化钠的水溶液进行反应，判断下列情况哪些属于 S_N1 历程，哪些属于 S_N2 历程？

　　（1）碱浓度增加，反应速率无明显变化；

　　（2）伯卤代烃反应速率大于叔卤代烃；

　　（3）两步反应，第一步是决定速率的步骤；

　　（4）有重排现象。

4. 卤代烃中卤原子的反应活性

（1）烃基相同时不同卤原子反应活性的差异

从氟到碘，随着卤素原子半径的增大，碳卤键的键长增大，键能减弱。以卤代甲烷为例，其键长和键能见表 3-6。所以饱和卤代烃的反应活性为：RI＞RBr＞RCl＞RF。

表 3-6   卤代甲烷的 C—X 键的键长和键能

卤代甲烷	键长/pm	键能/(kJ/mol)
CH_3F	139	452
CH_3Cl	178	351
CH_3Br	193	293
CH_3I	214	234

（2）不同烃基对卤原子反应活性的影响

烃基的结构对卤代烃的反应活性有重要影响。卤代烷中伯、仲、叔三种烷烃基对卤原子反应活性的影响和亲核取代的类型有关，发生 S_N1、S_N2 反应的活性呈现规律性变化。但如卤代烃分子中存在双键等不饱和键，由于卤素原子和不饱和键电子云发生相互作用，导致卤原子的反应活性呈现特征性变化，这种变化是鉴别不同卤代烃的主要依据之一。

根据卤原子和不饱和键（以双键为例）的相对位置，可分为以下三类。

① 乙烯型卤代烃、卤代芳烃

卤素原子和双键碳直接相连的卤代烃称为乙烯型卤代烃，其通式为：$RCH =\!\!=CHX$。例如：$CH_2 =\!\!=CHCl$，$CH_3CH =\!\!=CHBr$。卤代芳烃中卤原子和芳环直接相连。

这两类卤代烃一般条件下不发生亲核取代反应。例如氯乙烯和碱溶液不发生水解反应，主要原因是卤素原子上未参与成键的 p 轨道上的孤电子对和碳碳双键的 π 电子云相互作用，形成 p，π 共轭，见图 3-8。

p，π 共轭使电子云分布趋于平均化，C—Cl 键键长缩短；同时由于 $CH_2 =\!\!=CHCl$ 分子中 C 为 sp^2 杂化，电负性比 sp^3 杂化的卤代烷碳原子大，吸电子能力较强，使 α-碳电子云密度增大，电子云转移情况见图 3-9，不利于亲核试剂的进攻，因此亲核取代反应难发生。

   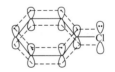

图 3-8   氯乙烯的 p，π 共轭   图 3-9   氯乙烯分子中电子云的转移   图 3-10   卤代芳烃的 p，π 共轭

和乙烯型卤代烃相似，卤代芳烃分子中卤原子上未共用的 p 电子对和苯环上的 π 电子云也相互作用形成 p，π 共轭（见图 3-10），使 C—X 键不易解离。芳基碳正离子又极不稳定，S_N1 反应几乎不能进行。亲核试剂从背面进攻卤原子受到芳环的阻碍，因此也很难进行 S_N2 反应。

由于以上因素，乙烯型卤代烃、卤代芳烃结构稳定，很难发生亲核取代反应，与硝酸银的乙醇溶液在加热条件下也不发生作用，这一性质可用于这两类卤代烃的鉴别。

② 烯丙型、苄基型卤代烃

这类卤代烃分子中卤素原子与碳碳双键间隔一个碳原子，通式为：$RCH =\!\!=CHCH_2X$，$R—C_6H_5—CH_2—X$。例如：$CH_2 =\!\!=CHCH_2Cl$，〈苯环〉$—CH_2Cl$。这两类卤代烃的化学性质都很活泼。以烯丙基氯为例，其成键情况如下：

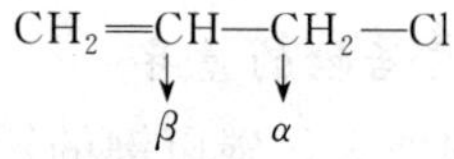

$$CH_2\!=\!CH\!-\!CH_2\!-\!Cl$$
$$\underset{\beta}{}\ \underset{\alpha}{}$$

由于 β-碳电负性较大，具有一定的吸电子性，使 α-碳电子云密度下降，有利于亲核试剂的进攻。当反应按 S_N1 历程进行时，由于生成的烯丙基碳正离子形成缺电子的 p，π 共轭体系（见图 3-11），使正电荷得到分散，体系趋于稳定。因此烯丙基氯较易解离成碳正离子，有利于 S_N1 反应。

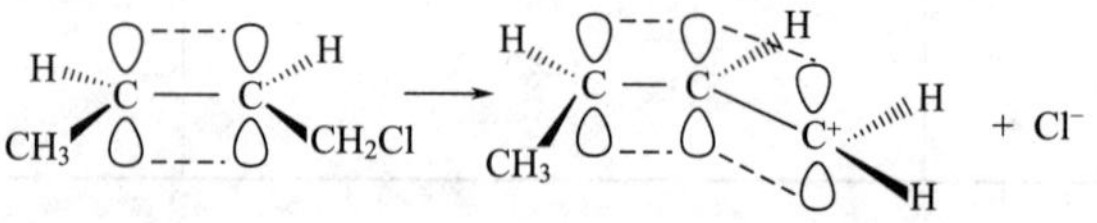

图 3-11　烯丙基碳正离子 p，π 共轭体系的形成

按 S_N2 历程进行时，形成过渡态的中心碳原子的 p 轨道与双键 π 电子也存在 p，π 共轭体系（见图 3-12），使其稳定性增大，因而反应活性最大。

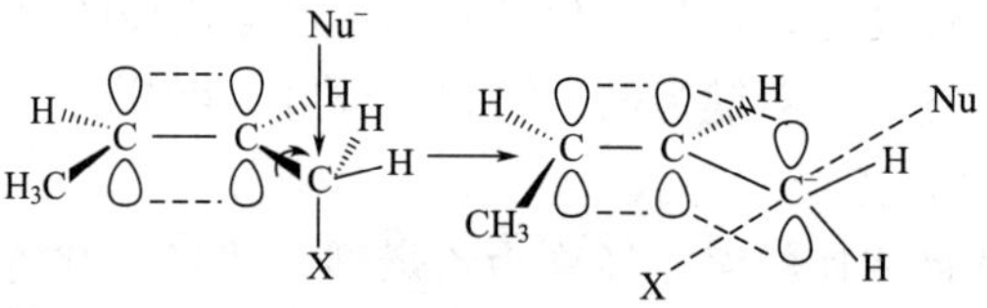

图 3-12　烯丙型过渡态 p，π 共轭体系的形成

苄基型卤代烃情况类似。

实验表明，和硝酸银的乙醇溶液反应时各类卤代烃的活性顺序为：烯丙型、苄基型卤代烃＞叔卤代烃＞仲卤代烃＞伯卤代烃＞ CH_3X ＞乙烯型卤代烃、卤代芳烃。

③ 孤立型卤代烃

这类卤代烃中卤素原子与不饱和键间隔两个以上碳原子，通式为：$RCH\!=\!CH(CH_2)_nX$（$n\geqslant2$）。由于卤原子和碳碳双键距离较远，相互间作用非常小，其性质类似于卤代烷。

📖 供选实例

（1）实验室有 4 瓶失去标签的无色液体，可能为叔丁基氯、2-溴丁烷、碘乙烷、烯丙基溴，请将其一一鉴别。

（2）现有丢失标签的 3 瓶无色液体，它们是 2-氯丁烷、1-氯丁烷、2-甲基-2-氯丙烷，请将其一一对号。

💡 拓展知识 ···

挥发性卤代烃

挥发性卤代烃（VHHs）是指 20℃ 时蒸气压大于 10Pa 且至少含一个卤原子（氟、氯、溴、碘）的有机物。大气环境领域中研究的挥发性卤代烃主要包括氟利昂、氯苯、三氯甲烷、氯乙烯等。其中氟利昂等物质会消耗平流层中的臭氧从而破坏臭氧层，并存在潜在的温室效应，氯苯、氯乙烯等物质具有刺激性和腐蚀性，可能对人体的皮肤、肝脏、心脏、肾脏、胰腺、中枢神经系统等造成损害，其中某些物质还具有三致性（致畸性、致癌性、致突变性）。

环境空气中的挥发性卤代烃来源复杂，石油炼制、除油剂、干洗剂、有机溶剂、航海运输等均为其重要的人为源；同时，天然源也是我国环境空气中挥发性卤代烃的重要来源，主要包括海洋和陆地生物作用、海洋光化学等非生物作用和火山活动等天然过程等。

空气中VHHs的分析方法中最常用的是气相色谱法（GC）。该方法先通过色谱柱分离技术分离检测物质，然后用检测器对物质进行检测。根据检测器的不同，气相色谱法又可分为气相色谱-电子捕获检测法（GC-ECD）、气相色谱-火焰离子化法（GC-FID）、气相色谱-电解电导率法（GC-ELCD）、气相色谱-质谱联用法（GC-MS）等。

自测题

1.写出下列化合物所有的同分异构体，并用系统命名法命名。

(1) $C_4H_8Cl_2$ 　　　　　　　(2) C_8H_9Br

2.用系统命名法命名下列化合物。

(1) ⬡—CH_2Br 　　　　　(2) CH_3—CH_2—$\underset{\underset{Cl}{|}}{CH}$—$\underset{\underset{C_2H_5}{|}}{CH}$—$CH_3$

(3) CH_3—$\underset{\underset{Cl}{|}}{CH}$—$\overset{\overset{Cl}{|}}{\underset{\underset{CH_3}{|}}{C}}$—$CH_3$ 　　　(4) CH_3—CH_2—CH=CH—$\underset{\underset{Br}{|}}{CH}$—$C_2H_5$

(5) CH_2=$CHCH_2Br$ 　　　　(6) $BrCH$=$CHCH_3$

3.根据名称写出下列化合物的结构式。

(1) 2-溴环己烯　　　　　(2) 3-溴-3-甲基庚烷

(3) 氯仿　　　　　　　　(4) 1-溴-3-甲基-2-丁烯

4.完成下列化学反应式。

(1) CH_3CH_2Br $\begin{array}{l} \xrightarrow{\quad H_2O \quad}\ \ \overline{\quad NaOH \quad} \\ \xrightarrow{\quad 醇 \quad}\ \ \overline{\quad KOH \quad} \\ \xrightarrow{\quad NaCN \quad} \\ \xrightarrow{\quad CH_3ONa \quad}\ \ \overline{\quad CH_3OH \quad} \end{array}$

(2) $CH_3\underset{\underset{CH_3}{|}}{\overset{\overset{Cl}{|}}{CH}CHCH_3}$ $\xrightarrow[\text{KOH}]{\text{醇}}$? $\xrightarrow{Br_2}$

(3) CH_3C≡$CH+CH_3CH_2MgBr$ ⟶

(4) ⬡—CH_3 $\xrightarrow[\text{ROOR}]{\text{HBr}}$? $\xrightarrow{NH_3}$

(5) $CH_2\!=\!CHCH_3 \xrightarrow{HBr} ? \xrightarrow{NaCN} ? \xrightarrow{H^+/H_2O}$

5.根据不同要求,将下列化合物排序。

(1) 与硝酸银-乙醇溶液反应的难易程度。

$$CH_3\!-\!\underset{\underset{Br}{|}}{\overset{\overset{CH_3}{|}}{C}}\!-\!CH_3 \qquad BrCH_2\!=\!CHCH_3 \qquad CH_3CH_2Br \qquad CH_3\underset{\underset{Br}{|}}{C}HCH_2CH_3$$

(2) 进行 S_N1 反应速率的快慢。

2-甲基-1-溴丁烷   2-甲基-3-溴丁烷   2-甲基-2-溴丁烷

(3) 进行 S_N2 反应速率的快慢。

1-溴戊烷   2,2-二甲基-1-溴戊烷   2-甲基-1-溴戊烷   3-甲基-1-溴戊烷

6.请思考能否用下列化合物制备格氏试剂:

(1) $HOCH_2CH_2Br$ (2) $CH\!\equiv\!CCH_2Br$

7.鉴别下列有机化合物。

(1) 碘代环己烷   环己烷   氯代环己烷   溴代环己烷

(2) 2-溴丁烷   3-溴-1-丁烯   2-溴-1-丁烯

8.以丙烯为原料,合成下列化合物(其他无机或有机试剂可任选)。

(1) $CH_3\underset{\underset{Br}{|}}{\overset{\overset{Br}{|}}{C}}CH_3$ (2) $ClCH_2\underset{\underset{OH}{|}}{C}HCH_2Cl$

9.以乙烯为原料,合成下列化合物(其他无机或有机试剂可任选)。

(1) $Cl\!-\!\underset{\underset{Cl}{|}}{\overset{\overset{CH_3}{|}}{C}}H\!-\!CH_2$ (2) $CH_2\!=\!CH\!-\!O\!-\!CH_3$

10.根据已知信息进行推断。

(1) 有 A、B 两种溴代烃,分别与碱的醇溶液反应,A 生成 1-戊烯,B 生成 2-甲基-2-丁烯,试写出 A、B 两种溴代烃可能的构造式并写出各步反应式。

(2) 某溴代烃 A 与碱的醇溶液作用,脱去一分子溴化氢后生成 B,B 经酸性高锰酸钾氧化后得到丙酮和二氧化碳,B 与 HBr 作用后得到 C。而 C 是 A 的同分异构体,试推测 A、B、C 的结构并写出各步反应式。

模块四
烃含氧衍生物的变化及应用

📖 学习指南

  烃的含氧衍生物，从结构上看，可以认为是烃分子里的氢原子被含有氧原子的原子团取代衍生而来的，分子中除了碳、氢元素之外，还含有氧元素。烃的含氧衍生物种类较多，分子中碳与氧以单键相连的是烃的饱和含氧衍生物，主要包括醇、酚、醚；分子中碳与氧以不饱和双键相连的，即分子中含有" $C=O$ "基团的为烃的不饱和含氧衍生物，主要包括醛、酮；还有一类是羧酸及羧酸衍生物。

  烃的含氧衍生物与人们的生活密切相关。如大家都非常熟知的乙醇，是酒的主要成分，也是临床上常用的消毒剂；许多醛、酮类结构的化合物具有重要的生理活性，是药物合成的重要原料和中间体；羧酸及衍生物存在于许多植物体中，如乙酸异戊酯存在于香蕉、梨等水果中，苯甲酸甲酯存在于丁香油中；柠檬酸、乳酸、乳酸钠、苹果酸、山梨酸钾等羧酸及其盐是常用的食品添加剂；高级和中级脂肪酸的甘油酯是动植物油脂的主要成分。

  本模块通过"鉴别烃的饱和含氧衍生物""鉴别烃的不饱和含氧衍生物""鉴定羧酸及其衍生物""制备烃的含氧衍生物"四个任务，模拟有机物的鉴别、制备等工作过程，熟悉化学实验的基本操作，学习醇、酚、醚、醛、酮、羧酸及其衍生物的命名、物理性质和化学性质，并能运用其性质进行物质鉴别鉴定、物质提纯和有机物制备。

👥 目标导学

> **知识目标**
>
>   认知醇分子中 α-H 的性质及醇羟基的卤代反应，并能正确应用；
>
>   认知酚分子中羟基及苯环的化学性质，了解酚的显色反应，并能正确应用；
>
>   认知醚的化学性质，并能正确应用；
>
>   认知醛、酮分子中因羰基的活性所引起的化学性质以及 α-H 所引起的化学反应，并能正确应用；
>
>   认知羧酸的酸性及其变化规律，熟悉羧酸分子中 α-H 的性质以及羧基中羟基的取代反应、脱羧反应，并能正确应用；
>
>   认知羧酸衍生物中酰基的活性及其变化规律，熟悉羧酸衍生物的还原反应、酰胺的脱水反应、霍夫曼降级反应，并能正确应用；

说出各类含氧衍生物结构与性质之间的关系；

推导各类含氧衍生物之间的相互转化；

知道常用的含氧衍生物的制备方法，以及常用的含氧衍生物的鉴别方法。

技能目标

能由给定含氧衍生物的结构推测其在给定反应条件下发生的化学变化，并能利用含氧衍生物的性质对其进行鉴别鉴定；

能制备简单的醇、醚、醛酮、羧酸；

能熟练搭建简单的反应装置，进行蒸馏、分液、洗涤、干燥、重结晶、抽滤等基本操作。

素质目标

感悟实事求是，认真细致的工作作风；

培养胸怀国家，服务社会的爱国情怀；

培养坚持不懈，求真务实的科学精神；

感悟安全环保，绿色低碳的社会责任。

任务 1　鉴别烃的饱和含氧衍生物

任务分析

烃的饱和含氧衍生物包括醇、酚、醚，其分子中由于氧原子连接的基团或原子不同，使醇、酚、醚的化学性质有很大的区别。

醇类的特征反应与羟基有关，羟基中的氢原子可被金属钠取代生成醇钠。羟基还可被卤原子取代，伯、仲、叔醇与卢卡斯（Lucas）试剂（无水氯化锌的浓盐酸溶液）作用时，反应速率不尽相同，生成的产物氯代烷不溶于卢卡斯试剂中，故可以根据出现浑浊的快慢来鉴别伯、仲、叔醇。此外伯、仲醇易被高锰酸钾、重铬酸钾等氧化剂氧化，而叔醇在室温下不易被氧化，故可用氧化反应区别叔醇。丙三醇、乙二醇等相邻位置具有两个羟基的多元醇都能与新配制的氢氧化铜溶液作用，生成绛蓝色产物，此反应可用于邻二醇的鉴别。

酚的反应比较复杂，除具有酚羟基的特性外，还具有芳环的取代反应。由于两者的相互影响，使酚具有弱酸性，比碳酸还弱，故溶于氢氧化钠溶液中，而不溶于碳酸氢钠溶液中。苯酚与溴水反应可生成2,4,6-三溴苯酚的白色沉淀，可用于酚的鉴别鉴定。此外，苯酚容易被氧化，可使高锰酸钾紫色褪去，与三氯化铁溶液发生特征性的颜色反应，可用于酚类的鉴别鉴定。

醚与浓的强无机酸作用，可生成𨤰盐，故乙醚可溶于浓硫酸中。当用水稀释时，盐又分解为原来的醚和酸。利用此性质可分离或除去混在卤代烷中的醚。乙醚具有沸点低、易挥发、易燃、密度比空气大等特点。故蒸馏或使用乙醚时，严禁明火，并需采用特殊的接收装置。乙醚在空气中放置易被氧化，形成过氧化物，此过氧化物浓度较高时，易发生爆炸，故蒸馏乙醚时不应蒸干，以防发生意外事故。

鉴别过程应根据物质的化学性质选择有机试剂，并使用量筒、滴管、烧杯、搅拌棒等玻璃仪器。

✪ 行动知识

卢卡斯（Lucas）试剂是浓盐酸与无水氯化锌的混合物。当被检验的醇与之作用时，生成的氯代烷由于不溶于 Lucas 试剂，导致反应体系出现浑浊和分层的现象。在室温下烯丙醇、苄醇、叔醇与 Lucas 试剂立即反应出现浑浊现象；仲醇与 Lucas 试剂作用数分钟后可出现浑浊现象；而伯醇与 Lucas 试剂几乎不反应。

Lucas 试剂的配制：将 34g 熔化过的无水氯化锌溶于盛有 23mL 浓盐酸的烧杯中，烧杯置于冰水浴中（防止氯化氢逸出），搅拌溶解约得 35mL 溶液，存于玻璃瓶中，塞紧。

📃 理论知识

醇、酚、醚都是烃的饱和含氧衍生物，可以看作是水分子中氢原子被烃基取代的产物。若水分子中的一个氢原子被脂肪烃基（R—）取代则为醇，常用 R—OH 表示，羟基（—OH）为醇的官能团；若水分子中的一个氢原子被芳香烃基（Ar—）取代则为酚，常用 Ar—OH 表示，酚羟基（—OH）为酚的官能团；若水分子中两个氢原子都被烃基取代则为醚，常用 R—O—R′、Ar—O—Ar′、Ar—O—R 表示，醚键（—O—）是醚的官能团。醇和酚都含有羟基，但从本质上看，由于羟基所连烃基的不同而使醇、酚、醚的性质有明显差异。

1. 醇、酚、醚的分类与同分异构现象

（1）醇的分类与同分异构现象

① 醇的分类

a. 根据羟基（—OH）所连烃基的类型，可分为饱和醇、不饱和醇、脂环醇和芳香醇。

$$CH_3CH_2OH \qquad\qquad CH_2{=}CHCH_2OH；\ CH{\equiv}CCH_2OH$$

饱和醇 　　　　　　　　　　　不饱和醇

脂环醇 　　　　　　　　　　　芳香醇

b. 根据醇分子中所含羟基（—OH）的数目，可分为一元醇、二元醇、三元醇。二元醇以上的统称为多元醇。

$$CH_3CH_2OH \qquad\qquad HOCH_2CH_2OH$$

一元醇 　　　　　　　　　　二元醇 　　　　　　　　　三元醇

c. 根据醇分子中羟基所连碳原子的类型，可分为伯醇（一级醇，1°）、仲醇（二级醇，2°）、叔醇（三级醇，3°）。

$$RCH_2OH \qquad\qquad \underset{\underset{OH}{|}}{R{-}CH{-}R'} \qquad\qquad \underset{\underset{OH}{|}}{\overset{\overset{R''}{|}}{R{-}C{-}R'}}$$

伯醇 　　　　　　　　　　仲醇 　　　　　　　　　叔醇

② 醇的同分异构现象

醇的构造异构有碳链异构和官能团位置异构。含有三个或三个以上碳原子的醇一般都有构造异构体。异构体的数目会随碳原子数的增加而增加。例如，具有 4 个碳原子数的丁醇由于碳链异构和羟基的位置异构，可以产生 4 个异构体。

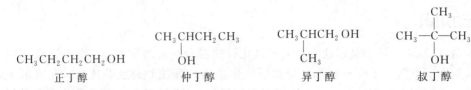

正丁醇　　　　仲丁醇　　　　异丁醇　　　　叔丁醇

（2）酚的分类与同分异构现象

① 酚的分类

按照酚所含羟基的数目，可分为一元酚、二元酚、三元酚等，含两个以上酚羟基的酚统称为多元酚。

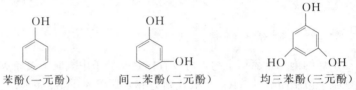

苯酚（一元酚）　　　间二苯酚（二元酚）　　　均三苯酚（三元酚）

② 酚的同分异构现象

酚与含相同碳原子数的芳香醇、芳香醚互为同分异构体，但不属于同类物质。如 C_7H_8O 属于芳香族化合物的同分异构体有 5 个。

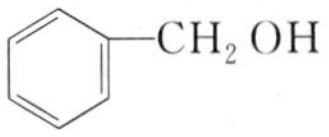

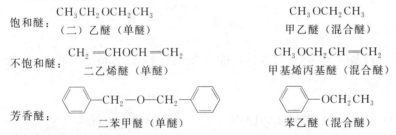

苯甲醇 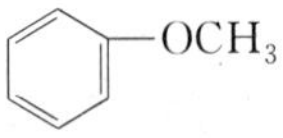　　　　苯甲醚 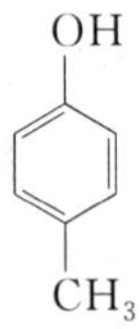　　　　对甲苯酚 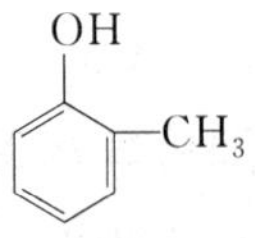　　　　邻苯甲酚 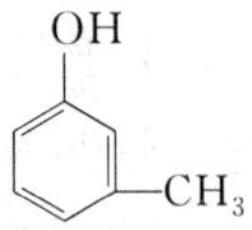　　　　间苯甲酚

（3）醚的分类与同分异构现象

① 醚的分类

根据醚键（—O—）两端所连烃基结构的不同，醚可分为饱和醚、不饱和醚和芳香醚。两个烃基相同的称为单醚，两个烃基不同的称为混合醚。例如：

饱和醚：　$CH_3CH_2OCH_2CH_3$　　　　　　　　　$CH_3OCH_2CH_3$
　　　　　（二）乙醚（单醚）　　　　　　　　　甲乙醚（混合醚）

不饱和醚：　$CH_2{=}CHOCH{=}CH_2$　　　　　　　$CH_3OCH_2CH{=}CH_2$
　　　　　　二乙烯醚（单醚）　　　　　　　　甲基烯丙基醚（混合醚）

芳香醚：

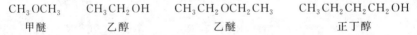

　　　　　二苯甲醚（单醚）　　　　　　　　苯乙醚（混合醚）

② 醚的同分异构现象

醚与同碳数的醇是同分异构体，属于官能团异构。例如，甲醚和乙醇、乙醚和正丁醇、对甲苯酚和苯甲醚互为同分异构现象。这种分子式相同而官能团不同的异构现象称为官能团异构。

CH_3OCH_3　　　　CH_3CH_2OH　　　　$CH_3CH_2OCH_2CH_3$　　　　$CH_3CH_2CH_2CH_2OH$
　甲醚　　　　　　　乙醇　　　　　　　　　乙醚　　　　　　　　　　正丁醇

👥 思考与练习

4-1　回答下列问题。

（1）写出 $C_5H_{11}OH$ 异构体的构造式。

（2）写出分子式为 $C_8H_{10}O$，属于芳香族化合物异构体的构造式。

2. 醇、酚、醚的结构

（1）醇的结构

醇分子可以看成是水分子中氢原子被烃基取代的产物或烃分子中的氢原子被羟基取代的产物。羟基（—OH）为醇的官能团。醇分子中的羟基氧原子及与羟基相连的碳原子都是 sp^3 杂化。由试验测得甲醇的 C—O—H 的键角为 108.9°（如图 4-1 所示），与 sp^3 轨道成键的键角很相近，所以认为氧原子也进行了 sp^3 杂化，氧原子分别与甲基中的碳原子和氢原子形成两个 σ 键，还有两对孤电子对，在两个 sp^3 杂化轨道上。由于氧的电负性比碳和氢大，使得 C—O 键和 O—H 键都具有较大的极性，所以醇为角型极性分子。

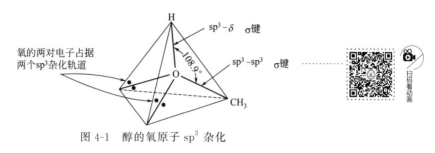

图 4-1　醇的氧原子 sp^3 杂化

（2）酚的结构

酚是具有 Ar—OH 通式的化合物。以苯酚为例（见图 4-2），酚羟基与苯环直接相连，酚羟基中的氧原子以 sp^2 杂化轨道参与成键，其中一对孤电子对所在的 p 轨道与苯环上六个碳原子的 p 轨道是平行的，电子云发生侧面重叠，形成稳定的 p, π 共轭体系，所以苯酚是一个较稳定的结构。由于酚羟基参与了苯环的共轭，因此，与芳醇分子中的羟基在性质上存在许多不同。

图 4-2　酚的氧原子的 sp^2 杂化

（3）醚的结构

醚中的氧原子为 sp^3 杂化（见图 4-3），其中两个杂化轨道分别与两个碳原子形成 σ 键，余下两个杂化轨道各被一对孤电子对占据，因此醚可以作为路易斯碱，接受质子形成锌盐，也可与水、醇等形成氢键。醚分子结构为 V 字型，分子中 C—O 键是极性键，故醚为角型极性分子。

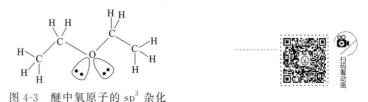

图 4-3　醚中氧原子的 sp^3 杂化

思考与练习

4-2　回答下列问题。

(1) 在烃的饱和含氧衍生物醇、酚、醚中，醇和酚都比较活泼，而醚却比较稳定，你能从它们的结构上解释原因吗？

(2) 从结构上看，酚羟基对苯环的活性有何影响？

3. 醇、酚、醚的命名

(1) 醇的命名

① 普通命名法

结构简单的醇常采用习惯命名法命名，即在相应的烷基名称后加一个"醇"字。例如：

$$CH_3OH \qquad (CH_3)_3CCH_2OH \qquad CH_2 \!=\! CHCH_2OH \qquad$$

甲醇　　　　　　　　新戊醇　　　　　　　　烯丙醇　　　　　　　　苄醇

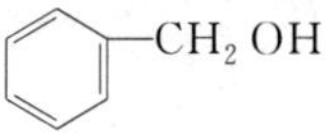

$$CH_3CH_2CH_2CH_2OH \qquad CH_3CHCH_2CH_3 \qquad CH_3CHCH_2OH \qquad$$

正丁醇　　　　　　　　仲丁醇 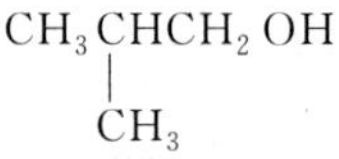　　　　　　　　异丁醇 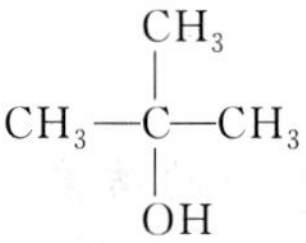　　　　　　　　叔丁醇

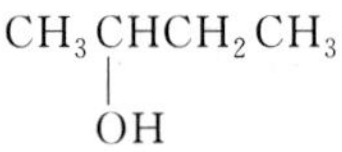

有些醇习惯使用俗名，如乙醇俗称酒精，甲醇俗称木醇，丙三醇俗称甘油等。

小知识

甲醇又称"木醇"，是无色有酒精气味易挥发的液体，用于制造甲醛和农药等，也用作有机物的萃取剂和酒精的变性剂等。人口服中毒最低剂量约为100mg/kg体重，经口摄入 0.3～1g/kg 可致死。

丙三醇，又名甘油，是一种无色无臭有甜味的黏性液体，无毒。丙三醇具有抗菌和抗病毒特性，广泛用于伤口尤其是烧伤治疗，也可用作甜味剂和保湿剂。

② 系统命名法

对于结构复杂的醇常采用系统命名法。

a. 饱和醇的命名　以醇为母体，选取含有羟基的最长碳链为主链，并根据主链碳原子的数目命名为"某醇"；将支链作为取代基，从距羟基最近的一端开始编号，取代基的位次、名称和羟基的位次依次分别写在"某醇"前面。

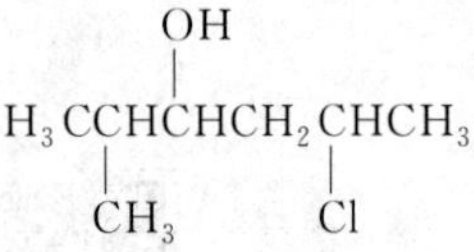

2-甲基-5-氯-3-己醇 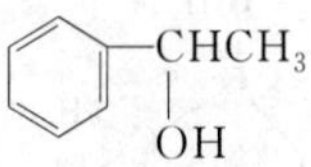　　　　　1-苯基乙醇 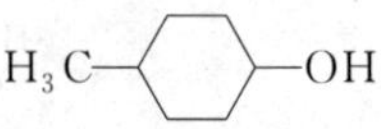　　　　　4-甲基-环己醇 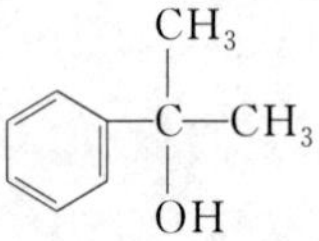　　　　　2-苯基-2-丙醇

b. 不饱和醇的命名　对于不饱和醇，则选含有羟基和不饱和键的最长链为主链，根据主链碳原子的数目命名为"某烯（炔）醇"；将支链作为取代基，主链的编号仍从距羟基最近的一端开始；除了在"某烯（炔）醇"之前注明取代基的位次和名称外，还要在"某烯"

和"醇"字前面注明双键和羟基的位次。

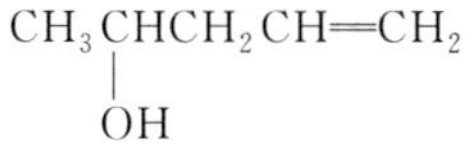

CH₃CHCH₂CH=CH₂ 的结构式

4-戊烯-2-醇 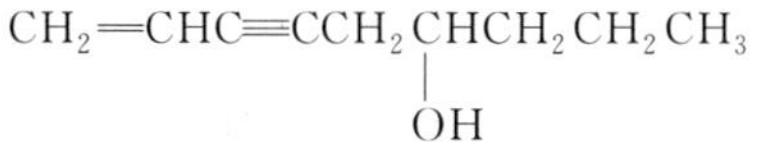   8-壬烯-6-炔-4-醇

c. 多元醇的命名　多元醇的命名选择含羟基（—OH）尽可能多的碳链为主链，将支链作为取代基，并根据主链所含碳原子数和所连羟基的数目命名为"某几醇"；主链的编号从距离羟基最近的一端开始，在"某几醇"前分别标注取代基的位次、名称和每个羟基的位次。

1,3-丙二醇   顺-1-乙基-1,2-环己二醇

2-甲基-1,3-环戊二醇   5-溴-2,3-己二醇

思考与练习

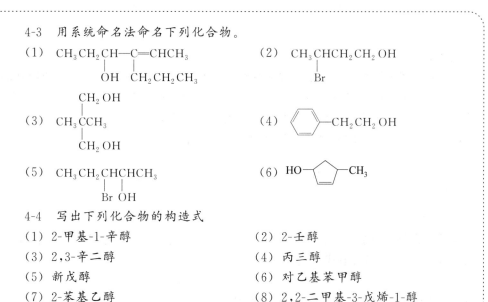

4-3　用系统命名法命名下列化合物。

（1）CH₃CH₂CH—CH=CHCH₃
　　　　　　│
　　　　　　OH CH₂CH₂CH₃

（2）CH₃CHCH₂CH₂OH
　　　　│
　　　　Br

（3）　　　CH₂OH
　　　　　│
　　CH₃CCH₃
　　　　　│
　　　　CH₂OH

（4）苯基—CH₂CH₂OH

（5）CH₃CH₂CHCHCH₃
　　　　　　│　│
　　　　　Br OH

（6）HO—环戊烯—CH₃

4-4　写出下列化合物的构造式

（1）2-甲基-1-辛醇　　　　（2）2-壬醇

（3）2,3-辛二醇　　　　　　（4）丙三醇

（5）新戊醇　　　　　　　　（6）对乙基苯甲醇

（7）2-苯基乙醇　　　　　　（8）2,2-二甲基-3-戊烯-1-醇

（2）酚的命名

酚的命名一般是芳环的名称之后加上"酚"。例如：

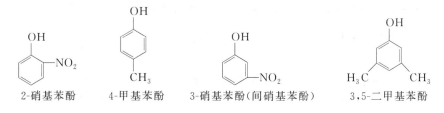

2-硝基苯酚　　4-甲基苯酚　　3-硝基苯酚(间硝基苯酚)　　3,5-二甲基苯酚

注意：若芳环上连有其他基团时，则按官能团的优先次序命名。

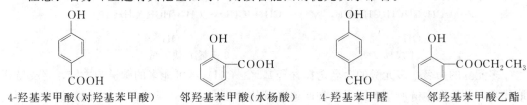

4-羟基苯甲酸(对羟基苯甲酸)　　邻羟基苯甲酸(水杨酸)　　4-羟基苯甲醛　　邻羟基苯甲酸乙酯

思考与练习

4-5　用系统命名法命名下列化合物。

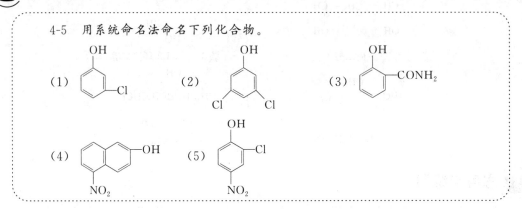

（3）醚的命名

① 普通命名法

醚的命名较多采用普通命名法。命名原则为：分别写出与醚键相连的两个烃基的名称，再加上"醚"即可；如为单醚（两个烷基相同），醚前面的"二"字可以省略；如为混合醚（两个烷基不相同），按小基团排前大基团排后的原则书写，称为"某基某基醚"；对于同时含有脂肪烃基和芳香烃基的混合醚，芳香烃基要写在脂肪烃基前面。

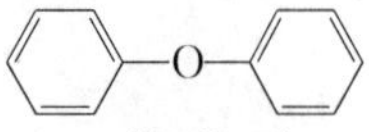

二苯(基)醚　　$CH_3CH_2OCH_2CH_3$　　$(CH_3)_3C{-}O{-}CH_3$　　OCH_2CH_3

二苯(基)醚　　（二）乙(基)醚　　甲基叔丁基醚　　苯乙醚

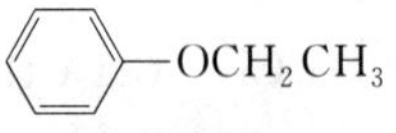

② 系统命名法

结构复杂的醚采用系统命名法。一般将复杂的烃基当成母体，把简单的烃基和氧原子组成的烷氧基（—OR）当成取代基进行命名。

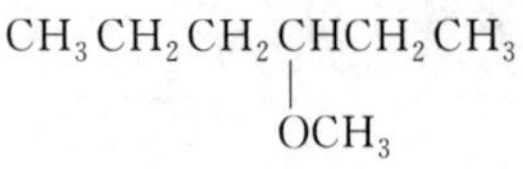

$CH_3CH_2CH_2CHCH_2CH_3$　　$CH_3CH_2CH_2CHCH_3$
　　　　　|　　　　　　　　　　|
　　　　OCH_3　　　　　　　　OCH_2CH_3

　　　　　　OCH_2CH_3
　　　　　　|
　　　　　　CH_2OH　　　　$HOCH_2CH_2OCH_2CH_3$

3-甲氧基己烷 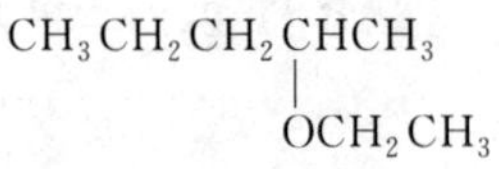　　2-乙氧基戊烷 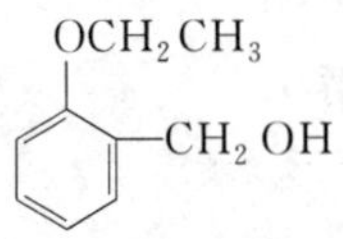　　2-乙氧基苯甲醇　　2-乙氧基乙醇

③ 环醚命名

环醚一般命名为"环氧某烷"或按照杂环化合物的命名方法命名。例如：

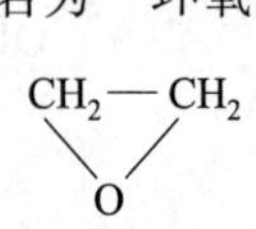

$CH_2{-}CH_2$　　　　$CH_3CH{-}CH_2$
　　\　/　　　　　　　　\　/
　　 O　　　　　　　　　 O

环氧乙烷 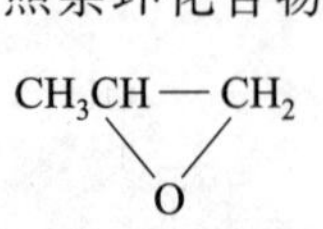　　　　甲基环氧乙烷　　　1,4-环氧丁烷
　　　　　　　　（1,2-环氧丙烷）　　（四氢呋喃）

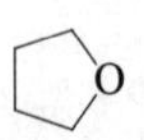

④ 多元醚命名

多元醚命名时，首先写出多元醇的名称，再写出另一部分烃基的数目和名称，最后加上
"醚"字。例如：

$$CH_3CH_2OCH_2CH_2OCH_2CH_3 \qquad\qquad CH_3OCH_2CH_2OH$$
乙二醇二乙醚 　　　　　　　　　　　　　乙二醇一甲醚

👥 思考与练习

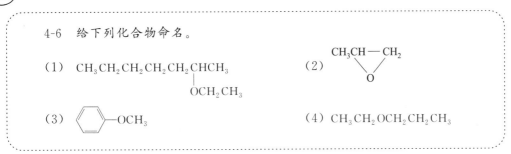

4-6　给下列化合物命名。

（1）$CH_3CH_2CH_2CH_2CH_2\underset{\underset{\textstyle OCH_2CH_3}{|}}{CH}CH_3$

（2）$CH_3\underset{\underset{\textstyle O}{\diagdown\diagup}}{CH}\!-\!CH_2$

（3）〔苯基〕—OCH_3

（4）$CH_3CH_2OCH_2CH_2CH_3$

4. 醇、酚、醚的物理性质及变化规律

（1）外观

常温常压下，饱和一元醇中 $C_1\sim C_{11}$ 醇为液体；C_{12} 以上醇为无色蜡状固体；二元醇、三元醇等多元醇是具有甜味的无色液体或固体。大多数酚为结晶固体，只有少数烷基酚是液体，纯酚一般都是无色的，在空气中易被氧气氧化而带红色或褐色。除甲醚和甲乙醚是气体外，大多数醚为无色、易挥发、易燃烧液体，有特殊气味。

（2）沸点

醇和酚中都含有羟基，分子间能形成氢键，分子从液态至气态的转变，不仅需要破坏范德华力，还要破坏分子间的氢键，需要更多能量，沸点比分子量相近的烃高。醚分子中没有与强电负性原子相连的氢，因此分子间不能形成氢键，沸点比相应的醇、酚低很多。

（3）溶解性

醇在水中的溶解度随分子中碳原子数的增多而下降。$C_1\sim C_3$ 醇因能与水形成氢键（如图 4-4 所示），而以任意比混溶于水。C_4 以上醇随着分子量的增加，在水中的溶解度显著降低，C_{10} 以上的高级醇几乎不溶于水。

$$\underset{H}{\overset{R}{|}}O\cdots H\cdots \underset{\underset{H}{|}}{O}\cdots H\cdots \underset{H}{\overset{R}{|}}O\cdots H\cdots O$$

图 4-4　低级醇分子与水分子形成氢键

酚微溶于水，加热时，可以在水中无限溶解，能溶于乙醇、乙醚、苯等有机溶剂。多元酚因分子中的羟基增多而在水中的溶解度增大。

醚分子能与水分子形成氢键，在水中的溶解度与含相同碳原子数的醇接近，比烷烃大。例如，甲醚能与水混溶，乙醚在水中的溶解度为 8g/100g H_2O（25℃），高级醚大都难溶于水。许多有机化合物能溶于醚，而醚在多数反应中活性较低，因此醚常用作有机反应的溶剂。

常见的醇、酚、醚的物理常数见表 4-1。

表 4-1 常见醇、酚、醚的物理常数

名 称	熔点/℃	沸点/℃	溶解度/(g/100g H₂O)
甲醇	−97	64.7	∞
乙醇	−114	78.3	∞
丙醇	−126	97.2	∞
丁醇	−90	117.7	7.9
正己醇	−52	156.5	0.6
正癸醇	6	228	—
正十二醇	24	259	—
1,2-乙二醇	−16	197	∞
丙三醇	18	290	∞
苯酚	40.8	181.8	8
邻甲苯酚	30.5	191	2.5
间甲苯酚	11.9	202.2	2.6
对甲苯酚	34.5	201.8	2.3
邻硝基苯酚	44.5	214.5	0.2
间硝基苯酚	96	194(70mm)	1.4
对硝基苯酚	114	295	1.7
甲醚	−140.5	−24.9	1体积水溶解37体积气体
乙醚	−116.2	34.5	8
正丙醚	−122	90.5	微溶
正丁醚	−95.3	142.4	微溶
苯甲醚	−37.5	155	不溶
二苯醚	26.84	257.9	不溶
环氧乙烷	−110	10.73	互溶

思考与练习

4-7 下列化合物的沸点，从高到低如何排序？

2-戊醇、1-戊醇、2-甲基-2-丁醇、正己醇

4-8 比较正丁醇、仲丁醇、2-甲基丁醇、1-氯丙烷、乙醚的沸点高低。

4-9 比较下列化合物在水中的溶解度。

(1) $HOCH_2CH_2CH_2CH_2OH$ (2) $CH_3CH_2OCH_2CH_3$

(3) $CH_2CH_2CH_2CH_2CH_3$

4-10 乙二醇及其甲醚的沸点随分子量增加而降低，原因何在？

物质	CH₂OH | CH₂OH	CH₂OH | CH₂OCH₃	CH₂OCH₃ | CH₂OCH₃
沸点/℃	197	125	84

5. 烃的饱和含氧衍生物可用于物质鉴别的化学性质及变化规律

烃的饱和含氧衍生物由于氧原子所连基团或原子的不同，使醇、酚、醚的化学性质有较大差别。在物质的化学鉴别中，可充分运用醇、酚、醚的化学特性，通过明显的反应现象，将不同烃的饱和含氧衍生物区别开。

（1）醇可用于物质鉴别的化学性质及变化规律

醇的化学性质主要由官能团羟基（—OH）决定。在饱和醇分子中存在 C—C、C—H、C—O 和 O—H 四种不同化学键，由于 C—O 键和 O—H 键的极性，使它们所在的部位成为醇分子的反应活性点。醇的化学性质主要由这两种键的活性引起。C—H 键受到羟基的活化也表现出一定的活性。醇的主要反应部位如下所示。

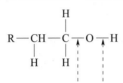

① 氢氧键断裂，氢原子被取代
② 碳氧键断裂，羟基被取代
③④ 受羟基的影响，α-H 和 β-H 有一定活泼性

醇与活泼金属的反应、与氢卤酸的取代反应、氧化反应等反应现象明显，可用于物质鉴别。

① 醇与活泼金属的反应

醇羟基具有一定的酸性，可与钠、钾等活泼金属反应，羟基上的氢原子被金属原子取代，生成醇钠、醇钾等物质，并放出氢气。该反应不如水与钠的反应剧烈，但现象明显（钠逐渐消失，有气体产生），可鉴别 C_6 以下的低级醇。

$$ROH + Na \longrightarrow RONa + 1/2H_2$$

🐟 安全提示

> 乙醇钠是碱性腐蚀品，经呼吸道和消化道吸收，会腐蚀眼睛、皮肤和黏膜；接触后会出现喉痛、咳嗽、腹痛、腹泻、肺水肿等症状。乙醇钠属于易燃物品，遇水会发生剧烈反应。

水加到醇钠中可生成氢氧化钠和醇，这相当于强碱的盐和强酸反应生成弱碱和弱酸 ROH。因此，醇的酸性比水弱，而醇钠的碱性比氢氧化钠强。醇钠很活泼，有机合成中常作为缩合剂和引入烷氧基的亲核试剂。

$$RONa + H_2O \longrightarrow ROH + NaOH$$

不同类型的醇与活泼金属反应的活性顺序为：伯醇＞仲醇＞叔醇，反应活性越大的醇其酸性越强；而烷氧基负离子（RO^-）的碱性强弱与其相应共轭酸的酸性强弱正好相反，不同类型的醇钠其碱性强弱次序为：叔醇钠＞仲醇钠＞伯醇钠。常见醇及对应的烷氧基负离子的酸碱性如下：

酸性：	$CH_3—OH$	$CH_3CH_2—OH$	$(CH_3)_2CH—OH$	$(CH_3)_3C—OH$
pK_a：	15.5	16	16.5	17
碱性：	CH_3O^- ＜	$CH_3CH_2O^-$ ＜	$(CH_3)_2CHO^-$ ＜	$(CH_3)_3CO^-$

② 与氢卤酸反应

醇与氢卤酸发生亲核取代反应，反应过程中醇的碳氧键发生断裂，羟基被卤原子取代生成卤代烃。

$$ROH + HX \longrightarrow RX + H_2O$$

醇与氢卤酸的反应活性与氢卤酸以及醇的结构有关。不同氢卤酸与醇反应的活性次序为：$HI > HBr > HCl$。例如：

$$CH_3CH_2CH_2CH_2OH + HI \xrightarrow{\triangle} CH_3CH_2CH_2CH_2I + H_2O$$

$$CH_3CH_2CH_2CH_2OH + HBr \xrightarrow[\triangle]{H_2SO_4} CH_3CH_2CH_2CH_2Br + H_2O$$

$$CH_3CH_2CH_2CH_2OH + HCl \xrightarrow[\triangle]{ZnCl_2} CH_3CH_2CH_2CH_2Cl + H_2O$$

不同结构的醇与氢卤酸反应的活性次序为：烯丙型醇、苄基型醇＞叔醇＞仲醇＞伯醇，因此在没有催化剂的条件下，烯丙型醇、苄基型醇、叔醇可与氢卤酸反应，但仲醇、伯醇与氢卤酸反应需一定的条件，例如：

$$(CH_3)_3C-OH + HCl \xrightarrow{室温} (CH_3)_3C-Cl + H_2O$$

这是工业上制备叔卤代烃的常用方法。

 伯醇、仲醇与浓盐酸反应，需要在无水氯化锌的催化下才能进行。无水氯化锌和浓盐酸制成的溶液称为卢卡斯（Lucas）试剂。室温下，叔醇与卢卡斯试剂立即反应，生成油状氯代烷，因氯代烷不溶于浓盐酸而出现浑浊现象；仲醇反应较慢，几分钟后才能观察到浑浊现象；伯醇室温下不发生反应，必须在加热条件下才会有浑浊现象。此法常用于鉴别 C_6 以下的伯、仲、叔醇，称为卢卡斯试验。

$$CH_3-\overset{\displaystyle CH_3}{\underset{\displaystyle CH_3}{C}}-OH + HCl \xrightarrow{ZnCl_2} CH_3-\overset{\displaystyle CH_3}{\underset{\displaystyle CH_3}{C}}-Cl + H_2O \quad 立即出现浑浊$$

$$CH_3CH_2-\overset{\displaystyle CH_3}{\underset{\displaystyle}{CH}}-OH + HCl \xrightarrow{ZnCl_2} CH_3CH_2-\overset{\displaystyle CH_3}{\underset{\displaystyle}{CH}}-Cl + H_2O \quad 几分钟后出现浑浊$$

$$CH_3CH_2CH_2CH_2OH + HCl \xrightarrow{ZnCl_2} CH_3CH_2CH_2CH_2Cl + H_2O \quad 加热后才起反应$$

与卢卡斯试剂中的无水氯化锌催化作用相似，醇与氢卤酸反应时加入硫酸，也会加快卤代烃的生成。这是因为羟基氧原子上具有未共用电子对，能与强酸电离出的质子结合，生成质子化醇，也叫做锌盐。例如：

$$R-\overset{..}{\underset{..}{O}}-H + H_2SO_4 \rightleftharpoons \left[R-\overset{..}{\underset{\underset{\displaystyle H}{|}}{O}}-H\right]^+ HSO_4^-$$

生成锌盐后，由于氧原子上带有正电荷而具有吸电性，使 C—O 键极性增加容易断裂，因此醇分子中的 $-\overset{+}{O}H_2$ 比 $-OH$ 容易离去，这是醇在酸催化下易发生反应的原因。

值得注意的是，醇和氢卤酸发生的反应与卤代烷的亲核取代反应相似，反应机理也有两种：S_N1 和 S_N2 机理。大多数伯醇按照 S_N2 机理进行，许多仲醇，尤其是叔醇按照 S_N1 机理进行。当醇与氢卤酸反应按照 S_N1 机理进行时，有时会发生重排，得到重排产物，甚至主要生成重排产物。例如：

$$CH_3-\underset{\underset{CH_3}{|}}{\overset{\overset{CH_3}{|}}{C}}-CH_2OH + HBr \longrightarrow CH_3-\underset{\underset{CH_3}{|}}{\overset{\overset{CH_3}{|}}{C}}-CH_2Br + CH_3-\underset{\underset{Br}{|}}{\overset{\overset{CH_3}{|}}{C}}-CH_2CH_3$$

重排产物（主要产物）

反应历程：

$$CH_3-\underset{\underset{CH_3}{|}}{\overset{\overset{CH_3}{|}}{C}}-CH_2OH + H^+ \rightleftharpoons CH_3-\underset{\underset{CH_3}{|}}{\overset{\overset{CH_3}{|}}{C}}-CH_2\overset{+}{O}H_2 \xrightarrow{-H_2O} CH_3-\underset{\underset{CH_3}{|}}{\overset{\overset{CH_3}{|}}{C}}-\overset{+}{C}H_2 \xrightarrow{Br^-} CH_3-\underset{\underset{CH_3}{|}}{\overset{\overset{CH_3}{|}}{C}}-CH_2Br$$

较不稳定

$$\updownarrow 重排$$

$$CH_3-\underset{\underset{CH_3}{|}}{\overset{+}{C}}-CH_2CH_3 \xrightarrow{Br^-} CH_3-\underset{\underset{CH_3}{|}}{\overset{\overset{Br}{|}}{C}}-CH_2CH_3$$

较稳定

除氢卤酸与醇作用生成卤代烃外，三卤化磷（PX_3）、亚硫酰氯（$SOCl_2$）也是常用的卤化试剂。例如：

$$CH_3CH_2CH_2CH_2OH \xrightarrow{PBr_3，165℃} CH_3CH_2CH_2CH_2Br$$

$$\underset{}{\text{(苯环)}}\overset{CH_2CH_3}{\underset{CH_2OH}{}} \xrightarrow{SOCl_2，苯} \overset{CH_2CH_3}{\underset{CH_2Cl}{}} + SO_2\uparrow + HCl\uparrow$$

安全提示

> 三氯化磷在空气中可生成盐酸雾，对皮肤、黏膜有刺激作用。吸入大量三氯化磷蒸气可引起上呼吸道刺激症状，出现咽喉炎、支气管炎，严重者可发生喉头水肿致窒息；皮肤及眼接触，可引起刺激症状或灼伤，严重眼灼伤可致失明。

③ 氧化反应

由于羟基的影响，醇的 α-H 比较活泼，容易被氧化。伯醇被 $K_2Cr_2O_7$、$KMnO_4$、浓 HNO_3 等氧化剂氧化时，先生成醛，然后进一步被氧化，生成羧酸。伯醇被重铬酸钾氧化，溶液由橙红色转变为绿色。这是伯醇的特征反应，可用于鉴别。

扫码看动画

$$RCH_2OH \xrightarrow{K_2Cr_2O_7 + H_2SO_4} RCHO \xrightarrow{[O]} RCOOH$$

$$CH_3CH_2OH + Cr_2O_7^{2-} \longrightarrow CH_3CHO + Cr^{3+}$$

橙色　　　　　　　　　　　绿色

$$\xrightarrow{K_2Cr_2O_7} CH_3COOH$$

检查司机酒后驾车的"呼吸分析仪"就是依据此原理设计的。驾车人呼出的气体经过硫酸酸化过的载有强氧化剂三氧化铬的硅胶，如果呼出的气体含有乙醇，则乙醇被三氧化铬氧化为乙醛，三氧化铬被还原成硫酸铬。根据颜色的变化，便可判断司机是否喝酒。

小知识

我国法律规定，驾驶员的血液酒精浓度大于等于 0.02%（g/mL）且小于 0.08%（g/mL）即为酒后驾车；大于等于 0.08%（g/mL）被定性为醉酒驾车。生命只有一次，请"珍爱生命，拒绝酒驾"。

伯醇氧化时，若能将生成的醛及时从反应体系中分出或选用温和的氧化剂（如活性 MnO_2），则可避免进一步氧化而得到醛。例如：

$$H_2C=CH-CH_2OH \xrightarrow{活性\ MnO_2} H_2C=CH-CHO$$

仲醇由于其 α-碳上只有一个氢原子，所以被氧化的产物为酮；脂环醇可继续被氧化得二元酸。

$$\underset{\underset{OH}{|}}{RCH_2CHCH_3} \xrightarrow{K_2Cr_2O_7+H_2SO_4} \underset{\underset{O}{\|}}{RCH_2CCH_3}$$

$$环己醇 \xrightarrow[50\sim60℃]{50\%\ HNO_3,\ V_2O_5} 环己酮 \xrightarrow{[O]} \underset{CH_2CH_2COOH}{CH_2CH_2COOH}\ 己二酸$$

叔醇的 α-碳上没有氢原子，上述条件下不能被氧化。

 扫码看动画

④ 多元醇的反应

多元醇其所含两个或两个以上羟基之间相互影响，除具有醇羟基的一般性质以外，还具有一些不同于一元醇的反应。例如，乙二醇、甘油等相邻位置具有两个羟基的多元醇（1,2-二醇）能和许多金属氢氧化物螯合。若在甘油的水溶液中加入新沉淀的氢氧化铜，能生成绛蓝色可溶性的甘油铜。该反应可用来鉴别含1,2-二醇结构的多元醇。

$$\underset{CH_2-OH}{\overset{CH_2-OH}{\underset{|}{\overset{|}{CH-OH}}}} + Cu(OH)_2 \longrightarrow \underset{CH_2-OH}{\overset{CH_2-O}{\underset{|}{\overset{}{CH-O}}}}Cu + 2H_2O$$

甘油铜（绛蓝色）

思考与练习

4-11　回答下列问题。

（1）烷基是供电子基，能使羟基氧原子上的电子云密度增大，请从此角度解释伯、仲、叔三级醇与金属钠反应的活性。

（2）醇与浓盐酸反应时，为什么要加入无水氯化锌？

（3）将下列物质按照碱性由小到大排列。

CH_3ONa　　　$(CH_3)_3CONa$　　　$CH_3CH_2CH_2ONa$　　　$(CH_3CH_2)_2CHONa$

（4）如何除去乙醚中含有的少量乙醇？

4-12　完成下列化学反应式。

（1）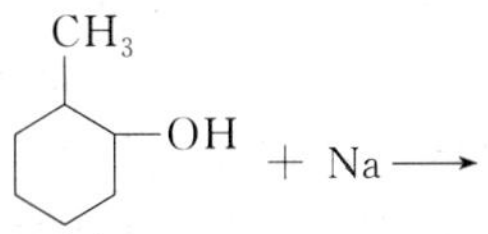

（2）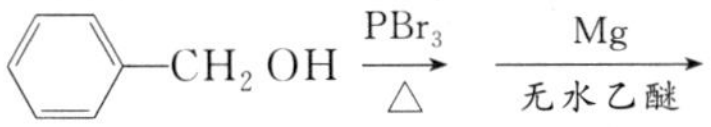

（3）$CH_3CH_2CH_2OH \xrightarrow[H^+]{KMnO_4}$

（4）$CH_2{=}CHCH_2CH_2OH \xrightarrow[H^+]{MnO_2}$

（2）酚可用于物质鉴别的化学性质及变化规律

羟基（—OH）也是酚的官能团，因此酚与醇具有共性。但由于酚羟基连在苯环上，酚羟基中的氧原子与苯环形成 p-π 共轭，使酚具有一些特有的化学性质。酚的化学反应主要发生在酚羟基和苯环上。酚的酸性、与三氯化铁显色反应、卤化反应可用于鉴别酚类物质。

扫码看课件

扫码看动画

① 酸性

酚羟基中氢原子较活泼，具有弱酸性（如苯酚 $pK_a \approx 10$），比醇（如乙醇 $pK_a = 15.9$）的酸性强。酚的弱酸性使其既可与活泼金属（钠、钾等）反应，又能与氢氧化钠（钾）反应生成酚盐。例如：

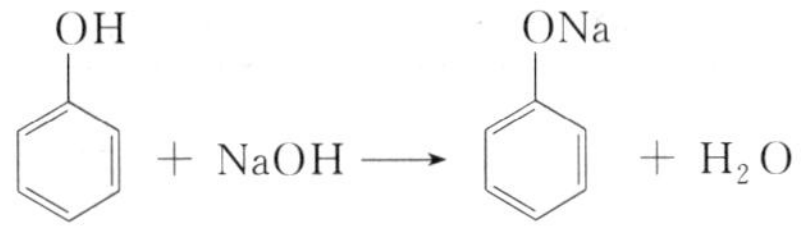

酚盐易溶于水，故酚可以溶于氢氧化钠溶液中。而醇一般情况下不与氢氧化钠（钾）反应。因此，利用酚的酸性可以鉴别某些酚和醇。

酚的酸性比碳酸弱（如苯酚 $pK_a \approx 10$，而碳酸的 $pK_a = 6.38$），不能使石蕊变色。在酚钠的水溶液中通入二氧化碳，苯酚即被置换出来。

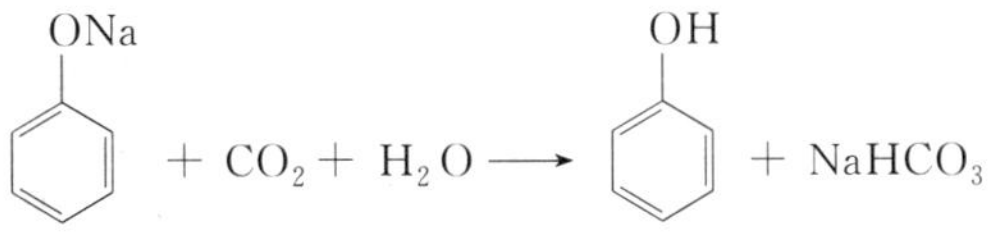

酚的这种既能溶解于碱，又可用酸将其从碱溶液中游离出来的性质，常被用于工业上回收和处理含酚污水。

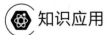

知识应用

含酚废水中的酚类物质可通过皮肤、黏膜的接触不经肝脏解毒直接进入血液循环，致使细胞破坏并失去活力，也可通过口腔侵入人体，造成细胞的损伤。水中酚含量达到 5～10mg/L 时，会引起鱼类大量死亡。此外，用含酚废水灌溉农田，也会使农作物减产或枯死。酚的这种既可溶解于碱，又可用酸将其从碱溶液中游离出来的性质，常被用于工业上含酚废水的回收和处理。

酚的酸性与芳环上所连取代基有关。当芳环上连有吸电子基时，吸电子诱导效应使酚羟基的氧原子电子云密度降低，对氢原子的吸引力减弱，使其容易离去，从而使酸性增强，吸电子诱导效应越强，酸性也越强；当芳环上连有给电子基时，给电子诱导效应使酚羟基上的氧原子电子云密度增大，对氢原子的吸引力加强，使其不易离去，从而使酸性减弱。给电子诱导效应越强，酸性也越弱。例如：

对甲苯酚	苯酚	对硝基苯酚	2,4,6-三硝基苯酚
pK_a　10.14	9.98	7.15	0.71

② 与三氯化铁的颜色反应

具有烯醇式结构（ $-\overset{OH}{\underset{}{C}}=C-$ ）的化合物大多数能与三氯化铁的水溶液反应，显出不同的颜色，称之为显色反应。酚中具有烯醇式结构，也可以与三氯化铁起显色反应，且结构不同的酚所显颜色不同。此反应可用于鉴别含有烯醇式结构的化合物。酚和氯化铁产生的颜色见表4-2。

$$6\,\text{C}_6\text{H}_5\text{OH} + \text{FeCl}_3 \longrightarrow [\text{Fe}(\text{OC}_6\text{H}_5)_6]^{3-} + 6\text{H}^+ + 3\text{Cl}^-$$

表 4-2　酚和氯化铁产生的颜色

化合物	生成的颜色	化合物	生成的颜色
苯酚	紫色	间苯二酚	紫色
邻甲苯酚	蓝色	对苯二酚	暗绿色（结晶）
间甲苯酚	蓝色	1,2,3-苯三酚	淡棕红色
对甲苯酚	蓝色	1,3,5-苯三酚	紫色（沉淀）
邻苯二酚	绿色	α-萘酚	紫色（沉淀）

③ 卤化反应

苯酚与溴水在常温下可立即反应生成 2,4,6-三溴苯酚白色沉淀。

该反应很灵敏，稀的苯酚溶液就能与溴水反应生成白色沉淀。故此反应可用作苯酚的鉴别和定量测定。

如果控制反应条件，也可以使卤化反应停留在一取代阶段。例如，在低温和非极性溶剂（如 CS₂，CCl₄ 等）中，苯酚与溴发生取代反应，主要生成对溴苯酚。

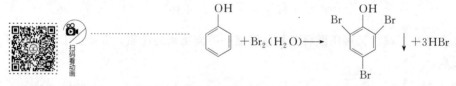

67%　　　33%

👥 思考与练习

4-13　回答下列问题。

(1) 将下列酚类物质按照酸性由强到弱的次序排列。

对氨基苯酚、苯酚、邻氯苯酚、邻硝基苯酚、对甲苯酚

(2) 苯酚能溶于氢氧化钠溶液，但不能溶于碳酸氢钠溶液，请说明原因。

4-14　完成下列化学反应式。

(1)

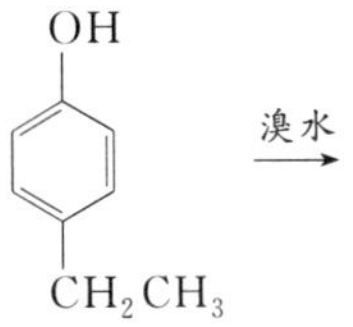

(2)

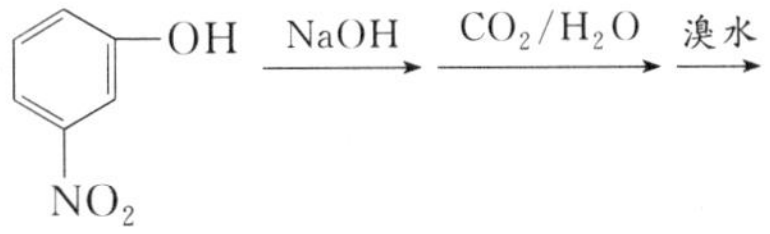

(3) 醚可用于物质鉴别的化学性质及变化规律

醚的官能团是醚键（—O—），除环醚外，醚键的极性很弱，因此醚的化学性质很稳定。一般情况下，醚与强碱、强氧化剂、强还原剂都不发生反应，但醚的化学稳定性是相对的，在一定条件下，醚也可以发生特有的化学反应。如：锌盐的形成。

醚中氧原子有未共用电子对，可以接受强酸提供的质子生成锌盐正离子，溶于强酸中。

$$\text{ROR} + \text{HCl} \Longleftrightarrow \left[\text{R}-\overset{\cdot\cdot}{\text{O}}-\text{R}\right]^+ \text{Cl}^-$$
$$\underset{\text{H}}{|}$$

锌盐是不稳定的强酸弱碱盐，遇水很快分解为原来的醚，可利用此性质鉴别醚或从烷烃、卤代烃混合物中分离醚。

$$\left[\text{R}-\overset{\cdot\cdot}{\underset{\text{H}}{\text{O}}}-\text{R}\right]^+ \text{Cl}^- + \text{H}_2\text{O} \longrightarrow \text{ROR} + \text{H}_3\text{O}^+ + \text{Cl}^-$$

👥 思考与练习

4-15　问答下列问题。

(1) 醚为什么能溶解于浓的强酸？

(2) 如何除去汽油中含有的少量乙醚？

6. 烃的饱和含氧衍生物的其他主要化学性质及变化规律

(1) 醇的其他主要化学性质及变化规律

① 与含氧无机酸反应

醇与含氧无机酸硫酸、硝酸、磷酸等反应，脱去水分子，生成酯。例如，乙醇与硫酸反应生成硫酸氢乙酯。

$$CH_3CH_2OH + HOSO_2OH \longrightarrow CH_3CH_2OSO_2OH + H_2O$$

硫酸氢乙酯（酸性酯）

醇与浓硝酸或发烟硝酸作用生成硝酸酯。例如，甘油与硝酸通过酯化可制得硝酸甘油酯，俗称硝化甘油。它是一种烈性炸药，在医学上也用来治疗心绞痛。

$$\begin{array}{c} CH_2-OH \\ | \\ CH-OH \\ | \\ CH_2-OH \end{array} + HNO_3 \xrightarrow{浓 H_2SO_4} \begin{array}{c} CH_2-ONO_2 \\ | \\ CH-ONO_2 \\ | \\ CH_2-ONO_2 \end{array} + 3H_2O$$

硝酸甘油酯

🌱 小故事

诺贝尔是闻名世界的炸药发明家，他为了研制炸药，献身科学、锲而不舍。诺贝尔发明的"安全炸药"，广泛应用于工业、矿业、交通业，在欧洲工业革命中发挥了重要作用。1895年，63岁的诺贝尔立下遗嘱，用3100万瑞典克朗的遗产设立了诺贝尔基金会，鼓励为人类共同利益而奋斗的科学家、医学家、文学家，以及为人类和平而努力的和平主义者。自1901年首次颁发，除了部分年份受战争影响停发，诺贝尔奖已经延续120年，是全世界最受瞩目的奖项。诺贝尔奖推动了科学技术的进步。

磷酸是三元酸，可与醇反应生成不同类型的磷酸酯。例如，丁醇与磷酸反应生成磷酸三丁酯。磷酸酯广泛存在于生物体内，具有重要的生物功能。

$$3\,C_4H_9OH + HO-\overset{\displaystyle HO}{\underset{\displaystyle HO}{P}}=O \rightleftharpoons (C_4H_9O)_3P=O + 3H_2O$$

磷酸三丁酯

② 脱水反应

醇脱水有两种形式，一种是分子内脱水生成烯烃，另一种是分子间脱水生成醚。反应进行的形式与反应条件和醇的结构有关。通常情况下，在较高温度下发生分子内脱水，较低温度下发生分子间脱水。例如：

$$\begin{array}{c} CH_2CH_2 \\ | \quad | \\ H \quad OH \end{array} \xrightarrow[170℃]{浓H_2SO_4} CH_2=CH_2 + H_2O$$

$$CH_3CH_2OH + HOCH_2CH_3 \xrightarrow[140℃]{浓H_2SO_4} CH_3CH_2OCH_2CH_3 + H_2O$$

醇的结构对脱水的方式有很大影响。一般叔醇较易进行分子内脱水，而较难进行分子间脱水。醇进行分子内脱水生成烯烃的活性次序是：叔醇＞仲醇＞伯醇。例如：

$$CH_3CH_2CH_2CH_2OH \xrightarrow[140℃]{75\% \ H_2SO_4} CH_3CH_2CH=CH_2$$

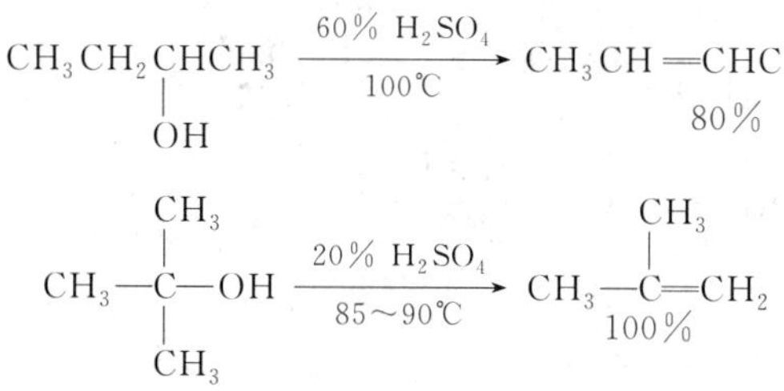

$$CH_3CH_2\underset{\overset{|}{OH}}{CH}CH_3 \xrightarrow[100℃]{60\% \ H_2SO_4} CH_3CH=CHCH_3$$
$$80\%$$

$$CH_3\underset{\overset{\displaystyle CH_3}{|}}{\overset{\displaystyle |}{C}}OH \xrightarrow[85\sim90℃]{20\% \ H_2SO_4} CH_3\underset{\overset{\displaystyle CH_3}{|}}{C}=CH_2$$
$$100\%$$

不对称的醇进行分子内脱水时，符合札依采夫规则，即羟基主要与含氢较少的 β-碳原子上的氢脱去，例如：

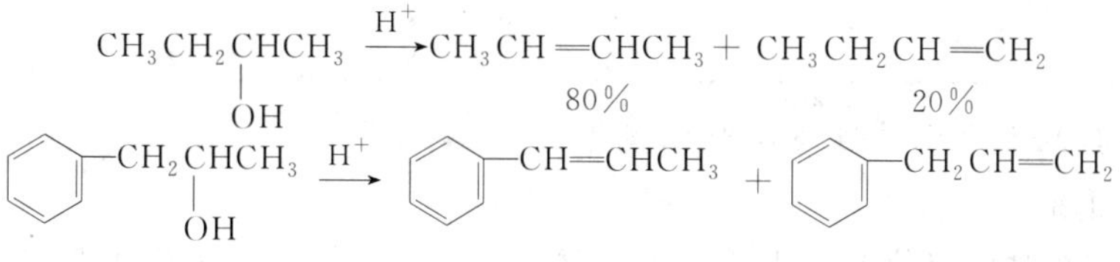

$$CH_3CH_2\underset{\overset{|}{OH}}{CH}CH_3 \xrightarrow{H^+} CH_3CH=CHCH_3 + CH_3CH_2CH=CH_2$$
$$80\% \qquad\qquad 20\%$$

（主产物）

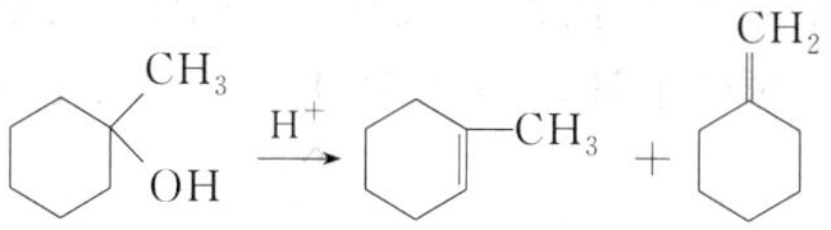

（主产物）

值得注意的是，在酸催化下，伯醇和仲醇（特别是仲醇）容易发生重排。例如：

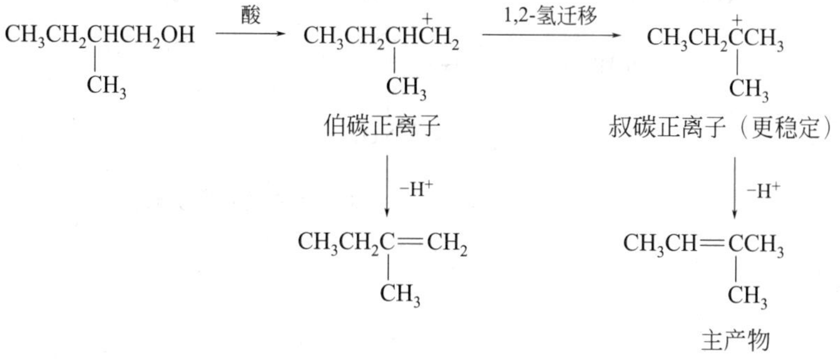

③ 脱氢反应

伯醇、仲醇的蒸气在高温下通过铜、银等金属催化剂，可发生脱氢反应，分别生成醛和酮。

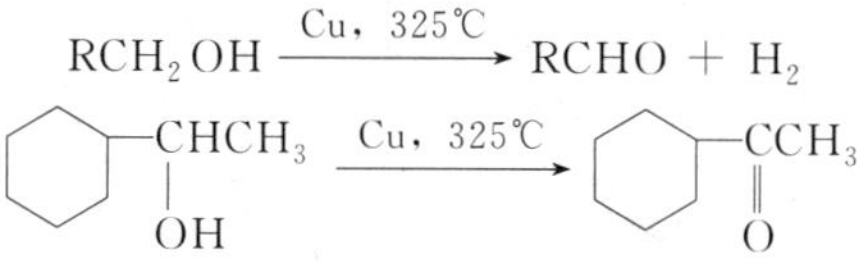

$$RCH_2OH \xrightarrow{Cu, \ 325℃} RCHO + H_2$$

思考与练习

4-16　完成下列化学反应式。

（1） 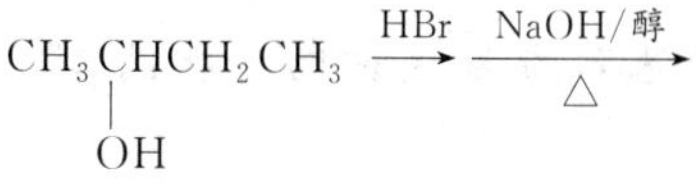 $CH_3\underset{\overset{|}{OH}}{CH}CH_2CH_3 \xrightarrow{HBr} \xrightarrow[\triangle]{NaOH/醇}$

（2）$CH_2\!=\!CH_2 + H_2O \xrightarrow[\text{7MPa，300℃}]{\text{磷酸，硅藻土}} \xrightarrow[\text{140℃}]{\text{浓 }H_2SO_4}$

（3）$HOCH_2CH_2OH + HNO_3 \xrightarrow[\triangle]{\text{浓 }H_2SO_4}$

（4）

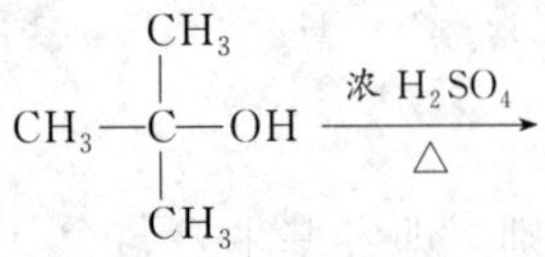

（5）

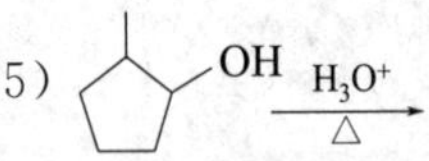

（2）酚的其他主要化学性质及变化规律

① 苯环上的取代反应

羟基是强的邻对位定位基，由于羟基与苯环的 p，π 共轭，使苯环上的电子云密度增加，苯环被活化，亲电取代反应容易进行。如前所述苯酚与溴水的卤化反应即为苯环上的亲电取代反应，除卤化反应外，酚环上还可发生硝化、亚硝化、磺化、傅-克烷基化等其他亲电取代反应。

a. 硝化反应。苯酚比苯易硝化，在室温下即可与稀硝酸反应生成邻硝基苯酚和对硝基苯酚的混合物。

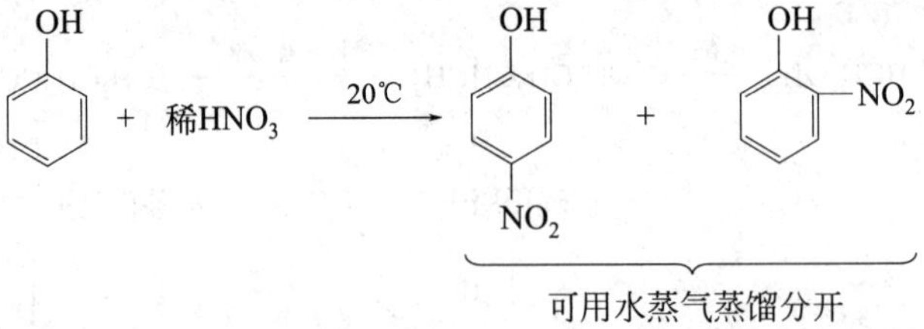

小知识

邻硝基苯酚易形成分子内氢键而成螯环，削弱了分子内的引力；而对硝基苯酚不能形成分子内氢键，但能形成分子间氢键而缔合。因此，邻硝基苯酚的沸点和在水中的溶解度都比对硝基苯酚低得多，可随水蒸气蒸馏出来。

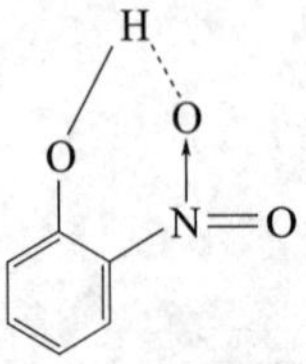

邻硝基苯酚的分子内氢键 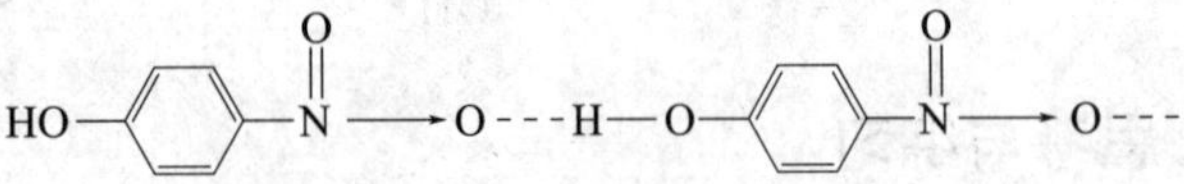　　　　　　　　对硝基苯酚的分子间氢键

对硝基苯酚是无色或淡黄色晶体，有毒，可作为医药中间体合成为非那西丁和扑热息痛，也可作皮革防霉剂。邻硝基苯酚为浅黄色针状晶体，可用于化工、医药、染料等行业。

b. 亚硝化。苯酚和亚硝酸作用生成对亚硝基苯酚，该物质在稀硝酸中能顺利氧化成对硝基苯酚，以制得不含邻位异构体的对硝基苯酚。

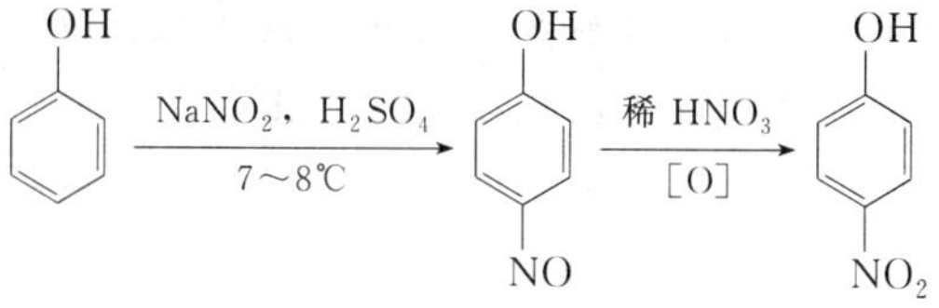

对亚硝基苯酚(80%)

小知识

亚硝酸钠，白色结晶性粉末，易溶于水，微溶于乙醇、甲醇、乙醚，有毒，主要用于制造偶氮染料，也可用作织物染色的媒染剂、漂白剂、金属热处理剂等。亚硝酸钠在烹调和消化过程中会和食物中的胺反应，产生致癌物质亚硝胺类化合物。抗坏血酸（即维生素 C）通过它的抗氧化性可以有效抑制食物中亚硝胺的产生，因此美国要求肉制品中必须含有至少 $550\mu g/g$ 的抗坏血酸。

c. 磺化反应。苯酚与浓硫酸作用，反应温度不同，可生成不同的一元取代产物。在较低温度下主要生成邻羟基苯磺酸，在较高温度下主要生成对羟基苯磺酸，进一步磺化可得二磺酸。

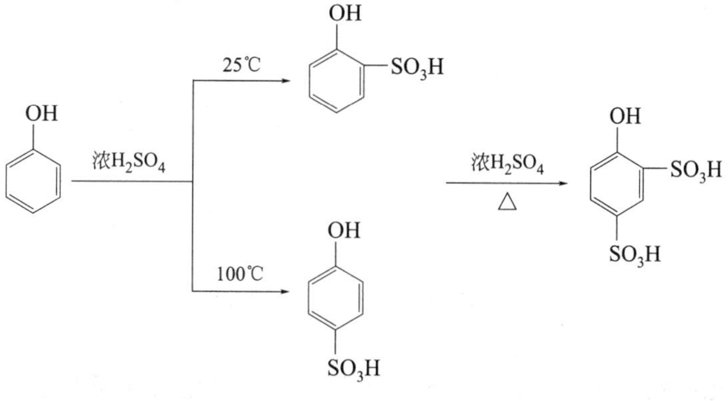

d. 傅-克烷基化反应。酚的烷基化反应容易进行，常得到多烷基取代产物。例如，工业上用异丁烯作烷基化剂，在催化剂存在下，与对甲苯酚反应制得防老化剂 4-甲基-2,6-二叔丁基苯酚。

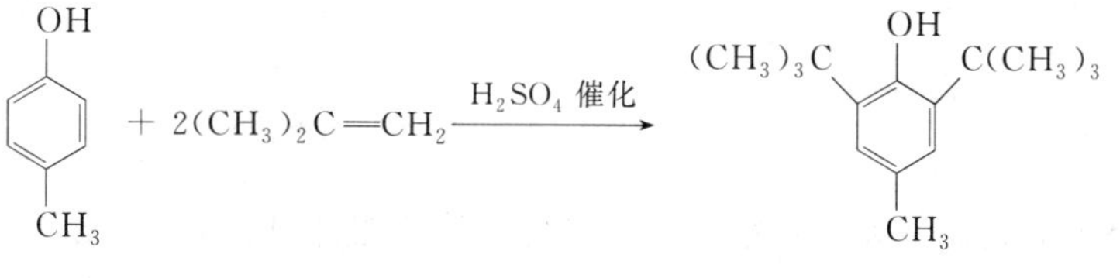

4-甲基-2,6-二叔丁基苯酚

小知识

> 由于酚能与三氯化铝作用形成酚盐，因此酚的烷基化反应一般不用三氯化铝催化，而较多使用硫酸、磷酸、三氟化硼等作催化剂。

② 成醚反应

酚钠在碱性溶液中能与卤代烃或硫酸二甲酯等烷基化试剂作用生成酚醚，这是制备芳香醚的常用方法。例如：

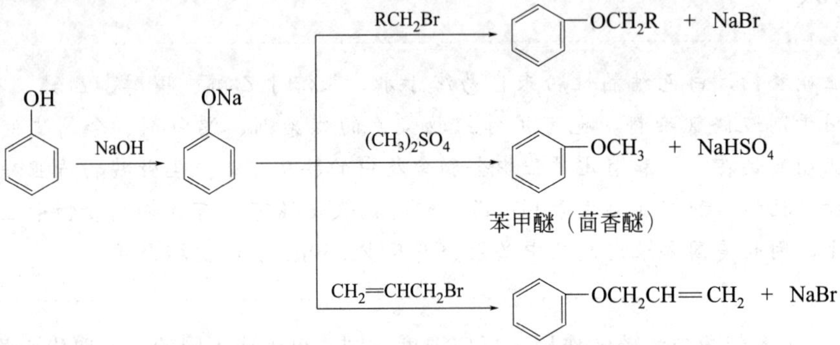

$$\text{苯酚} \xrightarrow{NaOH} \text{苯酚钠}$$

（生成）：

- + RCH_2Br → 苯-OCH_2R + $NaBr$
- + $(CH_3)_2SO_4$ → 苯-OCH_3 + $NaHSO_4$　苯甲醚（茴香醚）
- + $CH_2=CHCH_2Br$ → 苯-$OCH_2CH=CH_2$ + $NaBr$　苯基烯丙基醚

③ 成酯反应

酚与酰氯、酸酐等酰化剂作用，能生成酚酯。例如：

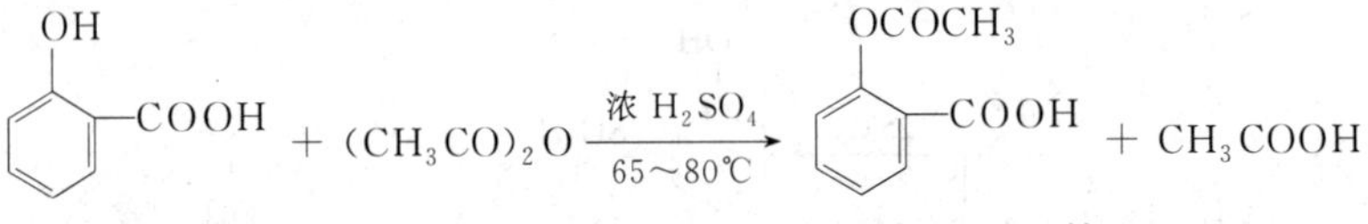

水杨酸 + $(CH_3CO)_2O$ $\xrightarrow[65\sim80℃]{浓 H_2SO_4}$ 乙酰水杨酸（阿司匹林） + CH_3COOH

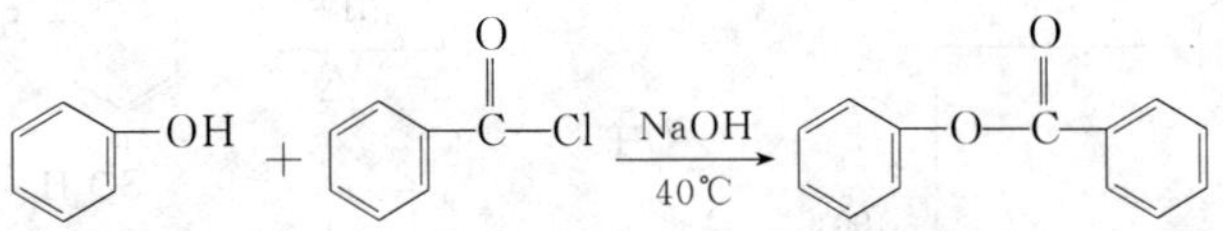

苯酚-OH + 苯甲酰氯 $\xrightarrow[40℃]{NaOH}$ 苯甲酸苯酯

④ 氧化反应

酚容易被氧化成醌，氧化物的颜色随着氧化程度的深化而逐渐加深，由无色变为粉红色、红色直至深褐色。工业上常利用此性质，加入少量的酚作抗氧化剂。

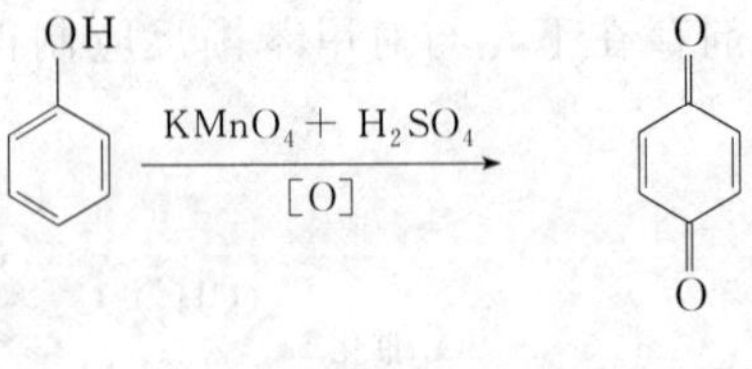

苯酚-OH $\xrightarrow[\text{[O]}]{KMnO_4+ H_2SO_4}$ 对苯醌（棕黄色）

多元酚更易被氧化。例如，在室温下弱氧化剂溴化银即可将对苯二酚氧化成醌，具有醌型结构的物质都是有颜色的。

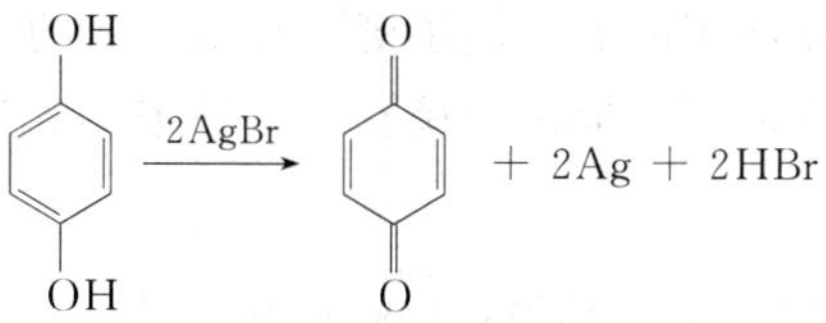

$$\text{对苯二酚} \xrightarrow{\text{2AgBr}} \text{对苯醌} + 2Ag + 2HBr$$

对苯醌

 小知识

　　工业抗氧化剂是一种广泛应用于化工、塑料、橡胶、涂料等领域的化学添加剂，其主要作用是防止材料在生产、储存、使用过程中受到氧化破坏。酚类抗氧化剂是最早被应用于工业的一类抗氧化剂，其主要成分为苯酚、二甲苯酚、三甲苯酚等，能够有效地抑制氧化反应，延缓产品的老化和变质，但在使用时需要严格控制其使用量和使用范围。近年，人类正积极探索天然抗氧化剂，并研究其在食品、医药、化妆品等领域的应用，以提高产品的营养价值和安全性。

思考与练习

　　4-17　回答下列问题。

　　（1）纯净的苯酚是无色的，但实验室中一瓶已经开封的苯酚试剂呈粉红色，试解释原因。

　　（2）如何除去环己醇中含有的少量苯酚？

　　4-18　完成下列化学反应式。

（1） 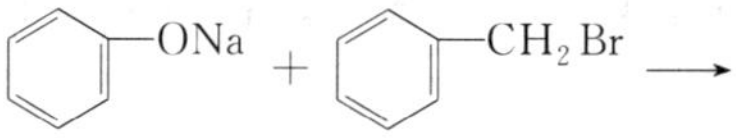　〔ONa〕 + 〔CH₂Br〕 ——→

（2） 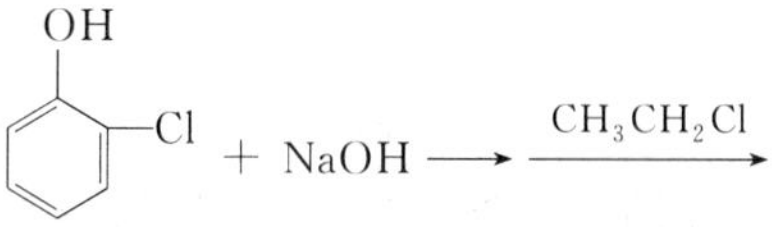　〔OH Cl〕 + NaOH $\xrightarrow{CH_3CH_2Cl}$

（3） 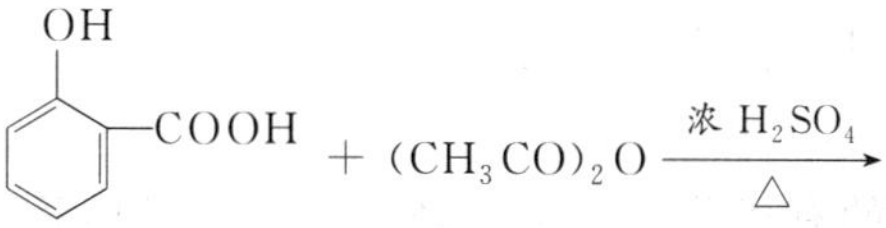　〔OH COOH〕 + (CH₃CO)₂O $\xrightarrow[\triangle]{\text{浓 } H_2SO_4}$

（4） 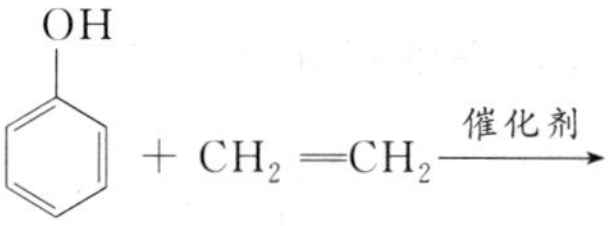　〔OH〕 + CH₂=CH₂ $\xrightarrow{\text{催化剂}}$

（5）　O₂N〔OH NO₂〕 + HNO₃ $\xrightarrow[\triangle]{\text{浓 } H_2SO_4}$

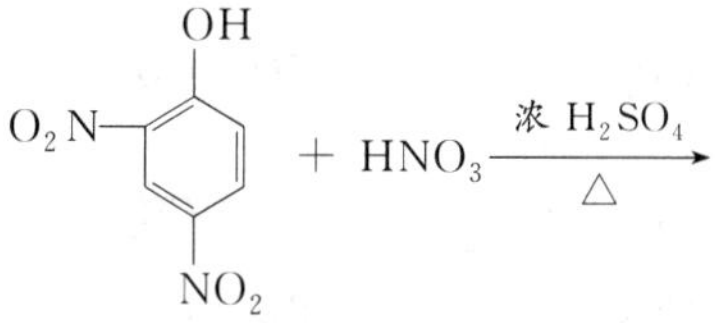

　（3）醚的其他主要化学性质及变化规律 ┈┈┈┈┈┈┈┈┈

　① 醚键的断裂

扫码看课件

在较高温度下，强酸能使醚键断裂。使醚键断裂最有效的试剂是浓的氢碘酸。反应过程中首先生成锌盐，受热后醚键断裂生成卤代烷和醇，醇进一步与过量的氢碘酸反应形成碘代烷。例如：

$$CH_3CH_2OCH_2CH_3 + HI \rightleftharpoons CH_3CH_2\overset{+}{\underset{H}{O}}CH_2CH_3 \xrightarrow{I^-} CH_3CH_2I + CH_3CH_2OH$$

$$2CH_3CH_2I + H_2O \xleftarrow{\text{HI过量}}$$

醚键断裂时往往是较小的烃基生成碘代烷，例如：

$$CH_3\underset{CH_3}{\underset{|}{CH}}CH_2OCH_2CH_3 + HI \xrightarrow{\triangle} CH_3\underset{CH_3}{\underset{|}{CH}}CH_2OH + CH_3CH_2I$$

芳香混醚与浓 HI 作用时，总是断裂烷氧键，生成酚和碘代烷。

$$\text{⟨苯环⟩}-O\,\vdots\,CH_3 \xrightarrow[120\sim130℃]{57\%HI} \text{⟨苯环⟩}-OH + CH_3I$$

p, π共轭
键牢固，不易断

② 过氧化物的生成

醚与空气长期接触时，可被空气逐渐氧化生成过氧化物。过氧化物不稳定，因此蒸馏乙醚时不能蒸干，以免过氧化物过度受热而爆炸。

安全提示

> 　　蒸馏乙醚时不能蒸干，以免过氧化物过度受热而爆炸。在蒸馏乙醚之前，必须检验有无过氧化物存在，以防意外。

可用淀粉碘化钾试纸检验乙醚中是否含有过氧化物。若试纸变蓝，说明有过氧化物存在。可加入还原性物质如硫酸亚铁、饱和亚硫酸钠进行处理以破坏过氧化物。另外，储存时可在醚中加入少许金属钠或铁屑以避免过氧化物的生成。

③ 环醚

环氧乙烷是最简单的环醚，是重要的有机化工原料。环氧乙烷化学性质活泼，在酸或碱催化下能与许多含活泼氢的试剂发生开环反应。例如，在酸催化下，环氧乙烷可与水、醇、卤化氢等含活泼氢的化合物反应，生成双官能团化合物。

$$
\begin{array}{l}
\xrightarrow{H_2O} \quad \underset{HO\quad\overset{+}{O}H_2}{H_2C-CH_2} \longrightarrow \underset{HO\quad OH}{H_2C-CH_2} \\[4mm]
\text{⟨环氧乙烷⟩} \xrightarrow{H^+} \xrightarrow{ROH} \underset{RO\quad\overset{+}{O}H_2}{H_2C-CH_2} \longrightarrow \underset{RO\quad OH}{H_2C-CH_2} \\[4mm]
\xrightarrow{HBr} \quad \underset{Br\quad\overset{+}{O}H_2}{H_2C-CH_2} \longrightarrow \underset{Br\quad OH}{H_2C-CH_2}
\end{array}
$$

在碱催化下，环氧乙烷可与 RO⁻、NH₃、RMgX 等反应生成相应的开环化合物。

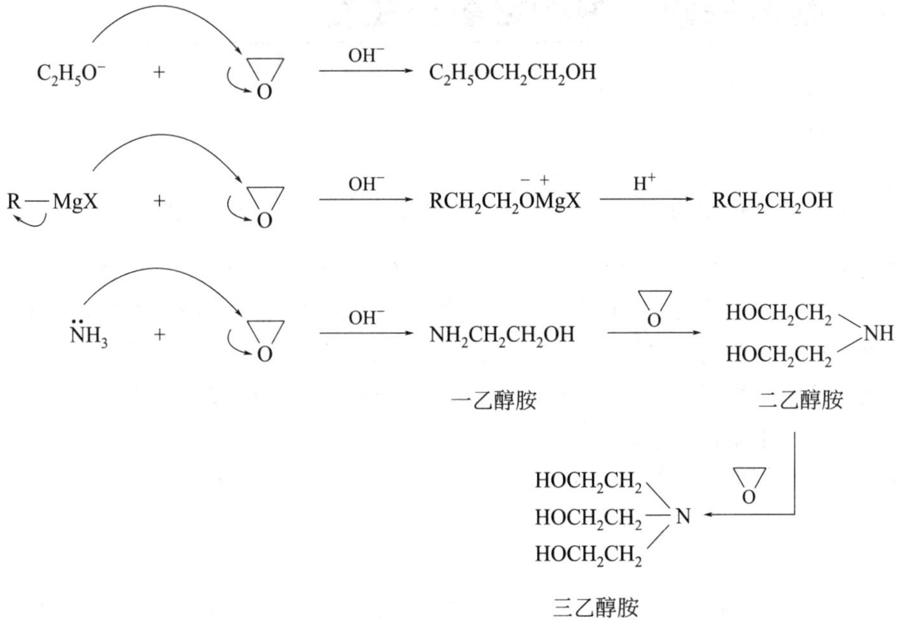

$$C_2H_5O^- + \text{（环氧乙烷）} \xrightarrow{OH^-} C_2H_5OCH_2CH_2OH$$

$$R-MgX + \text{（环氧乙烷）} \xrightarrow{OH^-} RCH_2CH_2O^-MgX^+ \xrightarrow{H^+} RCH_2CH_2OH$$

$$\ddot{N}H_3 + \text{（环氧乙烷）} \xrightarrow{OH^-} NH_2CH_2CH_2OH \xrightarrow{\text{（环氧乙烷）}} \underset{\text{二乙醇胺}}{\begin{array}{c} HOCH_2CH_2 \\ HOCH_2CH_2 \end{array}\!\!\!>\!\!NH}$$

一乙醇胺

$$\underset{\text{三乙醇胺}}{\begin{array}{c} HOCH_2CH_2 \\ HOCH_2CH_2 \\ HOCH_2CH_2 \end{array}\!\!\!>\!\!N} \xleftarrow{\text{（环氧乙烷）}}$$

环氧乙烷与 RMgX 反应，是制备增加两个碳原子伯醇的重要方法。例如：

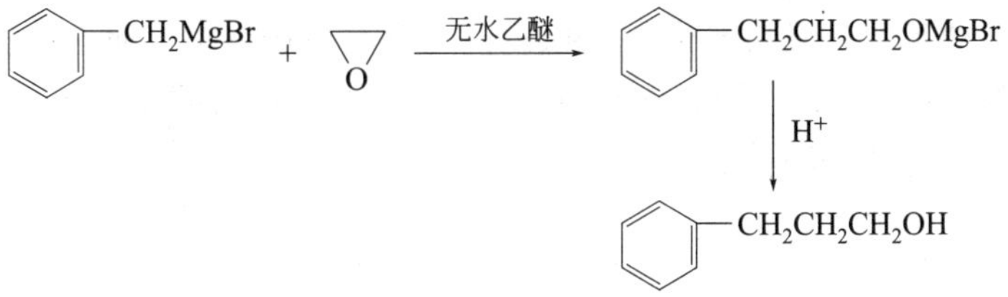

思考与练习

4-19 完成下列化学反应式

（1） 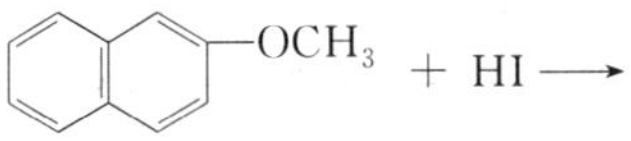 $+ HI \longrightarrow$

（2） 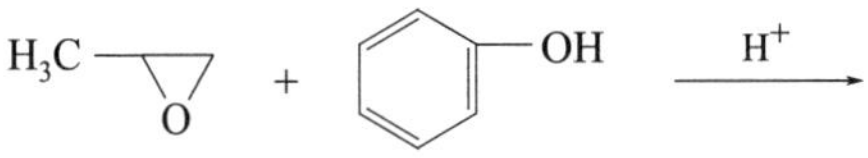 $H_3C\text{（环氧丙烷）} + \text{（苯酚）}OH \xrightarrow{H^+}$

（3） 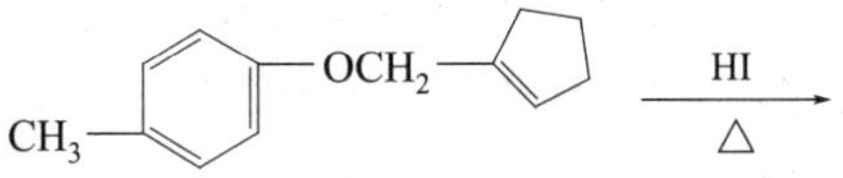 $\xrightarrow[\triangle]{HI}$

（4） 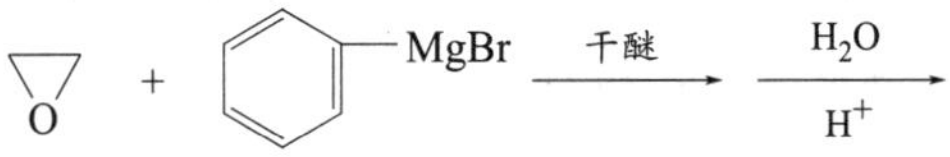 $\text{（环氧乙烷）} + \text{（苯基）}-MgBr \xrightarrow{\text{干醚}} \xrightarrow[H^+]{H_2O}$

（5） $CH_3CH_2CH_2OCH_2CH_3 + HI \longrightarrow$

供选实例

（1） 现有 3 瓶丢失标签的无色液体：正丁醇、2-丁醇、2-甲基-2-丙醇，请将其一一对号。

（2） 现有 4 瓶丢失标签的无色液体：正己烷、正丁醇、苯酚和丁醚，请将其一一对号。

任务 2　鉴别烃的不饱和含氧衍生物

任务分析

烃的不饱和含氧衍生物主要有醛和酮，其分子中均含有羰基$\left(\begin{array}{c}\diagdown\\ \diagup\end{array}C{=}O\right)$，烃的不饱和含氧衍生物又称羰基化合物。醛的通式为 RCHO 或 ArCHO，酮的通式为 RCOR′ 或 ArCOR和 Ar_2CO，由于羰基是醛和酮这两类化合物共有的官能团，所以在化学性质上醛和酮有许多共同之处。但由于醛的羰基上连有一个氢原子，又使醛和酮的化学性质上有所不同。

醛、脂肪族甲基酮及 8 个碳原子以下的环酮，与饱和的亚硫酸氢钠溶液发生反应，生成白色沉淀，可以用于定性鉴别。

醛和酮可以与氨的衍生物发生缩合反应，产物大多是具有一定熔点的晶体，也可以用来鉴别醛、酮。

具有 $-\overset{\text{O}}{\underset{}{\text{C}}}-CH_3$ 结构的醛、酮，或具有 $-\overset{\text{OH}}{\underset{}{\text{CH}}}-CH_3$ 结构的醇易被次碘酸钠氧化，生成黄色碘仿沉淀，可用于鉴别具有这些特殊结构的醛、酮或醇。

醛比酮更容易被氧化，醛与托伦（Tollens）试剂反应产生银镜而进一步区分醛和酮。

脂肪醛与斐林（Fehling）试剂反应，产生红色沉淀，而芳香醛却不能发生此反应，即可进一步区分脂肪醛与芳香醛。

行动知识

1. 有机物熔点的测定

由于纯净的固体有机化合物一般都有固定的熔点，故测定熔点可鉴定有机物，甚至能区别熔点相近的有机物。操作正确时，纯品有固定的熔点，熔程不超过 0.5～1℃；混有杂质时，熔距拉长，可根据熔程的长短大致确定有机物的纯度。

（1）基本概念

熔点是晶体物质受热由固态转变为液态时的温度。严格的定义应当是晶体物质在一定大气压下固-液平衡时的温度，此时，固液共存，蒸气压相等。在进行熔点测定时，晶体的尖角和棱边变圆时的温度，或观察到有少量液体出现时的温度称初熔温度。晶体刚好全部熔化时的温度称全熔温度。全熔与初熔两个温度之差为熔程。

（2）有机物熔点测定实验

① 实验装置

有机物熔点测定实验仪器主要包括：温度计、b 形管（Thiele 管）、熔点毛细管、酒精灯、开口橡胶塞、玻璃管等。实验装置如图 4-5 所示。

② 实验操作要点

熔点测定的主要操作要点如下。

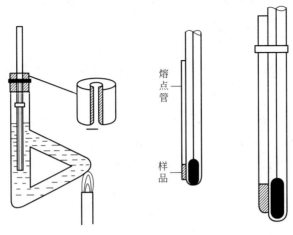

图 4-5　有机物熔点测定装置

a.装样。将试样研细成粉末状，放在洁净的表面皿上。将毛细管开口端插入粉末中装样，取一根约 100mm 长的干燥玻璃管，直立于玻璃板上，将装有试样的毛细管投入其中数次，直到试样紧缩至 2～3mm 高。

✈ **操作提示**

> 易升华的化合物，装好试样后需将上端封闭起来，因压力对熔点的影响不大，所以用封闭的毛细管测定熔点，其影响可忽略不计。易吸潮的化合物，装样动作要快，装好后也应立即将上端在小火上加热封闭，以免在测定熔点的过程中，试样吸潮使熔点降低。

b.安装毛细管。将装好试样的毛细管按如图 4-5 所示附在温度计上，使试样层面和温度计的水银球中部在同一高度。

c.加热。将热浴液升温，加热时应注意速度控制。低于熔点 15℃，升温速率 5℃/min；温差 10～15℃，升温速率 1～2℃/min；温差＜10℃时，升温速率 0.5～1℃/min。

读数：记录初熔和终熔时的温度值，即为试样的熔点范围。

2. 2,4-二硝基苯肼试剂的配制

2,4-二硝基苯肼，又名二硝基苯肼，红色结晶性粉末，易燃，主要用于制造炸药，也作化学试剂用于鉴别醛、酮。醛、酮与 2,4-二硝基苯肼作用生成黄色的 2,4-二硝基苯腙晶体，现象明显。

2,4-二硝基苯肼试剂的配制方法：2g 2,4-二硝基苯肼溶于 15mL 浓硫酸中，加入 150mL 95％乙醇，用蒸馏水稀释至 500mL，搅拌使其混合均匀，过滤，滤液保存在棕色瓶中备用。

📃 **理论知识**

在对醛、酮进行鉴别时，首先要认识醛、酮。醛和酮都是分子中含有羰基$\left(\begin{array}{c}\diagdown\\\diagup\end{array}C\!=\!O\right)$的

化合物，羰基与一个烃基相连的化合物称为醛，与两个烃基相连的化合物称为酮。

1. 醛、酮的分类和同分异构现象

（1）醛、酮的分类

① 根据羰基所连烃基的不同，可以分为脂肪族醛酮、芳香族醛酮以及脂环族醛酮。例如：

脂肪族醛酮：　　$CH_3-\overset{\overset{\displaystyle O}{\|}}{C}-H$　　　　　　$CH_3CH_2-\overset{\overset{\displaystyle O}{\|}}{C}-CH_3$

脂环族醛酮：　　（环己基）$-\overset{\overset{\displaystyle O}{\|}}{C}-H$　　　　（环戊基）$-\overset{\overset{\displaystyle O}{\|}}{C}-CH_3$

芳香族醛酮：　　（苯基）$-\overset{\overset{\displaystyle O}{\|}}{C}-H$　　　（苯基）$-\overset{\overset{\displaystyle O}{\|}}{C}-CH_2CH_3$

② 根据烃基中是否含有不饱和键，又可分为饱和醛酮和不饱和醛酮。例如：

饱和醛酮：　$CH_3CH_2-\overset{\overset{\displaystyle O}{\|}}{C}-H$　　　　　　$CH_3-\overset{\overset{\displaystyle O}{\|}}{C}-CH_2CH_3$

不饱和醛酮：　$CH_2=CHCHO$　　　　$CH_3CH_2\overset{\overset{\displaystyle O}{\|}}{C}-CH=CH_2$

③ 根据分子中所含羰基的数目，可将醛酮分为一元、二元和多元醛酮。例如：

二元醛酮：　$H-\overset{\overset{\displaystyle O}{\|}}{C}-CH_2-\overset{\overset{\displaystyle O}{\|}}{C}-H$　　　　$CH_3\overset{\overset{\displaystyle O}{\|}}{C}CH_2\overset{\overset{\displaystyle O}{\|}}{C}CH_2CH_3$

④ 根据羰基所连接的两个烃基是否相同，将酮分为简单酮（两个烃基相同）和混合酮（两个烃基不同）。例如：

简单酮：　$CH_3CH_2-\overset{\overset{\displaystyle O}{\|}}{C}-CH_2CH_3$　　　　　（苯基）$-\overset{\overset{\displaystyle O}{\|}}{C}-$（苯基）

混合酮：　$CH_3CH_2-\overset{\overset{\displaystyle O}{\|}}{C}-CH_3$　　　　　　（苯基）$-\overset{\overset{\displaystyle O}{\|}}{C}-CH_2CH_3$

（2）醛、酮的同分异构现象

碳原子数相同的饱和一元醛、酮具有相同的通式 $C_nH_{2n}O$，互为官能团异构体。醛分子的异构体只有碳链异构。而酮分子除了碳链异构外，还有羰基的位置异构。例如，分子式为 $C_5H_{10}O$ 的饱和醛及饱和酮的同分异构体分别如下：

$C_5H_{10}O$ 的饱和醛的同分异构体：

$$CH_3CH_2CH_2CH_2CHO \qquad CH_3\underset{\underset{\displaystyle CH_3}{|}}{CH}CH_2CHO \qquad CH_3\underset{\underset{\displaystyle CHO}{|}}{CH}CH_2CH_3 \qquad CH_3\underset{\underset{\displaystyle CHO}{|}}{\overset{\overset{\displaystyle CH_3}{|}}{C}}CH_3$$

$C_5H_{10}O$ 的饱和酮的同分异构体：

$$CH_3\overset{O}{\overset{\|}{C}}CH_2CH_2CH_3 \qquad CH_3CH_2\overset{O}{\overset{\|}{C}}CH_2CH_3 \qquad CH_3\underset{\underset{CH_3}{|}}{CH}\overset{O}{\overset{\|}{C}}CH_3$$

思考与练习

4-20　写出分子式为 $C_5H_{10}O$，含羰基化合物的同分异构体。

4-21　写出分子式为 C_4H_8O 的同分异构体。

2. 醛、酮的结构

醛、酮分子中羰基（$\overset{}{\underset{}{}}C=O$）的碳氧双键与烯烃的碳碳双键类似，羰基中的碳原子为 sp^2 杂化，其中一个 sp^2 杂化轨道与氧原子的一个 p 轨道按轴向重叠形成 σ键；碳原子未参与杂化的 p 轨道与氧原子的另一个 p 轨道平行重叠形成 π键。因此，羰基碳氧双键是由一个 σ键和一个 π键组成的。

由于羰基氧原子的电负性比碳原子大，氧原子吸引电子，使碳氧双键之间的电子云密度偏向氧原子，氧原子上带部分负电荷，而碳原子上带部分正电荷，因此羰基是个极性基团，C═O 键也是一个活泼的键。其结构如图 4-6 所示。

图 4-6　羰基结构及 π 电子云分布图

思考与练习

4-22　羰基的碳氧双键与烯烃的碳碳双键结构相同吗？为什么？

4-23　为什么说羰基是一个极性基团？

3. 醛、酮的命名

（1）普通命名法

结构简单的醛、酮可采用习惯命名法。醛的习惯命名法与醇相似，即在烃基名称后面加"醛"字，称为"某醛"，有异构体的用"正""异""新"等字区分。例如：

HCHO　　　　　　　　CH_3CH_2CHO

甲醛　　　　　　　　　丙醛

$$CH_3CH_2CH_2CHO$$
正丁醛

$$CH_2\!=\!CHCHO$$
丙烯醛

 小知识

> 甲醛，一种无色可溶于水的刺激性有毒气体。世界卫生组织国际癌症机构于2004年正式确定甲醛为一级致癌物。大量数据证明甲醛会引发鼻咽癌、鼻窦癌、肺癌等恶性肿瘤。新装修住宅中的人造板材、装饰材料、建筑材料、家具、墙面漆、涂料等会大量使用胶黏剂，这是室内甲醛的主要来源。国家规定家庭甲醛的卫生标准为：空气中甲醛的最高容许浓度不能超过 $0.08mg/m^3$。

酮的习惯命名法与醚相似，按照羰基所连接的两个烃基命名，在羰基所连两个烃基后加"酮"字。烃基不同时，简单烃基在前，复杂烃基在后，简单基团后面的"基"字可省去，复杂基团的"基"字不能省，如有芳基，则将芳基写在前面。例如：

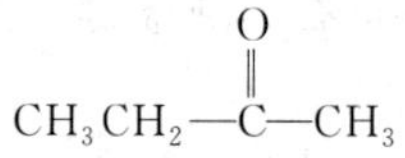

$$CH_3CH_2\overset{\displaystyle O}{\overset{\|}{C}}CH_3$$
甲（基）乙（基）酮

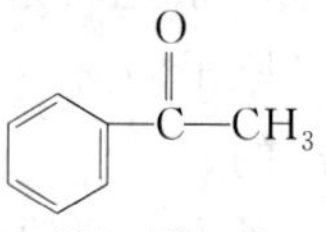

苯（基）甲（基）酮

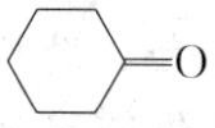

环己酮

（2）系统命名法

结构复杂的醛、酮采用系统命名法，其命名规则与醇也相似。命名时选择含有羰基的最长碳链作主链，从靠近羰基一端开始编号，支链作为取代基。需要注意的是：由于醛基总是在第一位，命名时不必标出其位次；但除丙酮、丁酮外，其他酮命名时，酮基均要标出羰基的位次。例如：

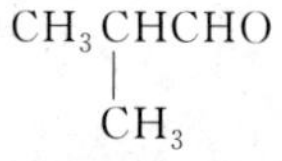

$$CH_3\underset{\underset{\displaystyle CH_3}{|}}{CH}CHO$$
2-甲基丙醛

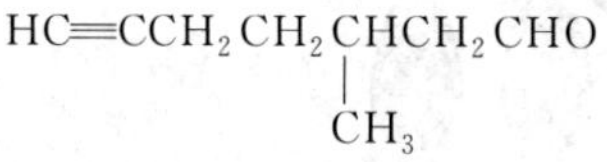

$$HC\!\equiv\!CCH_2CH_2\underset{\underset{\displaystyle CH_3}{|}}{CH}CH_2CHO$$
3-甲基-6-庚炔醛

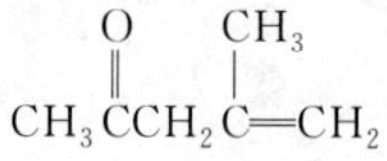

4-甲基-4-戊烯-2-酮

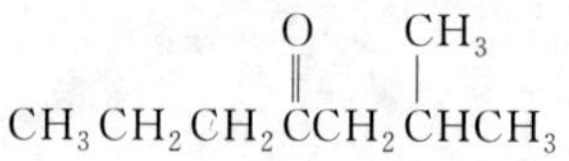

2-甲基-4-庚酮

芳香族醛酮的命名，是将芳环作为取代基。当芳环上连有取代基时，则从与羰基相连的碳原子开始编号，并使芳环上其他取代基的位次最小。例如：

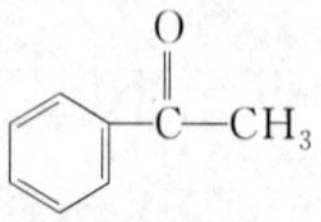

苯乙酮

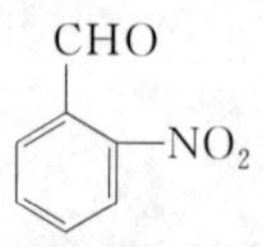

邻硝基苯甲醛

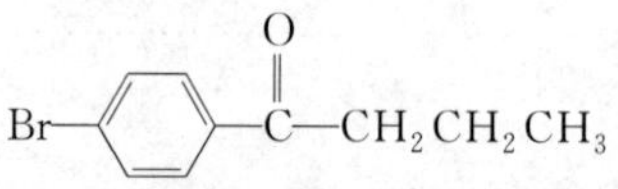

对溴苯基-1-丁酮

环酮命名时，羰基在环上的称为"某环酮"，羰基在环外的则将环作为取代基。例如：

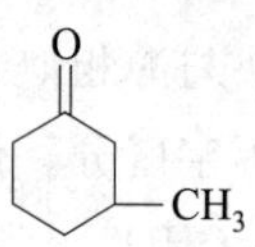

3-甲基环己酮

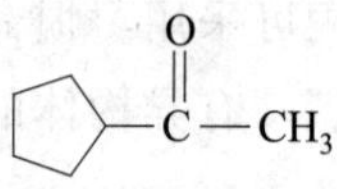

环戊基乙酮

主链碳原子的位次除用阿拉伯数字表示外，有时也用希腊字母表示。与官能团羰基直接相连的碳原子为 α 位，其余依次为 β、γ、δ…位；在酮分子中与羰基直接相连的两个碳原子都是 α 碳原子，可分别用 α、α' 表示。例如：

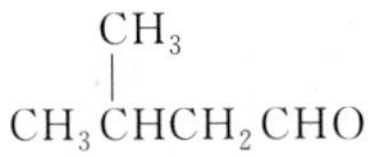

$$CH_3CHCH_2CHO$$
β-甲基丁醛

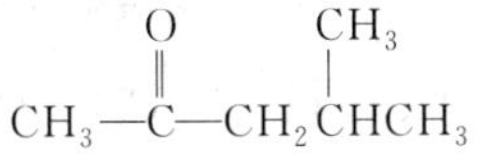

$$CH_3—C—CH_2CHCH_3$$
β-甲基-2-戊酮

4. 醛、酮的物理性质

（1）外观

常温下，除甲醛是气体外，C_{12} 以下的醛酮是无色液体，高级醛酮和芳香酮多为固体。

（2）气味

低级醛具有强烈刺激气味，中级醛、酮具有特殊香味，可用于食品和化妆品行业。如壬醛（玫瑰油）、茉莉酮、胡椒醛。有些天然香料中会含有酮基，如樟脑、麝香等。

（3）沸点

由于羰基具有较强的极性，分子间偶极的静电引力使醛、酮分子间的范德华力较分子量相近的烃和醚都大，但醛、酮分子间不能形成氢键，所以醛、酮的熔点、沸点比分子量相近的烃和醚高，但比分子量相近的醇、羧酸低。

（4）溶解性

醛、酮分子中羰基氧原子能与水分子形成氢键，因此低级的醛、酮在水中有较大的溶解度，如甲醛、乙醛、丙醛和丙酮可与水混溶，其他醛、酮随分子量的增大，其水溶性会降低。C_6 以上的醛、酮几乎不溶于水但易溶于一般的有机溶剂。常见醛、酮的物理常数见表 4-3。

表 4-3   常见醛、酮的物理常数

名称	熔点/℃	沸点/℃	溶解度/(g/100g H₂O)
甲醛	−92	−19.5	55
乙醛	−123	20.8	溶
丙醛	−81	48.8	20
丙烯醛	−87	52	溶
正丁醛	−97	74.7	4
异丁醛	−66	64	溶
苯甲醛	−26	179	0.33
苯乙醛	33～34	194	微溶
丙酮	−95	56	溶
丁酮	−86	79.5	35.3
2-戊酮	−78	102	6.3
3-戊酮	−42	102	4.7
环己酮	−16	156	微溶
苯乙酮	19.7	202	微溶

思考与练习

4-24　比较下列化合物在水中的溶解度。

(1) $CH_3CH_2CH_2OH$　　(2) CH_3CH_2CHO　　(3)

4-25　比较下列各组化合物的沸点。

(1) 丁烷、正丁醇、乙醚、丁醛

(2)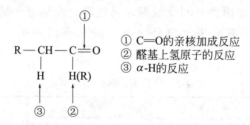

5. 醛、酮可用于物质鉴别的化学性质及变化规律

醛和酮的化学性质主要取决于羰基$\left(\text{\textbackslash}C{=}O\right)$。由于构造上的共同特点，这两类化合物具有许多相似的化学性质。但是醛与酮的构造并不完全相同，所以，在反应性能上也表现出一些差异。一般说来，醛比酮活泼，有些反应醛可以发生，而酮则不能。在醛、酮的化学鉴别中，可充分运用醛、酮的化学特性，通过明显的反应现象，将某一物质与其他物质区别开。羰基的反应部位如下所示：

$$\begin{array}{c}①\\ \downarrow\\ R-CH-C{=}O\\ |\quad\quad|\\ H\quad\ H(R)\\ |\quad\quad|\\ ③\quad\quad②\end{array}$$

① C=O的亲核加成反应
② 醛基上氢原子的反应
③ α-H的反应

（1）醛、酮可用于物质鉴别的亲核加成反应

羰基$\left(\text{\textbackslash}C{=}O\right)$能发生加成反应，但与碳碳双键$\left(\text{\textbackslash}C{=}C\text{/}\right)$亲电加成反应不同，其加成反应属于亲核加成，即由带负电荷的亲核试剂首先进攻羰基碳原子，然后带正电荷的部分加成到羰基氧原子上（见图4-7）。醛、酮易与 HCN、$NaHSO_3$、ROH、RMgX 等发生亲核加成反应。其中与亚硫酸氢钠的加成反应、与氨的衍生物的加成反应常用于鉴别醛、酮。

$$\overset{\delta+}{>}C{=}\overset{\delta-}{O}\ +\ Nu^- \ \rightleftharpoons\ >\!C\!\!\begin{array}{c}O^-\\ Nu\end{array} \overset{H^+}{\longrightarrow} >\!C\!\!\begin{array}{c}OH\\ Nu\end{array}$$

图 4-7　羰基亲核加成反应过程

其中，Nu 可以是—CN、—SO_3Na、—OR、—NHOH、—$NHNH_2$、—NHNH—⟨苯基⟩等。

① 与亚硫酸氢钠的加成
醛、脂肪族甲基酮及 8 个碳原子以下的环酮，与饱和亚硫酸氢钠溶液发生加成反应，生成 α-羟基磺酸钠。

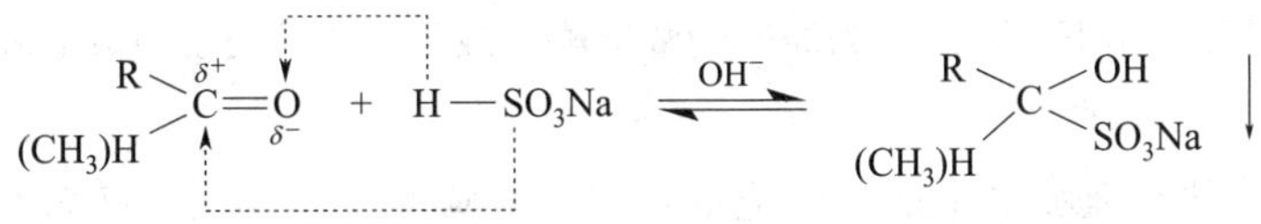

α-羟基磺酸钠

反应生成的α-羟基磺酸钠易溶于水，不溶于饱和亚硫酸氢钠溶液，因而析出白色结晶，可以此来鉴别醛、酮。α-羟基磺酸钠若与酸或碱共热，又可分解为原来的醛和酮，故此反应还可用于分离和精制醛、脂肪族甲基酮或 8 个碳原子以下的环酮。

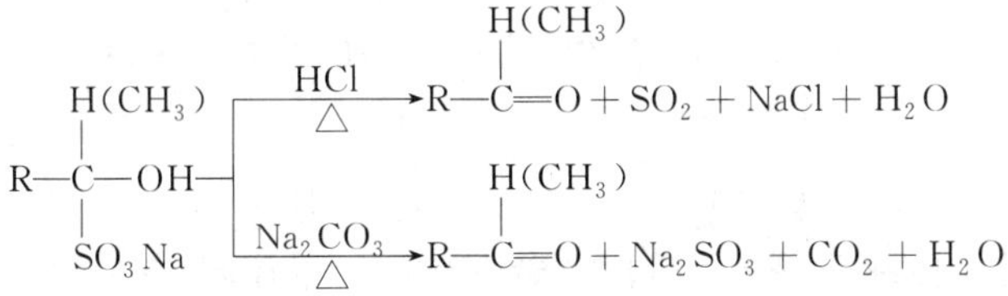

② 与氨的衍生物的加成

氨分子中一个氢原子被其他基团取代后形成的一系列化合物称为氨的衍生物。用 $H_2N—Y$ 表示。氨的衍生物分子中的氮原子上都带有未共用电子对，是较好的亲核试剂，它们与醛、酮能发生加成反应，产物不稳定，进一步脱水生成具有 $>C=N—$ 结构的化合物。该反应通式表示如下：

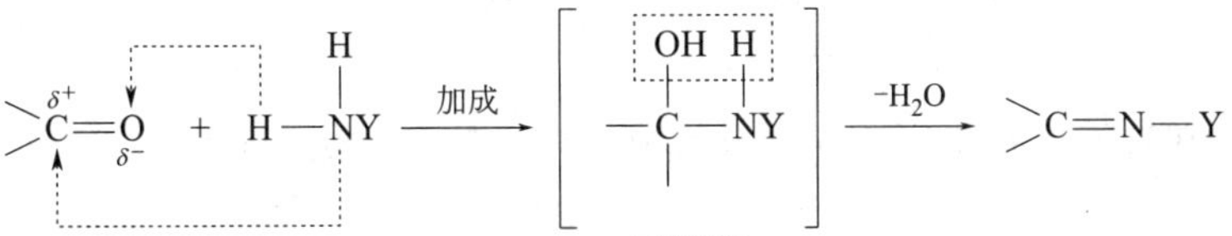

不稳定

上述反应式也可直接写成：

$$>C=O + H_2N—Y \xrightleftharpoons{加成} >C=N—Y + H_2O$$

反应结果是醛、酮与氨的衍生物分子间脱去一分子水，生成含碳氮双键的化合物。因此，该反应也称为醛、酮与氨的衍生物的缩合反应。

羟胺、肼、2,4-二硝基苯肼与醛、酮反应生成的产物分别为肟、腙、2,4-二硝基苯腙。

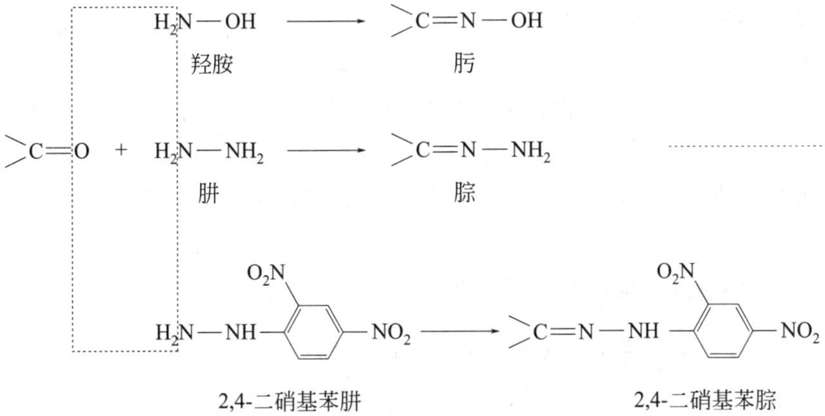

扫码看动画

醛、酮与 2,4-二硝基苯肼作用生成的 2,4-二硝基苯腙是黄色结晶，具有一定的熔点，反应也很明显，便于观察，所以常被用于鉴别醛、酮。其他反应的产物肟、腙一般也是具有一定熔点的黄色晶体，亦可用来鉴别醛、酮。

肟、腙等在稀酸作用下，可水解为原来的醛、酮，故可利用此类反应分离和精制醛、酮。

（2）卤代与卤仿反应

醛、酮分子受羰基强吸电子诱导效应的影响，α-碳原子上的 C—H 键极性增强，C—H 键易离解，H 原子易被其他原子或基团取代，故称为 α-活泼氢。含有 α-活泼氢的醛、酮能发生卤代、羟醛缩合等化学反应，其中卤仿反应可用于鉴别具有特殊结构的醛、酮。

在酸或碱催化下，醛、酮的 α-氢原子可以被卤素取代，生成 α-卤代醛（酮）。例如：

$$R-CH_2-CHO + Cl_2 \xrightarrow{H^+} R-\overset{Cl}{\underset{|}{C}}H-CHO + HCl$$

$$R-\overset{O}{\overset{\|}{C}}-CH_3 + Cl_2 \xrightarrow{H^+} R-\overset{O}{\overset{\|}{C}}-CH_2Cl + HCl$$

酸催化可以使反应控制在一卤代阶段。碱催化则很难控制在一卤代，继续进行时，可生成二卤代物和三卤代物。

具有 $-\overset{O}{\overset{\|}{C}}-CH_3$ 结构的醛或酮与卤素的碱溶液作用，三个 α-氢原子都被卤素取代，生成 α-三卤代物。

$$R-\overset{O}{\overset{\|}{C}}-CH_3 + 3NaOX \longrightarrow R-\overset{O}{\overset{\|}{C}}-CX_3 + 3NaX + 3H_2O$$
$$(X_2 + NaOH)$$

α-三卤代物在碱液中不稳定，立即分解成三卤甲烷（卤仿）和羧酸盐。

$$R-\overset{O}{\overset{\|}{C}}-CX_3 + NaOH \longrightarrow R-\overset{O}{\overset{\|}{C}}-ONa + CHX_3 + 2H_2O$$

该反应称为卤仿反应，其通式表示如下：

$$R-\overset{O}{\overset{\|}{C}}-CH_3 + 3NaOX \longrightarrow R-\overset{O}{\overset{\|}{C}}-ONa + CHX_3 + 2H_2O$$
$$(X_2 + NaOH)$$

用碘的碱溶液与乙醛或甲基酮反应，则生成碘仿（CHI_3），称为碘仿反应。碘仿为黄色晶体，难溶于水，具有特殊的气味，容易识别，常用来鉴别含 $-\overset{O}{\overset{\|}{C}}-CH_3$ 结构的羰基化合物。NaIO 具有氧化性，能将含 $-\overset{OH}{\underset{|}{C}}H-CH_3$ 结构的醇氧化成含 $-\overset{O}{\overset{\|}{C}}-CH_3$ 结构的乙醛或甲基酮，所以碘仿反应还可用来鉴别含有 $-\overset{OH}{\underset{|}{C}}H-CH_3$ 构造的仲醇。例如：

$$CH_3CH_2OH \xrightarrow[NaOH]{I_2} CH_3CHO \xrightarrow[NaOH]{I_2} HCOONa + CHI_3 \downarrow$$

$$CH_3\overset{OH}{\underset{|}{C}}HCH_3 \xrightarrow[NaOH]{I_2} CH_3-\overset{O}{\overset{\|}{C}}-CH_3 \xrightarrow[NaOH]{I_2} CH_3COONa + CHI_3 \downarrow$$

卤仿反应可缩短碳链，还可用于制备其他方法不易得到的羧酸。例如：

$$(CH_3)_2C=CH-\overset{\overset{O}{\|}}{C}-CH_3 \xrightarrow[\text{(2) } H^+]{\text{(1) } Cl_2, NaOH} (CH_3)_2C=CH-\overset{\overset{O}{\|}}{C}-OH$$

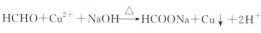

（3）氧化反应

醛中含有一个直接连在羰基上的氢原子，容易被氧化。较弱的氧化剂即可氧化醛，生成相应的羧酸。例如，空气中的氧气也能将醛氧化，所以放置时间较长的醛会含有少量的羧酸。而酮较难发生氧化，因此可以利用氧化法鉴别醛、酮。常用来区别醛、酮的弱氧化剂是托伦（Tollens）试剂和斐林（Fehling）试剂。

① 与托伦试剂反应

托伦试剂是由硝酸银的碱溶液与氨水制得的无色溶液，也叫银氨溶液。它与醛共热时，醛被氧化成羧酸，试剂中的 Ag^+ 被还原成金属银析出。析出的银附着在容器壁上形成银镜，因此该反应称为银镜反应。酮与托伦试剂不反应，故可用此反应鉴别醛、酮。

$$R-\overset{\overset{O}{\|}}{C}-H + 2[Ag(NH_3)_2]OH \xrightarrow{\triangle} RCOONH_4 + 2Ag\downarrow + NH_3 + H_2O$$
银镜

② 与斐林试剂反应

斐林试剂包括甲、乙两种溶液，甲液是硫酸铜溶液，乙液是酒石酸钾钠的氢氧化钠溶液。使用时，取等体积的甲、乙两种溶液混合，开始有氢氧化铜沉淀产生，摇匀后氢氧化铜即与酒石酸钾钠形成蓝绿色的可溶性配合物。

斐林试剂中含 Cu^{2+} 的配离子，蓝绿色的斐林试剂与脂肪醛作用，脂肪醛被氧化，Cu^{2+} 被还原成红色的氧化亚铜沉淀，而芳香醛和酮与斐林试剂不反应。因此，可用斐林试剂鉴别脂肪醛与芳香醛，也可鉴别脂肪醛与酮。

$$R-\overset{\overset{O}{\|}}{C}-H + Cu^{2+} + NaOH \xrightarrow{\triangle} RCOONa + Cu_2O\downarrow + H_2O$$
砖红色

甲醛还原性强，与斐林试剂作用有铜析出可形成光亮的铜镜，称为铜镜反应。此性质可用于鉴别甲醛和其他醛。

$$HCHO + Cu^{2+} + NaOH \xrightarrow{\triangle} HCOONa + Cu\downarrow + 2H^+$$
铜镜

托伦试剂和斐林试剂不能氧化分子中的碳碳双键和碳碳三键，是良好的选择性氧化剂。

$$CH_2=CHCH_2CHO \xrightarrow[\triangle]{Ag^+ \text{或} Cu^{2+}} CH_2=CHCH_2COOH$$

3-丁烯醛　　　　　　　　　3-丁烯酸

酮一般不易被氧化，但遇到强氧化剂如 $KMnO_4$、HNO_3 等，则碳链会断裂成几种小分子羧酸的混合物，实用价值不大。但环己酮在 HNO_3 氧化下可生成己二酸，这是工业上制备己二酸的常用方法。

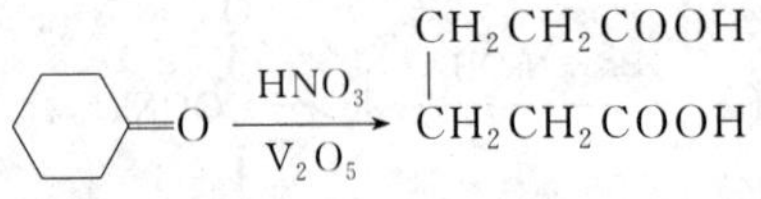

$$\text{环己酮} \xrightarrow[V_2O_5]{HNO_3} \begin{array}{l} CH_2CH_2COOH \\ | \\ CH_2CH_2COOH \end{array}$$

环己酮　　　　　　　　己二酸

（4）醛的显色反应

将二氧化硫通入桃红色的品红溶液中，品红的红色褪去，成无色溶液，该溶液称希夫（Shiff）试剂。醛与希夫试剂作用可显紫红色，酮则不显色。常用此显色反应鉴别醛、酮。

👥 思考与练习

4-26　完成下列化学反应式。

(1) $CH_3\overset{O}{\overset{||}{C}}CH_3 \xrightarrow[H_2O]{NaHSO_3} \xrightarrow{OH^-}$

(2) 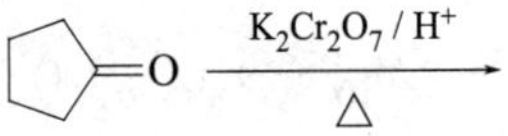 $\text{（环戊酮）}=O \xrightarrow[\triangle]{K_2Cr_2O_7 / H^+}$

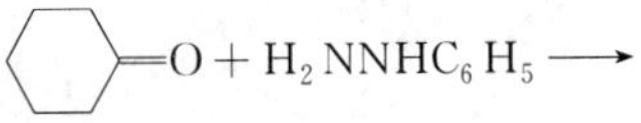

(3) $\text{（环己酮）}=O + H_2NNHC_6H_5 \longrightarrow$

(4) $\text{（环己基）}\overset{O}{\overset{||}{C}}CH_3 \xrightarrow{I_2 + NaOH}$

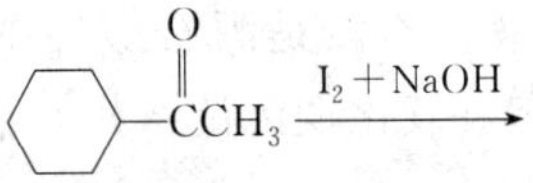

6. 醛、酮的其他主要化学性质及变化规律

（1）其他亲核加成反应

① 与氢氰酸加成

在碱催化下醛、大多数甲基酮和少于 8 个碳原子的环酮都可与氢氰酸发生加成反应，生成氰醇，又称 α-羟基腈。

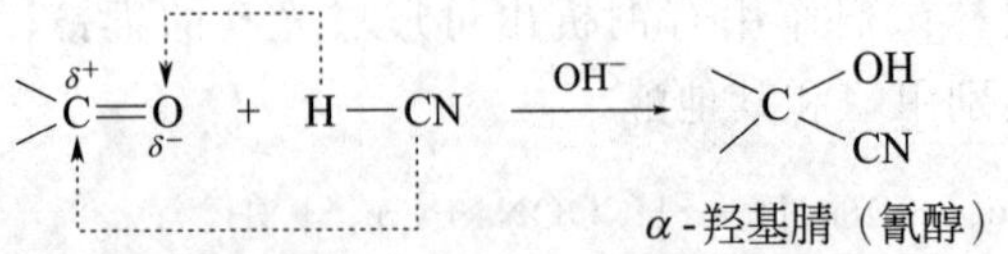

$$\overset{\delta^+}{\underset{\delta^-}{>}}C=O + H—CN \xrightarrow{OH^-} \overset{OH}{\underset{CN}{>}}C$$

α-羟基腈（氰醇）

α-羟基腈是有机合成重要的中间体，可水解生成 α-羟基酸。例如：

$$CH_3CH_2\overset{H}{\underset{}{C}}=O + HCN \rightleftharpoons CH_3CH_2—\overset{CN}{\underset{}{C}}H—OH \xrightarrow{H^+} CH_3CH_2—\overset{COOH}{\underset{}{C}}H—OH$$

2-羟基丁腈　　　　　　　2-羟基丁酸

知识应用

该反应是增长碳链的方法之一。例如，丙酮与氢氰酸加成生成 2-甲基-2-羟基丙腈。该有机物是合成有机玻璃单体 α-甲基丙烯酸甲酯的中间体。

$$CH_3\text{—}\overset{\displaystyle O}{\overset{\|}{C}}\text{—}CH_3 + HCN \underset{}{\overset{OH^-}{\rightleftharpoons}} CH_3\text{—}\overset{\displaystyle CN}{\underset{\displaystyle CH_3}{\overset{|}{\underset{|}{C}}}}\text{—}OH \xrightarrow[H_2SO_4,\triangle]{CH_3OH} CH_2\text{=}\overset{\displaystyle CH_3}{\overset{|}{C}}\text{—}COOCH_3$$

2-甲基-2-羟基丙腈　　　　α-甲基丙烯酸甲酯

② 与醇的加成

醛在干燥氯化氢或无水强酸催化下，可与醇加成生成不稳定的半缩醛，半缩醛可继续与另一分子醇反应，失去一分子水，生成稳定的缩醛。

$$\overset{R}{\underset{H}{\diagdown}}C\overset{\delta+}{=}\overset{}{O}\overset{\delta-}{} + H\text{—}OR' \underset{}{\overset{\text{干 }HCl}{\rightleftharpoons}} \overset{R}{\underset{H}{\diagdown}}C\overset{OH}{\underset{OR'}{\diagup}} \underset{R'OH}{\overset{\text{干 }HCl}{\rightleftharpoons}} \overset{R}{\underset{H}{\diagdown}}C\overset{OR'}{\underset{OR'}{\diagup}} + H_2O$$

半缩醛　　　　　　缩醛

上述反应可以看作是一分子醛与两分子醇脱去一分子水，生成缩醛。

$$\overset{R}{\underset{H}{\diagdown}}C\text{=}O + \overset{H\text{—}OR'}{\underset{H\text{—}OR'}{}} \xrightarrow{\text{干 }HCl} \overset{R}{\underset{H}{\diagdown}}C\overset{OR'}{\underset{OR'}{\diagup}} + H_2O$$

缩醛化学性质与醚相似，对碱及氧化剂非常稳定，与醚不同的是其在稀酸溶液中易水解为原来的醛和醇。例如：

$$\underset{\displaystyle OC_2H_5}{RCH\text{—}\overset{|}{OC_2H_5}} \xrightarrow{H^+} RCHO + 2C_2H_5OH$$

知识应用

在有机合成中常利用生成缩醛的方法保护醛基，使醛基在反应中不受破坏，待反应完毕后，再用稀酸水解生成原来的醛基。例如，丙烯醛直接催化加氢，则双键及醛基都会加氢生成丙醇，用生成缩醛的方法可保护醛基。

$$CH_2\text{=}CH\text{—}CHO \xrightarrow[\text{干 }HCl]{2ROH} \underset{\displaystyle OR}{CH_2\text{=}CH\text{—}\overset{|}{CH}\text{—}OR} \xrightarrow[\triangle]{H_2,Ni}$$

$$\underset{\displaystyle OR}{CH_3\text{—}CH_2\text{—}\overset{|}{CH}\text{—}OR} \xrightarrow[\triangle]{\text{稀酸}} CH_3CH_2CHO + 2ROH$$

某些酮与醇也能发生类似反应，生成半缩酮及缩酮，但反应缓慢，有些酮则难反应。半缩醛或半缩酮与糖类的结构和性质密切相关，有些多羟基醛或酮能以环状半缩醛或半缩酮的形式存在于自然界中。

③ 与格氏试剂加成

格氏试剂中存在强极性键，其中与镁相连的碳原子带部分负电荷，亲核能力强，因此格氏试剂容易与羰基发生加成反应，产物水解后生成相应的醇。

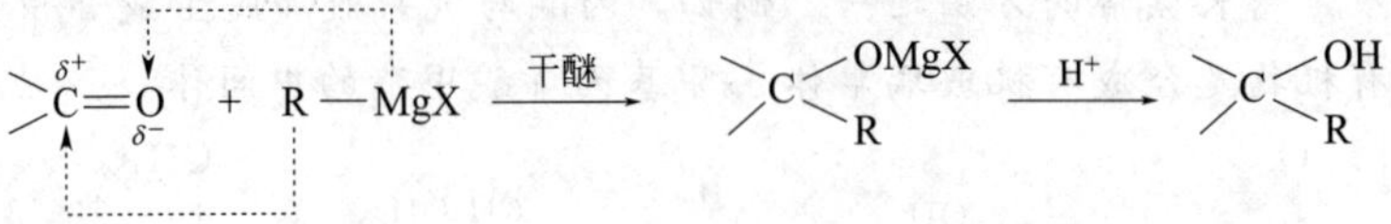

🔬 知识应用

醛、酮与格氏试剂的加成反应可生成比原来醛或酮增加碳原子数的醇，这是增长碳链的重要方法，常用于合成结构复杂的醇。其中，甲醛与格氏试剂反应生成伯醇，其他醛生成仲醇，酮则生成叔醇。例如：

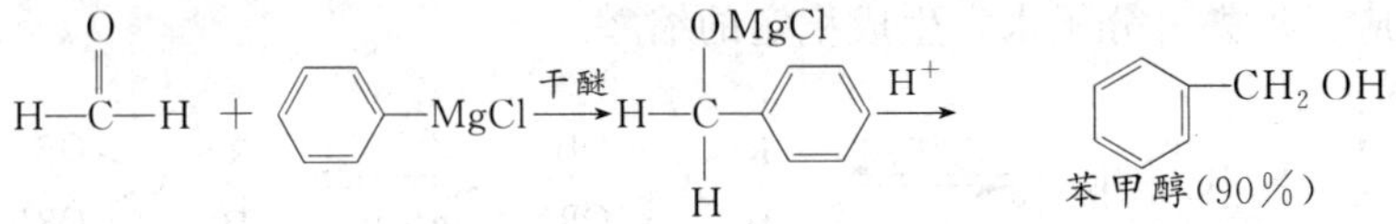

苯甲醇（90%）
（伯醇）

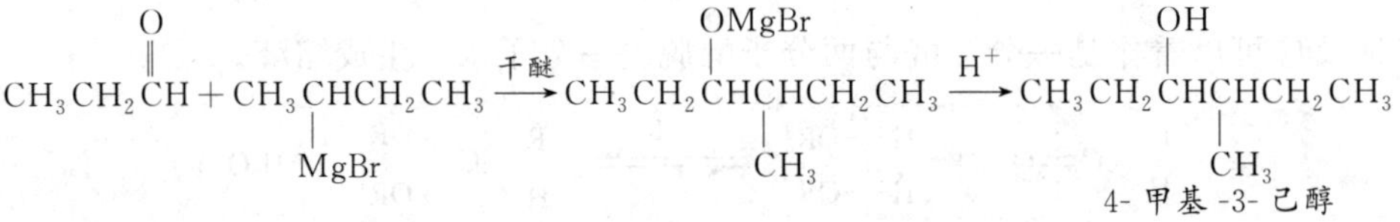

4-甲基-3-己醇
（仲醇）

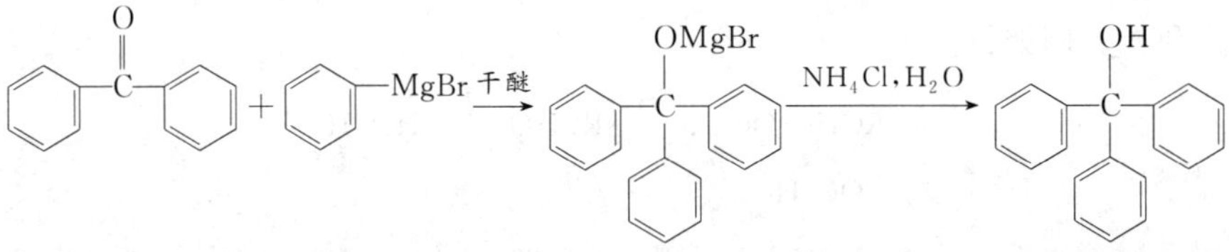

三苯甲醇（55%）
（叔醇）

（2）羟醛缩合反应

在稀碱催化下，具有 α-氢原子的醛可相互加成，一分子醛的 α-氢原子加到另一分子醛的羰基氧原子上，其余部分加到羰基碳原子上，生成 β-羟基醛，此反应称为羟醛缩合反应。例如：

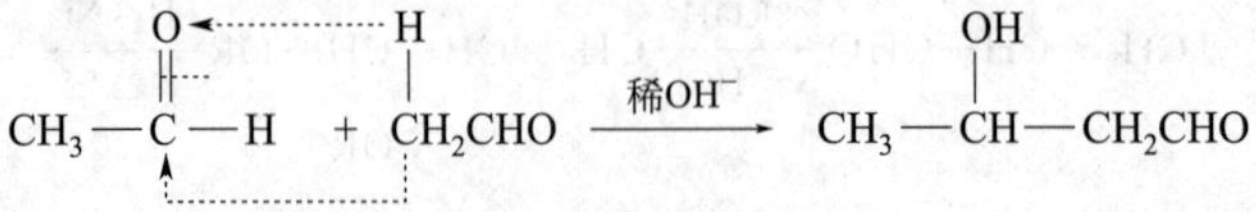

β-羟基醛的 α-氢原子受 β-碳原子上的羟基和邻近羰基的影响，非常活泼，极易脱水生成 α，β-不饱和醛。

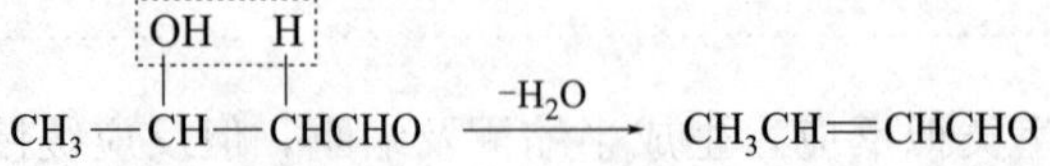

2-丁烯醛

2-丁烯醛催化加氢，可得到正丁醇。

$$CH_3CH = CHCHO + H_2 \xrightarrow[\triangle]{Ni} CH_3CH_2CH_2CH_2OH$$

这是工业上以乙醛为原料，经羟醛缩合反应和催化加氢反应制备正丁醇的方法。

除乙醛外，其他含 α-氢原子的醛经羟醛缩合，得到的产物都是 α-碳原子上带支链的羟基醛或烯醛。例如：

$$CH_3CH_2 - \overset{O}{\overset{\|}{C}} - H + \underset{\underset{CH_3}{|}}{CHCHO} \xrightarrow{\text{稀OH}^-} CH_3CH_2 - \underset{\underset{CH_3}{|}}{\overset{\overset{OH}{|}}{CH}}CHCHO \xrightarrow{-H_2O} CH_3CH_2CH = \underset{\underset{CH_3}{|}}{C}CHO$$

2-甲基-3-羟基戊醛　　　　2-甲基-2-戊烯醛

具有 α-氢原子的酮也能发生类似的缩合反应，但比醛难。例如：

$$CH_3\overset{O}{\overset{\|}{C}}CH_3 + CH_3\overset{O}{\overset{\|}{C}}CH_3 \xrightarrow{\text{稀 OH}^-} CH_3\underset{\underset{CH_3}{|}}{\overset{\overset{OH}{|}}{C}}CH_2\overset{O}{\overset{\|}{C}}CH_3 \xrightarrow{-H_2O} CH_3\underset{\underset{CH_3}{|}}{C} = CH\overset{O}{\overset{\|}{C}}CH_3$$

无 α-氢原子的醛（如甲醛、苯甲醛等），自身不发生羟醛缩合，但在稀碱作用下可与其他含 α-氢原子的醛反应生成 β-羟基醛或烯醛。这属于交叉羟醛缩合，具有一定的合成价值。例如：

$$\text{⟨⟩}-CHO + CH_3CHO \xrightarrow{10\%NaOH} \text{⟨⟩}-CH = CHCHO$$

3-苯基丙烯醛（肉桂醛）

$$\text{⟨⟩}-CHO + CH_3CH_2CHO \xrightarrow{10\%NaOH} \text{⟨⟩}-CH = \underset{\underset{CH_3}{|}}{C}CHO$$

2-甲基-3-苯基丙烯醛

$$\text{⟨⟩}-CHO + CH_3\overset{O}{\overset{\|}{C}}CH_3 \xrightarrow{10\%NaOH} \text{⟨⟩}-CH = CH\overset{O}{\overset{\|}{C}}CH_3$$

4-苯基-3-丁烯-2-酮

二羰基化合物能进行分子内羟醛缩合，生成环状化合物，可用于五元环、六元环、七元环化合物的合成。例如：

$$CH_3\overset{O}{\overset{\|}{C}}(CH_2)_2\overset{O}{\overset{\|}{C}}CH_3 \xrightarrow[\triangle]{NaOH} \text{⬠}_{CH_3} + H_2O$$

（3）还原反应

① 还原成醇

醛、酮可分别被还原成伯醇或仲醇。

$$R-\overset{O}{\overset{\|}{C}}-H \xrightarrow{[H]} R-CH_2-OH$$

伯醇

$$R-\overset{O}{\overset{\|}{C}}-R' \xrightarrow{[H]} R-\overset{\overset{OH}{|}}{CH}-R'$$

仲醇

不同条件下，用不同还原剂可以得到不同产物。

a.催化氢化还原。醛、酮可采用催化氢化还原，常用的催化剂有铂（Pt）、钯（Pd）、雷尼镍（Raney-Ni）等。

醛、酮催化氢化还原的产率高，后处理简单，但催化剂价格贵，且若分子中存在其他可被还原的基团（如 C $=$ C），也将同时被还原，此法可用于制备饱和醇。例如：

$$CH_3CH=CHCHO \xrightarrow{\quad H_2 \quad}{Ni} CH_3CH_2CH_2CH_2OH$$

✿ 新技术

> 超临界催化氢化是近年来发展起来的一种新型还原方法，其能突破液相氢化还原时氢气传质的限制而使反应速率大大加快，无需分离可直接得到产物，具有绿色化学特征，可大幅度改善催化剂活性、选择性和稳定性，具有重要的工业应用价值。

b.金属氢化物还原。常用的金属氢化物有硼氢化钠（NaBH$_4$）、氢化铝锂（LiAlH$_4$）、异丙醇铝（Al[OCH(CH$_3$)$_2$]$_3$）。硼氢化物属于缓和还原剂，反应选择性高，只还原醛、酮中的羰基，不影响分子中其他不饱和基团。氢化铝锂的还原性比硼氢化物要强很多，不仅可还原醛、酮，还能还原—CN、—NO$_2$、—COOH 及酯上的羰基等许多不饱和基团。硼氢化物还原可在水或醇溶液中进行，但氢化铝锂还原需无水条件，它们都不能还原碳碳双键和碳碳三键。例如：

$$\text{◯}—CH=CHCHO \xrightarrow[\text{或 NaBH}_4]{\text{LiAlH}_4} \text{◯}—CH=CHCH_2OH$$

异丙醇铝也是一种高选择性的还原剂，当分子中含有 C $=$ C 或—NO$_2$ 时，异丙醇铝只还原羰基，对其他基团不还原。例如：

$$Cl—\text{◯}—\underset{O}{C}—CH_3 + CH_3—\underset{OH}{CH}—CH_3 \xrightleftharpoons{Al[OCH(CH_3)_2]_3} Cl—\text{◯}—\underset{OH}{CH}—CH_3 + CH_3—\underset{O}{C}—CH_3$$

上述反应是可逆反应，其逆反应是醇氧化成醛或酮。

✿ 新技术

> 近年，出现了选择性好的新型金属氢化物还原剂，如硫代硼氢化钠（NaBH$_3$SH）、三仲丁基硼氢化锂 LiBH[CH$_3$CH$_2$CH(CH$_3$)]$_3$ 等。这些新型还原剂反应条件温和、副反应少、选择性高，可在不影响其他官能团的情况下还原目标官能团，已被广泛应用于药物合成、天然产物合成等领域。

② 还原成烃

醛、酮的羰基除了被还原成羟基外，还可被还原成烃基。克莱门森还原法和沃尔夫-凯惜纳-黄鸣龙法是羰基还原成烃基的常用方法。

a.克莱门森（Clemmensen）还原法。醛或酮与锌汞齐和盐酸共热，羰基可被还原成亚甲基。此反应称为克莱门森还原。此反应适用于对酸稳定的醛、酮化合物的还原。例如：

$$\text{C}_6\text{H}_5-\overset{\overset{\displaystyle O}{\|}}{\text{C}}\text{CH}_2\text{CH}_2\text{CH}_3 \xrightarrow[\triangle]{\text{Zn-Hg,浓 HCl}} \text{C}_6\text{H}_5-\text{CH}_2\text{CH}_2\text{CH}_2\text{CH}_3$$

该反应中间不经过醇的阶段，直接生成亚甲基，对直链烷基苯的合成具有重要意义。例如：

$$\text{C}_6\text{H}_6+\text{CH}_3(\text{CH}_2)_{16}\text{COCl} \xrightarrow{\text{AlCl}_3} \text{C}_6\text{H}_5-\text{CO(CH}_2)_{16}\text{CH}_3 \xrightarrow[\triangle]{\text{Zn-Hg,浓 HCl}} \text{C}_6\text{H}_5-(\text{CH}_2)_{17}\text{CH}_3$$

b. 沃尔夫-凯惜纳（Wolff-Kishner）-黄鸣龙法。此法最初是由俄国人沃尔夫和德国人凯惜纳发明的，具体方法是将醛或酮与无水肼作用生成腙，再将腙、醇钠及无水醇在封闭管或高压反应釜中加热反应，腙失去氮，羰基变成亚甲基。此法反应温度高，操作不便。

$$\overset{\diagdown}{\underset{\diagup}{}}\text{C}=\text{O} \xrightarrow{\text{NH}_2\text{NH}_2} \overset{\diagdown}{\underset{\diagup}{}}\text{C}=\text{NNH}_2 \xrightarrow{\text{NaOC}_2\text{H}_5} \overset{\diagdown}{\underset{\diagup}{}}\text{CH}_2 + \text{N}_2$$

我国著名化学家黄鸣龙对此反应进行改进，用氢氧化钠（钾）、85％水合肼代替醇钠和无水肼，反应在常压下即可进行。改良后的方法称为沃尔夫-凯惜纳-黄鸣龙法。

$$\text{C}_6\text{H}_5-\overset{\overset{\displaystyle O}{\|}}{\text{C}}\text{CH}_2\text{CH}_2\text{CH}_3 \xrightarrow[\text{一缩二乙二醇,}\triangle]{\text{H}_2\text{N-NH}_2,\text{NaOH}} \text{C}_6\text{H}_5-\text{CH}_2\text{CH}_2\text{CH}_2\text{CH}_3$$

此反应在碱性介质中进行。因此，羰基化合物中若含有对碱敏感的基团（如含卤原子），则不能用此法还原。此法与克莱门森还原法相互补充，是向苯环引入直链烷基的较佳方法。

🌱 小故事

黄鸣龙（1898.7—1979.7），江苏扬州人，有机化学家，中国甾族激素药物工业奠基人。黄鸣龙在有机化学领域辛勤耕耘半个世纪，其关于变质山道年相对构型成圈互变的发现，是近代立体化学中的经典工作；其改良的 Wolff－Kishner 还原法，简称"黄鸣龙还原法"，是首例以中国科学家命名的重要有机反应。1949 年，新中国诞生，已是天命之年的黄鸣龙怀揣着报效祖国之心冲破美国政府的重重阻挠，借道去欧洲讲学摆脱跟踪，辗转回国。回国后，他十年如一日忘我战斗在科研第一线，为中国特色社会主义建设事业作出了重大贡献，并培养了大批科研骨干。

（4）康尼扎罗（Cannizzaro）反应

无 α-氢原子的醛在浓碱作用下发生醛分子间的氧化还原反应，一分子醛被氧化成酸，另一分子醛被还原成醇，这一反应称为康尼扎罗反应，又称歧化反应。例如：

$$2\text{C}_6\text{H}_5-\text{CHO} \xrightarrow[(2)\text{H}^+]{(1)\text{浓 NaOH}} \text{C}_6\text{H}_5-\text{COOH} + \text{C}_6\text{H}_5-\text{CH}_2\text{OH}$$

苯甲酸　　　　苯甲醇

两种不同的不含 α-氢原子的醛在浓碱作用下也能进行康尼扎罗反应，称为交叉或交错康尼扎罗反应，产物为混合物。若两种醛中一种是甲醛，由于甲醛的还原性强，所以总是另一种醛被还原成醇而甲醛被氧化成酸。

$$\text{C}_6\text{H}_5-\text{CHO} + \text{HCHO} \xrightarrow{\text{浓 NaOH}} \text{C}_6\text{H}_5-\text{CH}_2\text{OH} + \text{HCOONa}$$

　　季戊四醇是一种重要的医药原料，常用于制取血管扩张药季戊醇四硝酸酯，也用于高分子工业。季戊四醇合成中的最后一步就是康尼扎罗反应。

$$3HCHO+CH_3CHO \xrightarrow[\triangle]{Ca(OH)_2} HOCH_2-\overset{\overset{\displaystyle CH_2OH}{|}}{\underset{\underset{\displaystyle CH_2OH}{|}}{C}}-CHO$$

$$HOCH_2-\overset{\overset{\displaystyle CH_2OH}{|}}{\underset{\underset{\displaystyle CH_2OH}{|}}{C}}-CHO + HCHO \xrightarrow[\triangle]{浓\ OH^-} HOCH_2-\overset{\overset{\displaystyle CH_2OH}{|}}{\underset{\underset{\displaystyle CH_2OH}{|}}{C}}-CH_2OH + (HCOO)_2Ca$$

季戊四醇

🌱 小故事

　　斯坦尼斯劳·康尼查罗（1826.7—1910.5），意大利著名化学家、革命家。康尼查罗将苯甲醛与碳酸钾一起加热时，发现苯甲醛特有的苦杏仁味消失了，产物与原来的苯甲醛完全不同，甚至气味也变得好闻了。他将反应混合物分离后进行逐一分析，竟得到了几乎意料的结果：在反应过程中，碳酸钾的量没有改变，即碳酸钾只起催化作用。产物是等量的苯甲酸和苯甲醇。1853 年，康尼查罗公布了他的研究成果，即 Cannissaro 反应。

👥 思考与练习

　　4-27　完成下列化学反应式。

（1）$(CH_3)_3CCHO \xrightarrow{浓\ NaOH}$

（2）$CH_2=CHCH_2-\overset{\overset{\displaystyle O}{\|}}{C}CH_3 \xrightarrow[\triangle]{Zn-Hg,\ 浓\ HCl}$

（3）环己基$-\overset{\overset{\displaystyle O}{\|}}{C}-CH_2CH_2CN \xrightarrow[一缩二乙二醇,\ \triangle]{H_2N-NH_2,\ NaOH}$

（4）$CH_3\overset{\overset{\displaystyle O}{\|}}{C}CH_2\overset{\overset{\displaystyle CN}{|}}{C}HCHO \xrightarrow{NaBH_4}$

（5）$CH_3\overset{\overset{\displaystyle O}{\|}}{C}CH_2\overset{\overset{\displaystyle CN}{|}}{C}HCHO \xrightarrow[加热,\ 加压]{H_2,\ Ni}$

（6）苯基$-\overset{\overset{\displaystyle O}{\|}}{C}-CH_3 + $苯基$-MgBr \xrightarrow[H_2O]{H^+}$

（7）$HCCH_2CH_2CH_3 \xrightarrow[干\ HCl]{HOCH_2CH_2OH}$

（8）苯基$-CHO + CH_3COCH_3 \xrightarrow{稀\ NaOH}$

* 7. 亲核加成反应机理

醛、酮分子中的碳氧双键与烯烃分子中的碳碳双键有相似之处，均由一个 σ 键和一个 π 键所组成，因此能够发生一系列加成反应。但是碳氧双键由于氧的电负性较强，电子云偏向氧原子使其带部分负电荷，而碳原子上带部分正电荷。因为带负电荷的氧比带正电荷的碳稳定，碳氧双键容易被带有负电荷或带有未共用电子对的试剂即亲核试剂进攻，这一步反应通常是决定反应速率的一步。

$$\underset{}{\overset{\delta^+}{C}}{=}\overset{\delta^-}{O} + Nu^- \overset{慢}{\rightleftharpoons} \underset{Nu}{\overset{O^-}{C}}$$

这种由亲核试剂进攻而发生的加成反应，叫做亲核加成反应。

例如，氢氰酸与醛及大多数脂肪族酮发生加成反应，生成 α-羟基腈。

$$\underset{R'}{\overset{R}{C}}{=}O + HCN \rightleftharpoons \underset{R'}{\overset{R}{\underset{CN}{\overset{OH}{C}}}}$$

在氢氰酸亲核加成反应中，由于 HCN 是弱酸，本身离解很少：

$$HCN \rightleftharpoons H^+ + CN^-$$

溶液中 CN^- 的浓度很低，反应较慢，当加入氢氧化钠时，OH^- 在这里所起的作用显然是增加 CN^- 的浓度，因此反应速率就大大增加。

$$HCN + OH^- \longrightarrow CN^- + H_2O$$

若反应体系中加入酸，氢离子和羰基发生质子化作用，增加了羰基碳原子的亲电性能，这对反应是有利的；但 H^+ 浓度升高，降低了 CN^- 的浓度，降低了亲核加成的速率，反应则很难发生。

简单的亲核加成反应历程是分两步进行的，以氢氰酸与醛、酮的反应为例，

第一步：CN^- 是一个强亲核试剂，对羰基进攻，形成中间体。此步骤是反应中最慢的一步，也是决定整个反应速率的一步。

$$R-\overset{O}{\overset{\|}{\underset{R'}{C}}} + {}^-CN \overset{慢}{\rightleftharpoons} R-\overset{O^-}{\underset{R'}{\overset{|}{C}}}-CN + OH^-$$

第二步：负离子中间体的水解，形成产物。

$$R-\overset{O^-}{\underset{R'}{\overset{|}{C}}}-CN \overset{H_2O}{\longrightarrow} R-\overset{OH}{\underset{R'}{\overset{|}{C}}}-CN + OH^-$$

醛、酮亲核加成的难易不仅与试剂亲核性的强弱有关，也与羰基化合物的结构有关。当羰基碳上连有供电子基时，羰基碳原子的正电性降低，不利于亲核试剂的进攻，加成反应速率变慢，这就是为什么醛比酮更容易发生亲核加成反应的原因。但是空间效应对羰基加成反应的影响更大。在加成反应过程中，羰基碳原子由原来 sp^2 杂化的三角形结构变成了 sp^3 杂化的四面体结构，当碳原子所连基团体积较大时，加成后基团之间就比原来拥挤，可能产生较大的空间障碍。例如，醛、酮与亚硫酸氢钠的加成反应，因亚硫酸氢根离子体积较大，所以羰基碳上所连基团越小，反应越容易进行。若所连基团太大，就会产生较大的空间障碍，反应难发生。因此，非甲基酮一般难与亚硫酸氢钠发生加成反应。由此可判断出亲核加成反

应一般具有如下的由易到难的顺序：

$$ClCH_2CHO > HCHO > RCHO > PhCHO > CH_3COCH_3 > \text{⬠}{=}O > RCOCH_3 > PhCOCH_3 > PhCOPh$$

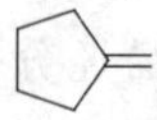

📖 供选实例

（1）现有 3 瓶丢失标签的液体：乙醛、丙酮、苯甲醛，请将其一一对号。

（2）请快速鉴别几瓶没有标签的液体：丁醛、异丙醇、苯乙酮、苯甲醛。

任务 3　鉴定羧酸及其衍生物

🔄 任务分析

在有机物生产、研究及检验过程中接触到的很多化合物，有时虽然知道可能是哪一类物质，但还需要对其结构进行确定。此任务中的鉴定是根据物质的特性，使用特定试剂或仪器，通过实验产生的现象来证明未知物与哪种已知物结构相同的过程。这种方法也称为有机物的系统鉴定。化合物鉴定需对其组成结构逐一检验。例如怎样鉴定某溶液是羧酸？需分别检验氢离子和羧基。

未知物的鉴定通常分为两类：一类是文献上没有记载的、结构性能未知的新化合物；还有一类是文献上有记载的、结构性能已知的，而对分析者来说是未知的。前一类未知物的鉴定有其严格的分析方法，属于专业的分析范畴。后一类鉴定主要证明该未知物与哪一个已知物相同即可，这种方法称为有机化合物的系统鉴定。系统鉴定方法比较简单，本任务主要通过对羧酸及衍生物系统鉴定中初步试验的体验，学习羧酸及衍生物的性质。

羧酸是含有羧基（—COOH）的有机化合物，我们平常所说的有机酸指的就是这类化合物。羧酸衍生物，包括的化合物种类很多，比较常见的是酰卤、酸酐、酯和酰胺四类化合物。

羧酸是比碳酸酸性强的有机酸，羧酸能与 Na_2CO_3 或 $NaHCO_3$ 反应放出 CO_2，可用于羧酸鉴定。甲酸分子中由于含有醛基这个特殊的结构，使其具有还原性，不仅容易被高锰酸钾氧化，还能被托伦试剂氧化而发生银镜反应，也能与斐林试剂反应生成铜镜，这也是甲酸的鉴定反应。草酸也有还原性，易被高锰酸钾氧化生成 CO_2 和 H_2O，而且反应是定量进行的，所以常用草酸作为标定高锰酸钾溶液浓度的基准物质。

羧酸衍生物中的酰基与其所连的基团能形成 p-π 共轭体系，易于发生水解、醇解、氨解等亲核取代反应。这些都是用于鉴定羧酸衍生物的主要性质。

鉴定过程应根据物质的化学性质选择试剂，并使用量筒、滴管、烧杯、搅拌棒等玻璃仪器。

✳️ 工作过程

（1）设计鉴定方案

确定待鉴定物的类别，根据待鉴定物的性质设计出初步鉴定方案，反复论证方案的可行性，最终确定鉴定方案。

（2）准备仪器、药品

根据鉴定方案的要求，准备好鉴定工作所需的仪器、药品。

（3）实施鉴定

① 初步观察

观察待鉴定物的外观，包括物理状态、颜色、气味，往往能为了解物质本质获得一些启示。

② 灼烧实验

对待鉴定物进行灼烧实验，注意观察灼烧时产生的现象。有机物在灼烧过程中的脱水、热解、裂解、氧化等反应，会呈现出不同的外表及产物现象，为鉴定提供信息。

③ 物理常数测定

有机物的物理常数往往是一个物质的特征，待鉴定物鉴定时经常测定的是沸点、熔点、相对密度及折射率等物理常数。将所得数据与羧酸及衍生物的物性数据进行比较，可大致推断出未知物。

④ 元素定性分析

元素的定性分析主要是利用元素的化学性质，通过化学反应，检验该元素是否存在，这是有机物鉴定重要步骤。通过元素的定性分析，可以检验出未知物中所含有的除碳、氢、氧以外的其他元素，对鉴定结果及后续鉴定起着一定的指导作用。

⑤ 确定分子式

通过分子式的确定，可以确定未知物的元素组成。经计算，可测定元素含量及相对分子质量。

（4）给出鉴定结论

根据鉴定现象，实验员填写表 4-4 有机混合物鉴定实验记录，得出鉴定结论，并签字确认。

表 4-4　有机混合物鉴定实验记录

鉴定过程	外观	灼烧	物理常数测定	元素定性分析	分子式
现象或测定值					
结论					

实验员
鉴定时间

 行动知识

1.有机物鉴定的相关要求

有机物鉴定是根据有机物不同性质确定其含有哪种官能团，是哪种化合物，而鉴别是一组试样，分别确定是哪种物质即可，因此有机物鉴定与鉴别既有区别又有联系。有机物鉴定的要求主要有：①进行鉴定时，应注意选择特征反应；②反应的操作要简便易行，步骤较少；③反应要有明显的可观察到或可感觉到的现象产生，如颜色变化、气体、沉淀产生等。

2. 灼烧实验

绝大多数有机物能燃烧，但不同类型的化合物燃烧的情况不一样。固体试样灼烧时应观察是否熔化或升华，有无残渣及残渣的性质等，具体操作如下。

先取少量试样（液体约 1mL，固体约 1mg），放在镍制小勺上，置于小火中完全燃烧，确定是否有易爆物。若灼烧过程中有爆炸、爆裂的声音，可能存在有硝基、亚硝基、偶氮化合物或叠氮化合物；若灼烧过程中无上述现象，则取 5～20mg 试样在瓷坩埚中灼烧，记录熔融、火焰颜色、气体逸出及是否有挥发物、残留物等情况。物质在灼烧时呈现的火焰颜色见表 4-5。

安全提示

灼烧时要小心释放出的一氧化碳、氰化氢、氮的氧化物、二氧化硫等有毒气体，做好个人防护。

表 4-5   物质灼烧时呈现的颜色特征

化合物种类	颜色特征
芳香族化合物, 卤代化合物	黄色火焰, 有黑烟
低级脂肪烃	略带黄色火焰, 几乎无烟
含氧化合物	蓝色火焰
多元卤代化合物	火焰接触物质前不灼烧, 直接接触即产生带烟火焰
糖、蛋白质	焦味、带烟火焰

物质灼烧时若有挥发产物或气体逸出，可利用某些试纸鉴别。鉴别方法是，在玻璃小试管中，置入约 1mg 试样，用小片润湿试纸盖住试管口，试管底部微焰加热，到试样分解完成为止。挥发性物质或气体的鉴定见表 4-6。

表 4-6   挥发性物质或气体的鉴定

化合物种类	常用试纸
挥发的酸	刚果红试纸变蓝
挥发的碱	酚酞试纸变红
氰化氢	醋酸酮-醋酸联苯胺试纸变蓝
氰	8-羟基喹啉-氰化钾试纸变红
还原性蒸气	磷钼酸试纸变蓝
硫化氢	醋酸铅试纸变黑
乙醛	吗啉-硝普酸钠试纸变蓝

3. 鉴定试液的制备

由于有机物大多难以在水中离解为离子，因此，在进行元素定性分析时，须将样品分解，使元素转变为无机离子后，再用无机定性分析的方法分别鉴定。样品分解通常使用钠熔法进行，具体操作如下。

用镊子从煤油中取出一小块金属钠，用滤纸吸去上面附着的煤油，切去外皮露出新鲜部分，约黄豆粒大小，投入一支灼热的干燥小试管中，放大灯焰迅速烧红试管底，至钠蒸气约 1cm 高时，立刻用滴管加入 1～2 滴液体样品或投入 5mg 固体样品，注意样品不要黏附在试管壁上，继续用灯焰加热使样品完全分解。随即投入盛有 10～20mL 蒸馏水的小烧杯中，试管破裂，用玻璃棒小心捣碎块状物。溶液加热至沸，过滤，得无色储备液。如果溶液有色，表示分解不完全，需要重做钠熔实验。

安全提示

做钠熔实验时，硝基物、叠氮物、重氮酯及多卤代烷等有机化合物遇热的金属钠可能引起爆炸，因此需戴上防护眼镜，并且不能将小试管口朝向旁人。

理论知识

1. 羧酸及其衍生物的分类、结构与命名

（1）羧酸的分类、结构与命名

① 羧酸的分类

除甲酸外，羧酸是由烃基和羧基两部分组成的。按照烃基的种类，可将羧酸分为脂肪族羧酸、脂环族羧酸和芳香族羧酸；根据烃基是否饱和，可分为饱和羧酸和不饱和羧酸；根据羧酸分子中所含羧基数目的不同，分为一元羧酸、二元羧酸、三元羧酸，二元及以上羧酸统称为多元羧酸。饱和一元羧酸的通式为 $C_nH_{2n}O_2$。

一元羧酸

- 脂肪族羧酸：CH_3CH_2COOH 饱和羧酸；$CH_2{=}CHCOOH$ 不饱和羧酸
- 脂环族羧酸：

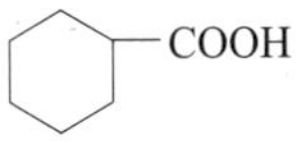

饱和羧酸

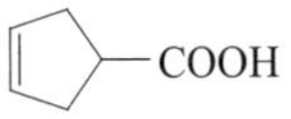

不饱和羧酸

- 芳香族羧酸：

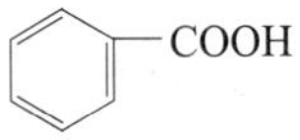

二元羧酸

$$\begin{array}{c}COOH\\ |\\ COOH\end{array}$$

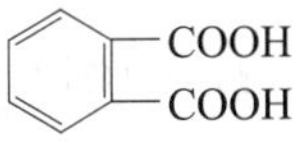

多元羧酸

$$\begin{array}{l}CH_2COOH\\ |\\ CHCOOH\\ |\\ CH_2COOH\end{array}$$

② 羧酸的结构

羧酸是分子中含有羧基的化合物，可看作是烃的羧基衍生物，用 RCOOH 表示。羧基从结构上看是由羰基（C═O）和羟基（—OH）组成的。但是它与醛、酮的羰基以及醇的羟基在性质上有明显的差异，这主要是由结构的不同造成的。

羧基中的碳原子以 sp^2 杂化轨道成键：3 个 sp^2 杂化轨道形成的 3 个 σ 键在同一平面上，

键角大约为 120°。羰基碳原子的 p 轨道和羰基氧原子的 p 轨道都垂直于 σ 键所在的平面，它们相互平行，以"肩并肩"的形式重叠形成 π 键，同时羟基（—OH）氧原子的未共用电子对所在的 p 轨道与碳氧双键的 π 轨道重叠，形成 p，π 共轭体系（见图 4-8 所示）。

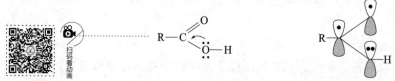

图 4-8　羧酸的结构

羧酸离解出质子后生成羧酸根负离子（$RCOO^-$），由于共轭效应的存在，氧原子上的负电荷不是集中在一个氧原子上，而是均匀地分布在两个氧原子上，因此比较稳定（见图 4-9 所示）。

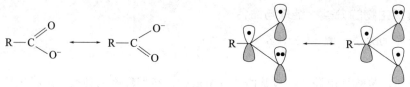

图 4-9　羧酸的共轭结构

X 射线测定及电子衍射测定已经证明，甲酸的 C＝O 键长是 123pm，C—O 键长是 136pm，羧酸分子中两个碳氧键是不相同的；而甲酸根的两个碳氧键键长一样，都是 127pm，没有双键和单键的区别。

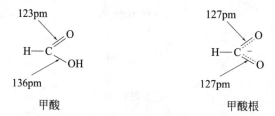

③ 羧酸的命名

羧酸的命名有习惯命名法和系统命名法两种。

a. 习惯命名法

羧酸广泛存在于自然界中，早已被人们所认识，因此，许多羧酸根据其来源而有俗名。例如，甲酸最初是从蒸馏非洲红蚂蚁所得，故称为蚁酸；乙酸是食醋的主要成分，因此称为醋酸。

b. 系统命名法

羧酸的系统命名法与醛的命名原则相同。脂肪酸命名时，选择含有羧基和不饱和键的最长碳链为主链，根据主链碳原子的数目称为"某酸"或"某烯（炔）酸"。主链碳原子的编号从靠近羧基一端开始，用阿拉伯数字表示；也可从羧基邻位碳开始，用希腊字母 α、β、γ、δ 等表示，距羧基最远的为 ω 位。侧链和不饱和键的位次表示方法与醇、醛、酮的命名相似。例如：

$$CH_3CHCH_2COOH$$
$$| $$
$$CH_3$$

3-甲基丁酸

$$ClCH_2CH_2CHCOOH$$
$$| $$
$$CH_3$$

2-甲基-4-氯丁酸
（α-甲基-γ-氯丁酸）

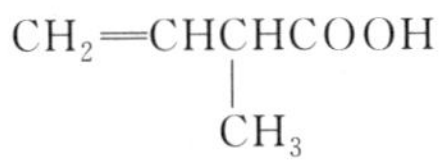

2-甲基-3-丁烯酸 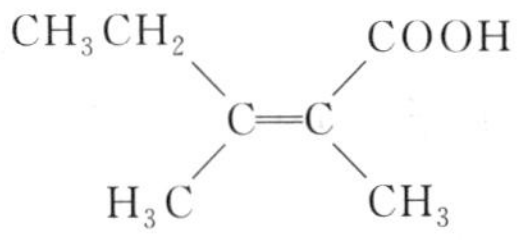　　　　　　　　　　（Z)-2,3-二甲基-2-戊烯酸

对于脂环酸和芳香酸，则把脂环或芳环看作取代基来命名。例如：

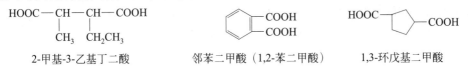

4-苯基-3-丁烯酸　　　　　　　　　　4-环己基戊酸

二元羧酸命名时，选择包含两个羧基的最长碳链作为主链，根据主链碳原子的数目称为"某二酸"；芳香族或脂环族二元羧酸命名时，须将羧基的相对位次写在母体名称前面。例如：

$$HOOC-CH-CH-COOH$$

2-甲基-3-乙基丁二酸　　　邻苯二甲酸（1,2-苯二甲酸）　　1,3-环戊基二甲酸

👥 思考与练习

4-28　用系统命名法命名下列化合物。

（1）CH₃CH₂CHCH₂CH₂COOH
　　　　　　　C≡CH

（2）CH=CHCH₂COOH

（3）HOOC—CH＝CH—COOH

（4）　　—CH₂CH₂COOH

（5）CH₃CHCH₂CH₂COOH
　　　　CH₂CH₃

（6）ClCH₂CHCH₂COOH
　　　　　CH₂CH₃

4-29　写出下列化合物的构造式。

（1）α,β-二甲基己酸

（2）邻羟基苯甲酸（水杨酸）

（3）3-羟基-3-羧基戊二酸（柠檬酸）

（4）α-萘甲酸

（5）3-苯基烯丙酸

（6）3-环戊基丁酸

（2）羧酸衍生物的分类与命名

羧酸分子中的羟基被其他原子或基团取代，生成的化合物称为羧酸衍生物，包括被卤原子取代生成的酰卤、被酰氧基取代生成的酸酐、被烷氧基取代生成的酯和被氨基取代生成的酰胺这四大类。

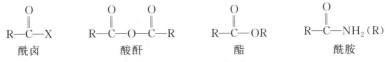

酰卤　　　　　　酸酐　　　　　　酯　　　　　酰胺

羧酸分子中去掉羟基后剩余的基团称为酰基。例如：

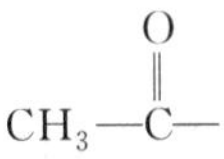

乙酰基 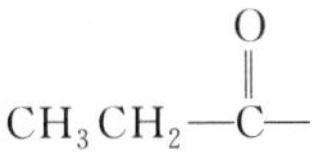　　　　　　丙酰基 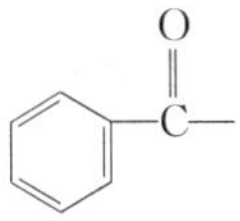　　　　　苯甲酰基

① 酰卤的命名

酰卤由酰基和卤原子组成，其通式如下：

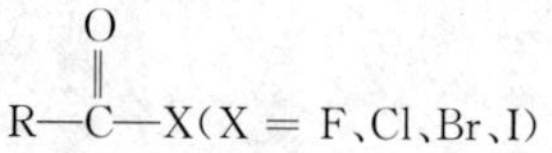

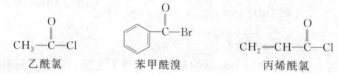

酰卤是根据酰基和卤原子的名称来命名的，称为"某酰卤"。例如：

CH$_3$—C—Cl
　　乙酰氯

C—Br
苯甲酰溴

CH$_2$=CH—C—Cl
　　丙烯酰氯

② 酸酐的分类与命名

酸酐由酰基和酰氧基组成，其通式如下：

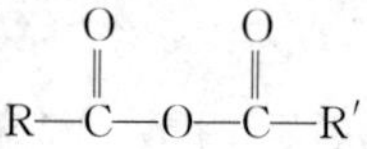

$$R—\overset{O}{\underset{}{C}}—O—\overset{O}{\underset{}{C}}—R'$$

酸酐根据相应的羧酸来命名。两个相同羧酸形成的酸酐为简单酸酐，称为"某酸酐"，简称"某酐"；两个不同羧酸形成的酸酐称为混合酸酐，命名为"某酸某酸酐"，简称"某某酐"；二元羧酸分子内失去一分子水形成的酸酐为内酐，称为"某二酸酐"。例如

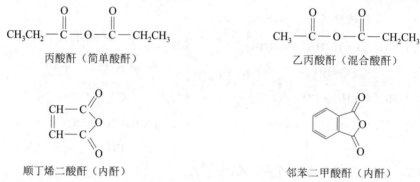

CH$_3$CH$_2$—C—O—C—CH$_2$CH$_3$
丙酸酐（简单酸酐）

CH$_3$—C—O—C—CH$_2$CH$_3$
乙丙酸酐（混合酸酐）

顺丁烯二酸酐（内酐）

邻苯二甲酸酐（内酐）

③ 酯的命名

酯由酰基和烷氧基（R'O—）组成，其通式如下：

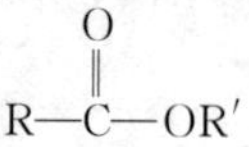

$$R—\overset{O}{\underset{}{C}}—OR'$$

酯的命名由相应的羧酸和烃基名称组合，称为"某酸某酯"。例如：

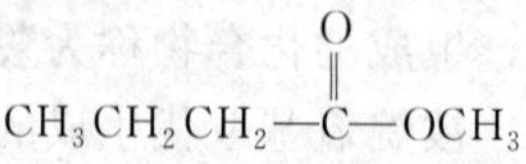

CH$_3$CH$_2$CH$_2$—C—OCH$_3$
丁酸甲酯

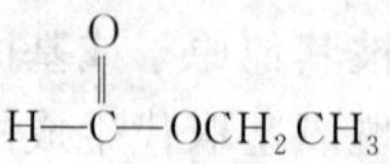

H—C—OCH$_2$CH$_3$
甲酸乙酯

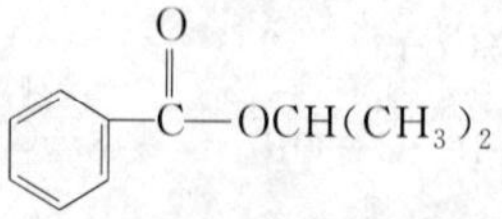

C—OCH(CH$_3$)$_2$
苯甲酸异丙酯

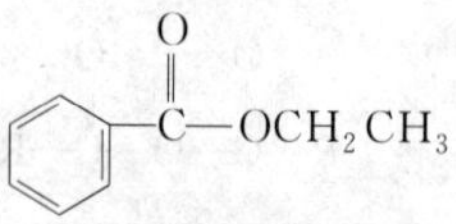

C—OCH$_2$CH$_3$
苯甲酸乙酯

④ 酰胺的命名

酰胺由酰基和氨基组成，其通式如下：

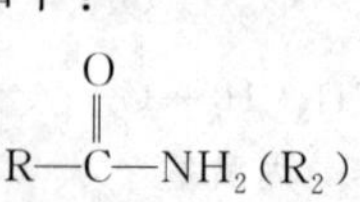

$$R—\overset{O}{\underset{}{C}}—NH_2(R_2)$$

酰胺是根据酰基的名称来命名，称为"某酰胺"。例如：

$$CH_3-\overset{\overset{\displaystyle O}{\|}}{C}-NH_2$$
乙酰胺

$$\overset{\overset{\displaystyle O}{\|}}{C}-NH_2$$（苯甲基）
苯甲酰胺

若酰胺分子中含有取代氨基，则命名时，将氮原子上所连的烃基作为取代基，写名称时用"N"表示其位次。例如：

$$CH_3-\overset{\overset{\displaystyle O}{\|}}{C}-NHCH_2CH_3$$
N-乙基乙酰胺

$$H-\overset{\overset{\displaystyle O}{\|}}{C}-N(CH_3)_2$$
N,N-二甲基甲酰胺

$$H-\overset{\overset{\displaystyle O}{\|}}{C}-\overset{\overset{\displaystyle CH_3}{|}}{N}CH_2CH_3$$
N-甲基-N-乙基甲酰胺

思考与练习

4-30　写出下列化合物的结构式。

（1）丙二酸二甲酯　　　　　　　（2）苯甲酰氯

（3）N,N-二甲基甲酰胺　　　　　（4）邻苯二甲酸酐

4-31　用系统命名法命名下列化合物。

（1）$$\overset{\overset{\displaystyle O}{\|}}{C}-OCH_2CH_3$$（苯基）

（2）$$CH_3CH_2\overset{\overset{\displaystyle O}{\|}}{C}-\overset{\overset{\displaystyle CH_3}{|}}{N}CH_3$$

2. 羧酸及其衍生物的物理性质及变化规律

（1）外观

饱和一元羧酸中，C_3 以下的羧酸为液体，$C_4 \sim C_9$ 的羧酸为油状液体，C_{10} 以上的羧酸为蜡状固体。脂肪族二元羧酸及芳香羧酸都是结晶固体。

低级酰氯是液体，高级酰氯是白色固体。低级酸酐是无色液体，壬酸酐以上的酸酐为固体。低级酯为无色液体，高级酯为蜡状固体。酰胺中除甲酰胺是液体外，其余酰胺都是固体。

（2）气味

饱和一元羧酸中，C_3 以下的羧酸具有强烈酸味，$C_4 \sim C_9$ 的羧酸有腐败臭味。

羧酸衍生物中，低级酰氯、低级酸酐有刺激性气味，低级酯有果香味。例如，乙酸异戊酯有香蕉味，正戊酸异戊酯有苹果味，许多酯可用作食品或化妆品中的香料。

小知识

在合成香料中，酯是最庞大的一类，已广泛应用于食品、化妆品中。酯类香气的类型、强度和特性与它们的结构密切相关。低级羧酸和低级一元醇合成的酯为挥发性的，带有花、果、草香；低级羧酸和萜烯醇合成的酯类有花香香气，如酯中有酯基和芳基，则其香气基本上为花香型；由芳香羧酸和芳香族醇合成的酯，香气一般较弱，但这种酯沸点一般较高，黏度大，是良好的定香剂；某些炔酸的酯类会具有独特的香气，如庚炔酸和辛炔酸的甲酯和乙酯，调香中经常使用。

（3）熔沸点

饱和一元羧酸的沸点比分子量相近的醇高，且饱和一元羧酸的沸点变化总趋势是随碳链增长而升高。例如，甲酸和乙醇的分子量相同，乙醇的沸点为78.5℃，但甲酸的沸点为100.5℃。这是因为羧酸分子间能以氢键缔合形成二聚体，羧酸分子间的这种氢键比醇分子间的更稳定。如乙醇分子间的氢键键能为25.9kJ/mol，而甲酸分子间的氢键键能为30.12kJ/mol。低级羧酸即使在气态也能以二缔合体的形式存在（见图4-10所示）。

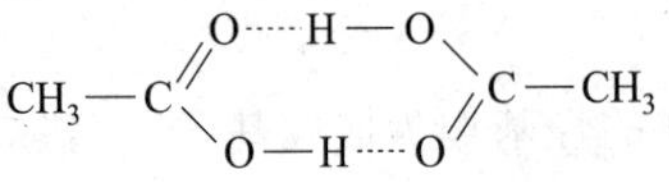

$$CH_3-C\begin{matrix} O\cdots H-O \\ \\ O-H\cdots O \end{matrix}C-CH_3$$

图 4-10　乙酸的分子二缔合体

羧酸的熔点表现出一种特殊的变化规律，即含偶数碳原子的羧酸其熔点比相邻的两个含奇数碳原子羧酸分子的熔点高。这可能是因为羧酸分子的碳链呈锯齿状排列，偶数碳原子的羧酸，碳链甲基和羧基分在碳链的两边，而奇数碳原子的羧酸，碳链甲基和羧基分在碳链的同一边。前者较为对称，在晶格中排列更紧密，分子间的吸引力更大，需要更高的温度才能将它们分开，因此熔点较高。

酰氯、酸酐、酯的沸点比分子量相近的羧酸都要低，这是因为它们分子中没有羟基，因此没有缔合作用。酰胺的沸点比分子量相近的羧酸、醇高。这是因为酰胺分子间的氢键缔合作用较强。分子量相近的羧酸及其衍生物的沸点高低顺序如下：酰胺＞羧酸＞酸酐＞酯＞酰氯。

（4）溶解性

羧酸分子中羧基是一个亲水基团，可与水形成氢键，因此脂肪族低级一元羧酸可与水混溶。随着碳原子的增加，疏水性的烃基越来越大，羧酸的溶解度迅速降低。例如，甲酸至丁酸都能与水混溶，从戊酸开始水溶性下降，癸酸以上的羧酸不溶于水。脂肪族一元羧酸一般都能溶于乙醇、乙醚、氯仿等有机溶剂。低级饱和二元羧酸也可溶于水，并随着碳原子的增加其溶解度降低。芳香族羧酸在水中的溶解度非常小。

酰氯不溶于水，低级酰氯遇水容易分解，如乙酰氯在空气中即与空气中的水作用而分解成乙酸和氯化氢。酸酐不溶于水，溶于乙醚、氯仿和苯等有机溶剂。酯中除低级酯微溶于水外，其余酯都难溶于水，易溶于乙醇、乙醚等有机溶剂。酰胺中，低级酰胺溶于水，随着分子量的增大，在水中的溶解度降低。

常见羧酸及衍生物的物理常数见表4-7、表4-8。

表 4-7　常见羧酸的物理常数

系统名	俗名	沸点/℃	熔点/℃	pK_a	溶解度（20℃）/(g/100g 水)
甲酸	蚁酸	100.7	8.4	3.77	∞
乙酸	醋酸	118	16.6	4.76	∞
丙酸	初油酸	141	−21	4.88	∞
正丁酸	酪酸	162.5	−4.7	4.82	∞
异丁酸		154.5	−47	4.85	210
戊酸	缬草酸	187	−34.5	4.81	40
十二酸	月桂酸	225	44		不溶
十六酸	软脂酸	390	63		不溶

续表

系统名	俗名	沸点/℃	熔点/℃	pKa	溶解度(20℃)/(g/100g 水)
乙二酸	草酸	157(升华)	189.5	$pK_1=1.23$ $pK_2=4.19$	10
丙二酸	胡萝卜酸	140	135.6	$pK_1=2.83$ $pK_2=5.69$	74
丁二酸	琥珀酸	235(失水分解)	188	$pK_1=4.16$ $pK_2=5.16$	6.8
苯甲酸	安息香酸	100(升华)	122.4	4.19	0.34

表 4-8　常见羧酸衍生物的物理常数

名称	沸点/℃	熔点/℃	名称	沸点/℃	熔点/℃
乙酰氯	−112	51	丙酰氯	−94	80
丁酰氯	−89	102	苯甲酰氯	−1	197
乙酸酐	−73	140	丙酸酐	−45	168
丁二酸酐	119	261	苯甲酸酐	42	369
甲酸甲酯	−100	32	甲酸乙酯	−81	54
乙酸甲酯	−98	57	乙酸乙酯	−83	77
甲酰胺	3	195	乙酰胺	81	222
丙酰胺	79	213	N,N-二甲基甲酰胺	−61	153
苯甲酰胺	130	290	丁二酰亚胺	125	288

 思考与练习

　　4-32　回答下列问题。

　　(1) 为什么羧酸的沸点及在水中的溶解度比分子量相近的其他有机物高？

　　(2) 苯甲酸和邻氯苯甲酸都是不溶于水的固体，能用甲酸钠的水溶液将其混合物分开吗，为什么？

3. 羧酸及其衍生物可用于物质鉴定的化学性质及变化规律

　　(1) 羧酸可用于物质鉴定的化学性质及变化规律

　　① 羧酸的酸性

　　羧酸具有酸性，可用于羧酸的鉴别。

　　羧酸在水溶液中能离解出氢离子，羧酸酸性的大小常用离解常数 pK_a 来表示，pK_a 越小，酸性越强。一般羧酸的 pK_a 约在 3.5～5 之间，有一定酸性，比醇的酸性强，能与氢氧化钠溶液作用生成盐，也能分解碳酸氢盐和碳酸盐而放出二氧化碳。例如：

$$CH_3COOH+NaOH \longrightarrow CH_3COONa+H_2O$$

$$CH_3COOH+NaHCO_3 \longrightarrow CH_3COONa+CO_2 \uparrow +H_2O$$

因羧酸可溶于 NaHCO₃ 溶液并放出二氧化碳，而一般酚类物质与 NaHCO₃ 不反应，利用羧酸与 NaHCO₃ 的反应可将羧酸与酚类物质区别开。

⬡ 知识应用

> 低级及中级羧酸的钾盐、钠盐及铵盐能溶于水，而不溶于有机溶剂。因此，一些含有羧基的药物制成羧酸盐以增加药物在水中的溶解度，便于做成水剂或注射剂。例如青霉素 G 钾。 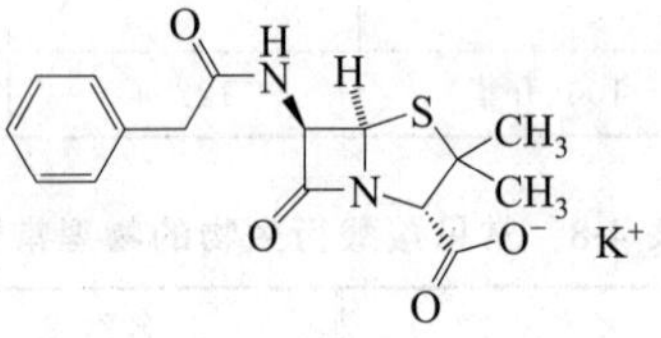
>
>
> 青霉素G钾

羧酸的酸性是如何变化的，受什么影响呢？电子效应，如诱导效应和共轭效应都会对羧酸的酸性有所影响。一般来说，羧基与吸电子基团相连，能降低羧基氧原子的电子云密度，从而增加 O—H 键的极性，氢原子易离解而使其酸性增强。相反，若羧基与供电子基团相连，酸性则减弱。

⬡ 知识应用

> 利用羧酸的酸性和羧酸盐的性质，可以分离、精制羧酸。例如，从中草药中提取含羧基的有效成分。当羧酸与中性有机物混合在一起时，首先将混合物用醚溶解，然后用碱液提取，这时羧酸成盐进入水层，中性化合物仍旧留在醚层。分液后，将水层酸化，便得到游离的羧酸。

② 甲酸的鉴别

甲酸分子中的羧基与氢直接相连，这一结构特征使甲酸既具有羧酸的一般性质又具有醛的特性。甲酸与酸性高锰酸钾溶液作用，能使高锰酸钾溶液紫红色褪去并放出气体二氧化碳；与托伦试剂作用有银镜现象产生；与斐林试剂作用，有铜析出，可形成铜镜。这些特征反应现象可用于鉴别甲酸。

$$HCOOH \xrightarrow{KMnO_4} CO_2 \uparrow + H_2O$$

$$HCOOH + 2Ag(NH_3)_2OH \longrightarrow CO_2 \uparrow + 2Ag \downarrow + 4NH_3 + 2H_2O$$

$$HCOOH + 2Cu^{2+} + 4OH^- \longrightarrow CO_2 \uparrow + Cu_2O \downarrow + 3H_2O$$

③ 乙二酸的鉴别

乙二酸俗称草酸，分子中两个羧基直接相连。因草酸的性质与其他二元羧酸有所不同。

草酸具有还原性，能使 Mn^{7+} 转变为 Mn^{2+}。此反应现象明显（高锰酸钾溶液褪色并释放气体），且反应定量，既可用于鉴别乙二酸，又可用于标定 $KMnO_4$ 溶液的浓度。

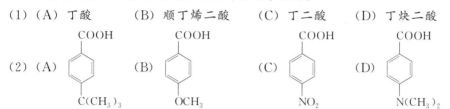

$$5\begin{array}{c}COOH\\|\\COOH\end{array}+2KMnO_4+3H_2SO_4\longrightarrow K_2SO_4+2MnSO_4+10CO_2\uparrow+8H_2O$$

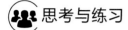 **思考与练习**

4-33 将下列各组化合物按酸性由强到弱顺序排列。

(1)（A）丁酸 　　（B）顺丁烯二酸 　　（C）丁二酸 　　（D）丁炔二酸

(2)（A）　　　　　　　（B）　　　　　　　（C）　　　　　　　（D）

COOH	COOH	COOH	COOH
C(CH₃)₃	OCH₃	NO₂	N(CH₃)₂

(3)（A）α-氯代苯乙酸　（B）对氯苯甲酸　（C）苯乙酸　（D）β-苯丙酸

（2）羧酸衍生物可用于物质鉴定的化学性质及变化规律

  扫码看课件

羧酸衍生物包括酰卤、酸酐、酯和酰胺，能与亲核试剂（如水、醇、氨等）发生取代反应，反应活性强弱次序为：酰卤＞酸酐＞酯＞酰胺。

羧酸衍生物与亲核试剂水作用，生成相应羧酸的反应称为水解反应。

$$\left\{\begin{array}{l}R{-}CO{-}Cl\\R{-}CO{-}O{-}COR'\\R{-}CO{-}OR'\\R{-}CO{-}NH_2\end{array}\right.+H{-}OH\longrightarrow\left\{\begin{array}{l}HCl\\R'COOH\\R'OH\\NH_3\end{array}\right.+R{-}COOH$$

各类羧酸衍生物的水解情况不同：酰氯与水反应激烈，伴有放热且有酸性氯化氢气体生成，低级酰氯甚至在潮湿的空气中就能被空气中的水分水解。酸酐在热水中可被水解。酯和酰胺的水解需要加热，且要加催化剂。尤其是酰胺的水解，速度很慢，需要在酸或碱的催化下经过长时间回流才能完成。酰胺在碱催化下水解有碱性氨气生成。

上述羧酸衍生物发生水解的特征现象可用于羧酸衍生物的鉴别。

羧酸衍生物酯在酸催化下的水解反应，就是酯化反应的逆反应。

$$R{-}COOR'+H_2O\underset{}{\overset{浓\ H_2SO_4}{\rightleftharpoons}}R{-}COOH+R'OH$$

 小知识

在碱催化下，酯水解生成羧酸盐，水解可以进行到底。酯的碱性水解又称皂化反应。油脂与氢氧化钠或氢氧化钾混合，得到高级脂肪酸的钠/钾盐和甘油，其是制造肥皂流程中的一步，因此而得名。

👥 **思考与练习**

4-34　完成下列化学反应式。

(1)　$\underset{\underset{\text{O}}{\|}}{CH_3C}Cl + H_2O \longrightarrow$

(2)　$\underset{\underset{\text{O　O}}{\|\ \|}}{CH_3COCCH_3} + H_2O \xrightarrow{\triangle}$

(3)　$\underset{\underset{\text{O}}{\|}}{CH_3COCH_2CH_3} + H_2O \xrightarrow[\triangle]{H^+}$

(4)　$\underset{\underset{\text{O}}{\|}}{CH_3CNH_2} + H_2O \xrightarrow[\triangle]{HCl}$

(5)　$\underset{\underset{\text{O}}{\|}}{CH_3CNH_2} + NaOH \xrightarrow{\triangle}$

4. 羧酸及其衍生物的其他主要化学性质及变化规律

(1) 羧酸的其他主要化学性质及变化规律

羧基形式上是由羰基和羟基组成，在一定程度上反映了羰基、羟基的某些性质，但又与醛、酮中的羰基和醇中的羟基有显著差别，这是羰基与羟基相互影响的结果。羧酸的化学反应可以在分子的四个部位发生。在本任务中已经介绍了羧酸的酸性与成盐反应，下面将介绍羧酸中羟基被取代的反应、脱羧反应、α-H 取代反应等。

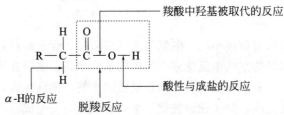

① 羧基中羟基被取代的反应

羧酸中的羟基可被卤素（—Cl、—Br、—I）、酰氧基（RCOO—）、烷氧基（—OR）、氨基（—NH$_2$）取代，分别生成酰卤、酸酐、酯、酰胺四类羧酸衍生物。

a. 酰卤的生成。羧酸（除甲酸外）与三卤化磷（PX$_3$）、五卤化磷（PX$_5$）、亚硫酰卤（SOX$_2$）等试剂作用，羧酸分子中的羟基被卤原子取代，生成酰卤。例如：

$$\underset{\underset{\text{O}}{\|}}{R-C}-OH + PCl_3 \longrightarrow \underset{\underset{\text{O}}{\|}}{R-C}-Cl + H_3PO_3$$
亚磷酸

$$\underset{\underset{\text{O}}{\|}}{R-C}-OH + PCl_5 \longrightarrow \underset{\underset{\text{O}}{\|}}{R-C}-Cl + POCl_3 + HCl$$
三氯氧磷

$$\underset{\text{R}}{}\overset{\text{O}}{\underset{\|}{\text{C}}}-\text{OH} + \text{SOCl}_2 \longrightarrow \underset{\text{R}}{}\overset{\text{O}}{\underset{\|}{\text{C}}}-\text{Cl} + \text{SO}_2\uparrow + \text{HCl}\uparrow$$

b. 酸酐的生成。羧酸在脱水剂五氧化二磷（P_2O_5）或乙酸酐作用下，发生分子间脱水生成酸酐。例如：

$$\overset{\text{O}}{\underset{\|}{\text{R}-\text{C}}}-\boxed{\text{OH} + \text{H}}-\text{O}-\overset{\text{O}}{\underset{\|}{\text{C}}}-\text{R} \xrightarrow[\triangle]{P_2O_5} \overset{\text{O}}{\underset{\|}{\text{R}-\text{C}}}-\text{O}-\overset{\text{O}}{\underset{\|}{\text{C}}}-\text{R} + \text{H}_2\text{O}$$

某些二元羧酸发生分子内脱水，生成内酐（五元环状酸酐或六元环状酸酐），例如：

$$\xrightarrow{\triangle} \quad + \text{H}_2\text{O}$$

c. 酯的生成。羧酸与醇作用发生分子间脱水生成酯，此反应称为酯化反应。

$$\overset{\text{O}}{\underset{\|}{\text{R}-\text{C}}}-\boxed{\text{OH} + \text{H}}-\text{O}-\text{R}' \underset{\triangle}{\overset{\text{H}^+}{\rightleftharpoons}} \overset{\text{O}}{\underset{\|}{\text{R}-\text{C}}}-\text{OR}' + \text{H}_2\text{O}$$

酯化反应是可逆反应，酯和水也可作用生成醇和羧酸，称为水解反应。

⬡ 知识应用

因酯化反应是可逆的，所以反应速率慢，需要加入酸性催化剂帮助其反应进行。使反应物之一过量，或在反应过程中不断除去生成的副产物水，均可破坏平衡，提高酯化反应产率。如实验室制备乙酸异戊酯时，就是通过使用过量的乙酸和异戊醇反应，并采用分水器装置的方法促使酯化反应的进行。

$$\overset{\text{O}}{\underset{\|}{\text{CH}_3\text{C}}}-\boxed{\text{OH} + \text{H}}-\overset{\text{CH}_3}{\underset{|}{\text{OCH}_2\text{CH}_2\text{CHCH}_3}} \underset{\triangle}{\overset{\text{H}^+}{\rightleftharpoons}} \overset{\text{O}}{\underset{\|}{\text{CH}_3\text{C}}}-\overset{\text{CH}_3}{\underset{|}{\text{OCH}_2\text{CH}_2\text{CHCH}_3}} + \text{H}_2\text{O}$$

乙酸（过量）　　　　　　　异戊醇　　　　　　　　乙酸异戊酯　　　　（分水器移走）

d. 酰胺的生成。羧酸与氨或胺反应先生成铵盐，铵盐加热失水得酰胺。

$$\overset{\text{O}}{\underset{\|}{\text{R}-\text{C}}}-\text{OH} + \text{NH}_3 \longrightarrow \overset{\text{O}}{\underset{\|}{\text{R}-\text{C}}}-\text{ONH}_4$$

$$\overset{\text{O}}{\underset{\|}{\text{R}-\text{C}}}-\text{OH} + (\text{NH}_4)_2\text{CO}_3 \longrightarrow \overset{\text{O}}{\underset{\|}{\text{R}-\text{C}}}-\text{ONH}_4 + \text{CO}_2 + \text{H}_2\text{O}$$

$$\overset{\text{O}}{\underset{\|}{\text{R}-\text{C}}}-\text{ONH}_4 \xrightarrow[\triangle]{P_2O_5} \overset{\text{O}}{\underset{\|}{\text{R}-\text{C}}}-\text{NH}_2 + \text{H}_2\text{O}$$

二元羧酸与氨共热脱水，可生成酰亚胺，例如：

$$\text{（邻苯二甲酸）} + NH_3 \xrightarrow{\triangle} \text{（邻苯二甲酰亚胺）NH} + H_2O$$

② 脱羧反应

羧酸脱去羧基放出二氧化碳的反应称为脱羧反应。饱和一元羧酸较稳定，一般不发生脱羧反应，但羧酸的碱金属盐（如钾盐、钠盐）与碱石灰（NaOH-CaO）共热，则发生脱羧反应，生成比原羧酸少一个碳原子的烷烃。例如：

$$CH_3COONa \xrightarrow[\triangle]{NaOH\text{-}CaO} CH_4\uparrow + Na_2CO_3$$

$$CH_3\text{-}\text{C}_6H_4\text{-}COONa \xrightarrow[\triangle]{NaOH\text{-}CaO} CH_3\text{-}\text{C}_6H_5 + Na_2CO_3$$

当羧酸 α-碳原子上连有吸电子基，如硝基、卤素、羰基、氰基等时，羧基不稳定，脱羧反应更容易进行，例如：

$$CH_3\overset{O}{\overset{\|}{C}}CH_2COOH \xrightarrow{\triangle} CH_3\overset{O}{\overset{\|}{C}}CH_3 + CO_2\uparrow$$

$$Cl_3CCOOH \xrightarrow{100\sim150℃} CHCl_3 + CO_2\uparrow$$

由于羧基是较强吸电子基团，所以二元羧酸如草酸、丙二酸受热后容易脱羧，生成少一个碳的羧酸。

$$HOOCCH_2COOH \xrightarrow{\triangle} CH_3COOH + CO_2\uparrow$$

丁二酸和戊二酸加热时不脱羧，而是发生分子内脱水，生成稳定的环状酸酐。例如：

$$\begin{array}{l} CH_2\text{-}\overset{O}{\overset{\|}{C}}\text{-}OH \\ | \\ CH_2\text{-}\overset{O}{\underset{\|}{C}}\text{-}OH \end{array} \xrightarrow{\triangle} \begin{array}{l} CH_2\text{-}C\overset{O}{} \\ | \quad\quad O \\ CH_2\text{-}C\underset{O}{} \end{array} + H_2O$$

己二酸和庚二酸加热时，分子内同时发生脱水和脱羧反应，生成少一个碳原子的环酮。

$$\begin{array}{l} CH_2CH_2COOH \\ | \\ CH_2CH_2COOH \end{array} \xrightarrow{300℃} \text{（环戊酮）}O + CO_2 + H_2O$$

大于 7 个碳原子的直链二元羧酸加热时会生成高分子聚合物。

③ α-氢原子的取代反应

受羧基吸电子基的影响，α-氢原子具有一定的活性，能发生卤取代反应，但与醛、酮相比要弱一些，例如乙酸虽有三个 α-氢，但不能发生碘仿反应。羧酸要在少量红磷、硫或碘催化剂的存在下，才能被卤原子（—Br 或—Cl）取代生成 α-卤代酸。

$$RCH_2COOH + X_2 \xrightarrow[\triangle]{P} \begin{array}{l} RCHCOOH \\ | \\ X \end{array}$$

控制反应条件，可使反应停留在一元取代阶段，也可以继续发生多元取代。例如，工业上利用此反应制备一氯乙酸、二氯乙酸、三氯乙酸。

$$CH_3COOH \xrightarrow[\triangle]{Cl_2/P} \begin{array}{c}CH_2COOH \\ | \\ Cl\end{array} \xrightarrow[\triangle]{Cl_2/P} \begin{array}{c}Cl \\ | \\ CHCOOH \\ | \\ Cl\end{array} \xrightarrow[\triangle]{Cl_2/P} Cl_3CCOOH$$

α-卤代酸中的卤原子能被—CN、—NH$_2$、—OH 等基团取代制备各种 α-取代酸。因此，羧酸的 α-卤代反应在有机合成中具有重要意义。

④ 还原反应

羧基中的羰基由于 p，π 共轭效应的影响，失去了典型羰基的特性，因此羧基很难用一般还原剂还原，只有特殊的还原剂如氢化铝锂，或催化加氢下才能将羧酸还原成伯醇。例如：

$$RCH=CHCH_2COOH \xrightarrow{\text{LiAlH}_4/\text{无水乙醚}} RCH=CHCH_2CH_2OH$$

思考与练习

4-35 完成下列化学反应式。

(1) $\underset{}{}$—CH$_2$CHCOOH $\xrightarrow[\triangle]{\text{NaOH/H}_2\text{O}}$ $\xrightarrow{\text{KMnO}_4/\text{H}^+}$

（下有 Cl）

(2) $\underset{}{}$—COOH $\xrightarrow{\text{SOCl}_2}$

(3) $\underset{}{}$—COOH $\xrightarrow{\text{Br}_2/\text{P}}$

(4) $\underset{}{}$—COOH $\xrightarrow[(2)\ \text{H}_3\text{O}^+]{(1)\ \text{LiAlH}_4}$

(5) $\underset{}{}$COOH $+ \text{HOCH}_2\text{CH}_2\text{OH} \xrightarrow[\triangle]{\text{H}^+}$

(6) $\text{HOOC(CH}_2)_3\text{COOH} \xrightarrow{\triangle}$

（2）羧酸衍生物的其他主要化学性质及变化规律

① 酸解、醇解

羧酸衍生物除了与亲核试剂水发生水解反应外，还可与羧酸、醇、氨这些亲核试剂反应。酰氯、酸酐及酯能被酸解生成羧酸，被醇解生成酯。

$$\left\{\begin{array}{l} RCO+Cl \\ RCO+OCOR' \\ RCO+OR' \end{array}\right. + R''CO+OH \longrightarrow \left\{\begin{array}{l} R''CO-Cl \\ R''CO-OCOR' + RCOOH \\ R''CO-OR' \end{array}\right.$$

$$\left\{\begin{array}{l} R-CO+Cl \\ R-CO+OCOR' \\ R-CO+OR' \end{array}\right. + H+OR'' \longrightarrow \left\{\begin{array}{l} HCl \\ R'COOH + RCOOR'' \\ R'OH \end{array}\right.$$

酯的醇解反应又称酯交换反应。新形成的酯 RCOOR″ 与原来的酯 RCOOR′ 在醇解反应中互相交换烷氧基。

知识应用

结构复杂的高级醇一般难与羧酸直接酯化，往往是先制得低级醇的酯，再利用酯交换反应，制得所需的高级醇的酯。因此，酯交换反应常用来制取高级醇的酯。

② 氨解

酰氯、酸酐及酯能进行氨解生成酰胺，这是制备酰胺的重要方法。

$$
\begin{cases}
R-CO-Cl \\
R-CO-OCOR' \\
R-CO-OR'
\end{cases} + H-NH_2 \longrightarrow
\begin{cases}
HCl \\
R'COOH + RCONH_2 \\
R'OH
\end{cases}
$$

③ 还原反应

酰氯、酸酐、酯和酰胺比羧酸易被还原，常被还原成相应的醇或胺。例如：

$$
\begin{cases}
R-COCl \\
R-COOCOR' \\
R-COOR' \\
R-CONH_2
\end{cases} \xrightarrow{LiAlH_4}
\begin{cases}
RCH_2OH+HCl \\
RCH_2OH+R'CH_2OH \\
RCH_2OH+R'OH \\
RCH_2NH_2
\end{cases}
$$

⊛ 知识应用

羧酸较难还原，有机合成中常将羧酸先转变成酯，然后再还原。酯的还原应用最为普遍，采用催化加氢法或用缓和的化学还原剂（如醇钠、氢化铝锂）都能将酯还原。例如，工业上以月桂酸甲酯为原料经醇钠还原制取月桂醇。

$$
\underset{\text{月桂酸甲酯}}{CH_3(CH_2)_{10}COOCH_3} \xrightarrow[C_2H_5OH]{Na} \underset{\text{月桂醇（十二醇）}}{CH_3(CH_2)_{10}CH_2OH+CH_3OH}
$$

不饱和酯采用醇钠还原，不会影响分子中孤立的 $C=C$ 双键，且操作简便，是有机合成中常用的方法。例如：

$$
\underset{\text{油酸丁酯}}{CH_3(CH_2)_7CH=CH(CH_2)_7COOC_4H_9} \xrightarrow[C_2H_5OH]{Na} \underset{\text{油醇}}{CH_3(CH_2)_7CH=CH(CH_2)_7CH_2OH+C_4H_9OH}
$$

④ 克莱森（Claisen）酯缩合反应

与羧酸相似，酯分子中 α-氢较活泼。用强碱或醇钠处理时，两分子酯可以脱去一分子醇生成 β-酮酸酯，此反应称为克莱森（Claisen）酯缩合反应。反应过程为：酯在强碱作用下先生成碳负离子，碳负离子作为亲核试剂进攻另一酯分子中的羰基，发生加成反应，然后消除—$R'O^-$，得产物 β-酮酸酯。

⊻ 小故事

莱纳·路德维希·克莱森（1851—1930），出生于德国科隆，曾在波恩大学凯库勒的指导下学习，取得博士学位并成为凯库勒的助手。1886 年克莱森回到慕尼黑，在阿道夫冯拜尔的指导下开展研究工作。克莱森是一位富有创造力的化学家，他的成就包括羰基化合物的酰化，克莱森重排，肉桂酸的制备，吡唑的合成，异噁唑衍生物的合成、乙酰乙酸乙酯的制备，克莱森酯缩合反应等。

⑤ 酰胺的特性

酰胺是羧酸衍生物中最不活泼的化合物，但却能发生一些特殊反应。

a. 酸碱性。酰胺是氨或胺的酰基衍生物。氨是碱性物质，但酰胺分子中氮原子的孤对电子与羰基形成 p，π 共轭，使氮原子上的电子云密度降低，氮原子与质子结合能力下降，所以酰胺的碱性比氨弱，几乎接近中性，只有在强酸作用下才显示弱酸性。例如，将氯化氢气体通入乙酰胺的乙醚溶液能生成不溶于乙醚的盐，该盐不稳定，遇水立即分解成酰胺和盐酸。

$$CH_3\overset{O}{\overset{\|}{C}}NH_2 + HCl \xrightarrow{\text{乙醚}} CH_3\overset{O}{\overset{\|}{C}}NH_2 \cdot HCl\downarrow$$

$$CH_3\overset{O}{\overset{\|}{C}}NH_2 \cdot HCl \xrightarrow{H_2O} CH_3\overset{O}{\overset{\|}{C}}NH_2 + HCl$$

若氨分子中两个氢原子都被酰基取代，生成的酰亚胺化合物则具有弱酸性，能与强碱成盐。例如：

邻苯二甲酰亚胺   邻苯二甲酰亚胺钾

b. 酰胺的脱水反应。酰胺与强脱水剂共热脱水生成腈。这是实验室制备腈的方法之一，尤其适用于制备卤代烃与 NaCN 难以制得的腈。通常采用五氧化二磷、五氯化磷、三氯氧磷、二氯亚砜或乙酸酐为脱水剂。

$$CH_3CH_2\overset{O}{\overset{\|}{-C}}-NH_2 \xrightarrow[200℃]{P_2O_5} CH_3CH_2CN + H_2O$$

c. 霍夫曼降级反应。酰胺与氯或溴的浓碱溶液（次氯酸钠或次溴酸钠的碱溶液）共热时，脱去羰基生成比原来少一个碳原子的伯胺。这是由霍夫曼发现的制备伯胺的一个好方法，故称为霍夫曼降级反应。

$$R\overset{O}{\overset{\|}{-C}}-NH_2 + Br_2 + NaOH \xrightarrow{H_2O} R-NH_2 + NaBr + Na_2CO_3 + H_2O$$

🌱 小故事

奥格斯特·威廉·冯·霍夫曼（1818—1892），著名化学家。霍夫曼的研究范围非常广泛，其研究的煤焦油化学开创了煤焦油染料工业；其以品红为原料，合成一系列紫色染料，称霍夫曼紫。霍夫曼在有机化学方面的贡献包括：研究苯胺的组成；发明了由氨和卤代烷制得胺类的方法；发现新化合物异氰酸苯酯、二苯肼、二苯胺、异腈、甲醛；制定了用于测定分子量的蒸气密度法；发现了季铵盐，指出氢氧化四乙铵为强碱性物质；发现霍夫曼降级反应等。

思考与练习

4-36　完成下列化学反应式。

$$(1)\quad CH_3CH_2\overset{\displaystyle O}{\overset{\|}{C}}NH_2 \xrightarrow[\triangle]{(CH_3CO)_2O}$$

$$(2)\quad CH_3CH_2\overset{\displaystyle O}{\overset{\|}{C}}NH_2 \xrightarrow[\triangle]{Br_2 + 浓\ NaOH}$$

(3)

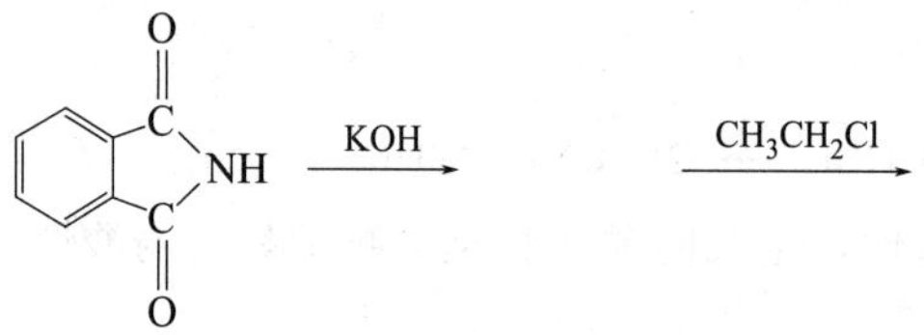

$$\xrightarrow{KOH} \qquad \xrightarrow{CH_3CH_2Cl}$$

$$(4)\quad CH_2=CHCH_2COOCH_2CH_3 \xrightarrow[C_2H_5OH]{Na}$$

$$(5)\quad CH_2=CHCH_2CONH_2 \xrightarrow{H_2,\ Ni}$$

$$(6)\quad CH_3CH_2COOCH_3 + (CH_3)_3COH \xrightarrow{\triangle}$$

$$(7)\quad CH_3COCl + NH_3 \longrightarrow$$

供选实例

(1) 现有 1 瓶丢失标签的无色液体，可能是甲酸、醋酸或草酸，请鉴定之。

(2) 现有 1 瓶丢失标签的物质，可能是乙醇、乙醛、乙酸或甲酸，请鉴定之。

任务 4　制备烃的含氧衍生物

任务分析

有机物制备过程是从较简单的无机物和有机物通过化学反应合成结构比较复杂的有机物，并将所需要的产品从混合物中分离纯化的过程。有机化合物的制备包括有机合成及有机产物的后处理两个过程，这是有机化学中的一项重要内容，也是化工生产的核心。

要想完成某一物质的合成，要对待制备物的结构加以分析，从而设计和选择有机化合物的合成路线。

首先分析待制备物的分子结构特征，并与给定原料进行对比，初步确定该制备物分子在合成时是否需要增长碳链或增加支链，还是缩短碳链。对于复杂的合成反应，可将待制备物分子用"切断法"分成几部分，再用"倒推法"从产物倒推到原料。碳架建立后，往往需要选用适当的方法，在适当的位置引入所需要的官能团。在合成设计中，若能通过官能团的转化不仅建立了碳架，同时又引入了所需的官能团，这无疑是最合理的合成路线。

经合成得到的产品是包含了目标化合物的混合物，必须经后处理才能得到符合要求的产品。粗产品的后处理是一个典型的分离纯化过程，实施前仍需仔细分析混合物组成，确定后处理方案，针对不同混合物采用不同的单元操作进行分离纯化。

烃的含氧衍生物的制备主要包括醇、醚、醛、酮及羧酸的制备。制备过程根据反应要求选择有机试剂，并使用圆底烧瓶、直形冷凝管、球形冷凝管、温度计、烧杯、电炉、漏斗、锥形瓶等仪器。

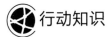 工作过程

（1）了解待制备物

详细了解待制备物物理常数、性质和用途，为确定制备方案做准备。

（2）确定合成路线

查阅相关资料，通过分析比较，确定合成路线。

（3）制定合成方案

根据有机合成路线的选择原则以及实际情况确定制备方案。

（4）完成合成实验

按合成方案实施合成操作，认真填写实验记录。

（5）分离纯化粗产品

依据粗产品中各化合物性质，逐一分离各物质，提纯主产物，赋予产品质量属性，获得符合要求的化合物。

（6）分析检测产品

分析检测的主要任务是对产品进行必要的纯度分析和结构鉴定。初步的纯度分析方法是进行熔点或折射率等物理常数的测定；确证结构主要借助光谱分析和元素分析等手段。

（7）撰写制备报告

根据实验完成情况，实验员认真完成制备实验报告。

⚙ 行动知识

1. 有机合成条件控制

有机合成反应条件非常重要，同样的反应物在不同的条件下，往往得到不同的产物。如乙醇在较高温度下，主要发生分子内的脱水（消除反应）生成烯烃；而在较低温度下，则发生分子间脱水生成醚。因此在有机合成过程中要做好条件控制才能制备所需要的产物。

2. 有机固/液混合物的分离提纯

在实际中，通过化学方法合成或从天然产物中得到的物质，往往是一种混合物，需要用分离、提纯的方法来获得纯净物质。对于简单混合物的分离，可根据混合物中各组分的物理性质

或化学性质的差异，选择适当的物理分离法或化学分离法，将混合物分离为单一化合物。

（1）过滤法

利用组分的溶解性差异，将液体和不溶于液体的固体分离开来。根据混合物中各成分的性质可采用常压过滤、减压过滤或热过滤等不同方法。

① 常压过滤

常压过滤是最为简便和常用的过滤方法，适用于胶体和细小晶体的过滤，其缺点是过滤速度较慢。一般是使用玻璃漏斗和滤纸进行过滤，其操作步骤如下。

a. 准备过滤器。将滤纸对折两次折叠成四层，展开成圆锥体。所得锥体半边为一层，另半边为三层。将半边为三层的滤纸外层撕下一小角，以便其内层滤纸紧贴漏斗。将滤纸放入漏斗中，三层的一边应放在漏斗出口较短的一边，用食指按住三层的一边，用洗瓶吹入少量蒸馏水将滤纸润湿。轻压滤纸，使其紧贴在漏斗壁上，并赶走气泡。加入蒸馏水后漏斗颈内能保留水柱而无气泡，则说明漏斗准备完好。

b. 过滤沉淀。沉淀的过滤一般采用倾注法。其操作方法见图 4-11，将准备好的漏斗放在漏斗架上，漏斗颈下部尖端长的一边紧靠烧杯壁，将玻璃棒垂直对着滤纸三层的一边的 2/3 滤纸高度处，并尽可能接近滤纸，但不要接触滤纸，烧杯嘴贴紧玻璃棒，将上层清液沿玻璃棒倾入漏斗，见图 4-11（a）。注意漏斗中的液面不得高于滤纸高度的 2/3，以免部分沉淀可能由于毛细作用越过滤纸上缘而损失。暂停倾注时，应将烧杯嘴沿玻璃棒向上提一下，使烧杯嘴上的液滴流入烧杯，见图 4-11（b），并立即将玻璃棒放入烧杯中，此时玻璃棒不能靠在烧杯嘴上，见图 4-11（c），因此处可能沾有少量的沉淀。如此反复操作，尽可能将沉淀的上层清液转入漏斗中，而不将滤液搅浑过滤，以防沉淀堵塞滤纸孔隙而影响到过滤速度。

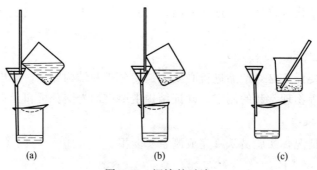

(a)　　　　　　(b)　　　　　　(c)

图 4-11　沉淀的过滤

c. 初洗沉淀。上层清液转移后，用洗瓶每次以少量洗涤液（10～15mL）吹洗烧杯内壁，使黏附的沉淀进入烧杯底部，充分搅拌，待沉淀沉降后，将上层清液用上述方法倾入漏斗中，如此反复 2～3 次。

d. 转移沉淀。用少量洗涤液洗涤烧杯和玻璃棒，把沉淀搅起，将悬浮液小心转移到漏斗中，如此反复操作 3～4 次，尽可能地将沉淀转移到滤纸上。烧杯中残留的很少量的沉淀，按如图 4-12(a) 所示的方法使沉淀和洗涤液一起顺着玻璃棒流入漏斗中。最后用滤纸擦净玻璃棒上的沉淀，再放入烧杯中，用玻璃棒压住滤纸擦拭烧杯壁，再用蒸馏水淋洗烧杯内壁，将残存的沉淀全部转入漏斗中。

(a) 沉淀的转移　　(b) 沉淀帚　　(c) 沉淀的洗涤　　(d) 沉淀集中到滤纸底部

图 4-12　沉淀的转移和洗涤

② 减压过滤

　　减压过滤也称抽滤或吸滤。此方法过滤速度快，沉淀抽得较干，适合于大量溶液与沉淀的分离，但不宜过滤颗粒太小的沉淀和胶体沉淀。因颗粒太小的沉淀易堵塞滤纸或滤板孔，而胶体沉淀易透滤。

　　减压过滤装置如图 4-13 所示，由吸滤瓶、过滤器、安全瓶和减压系统四部分组成。过滤器为布氏漏斗或玻璃砂芯滤器。布氏漏斗是瓷质的，耐腐蚀、耐高温，底部有很多小孔，使用时需衬滤纸或滤膜，且必须装在橡胶塞上，橡胶塞塞进吸滤瓶的部分一般不超过橡胶塞高度的 1/2。吸滤瓶用于承接滤液。玻璃砂芯滤器常用于烘干后需要称量的沉淀过滤，不适合用于碱性溶液，因为碱会与玻璃作用而堵塞砂芯的微孔。安全瓶安装在水抽气泵与吸滤瓶之间，防止在关闭泵后，压力的改变引起自来水倒吸入吸滤瓶中，沾污滤液。减压系统一般为水抽气泵（简称水泵）或油泵。当水泵（或油泵）将空气抽走时，使吸滤瓶中形成负压，造成布氏漏斗的液面与吸滤瓶内具有一定的压力差，使滤液快速滤过。

　　减压过滤的操作方法：

　　a. 按如图 4-13 所示安装好抽滤装置。注意将布氏漏斗插入吸滤瓶时，漏斗下端的斜面要对着吸滤瓶侧面的支管，以便吸滤。

　　b. 将滤纸剪成较布氏漏斗内径略小的圆形，以全部覆盖漏斗小孔为准。把滤纸放入布氏漏斗内，用少量蒸馏水润湿滤纸，微开与水泵相连的水龙头，滤纸便吸紧在漏斗的底部。

　　c. 缓慢将水龙头开大，然后进行过滤。过滤时，也可采用倾注法，即先将上层清液过滤后再转移沉淀。

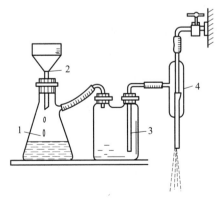

图 4-13　减压过滤装置
1—吸滤瓶；2—过滤器；3—安全瓶；4—减压系统

操作提示

> 抽滤过程要注意：溶液加入量不得超过漏斗总容量的 2/3；吸滤瓶中的滤液要在其支管以下，否则滤液将被水泵抽出；不得突然关闭水泵，如欲停止抽滤，应先将吸滤瓶支管上的橡皮管拔下，再关水泵，否则水将倒灌入安全瓶中。

d. 洗涤沉淀时，先拔下吸滤瓶上的橡皮管，关掉水龙头，加入洗涤液润湿沉淀，再微开水龙头接上橡皮管，让洗涤液缓缓透过沉淀。最后开大水龙头抽吸干燥。重复上述操作，洗至达到要求为止。若滤饼过实，可加溶剂至刚好覆盖滤饼，用玻璃棒搅松晶体（不要把滤纸捅破），使晶体润湿。为了更好地抽干漏斗上的沉淀，可用清洁的平顶玻璃塞在布氏漏斗上挤压晶体，再抽气把溶剂抽干，重复多次，即可将沉淀洗涤干净。

e. 过滤结束后，应先将吸滤瓶上的橡皮管拔下，关闭水龙头，再取下漏斗倒扣在清洁的滤纸或表面皿上，轻轻敲打漏斗边缘，或用洗耳球吹漏斗下口，使滤饼脱离漏斗而又倾入滤纸或表面皿上。

f. 将滤液从吸滤瓶的上口倒入洁净的容器中，不可从侧面的支管倒出，以免污染滤液。

③ 热过滤

热过滤是将欲过滤的溶液加热后趁热用预热的漏斗或热水漏斗进行的过滤，常用于重结晶中。当溶液的量较少时，可将漏斗放在烘箱（或热水）中预热后进行热过滤。如果溶液的量较多，或某些溶质在温度降低时很容易析出结晶，为了防止溶质在过滤时析出，可用热水漏斗进行热过滤。

热水漏斗是一种能减少散热的金属夹套式漏斗。使用时将热水注入夹套内，不要太满，加热侧管（见图 4-14），把玻璃漏斗放在热水漏斗中，再把叠好的滤纸放在玻璃漏斗中，将已加热的溶液趁热过滤。

图 4-14 热水漏斗热
过滤装置

操作提示

> 对于易燃溶液，应先加热夹套，待明火熄灭后，才能过滤，热过滤速度较慢。

过滤完成后，若滤纸上有少量结晶，可用少量溶剂洗下。若结晶较多，要用刮刀刮回原瓶中，重新进行热过滤。在热过滤时，准备要充分，动作要迅速。

（2）离心分离法

离心分离法适用于溶液和沉淀量很少的沉淀分离，它是将装有待分离的沉淀和溶液的离心管放入离心机内高速旋转，在离心作用影响下，沉淀移向离心管底部，上层为清液。

离心机的结构见图 4-15(a)。实验室常用的是转速低于 1000r/min 的低速离心机，其调速方式有逐级调速和无级调速两种。

离心分离操作方法如下：

a. 将装有待分离的沉淀和溶液的离心管放入离心机的套管中。注意离心管应放在离心机内对称的位置上，以保证离心机旋转时平衡稳定。

(a) 离心机　　　　　　(b) 用吸管吸上层清液

图 4-15　离心分离

b. 开启离心机。起始转速要慢，然后逐渐加速。转速的大小和旋转时间视沉淀的性质而定，一般为 1～3min。晶形沉淀转速为 1000r/min 即可。非晶形沉淀转速为 2000r/min，旋转 3～4min。

c. 关闭电源，使离心机自然减速停止转动。

d. 沉淀离心沉降后，用滴管慢慢吸出上层清液。吸取上层清液时，随着液体量的减少，将滴管尖端下移，尽量使清液吸尽，但管尖不可接触沉淀。如果沉淀需要洗涤，可加入数滴洗涤液，用玻璃棒搅拌后，离心沉降，再用滴管吸出上层清液，如此反复 2～3 次即可，如图 4-15(b) 所示。

3. 有机固/固混合物的分离提纯

（1）固体物质的萃取

从固体物质中提取所需物质，是利用溶剂对样品中被提取成分和杂质之间溶解度的不同，从而达到分离提取的目的。常用的方法有浸取法和连续萃取法。

浸取法是将溶剂加入被萃取的固体物质中浸泡溶解，使易溶于萃取剂的组分提取出来，再进行分离纯化。当用有机溶剂萃取时，要用回流装置。

连续萃取法是在萃取过程中，循环使用一定量的萃取剂，并保持萃取剂体积基本不变的萃取方法。实验室中常使用索氏提取器来进行萃取，索氏提取器的工作原理见模块二中任务 2。

操作方法：

a. 将固体物质研细，放入滤纸筒内，上下口包紧，以免固体逸出。纸筒的高度不超过索氏提取器的虹吸管。纸筒不宜包得过紧，过紧会缩小固-液的接触面积，但过松，滤纸筒不便放置。

b. 提取装置的安装应按由下向上的顺序安装。以热源的高度为基准，将烧瓶用万能夹固定好，烧瓶内加入数粒沸石，装上提取器，于提取器上方安装球形冷凝管，并用万能夹固定好。安装好的仪器应垂直于实验台面。

c. 从提取器上口加入有机溶剂，液体通过虹吸流入蒸馏瓶，加入溶剂量应视提取时间和溶解程度而定。

d. 通入冷凝水，加热，液体沸腾后开始回流。液体在提取筒中蓄积，使固体浸入液体中。当液面超过虹吸管顶部时，蓄积的液体带着从固体中提取出来的易溶物质流入蒸馏瓶中。如此反复，即可使固体中易溶解的物质全部提取到液体中来。

操作提示

在提取过程中，应注意调节温度，因在提取过程中，温度过高，被提取的溶质会在烧瓶壁上结垢或炭化。

（2）结晶或重结晶

结晶是溶液达到过饱和后，物质从液态中析出晶体的过程。溶解度随温度降低显著减小的化合物，可直接加热制成饱和溶液，冷却析出晶体。溶解度随温度变化不大的有机物，需要恒温加热蒸发溶剂，使溶液始终处于过饱和状态才能获得晶体。

固体混合物在分离提纯时，一次结晶所得到的晶体纯度往往达不到要求，需重新加入溶剂加热溶解后再次结晶，此过程为重结晶。

（3）升华

升华指某些具有较高蒸气压的固体物质，在低于熔点温度时，不经过液态直接变成蒸气，蒸气遇冷后又直接变为固体的过程。用升华法提纯固/固混合物所得产品纯度较高，但升华时间长，产品损失也较大，一般只适用于少量物质的提纯。

📄 理论知识

1. 醇的常用制备方法

扫码看课件

（1）烯烃水合法

工业上以烯烃为原料制备低级醇，主要有直接水合和间接水合两种方法。

① 烯烃直接水合

一般情况下，烯烃不能和水直接发生加成反应，但在酸的催化作用下，烯烃和水可以发生加成反应生成醇。

$$R-CH=CH_2 + H_2O \xrightarrow{H^+} R-\underset{\underset{OH}{|}}{CH}-CH_3$$

② 烯烃间接水合

烯烃与浓硫酸作用生成硫酸氢酯，硫酸氢酯与水共热，则水解生成相应的醇。

$$R-CH=CH_2 + H_2SO_4 \longrightarrow R-\underset{\underset{OSO_2OH}{|}}{CH}-CH_3 \xrightarrow{H_2O} R-\underset{\underset{OH}{|}}{CH}-CH_3$$

例如：

$$CH_2=CH_2 \xrightarrow{H_2SO_4} CH_3CH_2-OSO_2OH \xrightarrow[\triangle]{H_2O} CH_3CH_2OH + H_2SO_4$$

硫酸氢乙酯

$$CH_3-CH=CH_2 \xrightarrow{H_2SO_4} CH_3-\underset{\underset{OSO_2OH}{|}}{CH}-CH_3 \xrightarrow[\triangle]{H_2O} CH_3-\underset{\underset{OH}{|}}{CH}-CH_3 + H_2SO_4$$

硫酸氢异丙酯　　　　　　　　　异丙醇

（2）卤代烃水解

在强碱介质中，卤代烷烃可与水共热发生取代反应，卤原子被羟基取代而生成醇。

$$R-X + H_2O \xrightarrow[\triangle]{NaOH} R-OH + NaX$$

例如：

$$CH_3CH_2CH_2Cl + H_2O \xrightarrow[\triangle]{NaOH} CH_3CH_2CH_2OH + NaCl$$

$$\text{苯}-CH_2Cl + H_2O \xrightarrow[105℃]{12\% \ Na_2CO_3} \text{苯}-CH_2OH + HCl$$

（3）醛、酮的还原

① 催化加氢

在加热、加压下，醛、酮催化加氢分别生成伯醇和仲醇。例如：

$$CH_3CH_2CHO \xrightarrow[\triangle]{H_2/Pt} CH_3CH_2CH_2OH$$

$$\underset{\underset{CH_3}{\overset{O}{\|}}{C}CH_3}{} \xrightarrow[\triangle]{H_2/Pt} CH_3\overset{OH}{\underset{|}{C}H}CH_3$$

② 还原剂的还原

选择还原剂氢化铝锂（LiAlH$_4$）、硼氢化钠（NaBH$_4$）等，也可以将醛、酮还原到醇的程度。通式写成：

$$\underset{\underset{(R)}{H}}{\overset{R}{\underset{|}{C}}}=O \xrightarrow{[H]} \underset{\underset{(R)}{\overset{|}{H}}}{\overset{R}{\underset{|}{C}}}-OH$$

例如：

$$CH_3CH=CHCHO \xrightarrow[\text{②}H_2O]{\text{①}NaBH_4} CH_3CH=CHCH_2OH$$

$$\underset{\overset{O}{\|}}{C}CH_3 \xrightarrow[\text{②}H_3O,H^+]{\text{①}LiAlH_4} \underset{\overset{OH}{|}}{C}H-CH_3$$

（4）格氏试剂合成法

① 格氏试剂与环氧乙烷反应

$$RMgBr+ H_2C\underset{O}{\overset{}{\diagup\diagdown}}CH_2 \xrightarrow[\text{干醚}]{RMgBr} RCH_2CH_2OMgX \xrightarrow{H_2O} RCH_2CH_2OH+Mg(OH)X$$

例如：

$$CH_3CH_2MgBr+ H_2C\underset{O}{\overset{}{\diagup\diagdown}}CH_2 \xrightarrow{\text{干醚}} CH_3CH_2CH_2CH_2OMgX \xrightarrow{H_2O} CH_3CH_2CH_2CH_2OH$$

② 格氏试剂与醛、酮亲核加成

与甲醛反应制伯醇：

$$HCHO+CH_3CH_2MgBr \xrightarrow{\text{干醚}} CH_3CH_2CH_2OMgX \xrightarrow{H_2O} CH_3CH_2CH_2OH$$

与其他醛反应制仲醇：

$$CH_3CH_2MgBr+R-CHO \xrightarrow{\text{干醚}} \underset{\overset{|}{R}}{CH_3CH_2CHOMgX} \xrightarrow{H_2O} \underset{\overset{|}{R}}{CH_3CH_2CHOH}$$

$$CH_3CHO+CH_3CH_2MgBr \xrightarrow{\text{干醚}} \underset{\overset{|}{CH_3}}{CH_3CH_2CHOMgX} \xrightarrow{H_2O} \underset{\overset{|}{CH_3}}{CH_3CH_2CHOH}$$

与甲基酮反应制叔醇：

$$CH_3CH_2MgBr+ \underset{\overset{O}{\|}}{CH_3CCH_3} \xrightarrow{\text{干醚}} \underset{\overset{|}{CH_3}}{\overset{OMgBr}{\overset{|}{CH_3CH_2-C-CH_3}}} \xrightarrow[H^+]{H_2O} \underset{\overset{|}{CH_3}}{\overset{OH}{\overset{|}{CH_3CH_2-C-CH_3}}}$$

③ 格氏试剂与酯反应

在干醚中，过量的格氏试剂与酯进行反应，然后水解，可以得到高产率的醇，这是制备仲醇和叔醇的一种方法。其中，甲酸酯与格氏试剂反应得仲醇。

$$H{-}\overset{O}{\underset{\|}{C}}{-}OC_2H_5 + 2CH_3(CH_2)_3MgBr \xrightarrow[\text{②}H_3O^+]{\text{①干醚}} (CH_3CH_2CH_2CH_2)_2CHOH$$

$$85\%$$

其他酯与格氏试剂反应得叔醇。

$$CH_3\overset{O}{\underset{\|}{C}}{-}OC_2H_5 + 2 \text{<benzene>}{-}MgBr \xrightarrow[\text{②}H_3O^+]{\text{①干醚}} \overset{OH}{\underset{CH_3}{\text{<benzene>}{-}\underset{|}{C}{-}\text{<benzene>}}}$$

$$82\%$$

2. 醚的常用制备方法

（1）醇分子间脱水

在酸（如浓硫酸、芳磺酸或三氟化硼）催化下，醇分子间在一定温度下脱水生成醚。

$$ROH + HOR \xrightarrow[\triangle]{\text{浓 }H_2SO_4} R{-}O{-}R + H_2O$$

这是制备低级单醚的方法，例如正丙醚的制法如下：

$$2CH_3CH_2CH_2OH \xrightarrow[\triangle]{\text{浓 }H_2SO_4} CH_3CH_2CH_2{-}O{-}CH_2CH_2CH_3 + H_2O$$

这个方法只限于伯醇和含活泼羟基的醇，例如，苯甲醇只需与稀酸共热即脱水生成二苄醚。

（2）威廉森制醚法

醇钠或酚钠与卤代烃反应生成醚是制备醚的一个重要方法，称为威廉森（Williamson）制醚法。通式写成：

$$R{-}ONa + X{-}R' \longrightarrow R{-}O{-}R' + NaX$$

例如：

$$CH_3CH_2CH_2Br + CH_3CH_2ONa \xrightarrow{\triangle} CH_3CH_2CH_2OCH_2CH_3 + NaBr$$

🌱 小故事

亚历山大·威廉·威廉姆逊（1824—1904），英国化学家，有机合成的先驱人物。威廉姆逊在有机化学理论、有机化学合成、化学平衡、化学催化等领域均做出了开创性贡献。他系统地研究了醚的性质和合成方法，著名的"威廉姆逊合成"即以他的名字命名。威廉姆逊不仅是一位卓越的化学家，还是一位优秀的教育家。在他整整八十年不平凡的一生中，给人印象最深的是他生理残疾的身体中所蕴藏的矢志不移、强大无比的科学探索精神。为了表彰威廉姆逊在化学方面的杰出贡献，1862 年，他被授予"皇家奖章"，这是英国皇家学会的最高荣誉。

　　威廉森制醚法既可用于合成单醚，又可用于合成混醚。可是，由于 RO— 或 ArO— 既是一个亲核试剂，又是一个强碱，因此在进行亲核取代生成醚的同时常伴随消除反应生成烯烃。因此用威廉森法制备醚时，必须注意原料的选择。伯卤代烃生成醚的产率较好，叔卤代烷在强碱条件下几乎都是消除产物。例如，合成乙基叔丁基醚，需采用卤乙烷与叔丁醇钠反应，而不采用叔丁基卤和乙醇钠反应，因为后者将主要得到烯烃。

$$CH_3CH_2Br + CH_3-\underset{\underset{CH_3}{|}}{\overset{\overset{CH_3}{|}}{C}}-ONa \longrightarrow CH_3-\underset{\underset{CH_3}{|}}{\overset{\overset{CH_3}{|}}{C}}-OCH_2CH_3 + NaBr$$

$$CH_3-\underset{\underset{CH_3}{|}}{\overset{\overset{Br}{|}}{C}}-CH_3 + CH_3CH_2ONa \longrightarrow CH_3-\underset{\underset{CH_3}{|}}{C}=CH_2 + CH_3CH_2OH + NaBr$$

　　制备芳基醚时，用酚钠和卤代烷，而不用卤代芳烃和酚钠。因为卤代芳烃非常不活泼，不能与醇钠发生反应。例如：

扫码看课件

3. 醛、酮的常用制备方法

扫码看课件

　　（1）烯烃的氧化

　　　　随着石油化工的迅速发展，乙烯、丙烯等直接氧化制备醛和酮已成为制备醛、酮的重要方法。例如：

$$CH_2=CH_2 + \frac{1}{2}O_2 \xrightarrow[120\sim125℃，1MPa]{CuCl_2\text{-}PbCl_2} CH_3CHO$$

$$CH_3CH=CH_2 + \frac{1}{2}O_2 \xrightarrow[90\sim125℃，1.1MPa]{CuCl_2\text{-}PbCl_2} CH_3COCH_3$$

此法原料价格便宜，且解决了汞盐催化剂污染环境的问题。

　　（2）炔烃的水合

　　在汞盐催化下，炔与水生成烯醇，烯醇重排后得到相应的羰基化合物。其中，乙炔水合生成乙醛。其他炔水合生成酮。例如：

$$HC{\equiv}CH + H_2O \xrightarrow[H_2SO_4]{HgSO_4} CH_3CHO$$

$$CH_3CH_2C{\equiv}CH + H_2O \xrightarrow[H_2SO_4]{HgSO_4} CH_3CH_2\underset{\underset{O}{\|}}{C}CH_3$$

　　本方法中催化剂汞盐造成很大的环境污染，且难以处理，虽有非汞催化剂的报道，但是产率远不能与汞催化法相比。

　　（3）醇的氧化或脱氢

　　由醇氧化得醛或酮是制备醛、酮的常用方法，其中伯醇氧化得醛，仲醇氧化得酮。由于醛比醇更容易氧化，生成相应的羧酸。因此，用伯醇氧化制醛产率较低，且需要选择合适的氧化剂（如 Cr_2O_3/吡啶）使反应停留在合成醛的阶段。例如：

$$CH_3CH_2CH_2OH \xrightarrow[\text{吡啶}]{Cr_2O_3} CH_3CH_2CHO$$

$$CH_3CH_2CH_2\underset{\underset{OH}{|}}{C}HCH_3 \xrightarrow[H_2SO_4,\triangle]{K_2Cr_2O_7} CH_3CH_2CH_2\underset{\underset{O}{\|}}{C}CH_3$$

工业上将醇的蒸气通过加热的催化剂（铜或银等），也可使伯醇、仲醇脱氢生成相应的醛、酮，这是制备醛、酮的重要方法。例如：

$$CH_3CH_2OH \xrightarrow[\triangle]{Cu} CH_3CHO$$

（4）烯烃的醛基化

α-烯烃与 CO 和 H_2 在催化剂作用下，生成比原烯烃多一个碳原子的醛。这个合成法称为烯烃的羰基合成。常用的催化剂为八羰基二钴。例如：

$$CH_2=CH_2+CO+H_2 \xrightarrow[\text{高温,高压}]{[Co(CO)_4]_2} CH_3CH_2CHO$$

（5）芳烃酰基化制芳酮

芳烃的酰基化是制备芳酮的重要方法，常用的酰基化试剂是酰卤或酸酐。例如：

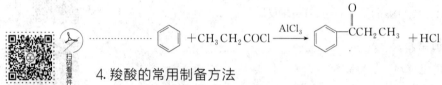

4. 羧酸的常用制备方法

（1）氧化法

① 烃的氧化

高级脂肪烃（如石蜡）加热到 120℃ 和在催化剂硬脂酸锰存在的条件下通入空气，可被氧化生成多种脂肪酸的混合物。例如：

$$RCH_2CH_2R' + \frac{5}{2}O_2 \xrightarrow[120℃]{\text{硬脂酸锰}} RCOOH + R'COOH + H_2O$$

烯烃通过氧化，碳链在双键处断裂得到羧酸。例如：

$$RCH=CH_2 + KMnO_4 \xrightarrow{H^+} RCOOH + CO_2 + H_2O$$

$$RCH=CHR + KMnO_4 \xrightarrow{H^+} 2RCOOH$$

环状烯烃通过氧化得到二元羧酸。例如：

$$\xrightarrow[]{KMnO_4,H_2SO_4} HOOC(CH_2)_4COOH$$

有 α-H 的烷基苯在高锰酸钾、重铬酸钾等氧化剂作用下，不论碳链长短均被氧化成苯甲酸。

$$\underset{}{\text{苯}}-R \xrightarrow[H^+]{KMnO_4} \underset{}{\text{苯}}-COOH$$

② 伯醇或醛的氧化

伯醇或醛氧化制羧酸是一种常用的方法。常用的氧化剂有高锰酸钾、重铬酸钾、三氧化铬等。例如：

$$CH_3CH_2CH_2OH \xrightarrow[\text{稀} H_2SO_4]{K_2Cr_2O_7} CH_3CH_2COOH$$

乙醛空气氧化（或氧气氧化）是工业生产乙酸的方法之一：

$$CH_3CHO + O_2（空气）\xrightarrow[55\sim60℃]{乙酸锰} CH_3COOH$$

不饱和醇与醛也可氧化成相应的羧酸，但需要选用相应的弱氧化剂，以避免不饱和键被氧化。例如：

$$CH_3CH=CHCHO \xrightarrow{Ag(NH_3)_2OH} CH_3CH=CHCOOH$$

③ 酮的氧化

甲基酮的碘仿反应。例如：

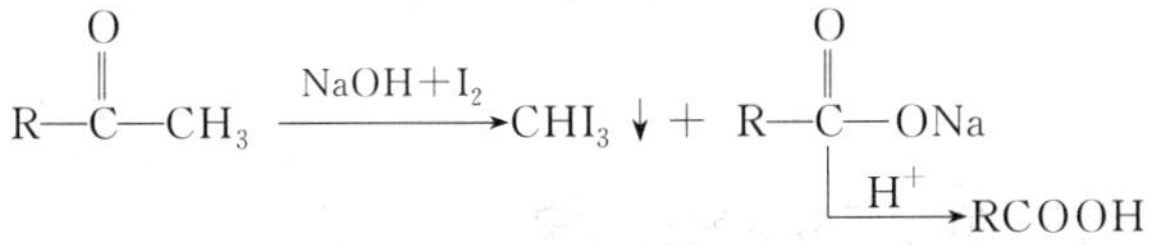

$$R-\overset{O}{\overset{\|}{C}}-CH_3 \xrightarrow{NaOH+I_2} CHI_3\downarrow\ +\ R-\overset{O}{\overset{\|}{C}}-ONa \xrightarrow{H^+} RCOOH$$

此法可制备比原来的酮少一个碳原子的羧酸。

（2）腈的水解

腈在酸或碱的催化下，可水解生成羧酸。例如：

$$HOCH_2CH_2Cl \xrightarrow{NaCN} HOCH_2CH_2CN \xrightarrow{H_2O/H^+} HOCH_2CH_2COOH$$

以卤代烃与氰化钠为原料，通过腈水解制备的羧酸比原来的卤代烃多一个碳原子。但此法不适用于仲卤代烷和叔卤代烷，因氰化钠碱性较强，易使仲卤代烷或叔卤代烷发生脱卤生成烯烃。

（3）格氏试剂与 CO_2 作用

制备时，一般是将格氏试剂的醚溶液倒入过量的干冰中，使格氏试剂与二氧化碳加成，再经水解即生成羧酸。此法可从卤代烃制备多一个碳原子的羧酸。

格氏试剂可由卤代烃制备，但应注意烷基卤化镁的烃基上不能连有与格氏试剂反应的其他基团。

$$RMgX + CO_2 \xrightarrow{干醚} RCOOMgX \xrightarrow[\triangle]{H_2O,\ H^+} RCOOH$$

例如：

$$(CH_3)_3C-OH \xrightarrow{HCl} (CH_3)_3C-Cl \xrightarrow[干醚]{Mg} (CH_3)_3C-MgCl \xrightarrow[②H_3O^+]{①\ CO_2/干醚} (CH_3)_3C-COOH$$

（4）羧酸的其他制法

① 羧酸衍生物的水解

羧酸衍生物酰卤、酸酐、酯和酰胺都能发生水解反应生成羧酸。

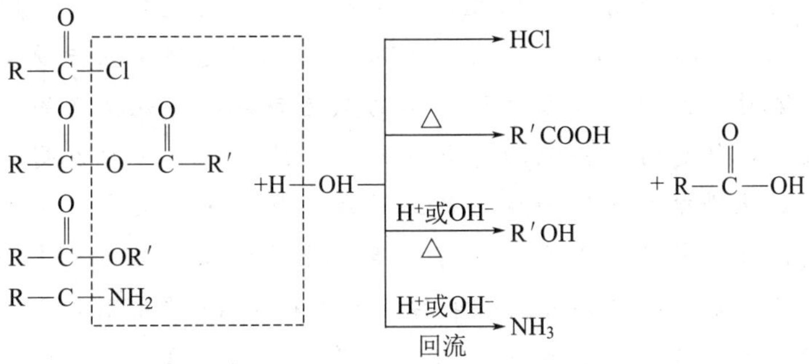

② 康尼扎罗（Cannizzaro）反应

不含 α-H 的醛或酮在浓碱作用下可以发生歧化反应，两分子不含 α-H 的醛相互作用，其中一分子被还原为醇，另一分子被氧化成酸。

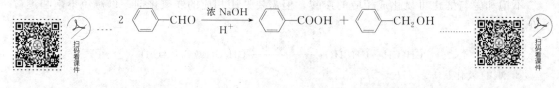

供选实例

(1) 试以氯乙烷为原料，拟定丁醇的制备方案。

(2) 试以苯酚为原料，拟定对羟基苯甲酸的制备方案。

(3) 试以丁醇为原料，拟定正丁醚的制备方案。

(4) 试以苯为原料，拟定苯乙酮的制备方案。

(5) 试以苯甲醛和乙酸酐为原料，拟定肉桂酸的制备方案。

(6) 试以乙醇为原料，拟定丁酸的制备方案。

拓展知识 ......

阿司匹林

阿司匹林是一种历史悠久的解热镇痛药，诞生于 1899 年 3 月 6 日。用于治感冒、发热、头痛、牙痛、关节痛、风湿病，还能抑制血小板聚集，用于预防和治疗缺血性心脏病、心绞痛、心肌梗死、脑血栓形成，也有效应用于血管形成术及旁路移植术。

早在 1853 年夏尔，弗雷德里克·热拉尔就用水杨酸与醋酐合成了乙酰水杨酸，但没能引起人们的重视；1897 年德国化学家菲利克斯·霍夫曼又进行了合成，并为他父亲治疗风湿关节炎，疗效极好；1899 年由德莱塞介绍到临床，并取名为阿司匹林（Aspirin）。到今日为止，阿司匹林已应用百余年，成为医药史上三大经典药物之一，至今它仍是世界上应用最广泛的解热、镇痛和抗炎药，也是作为比较和评价其他药物的标准制剂。

根据文献记载，都说阿司匹林的发明人是德国的菲利克斯·霍夫曼，但这项发明中，起着非常重要作用的还有一位犹太化学家阿图尔·艾兴格林。阿图尔·艾兴格林的辛酸故事发生在 1934 年至 1949 年间。1934 年，菲利克斯·霍夫曼宣称是他本人发明了阿司匹林。当时的德国正处在纳粹统治的黑暗时期，对犹太人的迫害已经愈演愈烈。在这种情况下，狂妄的纳粹统治者更不愿意承认阿司匹林的发明者有犹太人这个事实，于是便将错就错把发明家的桂冠戴到了菲利克斯·霍夫曼一个人的头上，为他们的"大日耳曼民族优越论"贴金。纳粹统治者为了堵住阿图尔·艾兴格林的嘴，还把他关进了集中营。第二次世界大战结束后，大约在 1949 年前后，阿图尔·艾兴格林又提出这个问题，但不久他就去世了。从此这事便石沉大海。英国医学家、史学家瓦尔特·斯尼德几经周折获得德国拜耳公司的特许，查阅了拜耳公司实验室的全部档案，终于以确凿的事实恢复了这项发明的历史真面目。他指出：在阿司匹林的发明中，阿图尔·艾兴格林功不可没。事实是在 1897 年，菲利克斯·霍夫曼的确第一次合成了构成阿司匹林的主要物质，但他是在他的上司——知名的化学家阿图尔·艾兴格林的指导下，并且完全采用艾兴格林提出的技术路线才获得成功的。

阿司匹林于 1898 年上市，发现它还具有抗血小板凝聚的作用，于是重新引起了人们极大的兴趣。将阿司匹林及其他水杨酸衍生物与聚乙烯醇、醋酸纤维素等含羟基聚合物进行熔融酯化，使其高分子化，所得产物的抗炎性和解热止痛性比游离的阿司匹林更为长效。

 自测题

1.命名下列化合物。

(1) $CH_3CHCH_2CHCH_3$（上方 CH_3、OH）

(2) 苯环—$CHCHCH_3$（上方 CH_3、下方 OH）

(3) H_3C—苯环—$C(CH_3)_3$（下方 OH）

(4) $CH_2\!=\!C\!-\!CH_2CH_2OH$（下方 CH_3）

(5) 苯环，上方 OH，邻位 OCH_3

(6) H_3C—苯环—CHO

(7) $CH_2\!=\!C\!-\!CHCHO$（C 上方 C_2H_5，下方 CH_3）

(8) $CH_3CH(CH_3)CH_2CH_2CHO$

(9) $CH_3CH_2CHCOOH$（上方 CH_3）

(10) $CH_3CH_2CH_2CONH_2$

(11) $CH_3CHCOCl$（上方 CH_3）

(12) $(CH_3CH_2CH_2CO)_2O$

(13) $CH_3COOCH_2CH_3$

(14) $HOOCCH_2COOH$

(15) H_3C—苯环—$CONH_2$

2.完成下列反应方程式。

(1) $CH_3CHCHCH_3$（上方 CH_3，下方 OH） $\xrightarrow[\triangle]{浓硫酸}$? $\xrightarrow[\triangle]{HBr}$

(2) $CH_2\!=\!CH_2 \xrightarrow{?} H_2C\underset{O}{\overset{\diagdown\diagup}{-}}CH_2 \xrightarrow{C_2H_5OH}$

(3) 苯环—$OH \xrightarrow{NaBr} ? \xrightarrow{CO_2+H_2O} ? \xrightarrow{溴水}$

(4) $CH_3CH_2CH_2CHO \xrightarrow[\triangle]{10\%NaOH} ? \xrightarrow{H_2/Ni}$

(5) 环己酮 $+H_2NOH \longrightarrow$

(6) $CH_2{=\!\!=}CHCH_2CHO \xrightarrow[\triangle]{KMnO_4}$

(7) $CH_2{=\!\!=}CHCHO+HCN \xrightarrow{OH^-}$

(8) 苯乙酮 $+Cl_2 \xrightarrow{H^+}$

(9) $CH_3CH{=\!\!=}CH_2 \xrightarrow{HBr} ? \xrightarrow{?}{?} (CH_3)_2CHMgBr \xrightarrow{HCHO} ? \xrightarrow{H_2O} (CH_3)_2CHCOOH \xrightarrow{PCl_5} ? \xrightarrow{NH_3} ? \xrightarrow[NaOH]{NaBrO}$

(10) $CH_3CH_2COOH \xrightarrow{?} CH_3CH_2COCl \xrightarrow{?} CH_3CH_2CONH_2 \xrightarrow{?} CH_3CH_2NH_2$
$\downarrow{?}$
$CH_3CH_2CH_2NH_2$

(11) $CH_2{=\!\!=}CH_2 \xrightarrow[\triangle]{H_2O,\ H^+} ? \xrightarrow{?} CH_3CHO \xrightarrow[\triangle]{KMnO_4,\ H^+} ? \xrightarrow[H^+]{CH_3CH_2CH_2OH}$

3. 用化学方法鉴别下列各组化合物。

(1) 正戊烷、对甲苯酚、苯甲醚

(2) 异丙醇、苯酚、乙醚、正溴丁烷

(3) 甲醛、乙醛、丙酮、正丁醇

(4) 乙醛、2-戊酮、3-戊酮

(5) 乙醇、乙醛、乙酸、甲酸

(6) 蚁酸、醋酸、草酸

(7) 乙酰氯、乙酸酐、乙酸乙酯、乙酰胺

4. 用指定原料合成下列化合物。

(1) 以乙烯为原料，各选用两条合成路线合成正丁醇、丙酸。

(2) 以乙醇为原料合成丁酮、2-氯丁烷、丙酸乙酯。

(3) 由 $CH_2{=\!\!=}CHCHO$ 合成 $CH_3CH(OH)CH_3$。

(4) 以正丙醇为原料合成 2-甲基丙酸。

(5) 由间苯二酚制备 2-硝基-1,3-苯二酚。

(6) 以苯酚为原料合成对羟基苯甲酸。

5. 试比较下列各组化合物的酸性大小。

(1) CH_3COOH　　$ClCH_2COOH$　　$(CH_3)_3CCOOH$

(2) 甲酸　　乙酸　　异丁酸　　草酸

(3) 苯甲酸　　间硝基苯甲酸　　对硝基苯甲酸

6. 推测化合物的结构。

(1) 两个芳香族含氧化合物 A、B，化学式均为 C_7H_8O，A 可与 Na 作用，而 B 不能。A 与浓 HI 反应生成 C(C_7H_7I)，B 用浓 HI 处理生成 D(C_6H_6O)，D 遇溴水迅速产生白色沉淀，写出 A～D 的构造式及各步反应方程式。

（2）某化合物 A($C_7H_{16}O$）被氯化后的产物能与苯肼作用生成苯腙，A 用浓硫酸加热脱水得 B，B 经酸性高锰酸钾氧化后生成两种有机产物，一种产物能发生碘仿反应；另一种产物为正丁酸，试写出 A、B 的构造式。

（3）化合物 A、B、C 的化学式都是 $C_3H_6O_2$，A 能与 $NaHCO_3$ 作用放出 CO_2，B 和 C 能在水溶液中水解，B 的水解产物之一能起碘仿反应。推断 A、B、C 的构造式。

（4）化合物 A($C_4H_8O_3$）溶于水并显酸性，将 A 加热后脱水得到 B($C_4H_6O_2$)，B 溶于水也显酸性，B 比 A 更易被高锰酸钾氧化，A 与酸性高锰酸钾作用后再加热得到 C(C_3H_6O)，C 不易被高锰酸钾氧化，但可发生碘仿反应。写出 A、B、C 的结构式。

（5）化学式为 $C_6H_{12}O$ 的化合物 A，能与羟胺反应，与托伦试剂或饱和亚硫酸氢钠均不起反应。A 经催化加氢得化学式为 $C_6H_{14}O$ 的化合物 B。B 与浓硫酸作用脱水生成化学式为 C_6H_{12} 的 C，C 经高锰酸钾氧化生成 D 和 E。D 有碘仿反应而无银镜反应，而 E 有酸性。推测 A～E 的结构。

模块五
烃含氮衍生物的变化及应用

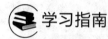 学习指南

　　烃的含氮衍生物是指烃分子中的氢原子被各种含氮原子的官能团取代而衍变成的有机物。此类化合物范围广泛，种类繁多，前面模块中出现的酰胺、肟、腙等，也属于烃的含氮衍生物的范畴。有机化学接触较多的含氮衍生物还有硝基化合物、胺、腈、重氮及偶氮化合物，这些物质的分子中分别含有硝基（—NO_2）、氨基（—NH_2）、氰基（—CN）和氮氮重键（—N_2—）官能团，其中—N_2—基团的一端与烃基相连，另一端与非碳原子相连的化合物为重氮化合物，—N_2—两端都与碳原子相连的化合物为偶氮化合物。

　　烃的含氮衍生物广泛存在于海洋生物、沉积有机质等自然界中。许多烃的含氮衍生物具有生物活性，有些是生命活动不可缺少的物质，临床上使用的不少抗生素及激素类药物也是烃的复杂含氮衍生物，此外，纺织染料、合成纤维、高分子材料等都与烃的含氮衍生物紧密关联。

　　本模块通过"鉴定胺类化合物"1个任务的学习，除了进一步熟练有机物鉴定的要求及方法外，还需使学习者在任务完成过程中，掌握学习方法，不仅学会胺类化合物的命名、物理性质和化学性质及其应用，而且能根据教材多个任务的学习，结合模块后的相关链接及项目实例，自主学习硝基化合物、腈、重氮和偶氮化合物等其他烃含氮衍生物的相关理论知识。

目标导学

知识目标

　　认识烃含氮衍生物结构与性质之间的关系；

　　认识胺的碱性、烷基化反应、酰基化反应、磺酰化反应、与亚硝酸的反应、氧化反应及芳胺苯环上的化学反应；

　　知道芳香族硝基化合物的还原反应及苯环上的取代反应；

　　知道腈的水解、醇解及还原反应；

　　知道芳香族重氮化合物的取代反应、还原反应及偶合反应，熟悉它们在有机合成中的应用；

　　推导相关含氮衍生物之间的相互转化；

　　知道常用含氮衍生物的鉴别方法及常用的含氮衍生物的制备方法。

技能目标

　　能按物质鉴定的要求及基本方法，根据烃含氮衍生物的性质对其做初步的化学鉴定；

　　能由给定烃含氮衍生物的结构推测其在给定反应条件下发生的化学变化；

　　能熟练控制实验条件。

素质目标

　　树立实事求是，严谨踏实的工作作风；

　　培养胸怀祖国，服务人民的爱国情怀；

　　培养坚持不懈，求真务实的科学精神；

　　树立安全环保，绿色低碳的社会责任。

任务　鉴定胺类化合物

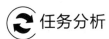 ## 任务分析

　　胺类化合物是重要的烃含氮衍生物，是许多药物、染料的原料或中间体，无论是化学合成还是生物提取，都可能需要对所得的胺类化合物进行结构确定。以化学方法为依据的有机化合物的系统鉴定法能简单快速地给出初步的鉴定结论，并为仪器分析提供前期准备。

　　胺类化合物可用于鉴定的性质很多。就外观而言，低级胺有类似氨的气味，芳胺有特殊气味。就物理常数而言，胺的沸点比分子量相近的烃和醚高，比醇和羧酸低。就化学性质而言，胺具有碱性，部分胺的碱性可使红色石蕊试纸变蓝；伯胺、仲胺的酰基化反应、兴斯堡（Hinsberg）反应，都可以通过产物的特征推测反应物胺的结构；不同胺与亚硝酸反应呈现出的不同现象也为胺类化合物的鉴定提供了依据。

　　值得注意的是，烃含氮衍生物中有许多具有毒性，尤其是芳香胺、硝基苯的毒性更强，在使用过程中应做好防护措施，使用后的污水必须统一回收处理，切忌随意排放。

行动知识

有机化合物的冷却及温度控制

有机化学的很多实验操作是在低温下进行的，不同的冷却要求，需要不同的冷却方法来完成。

（1）自然冷却

将热的有机化合物放置于空气中，使其自然冷却到室温。

（2）冷却剂冷却

对于需要在低于室温条件下进行的有机实验，通常需使用冷却剂。水或冰水混合物是最常用的冷却剂，使用时将盛有液体的容器放入水或冰水混合物中，冰水混合物的冷却效果比水更好些。要在 $0℃$ 以下进行操作，可用不同比例的无机盐与碎冰的混合物作为冷却剂，根据所用无机盐的种类及与碎冰的比例，可使冷却温度控制在 $-55\sim-5℃$ 不等。表 5-1 给出常用冷却剂的组成及可达到的最低温度。

表 5-1 常用冷却剂的组成及其最低可冷却温度

冷却剂组成	质量混合比	温度/℃
水	—	室温
碎冰或冰水混合物	—	0～5
碎冰＋KCl	10：3	−11
碎冰＋NH₄Cl	4：1	−15
碎冰＋NaCl	3：1	−20
碎冰＋MgCl₂	10：2.8	−34
碎冰＋CaCl₂·6H₂O	10：3	−11
碎冰＋CaCl₂·6H₂O	10：8.2	−20
碎冰＋CaCl₂·6H₂O	10：12.5	−40
碎冰＋CaCl₂·6H₂O	10：14.3	−55

操作提示

当温度低于−38℃时，不能用水银温度计，可选择装有有机液体的低温温度计。

（3）机械冷却

机械冷却是采用机械制冷的低温设备提供低温水浴。冷阱是有机实验室使用较多的机械冷却设备，具有温度控制准确、使用方便等特点，使用时可根据要求调节到所需冷却温度。不同型号的低温冷阱的冷却温度不同，通常可达到−50～−135℃之间。

理论知识

1. 胺的分类与结构

胺是氨的烃基衍生物，即氨分子（NH_3）中的氢原子被 R—或 Ar—取代后的产物。胺类物质广泛存在于生物界，如氨基酸、蛋白质等，它们是构成生命的基本物质。

（1）胺的分类

① 根据氮原子所连烃基的数目不同，分为伯胺、仲胺、叔胺。例如：

$$CH_3CH_2NH_2 \qquad (CH_3CH_2)_2NH \qquad (CH_3CH_2)_3N$$

伯胺　　　　　仲胺　　　　　　　叔胺

此分类方法与醇和卤代烃的伯、仲、叔不同。如叔胺是指氮原子上连有三个烃基，而叔醇是指羟基与叔碳原子相连。

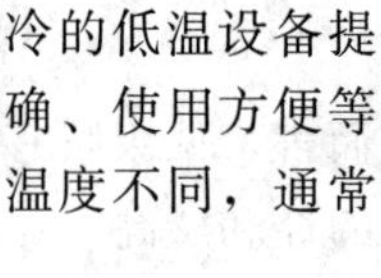

伯胺 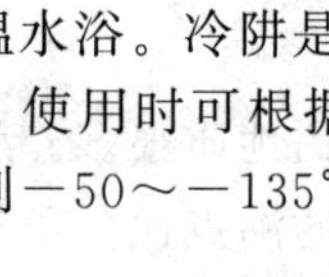　　　　　　　　叔醇

② 根据氮原子所连烃基的种类不同，分为脂肪族胺和芳香族胺。例如：

$CH_3CH_2NHCH_3$
脂肪族胺

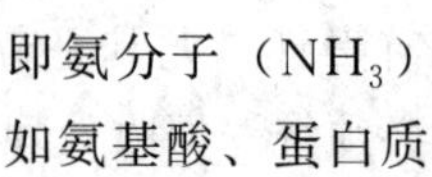

脂肪族胺

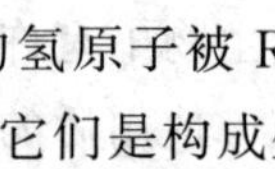

芳香族胺

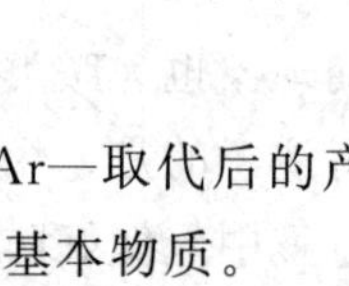

芳香族胺

③ 根据分子中氨基的数目，胺可分为一元胺、二元胺或多元胺。例如：

一元胺：$CH_3CH_2CH_2NH_2$

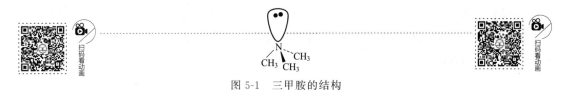

二元胺：H_2N─　　─NH_2

（2）胺的结构

胺类化合物的结构与氨相似。氮原子的电子构型是 $1s^2 2s^2 2p^3$，成键时先进行 sp^3 杂化，3 个未共用电子分别占据 3 个 sp^3 杂化轨道，每个轨道可与 1 个氢原子的 s 轨道或碳原子的杂化轨道重叠生成氨或胺，第 4 个 sp^3 轨道含 1 对未共用电子对。图 5-1 为三甲胺的结构。

图 5-1　三甲胺的结构

苯胺中的未共用电子对所在的 sp^3 杂化轨道与苯环上碳原子的 p 轨道相互重叠，形成共轭体系，共轭的结果是氮原子上的电子云偏向苯环，降低了氮原子与质子的结合能力，同时苯环电子云密度增大，苯环被活化，更容易发生亲电取代反应。图 5-2 为苯胺的结构。

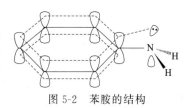

图 5-2　苯胺的结构

小知识

> 苯胺，无色油状液体，微溶于水，易溶于乙醇、乙醚等有机溶剂，主要用于制造染料、药物、树脂，也可用作橡胶硫化促进剂等。苯胺在人体内会经过代谢产生具有致癌性的代谢产物，对人体健康造成潜在威胁。长期暴露于苯胺可能引发严重的健康问题，如造血系统疾病、肝脏损伤等。苯胺的毒性与剂量、暴露时间以及个体的敏感性等因素有关。在工业生产和实验室等环境中，应严格遵循相关的安全操作规程和指导，控制苯胺的接触和使用。在日常生活中，应尽量减少与苯胺相关的接触，避免使用含有苯胺的化妆品、染发剂等产品。

2.胺的命名

（1）简单胺

① 由简单烃基组成的胺，按其所含烃基的名称命名为"某胺"；若烃基相同，但不止一个，则用"二""三"表明烃基的数目。例如：

$CH_3CH_2NH_2$
乙胺

─NH_2
苯胺

─NH_2
β-萘胺

$(CH_3CH_2)_2NH$
二乙胺

$(CH_3CH_2)_3N$
三乙胺

─NH─
二苯胺

② 不同取代基组成的胺，命名时按基团由小到大的顺序依次写出烃基的名称。例如：

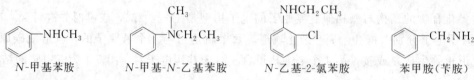

$$CH_3CH_2NHCH_3 \qquad CH_3CH_2-\overset{\overset{\displaystyle CH_3}{|}}{N}-CH_2CH_2CH_3 \qquad CH_3-NH-CH_2CH_3$$

甲乙胺　　　　　　　　　　甲乙丙胺　　　　　　　　　　甲异丙胺

③ 芳香族仲、叔胺，应在烃基前冠以"N"字，表示该基团连在氨基的氮原子上，以区别于连在芳环上。氨基若连在芳环侧链上，一般以脂肪胺为母体命名。例如：

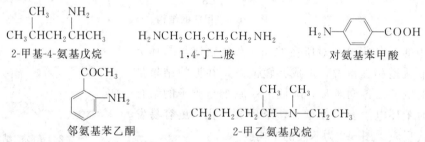

N-甲基苯胺　　　　　N-甲基-N-乙基苯胺　　　　N-乙基-2-氯苯胺　　　　苯甲胺(苄胺)

（2）复杂胺

① 比较复杂的胺可按系统命名法，将氨（胺）基作取代基，以烃为母体。多元胺命名类似多元醇。例如：

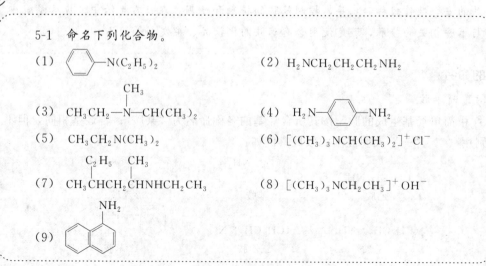

$$CH_3\overset{\overset{\displaystyle CH_3}{|}}{C}H CH_2\overset{\overset{\displaystyle NH_2}{|}}{C}HCH_3 \qquad H_2NCH_2CH_2CH_2CH_2NH_2 \qquad H_2N-\!\!\!\!\!\!-COOH$$

2-甲基-4-氨基戊烷　　　　　　　1,4-丁二胺　　　　　　　　对氨基苯甲酸

邻氨基苯乙酮　　　　　　　　　　2-甲乙氨基戊烷

② 铵盐或氢氧化铵中的 4 个氢原子被 4 个烃基取代生成的化合物，称为季铵盐或季铵碱。季铵盐和季铵碱的命名与无机盐和无机碱的命名相似，在"铵"前加上每个烃基的名称，称为"卤化某铵"和"氢氧化某铵"。例如：

$$[(CH_3CH_2CH_2CH_2)_4N]^+Br^- \qquad\qquad [(CH_3)_3N(CH_2)_{11}CH_3]^+Br^-$$

溴化四丁铵　　　　　　　　　　　　溴化三甲基十二烷基铵

$$[(CH_3)_4N]^+OH^- \qquad\qquad [(CH_3)_3NCH_2CH_2OH]^+OH^-$$

氢氧化四甲铵　　　　　　　　氢氧化三甲基-2-羟乙基铵(胆碱)

👥 思考与练习

5-1　命名下列化合物。

（1） ⬡—$N(C_2H_5)_2$

（2） $H_2NCH_2CH_2CH_2NH_2$

（3） $CH_3CH_2-\overset{\overset{\displaystyle CH_3}{|}}{N}-CH(CH_3)_2$

（4） $H_2N-\!\!\!\!\!\!-NH_2$

（5） $CH_3CH_2N(CH_3)_2$

（6） $[(CH_3)_3NCH(CH_3)_2]^+Cl^-$

（7） $CH_3\overset{\overset{\displaystyle C_2H_5}{|}}{C}HCH_2\overset{\overset{\displaystyle CH_3}{|}}{C}HNHCH_2CH_3$

（8） $[(CH_3)_3NCH_2CH_3]^+OH^-$

（9）

3. 胺的物理性质及物理性质的变化规律

甲胺、二甲胺、三甲胺、乙胺等低级脂肪胺在常温常压下为无色气体，其他为液体或固体。低级胺有类似氨的气味，高级胺无味。这些性质为胺类化合物的鉴定提供了表观特征。

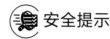

安全提示

> 芳香族硝基化合物一般都有毒，能使血红蛋白变性，因此应避免与皮肤直接接触或吸入其蒸气。另外，芳香族多硝基化合物具有极强的爆炸性，不宜在烘箱内干燥。

伯胺和仲胺由于能形成分子间氢键，沸点比分子量相近的烃和醚高，例如，正丁胺的沸点为 77.8℃，而正戊烷的沸点为 36.1℃，且在分子量相同的脂肪胺中，伯胺的沸点最高，仲胺次之，叔胺最低。但由于氮的电负性小于氧，N—H 键的极性比 O—H 键弱，形成的氢键也较弱，因此伯胺、仲胺的沸点比分子量相近的醇和羧酸低。

伯胺、仲胺、叔胺均能与水分子形成氢键，因此低级胺易溶于水。但随着胺分子量的增加，分子中烃基的增大，空间阻碍作用增强，胺与水形成氢键的难度增加，胺的溶解度降低。例如，甲胺、二甲胺、乙胺、二乙胺等可与水以任意比例混溶，而高级胺则难溶于水。

常见胺的物理常数见表 5-2，在鉴别胺类化合物时，通过物理常数的测定，可初步判断物质种类。

表 5-2　常见胺的物理常数

名　　称	沸点/℃	熔点/℃	相对密度(d_4^{20})
甲胺	-7.5	-92.0	0.6990(-11℃)
二甲胺	7.4	-93.0	0.6804(9℃)
三甲胺	2.9	-117.2	0.6356
乙胺	17.0	-80.0	0.6329
二乙胺	56.3	-48	0.7050
乙二胺	116.5	8.5	0.8990
正丙胺	47.8	-83.0	0.7173
正丁胺	77.8	-49.1	0.7414
正戊胺	104.4	55.0	0.7547
苯胺	184.1	-6.3	1.0217
N-甲基苯胺	196.3	-57	0.9891
N,N-二甲基苯胺	194.2	2.45	0.9557

思考与练习

5-2　回答下列问题。

（1）二甲胺的水溶液中可能存在哪些氢键？

（2）比较 1-丙胺与 1-丙醇的沸点高低，为什么？

扫码看课件

4. 胺可用于物质鉴定的化学性质及变化规律

胺的化学反应主要发生在官能团氨基上，由于 N—H 键的极性以及氮原子上未共用电子对的作用，胺可发生多类化学反应。芳香胺由于氮原子与苯环直接相连，形成 p，π 共轭体系，氮原子上的电子云部分移向苯环，使芳香胺的性质与脂肪胺有所不同。

（1）碱性

胺分子中氮原子上的未共用电子对，能接受一个氢质子形成带正电的铵离子而显碱性。胺的碱性强弱可用 pK_b 表示，pK_b 越小，碱性越强。一般脂肪胺的 pK_b 为 3～5，芳香胺的 pK_b 为 7～10，氨的 pK_b 为 4.76。常用胺的 pK_b 值见表 5-3。

表 5-3   常用胺的 pK_b 值

名　　称	$pK_b(25℃)$	名　　称	$pK_b(25℃)$
甲　胺	3.38	苯　胺	9.37
二甲胺	3.27	N-甲基苯胺	9.16
三甲胺	4.21	N,N-二甲基苯胺	8.93
环己胺	3.63	对甲苯胺	8.92
苄胺	4.07	对氯苯胺	10.00
α-萘胺	10.10	对硝基苯胺	13.00
β-萘胺	9.90	二苯胺	13.21

胺的碱性强弱与氮原子上电子云密度、空间效应及溶剂化效应有关。胺的氮原子周围的电子云密度越大，溶剂化的程度越高，空间位阻就越小，铵离子越易形成并且稳定性越强，碱性也就越强。烷基是给电子基，氮原子上连接的烷基越多，碱性越强。芳胺分子中由于存在 p_x-π 共轭效应，发生电子离域，使氮原子周围的电子云密度减小，所以碱性减弱。当芳胺的苯环上连有给电子基时，可使其碱性增强，而连有吸电子基时，则使其碱性减弱。

总体而言，不同胺的碱性强弱规律为：脂肪胺（仲胺＞伯胺＞叔胺）＞氨＞芳香胺。脂肪胺能使红色石蕊试纸变蓝，而芳香胺不能使红色石蕊试纸变蓝。

胺是弱碱，能与大多数酸作用生成盐而溶于水。生成的弱碱盐又可与强碱作用，使胺重新游离出来。例如：

$$R—H_2N: +HBr \longrightarrow [R—\overset{+}{N}H_3]Br^-$$

$$R—H_2N: +HOSO_2OH \longrightarrow [R—\overset{+}{N}H_3]^- OSO_2OH$$

利用这一性质可分离、提纯和鉴别不溶于水的胺类化合物。例如苯胺与硝基苯混合物的分离：先利用苯胺的碱性，将其与酸作用生成弱碱性的苯胺盐而溶于水，硝基苯则不溶，接着再用强碱将苯胺游离出来，从而达到分离的目的。

$$\text{《》}—NH_2 \xrightarrow{HBr} \text{《》}—NH_3^+Br^- \xrightarrow{NaOH} \text{《》}—NH_2$$

不溶于水　　　　　　　　　溶于水　　　　　　　　　不溶于水

利用这一性质可分离、提纯和鉴别不溶于水的胺类化合物；可以将胺与中性、酸性化合物分离；也可分离、提纯和鉴别碱性相差较大的不同胺。

（2）胺的酰基化反应

伯胺、仲胺与酰卤、酸酐或酯等酰基化试剂反应时，氨基上的氢原子被酰基取代，生成 N-取代酰胺的反应称为胺的酰基化反应。叔胺氮上没有氢原子，所以不能发生酰基化反应。

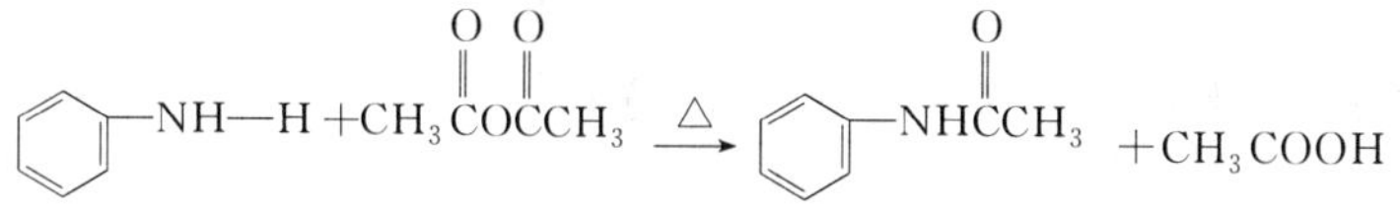

$$\text{C}_6\text{H}_5\text{—NH—H} + \text{CH}_3\overset{\text{O}}{\overset{\|}{\text{C}}}\text{O}\overset{\text{O}}{\overset{\|}{\text{C}}}\text{CH}_3 \xrightarrow{\triangle} \text{C}_6\text{H}_5\text{—NH}\overset{\text{O}}{\overset{\|}{\text{C}}}\text{CH}_3 + \text{CH}_3\text{COOH}$$

N-取代酰胺多为无色晶体，具有固定的熔点，通过测定其熔点，能推测出原来胺的结构，因此可用于鉴定伯胺和仲胺。此外，由于叔胺不发生酰基化反应，可运用此反应生成固体的特性鉴别或分离伯胺、仲胺与叔胺。

N-取代芳酰胺比芳胺稳定，不易被氧化，又容易由芳胺酰化制得，经水解成原来的胺。

⚛ 知识应用

在有机合成中常利用此性质进行氨基保护。如由对甲苯胺合成对氨基苯甲酸时，为防止氨基被氧化，需先将活泼的氨基转变成较稳定的酰氨基，再进行氧化，待氧化反应结束后，再用稀碱使氨基复原。

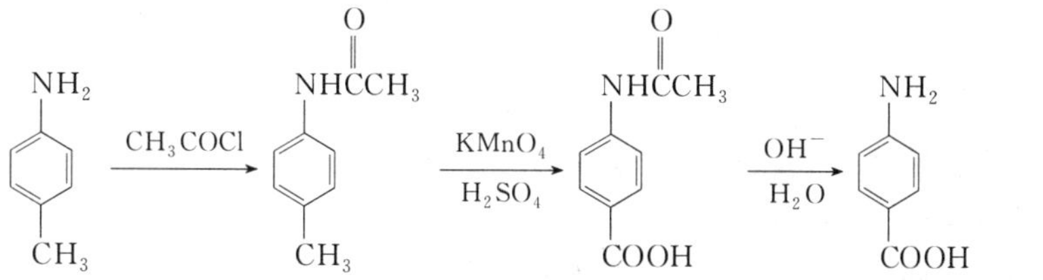

（3）胺的磺酰化反应

与酰基化反应类似，伯胺或仲胺氮原子上的氢可以被磺酰基（RSO_2^-）取代，生成磺酰胺，特别是苯磺酰氯或对甲苯磺酰氯与伯胺和仲胺的反应，这一类反应称兴斯堡（Hinsberg）反应。苯磺酰氯、对甲苯磺酰氯是常用的磺酰化剂。

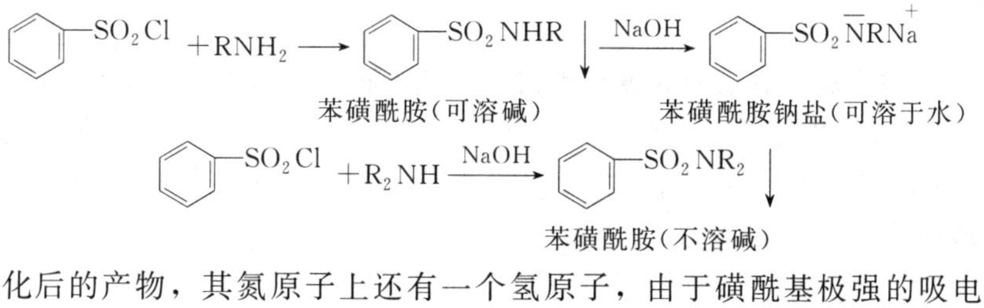

伯胺磺酰化后的产物，其氮原子上还有一个氢原子，由于磺酰基极强的吸电子诱导效应，使得这个氢原子显弱酸性，能与反应体系中的氢氧化钠生成盐而使磺酰胺溶于碱液中；仲胺生成的磺酰胺，氮原子上没有氢原子，所以不与氢氧化钠成盐，也就不溶于碱液中而呈固体析出；叔胺的氮原子上没有可与磺酰基置换的氢，故不发生磺酰化反应。兴斯堡反应可用于分离、鉴别伯胺、仲胺、叔胺（见图5-3）。

（4）胺与亚硝酸反应

胺能与亚硝酸反应，由于不同的胺与亚硝酸反应的产物不相同，并伴随特征现象，可用于不同胺类化合物的鉴别及鉴定。亚硝酸易分解、不稳定，反应中不直接使用，而是用亚硝酸钠与盐酸或硫酸反应制得亚硝酸。

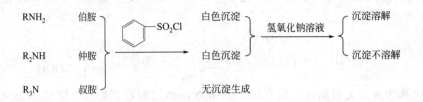

图 5-3　胺类化合物发生磺酰化反应的特征现象

① 伯胺与亚硝酸的反应

脂肪伯胺与亚硝酸反应，生成醇、烯烃等混合物，并放出氮气。

$$RNH_2 \xrightarrow[0\sim5℃]{NaNO_2/HX} RX+ROH+烯+N_2\uparrow$$

反应中放出的氮气是定量的，通过测定放出氮气的量，可定量分析伯胺。

芳伯胺与亚硝酸发生的是重氮化反应，即在低温（0～5℃）下与亚硝酸的强酸溶液作用，生成重氮盐。重氮盐加热到室温即分解放出氮气，得到相应的酚。

$$\text{◯}-NH_2 \xrightarrow[0\sim5℃]{NaNO_2/HX} \text{◯}-N_2^+X^- \xrightarrow[\triangle]{H_2O,H^+} \text{◯}-OH +N_2\uparrow$$

重氮盐

重氮化反应在药物合成和有机合成中具有重要作用。

② 仲胺与亚硝酸反应

脂肪族和芳香族仲胺与亚硝酸反应都生成 N-亚硝基胺。

$$R_2NH \xrightarrow{NaNO_2/HX} R_2N-NO+H_2O$$

N-亚硝基胺

$$\xrightarrow[\triangle]{H_2O/H^+} R_2NH+HNO_2$$

小知识

N-亚硝基胺，黄色油状液体或固体，是一种强致癌物。在熏腊食品中，含有大量的 N-亚硝基胺。某些消化系统肿瘤，如食管癌的发病率与膳食中摄入的 N-亚硝基胺数量相关。当熏腊食品与酒共同摄入时，N-亚硝胺对人体健康的危害会成倍增加。

N-亚硝基胺与稀盐酸共热又可分解成原来的仲胺，因此该反应可用于鉴别、分离和提纯仲胺，以及为仲胺的初步鉴定提供依据。

③ 叔胺与亚硝酸反应

脂肪叔胺一般不与亚硝酸反应。虽然在低温时可与亚硝酸生成亚硝酸盐，但该盐不稳定，易水解成原来的叔胺。

芳香叔胺与亚硝酸反应，则发生苯环上的亲电取代反应，生成对亚硝基芳胺。例如：

$$\text{◯}-N(CH_3)_2 \xrightarrow{HNO_2} (CH_3)_2N-\text{◯}-NO+H_2O$$

产物对亚硝基-N,N-二甲基苯胺为绿色晶体，其固定的熔点也可作为鉴定原料胺的依据。

利用亚硝酸与不同胺发生的特征反应（见图 5-4），可鉴别脂肪胺及芳香族伯胺、仲胺、叔胺。

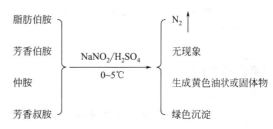

图 5-4　胺类化合物与亚硝酸反应的特征现象

（5）苯环上的卤取代反应

氨基是强的邻对位定位基，可以活化苯环，使苯环邻、对位上的氢原子变得非常活泼，容易被卤原子、硝基、磺酸基等取代。其中苯胺与溴水的卤化反应现象明显，可用于鉴别苯胺。

常温下向苯胺的水溶液中滴加溴水，立即生成 2,4,6-三溴苯胺白色沉淀。

2,4,6-三溴苯胺

苯胺的卤化反应很难停留在一元取代阶段。若要制备一元取代苯胺，必须降低氨基的活性。可以先将氨基转变为乙酰氨基，卤代后再水解制得。例如对溴苯胺的制备：先将苯胺转变为乙酰苯胺，然后进行溴化反应，发生一元取代，因乙酰基体积大，取代主要发生在对位，最后再水解将乙酰基除去，制得一取代对溴苯胺。

主要产物

（6）氧化反应

芳香胺很容易被氧化。如洁净的苯胺为无色油状液体，在空气中放置时逐渐被氧化由无色变为黄色，甚至红棕色。用氧化剂处理苯胺，会生成复杂的混合物。氧化剂及反应条件不同，氧化产物也不同。例如，用二氧化锰和硫酸氧化苯胺，主要生成对苯醌；若用酸性重铬酸钾氧化苯胺，则生成结构复杂的黑色染料"苯胺黑"。

对苯醌

苯胺遇漂白粉变成紫色，可用于苯胺的鉴别。

（7）季铵盐和季铵碱

扫码看课件

① 季铵盐（$R_4N^+X^-$）

季铵盐是离子型化合物，一般为白色晶体，熔点高，易溶于水，不溶于乙醚、四氯化碳等非极性有机溶剂。

季铵盐溶于水后，像无机盐一样，完全解离为正、负离子，生成的季铵离子既含亲油基团，也含亲水基团。因此具有长链（$C_{15} \sim C_{25}$）烃基的季铵盐常用作相转移催化剂、离子型表面活性剂等。

 小知识

> 　　常用的季铵盐相转移催化剂主要有：苄基三乙基氯化铵、四丁基溴化铵、四丁基氯化铵、四丁基硫酸氢铵、三辛基甲基氯化铵、十二烷基三甲基氯化铵、十四烷基三甲基氯化铵等。
>
> 　　季铵盐阳离子表面活性剂性能优良，可用作纤维的抗静电剂、柔软剂、固色剂等，还可用作杀菌消毒剂和护发剂。季铵盐型阳离子表面活性剂主要有烷基三甲基铵盐型、二烷基二甲基铵盐型、烷基二甲基苄基铵盐型等。

将季铵盐溶于氢氧化钠溶液，则有下列平衡：

$$R_4N^+X^- + NaOH \rightleftharpoons R_4N^+OH^- + NaX$$

$$\text{季铵盐} \qquad\qquad \text{季铵碱}$$

季铵盐不稳定，加热熔融时易分解为叔胺与卤代烃。

$$R_4N^+X^- \xrightarrow{\triangle} R_3N + RX$$

② 季铵碱（$R_4N^+OH^-$）

季铵碱是一种强碱，其碱性与氢氧化钠相当。季铵碱一般由氢氧化银和季铵盐的水溶液作用制得。

$$R_4N^+I^- + AgOH \rightleftharpoons R_4N^+OH^- + AgI\downarrow$$

季铵碱受热可分解得到叔胺，例如：

$$[(CH_3)_4N]^+OH^- \xrightarrow{\triangle} (CH_3)_3N + CH_3OH$$

若季铵碱分子中烃基有 β-氢原子，则受热分解的产物为叔胺和烯烃。例如，氢氧化三甲基仲丁基铵受热分解为三甲胺和 1-丁烯。

$$[(CH_3)_3NCH(CH_3)CH_2CH_3]^+OH^- \xrightarrow{\triangle} (CH_3)_3N + CH_2=CHCH_2CH_3 + H_2O$$

$$\text{氢氧化三甲基仲丁基铵} \qquad\qquad \text{三甲胺} \qquad \text{1-丁烯}$$

这是个消除反应。若季铵碱分子中含有不同的可被消除的 β-氢原子时，通常生成双键碳原子上连有较少取代基的烯烃，此规律称为霍夫曼（Hofmann）规则。例如：

$$
\begin{array}{c}
\overset{\displaystyle H}{|} \qquad \overset{\displaystyle H}{|} \\
CH_3-CH-CH-CH_2 \\
\underset{\displaystyle +N(CH_3)_3}{|}
\end{array} + OH^- \longrightarrow
\begin{cases}
CH_3CH_2CH=CH_2 + H_2O + (CH_3)_3N \quad 95\% \\
CH_3CH=CHCH_3 + H_2O + (CH_3)_3N \quad 5\%
\end{cases}
$$

霍夫曼规则可用于推测胺类化合物的结构。用过量的碘甲烷与胺作用生成季铵盐，然后用湿的氧化银将其转化成季铵碱，再加热降解为烯烃，这一反应称霍夫曼降解或霍夫曼彻底甲基化反应。根据彻底甲基化反应中生成季铵盐所需碘甲烷数量，可确定原料胺是伯、仲或叔胺，再根据生成烯烃的结构可推测原料胺的结构。

$$RNH_2 \xrightarrow{CH_3I} RNHCH_3 \xrightarrow{CH_3I} RN(CH_3)_2 \xrightarrow{CH_3I} [RN(CH_3)_3]^+I^-$$

$$[RN(CH_3)_3]^+ I^- \xrightarrow{Ag_2O} [RN(CH_3)_3]^+ OH^- \xrightarrow{\triangle} (CH_3)_3N + 烯烃$$

思考与练习

5-3　解释下列事实。

（1）苄胺的碱性与烷基胺基本相同，而与芳胺不同。

（2）下列化合物的 pK_b 大小。

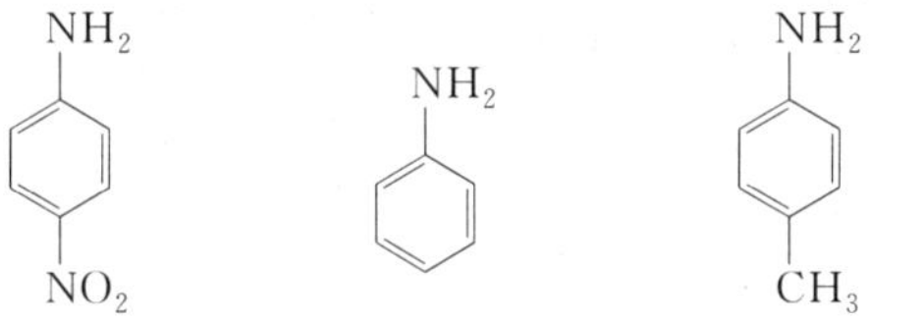

NH_2 ... NO_2
$pK_b = 13.0$

NH_2
$pK_b = 9.37$

NH_2 ... CH_3
$pK_b = 8.70$

5. 胺的其他主要化学性质及变化规律

（1）苯环上的其他亲电取代反应

① 硝化

芳胺很容易被氧化，苯胺与硝酸反应时常伴有氧化反应。为了防止苯胺被氧化，必须将氨基保护起来，然后再硝化。在不同溶剂中进行硝化反应，可以得到不同的硝化产物。

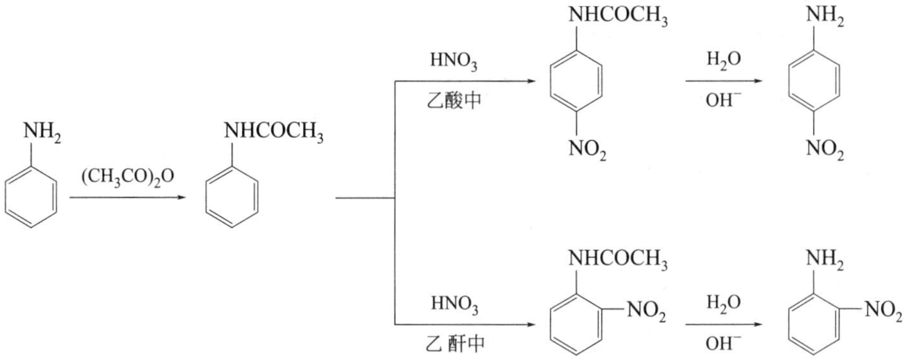

② 磺化

苯胺与浓硫酸在室温下反应，生成苯胺硫酸盐，将其加热至 $180 \sim 190℃$，则得到对氨基苯磺酸。这是工业上生产对氨基苯磺酸的方法。

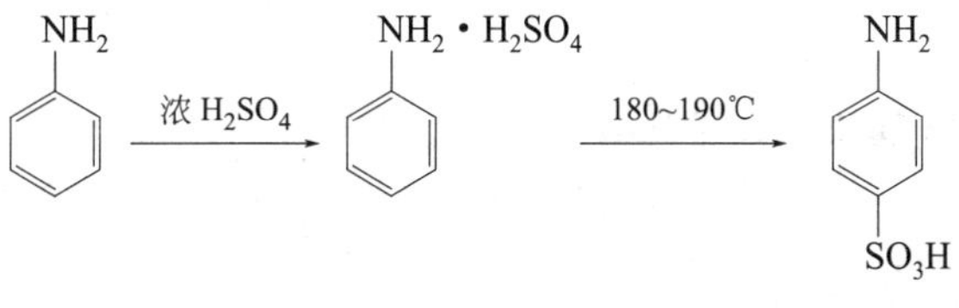

对氨基苯磺酸

（2）胺的烃基化反应

胺可与卤代烃、醇等烃基化试剂作用，氨基上的氢原子被烃基取代生成仲胺、叔胺和季铵盐的混合物。此反应称为胺的烃基化反应。

知识应用

胺的烃基化反应常用于制备仲胺和叔胺。例如，工业上利用苯胺与甲醇在硫酸催化下，加热、加压制取 N-甲基苯胺和 N,N-二甲基苯胺。

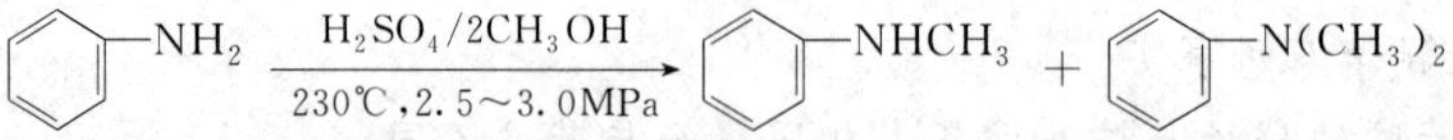

上式反应中当苯胺过量时，主要产物为 N-甲基苯胺，若甲醇过量，则主要产物为 N,N-二甲基苯胺。

思考与练习

5-4　完成下列化学反应式。

（1）$[(CH_3)_3NCH_2CH_3]^+ Cl^- \xrightarrow{NaOH}$

（2） 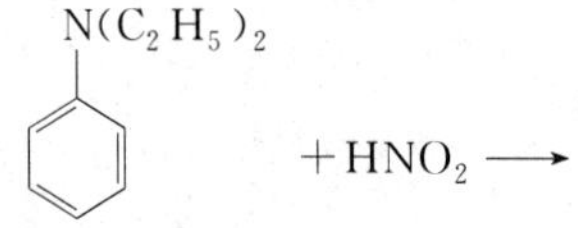 $+ HNO_2 \longrightarrow$

（3） 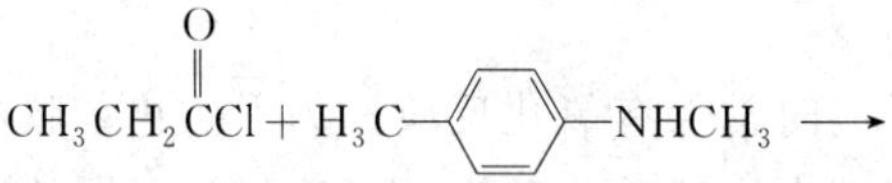 $\longrightarrow$

（4）$(C_2H_5)_3N + CH_3\overset{Cl}{\underset{}{C}}HCH_3$

（5）$(CH_3)_2NH + $ $\longrightarrow$

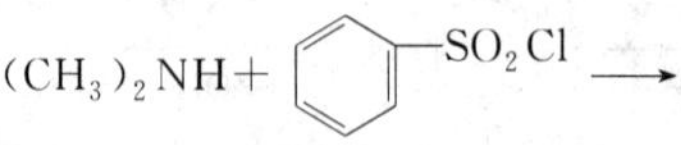

（6）$CH_3CH_2NH_2 \xrightarrow[0\sim5℃]{NaNO_2/HX}$

（7） 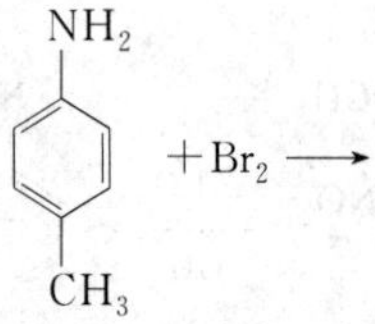 $+ Br_2 \longrightarrow$

（8） 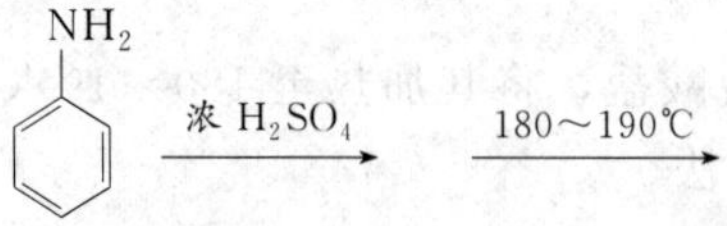 $\xrightarrow{浓\ H_2SO_4} \xrightarrow{180\sim190℃}$

（9）$[(CH_3)_3N\overset{CH_3}{\underset{}{C}}HCH_2CH_3]^+ OH^- \xrightarrow{\triangle}$

6. 芳香族硝基化合物

（1）芳香族硝基化合物的结构与命名

① 芳香族硝基化合物的结构

硝基（$-NO_2$）是硝基化合物的官能团。芳环分子中的氢原子被硝基取代后的化合物称为芳香族硝基化合物。

根据氮原子价电子的电子构型特点，硝基（—NO$_2$）是由一个 N═O 双键和一个 N→O 配位键组成［见图 5-5(a)］。从这一结构分析，两个氮氧键的键长应该不相等。但电子衍射法测得的实验结果表明，两个氮氧键的键长相等，都是 0.121nm。对于这个结果，杂化轨道理论认为：硝基中的氮原子和两个氧原子均为 sp^2 杂化，它们之间形成了一个 p，π 共轭体系，经电子离域，电子云密度被完全平均化［见图 5-5(b)］。因此，硝基中的两个 N—O 键键长相等。

图 5-5　硝基化合物的结构

② 芳香族硝基化合物的命名

芳香族硝基化合物的命名与卤代烃类似，以芳环为母体，硝基为取代基，称为"硝基某苯"。例如：

对硝基甲苯　　　　2,4,6-三硝基甲苯(TNT)

思考与练习

5-5　命名下列化合物。

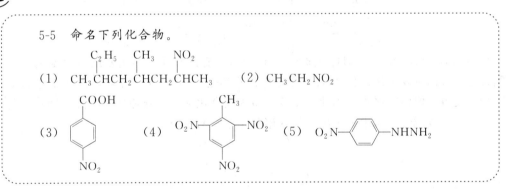

(1)　(2) $CH_3CH_2NO_2$

(3)　(4)　(5)

（2）芳香族硝基化合物的物理性质

芳香族硝基化合物是无色或淡黄色高沸点液体或固体。常见芳香族硝基化合物的物理常数见表 5-4。

安全提示

芳香族硝基化合物一般都有毒，能使血红蛋白变性，因此应避免与皮肤直接接触或吸入其蒸气。另外，芳香族多硝基化合物具有极强的爆炸性，不宜在烘箱内干燥。

表 5-4　常见芳香族硝基化合物的物理常数

名　称	熔点/℃	沸点/℃	相对密度(d_4^{20})
硝基苯	5.7	1210.8	1.203
邻二硝基苯	118	319	1.565
间二硝基苯	89.8	291	1.571
对二硝基苯	174	299	1.625
均三硝基苯	122	分解	1.688
邻硝基甲苯	4	222	1.163
间硝基甲苯	16	231	1.157
对硝基甲苯	52	238.5	1.286
2,4-二硝基甲苯	70	300	1.521
1-硝基苯	61	304	1.322

（3）芳香族硝基化合物的化学性质

　　　　　　硝基是一个强极性的不饱和基团，与羰基相似，表现出较强的还原性，并使 α-H 活泼性增强。硝基与苯环相连，可降低苯环上的电子云密度，从而对苯环上的取代反应产生影响。

① 还原反应

芳香族硝基化合物容易发生还原反应，在酸性还原系统（如 Fe、Zn、Sn 与盐酸的还原系统）或催化加氢条件下，硝基可被还原。不同介质中使用不同还原剂可以得到不同的还原产物。例如，硝基苯可被还原为亚硝基苯、N-羟基苯胺、苯胺等。

$$\text{NO}_2 \xrightarrow{[\text{H}]} \text{NO} \xrightarrow{[\text{H}]} \text{NHOH} \xrightarrow{[\text{H}]} \text{NH}_2$$

强还原剂（H_2/Pt、$LiAlH_4$、金属/酸性介质）能将芳环上的硝基还原为氨基，这是工业制备芳香胺的主要方法。使用化学还原剂，尤其是 Fe＋HCl 还原时，虽然工艺简单，不需要特殊设备，但污染严重。因此，工业上多采用催化加氢法还原硝基。此法特别适用于那些含有在酸性或碱性介质中易水解基团的硝基化合物的还原。

$$\text{NO}_2 \xrightarrow[\triangle,\text{P}]{\text{H}_2,\text{Ni}} \text{NH}_2$$

当芳环上含有其他可被还原的取代基时，用金属/酸性介质还原更为适宜。因为它只能使硝基化合物还原，而其他取代基不受影响。例如：

$$\text{(NO}_2\text{,CHO)} \xrightarrow{\text{SnCl}_2,\text{HCl}} \text{(NH}_2\text{,CHO)}$$

多元芳香族硝基化合物在硫化铵、硫氢化铵或碱金属的硫化物或多硫化物的条件下，可以选择性地还原其中一个硝基，而其他硝基保持不变。例如：

$$\text{(NO}_2\text{,NO}_2\text{)} \xrightarrow{\text{NaHS}} \text{(NH}_2\text{,NO}_2\text{)}$$

间硝基苯胺

但如果选用 Fe＋HCl 还原或催化加氢还原，则两个硝基全部被还原，生成间苯二胺。

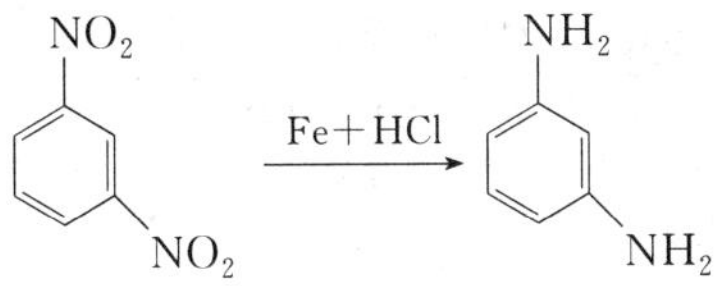

间苯二胺

✿ 新技术

> 　　将芳香性硝基化合物还原为有机胺是一类非常重要的反应。近年，plasmonic 增强纳米催化剂得到广泛关注，此类催化剂具有更好的反应选择性、更快的反应速率、更加温和的反应条件。目前使用的 plasmonic 催化剂主要基于 Au、Ag、Pd、Pt 等贵金属。由于金属纳米粒子的表面难以与反应物配位，通常需要构建多组分催化剂。

② 芳环上的取代反应

a. 芳环上的亲电取代反应。硝基吸电子能力较强，与苯环相连，使苯环上的电子云密度大大降低，亲电取代反应变得困难。硝基苯必须在较为剧烈的条件下，才能发生卤化、硝化、磺化等亲电取代反应。例如：

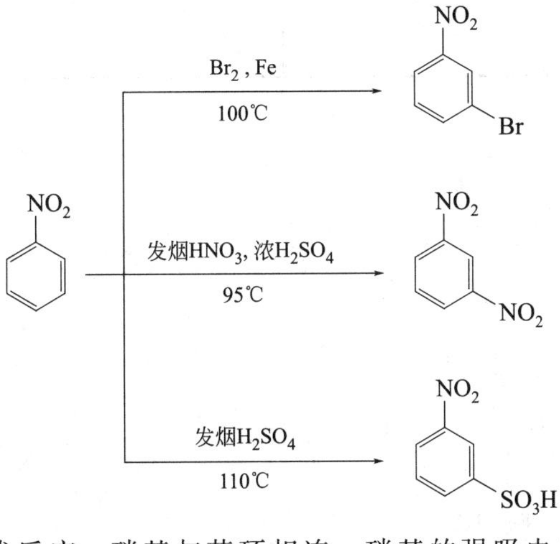

b. 芳环上的亲核取代反应。硝基与苯环相连，硝基的强吸电子诱导效应和共轭效应，使硝基的邻、对位碳原子的正电性增强，从而使邻、对位上的亲核取代反应容易进行。例如，氯苯很难发生亲核取代反应，但是当氯苯的邻位或对位被硝基取代后，亲核取代容易发生；但若硝基处于氯原子的间位，则对氯苯的亲核取代反应活性影响不大。

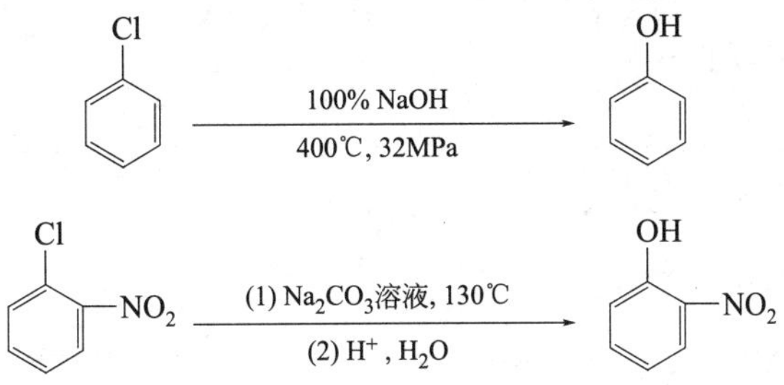

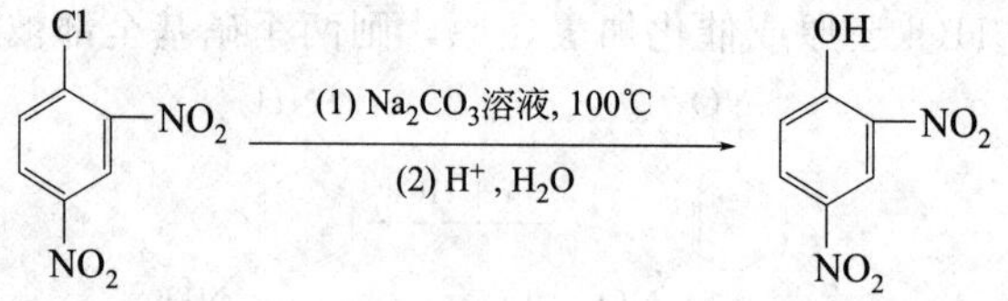

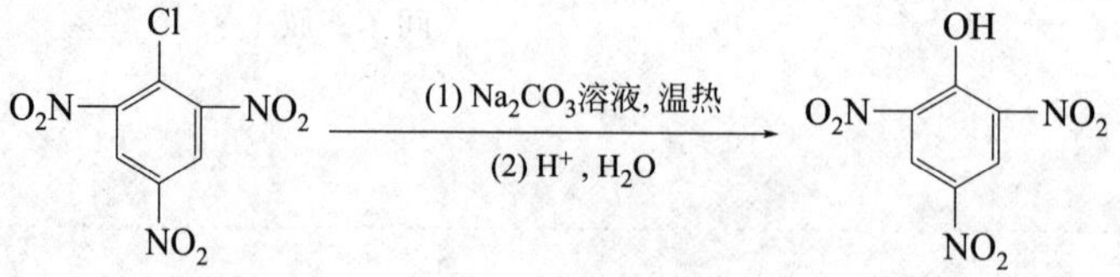

c. 酸性。硝基是强吸电子基团，α-H 受硝基的影响，较为活泼，具有一定酸性，能与强碱反应成盐。例如：

$$CH_3CH_2NO_2 + NaOH \longrightarrow [CH_2CH_2NO_2]^- Na^+ + H_2O$$

当酚类化合物分子中引入硝基后，酚的酸性会增强。引入的硝基处在邻、对位时对酸性影响较大，处于间位则影响较小。引入的硝基越多，酚类物质的酸性就越强。例如，2,4,6-三硝基苯酚的酸性已与无机酸相当。表 5-5 列出了酚类物质的 pK_a 值。

表 5-5　酚类物质的 pK_a 值

名称	pK_a (25℃)	名称	pK_a (25℃)
苯酚	10.0	对硝基苯酚	7.10
邻硝基苯酚	7.21	2,4-二硝基苯酚	4.00
间硝基苯酚	8.00	2,4,6-三硝基苯酚	0.38

思考与练习

5-6　完成下列化学反应式。

(1)

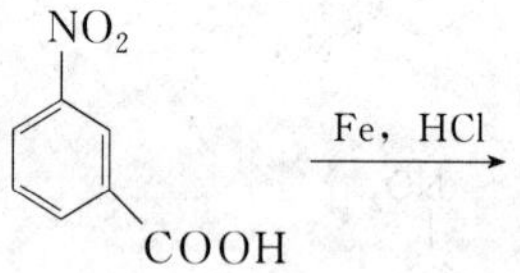

$$\xrightarrow{Fe, HCl}$$

(2)

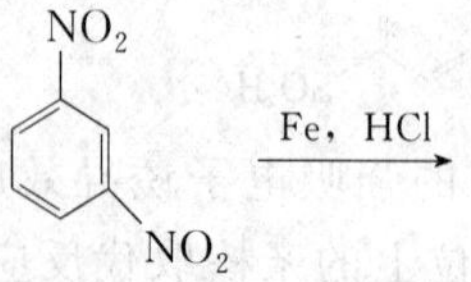

$$\xrightarrow{Fe, HCl}$$

(3)

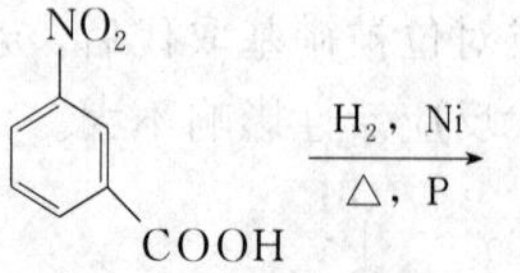

$$\xrightarrow[\triangle, P]{H_2, Ni}$$

(4)

$$\xrightarrow{(NH_4)_2S}$$

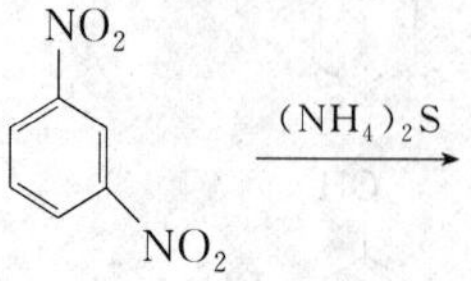

(5) 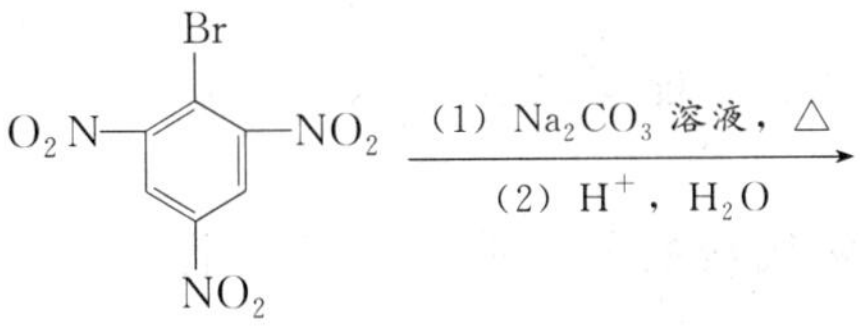 $\underset{\underset{NO_2}{|}}{O_2N} \overset{\overset{Br}{|}}{\diagdown} NO_2 \xrightarrow[\text{(2) } H^+, H_2O]{\text{(1) } Na_2CO_3 \text{ 溶液，} \triangle}$

7. 腈

（1）腈的结构与命名

① 腈的结构

腈可以看成是氢氰酸（HCN）分子中的氢原子被烃基取代后的产物，用 RCN 表示。氰基中的碳原子与氮原子以三键相连（—C≡N），三键是较强的极性键，因此腈是极性分子。

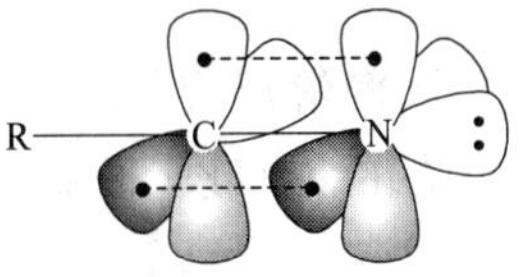

腈的结构与炔相似，C、N 均为 sp 杂化（见图 5-6）。氰基中 N 原子的电负性较大，含有两个 C—N 键，所以氰基（—C≡N）表现为较强的吸电子性。

图 5-6　腈的结构

② 腈的命名

a. 习惯命名法。根据分子中所含碳原子数（包括氰基的碳），称为"某腈"。例如：

$$CH_3CN \qquad\qquad CH_2=CHCN \qquad\qquad NC(CH_2)_4CN$$
　　　乙腈　　　　　　　　　丙烯腈　　　　　　　　　　己二腈

b. 系统命名法。以烃为母体，氰基作为取代基，称为"氰基某烃"。例如：

$$\underset{\text{3-氰基戊烷}}{CH_3CH_2\overset{\overset{CN}{|}}{C}HCH_2CH_3} \qquad\qquad \underset{\text{4-氰基-1-丁烯}}{CH_2=CHCH_2CH_2CN}$$

思考与练习

5-7　用系统命名法命名下列化合物。

(1) $CH_3CH_2CH_2CN$

(2) $CH_2=CHCH_2\overset{\overset{\displaystyle |}{CH_2CH_3}}{C}HCN$

(3) $\text{(环戊基)}-C≡CCH_2\overset{\overset{\displaystyle |}{CN}}{C}HCH=CHCH_3$

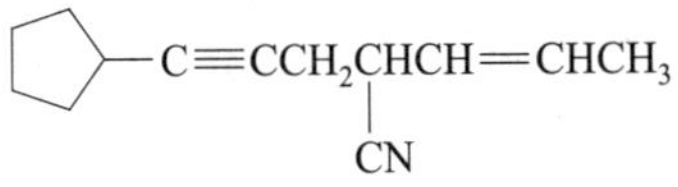

(4) 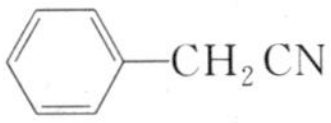 $\text{(苯基)}-CH_2CN$

（2）腈的物理性质

低级腈为无色液体，高级腈为固体。腈是极性分子，分子间的吸引力大，因此其沸点比分子量相近的烃、醚、酮和胺都高，与醇接近，但比相应的羧酸沸点要低。

低级腈易溶于水，随着分子量的增加，在水中溶解度降低。例如，乙腈与水混溶，丁腈以上难溶于水。腈可以溶解许多盐类物质，是一种良好的溶剂。

扫码看课件

---------（3）腈的化学性质

腈的化学性质主要发生在官能团氰基（—CN）上。

① 水解反应

腈在酸或碱的催化下，水解生成羧酸或羧酸盐。例如，工业上用己二腈水解制取己二酸。

$$NC(CH_2)_4CN \xrightarrow[H^+]{H_2O} HOOC(CH_2)_4COOH$$

腈的水解反应第一步是得到酰胺，进一步水解才生成羧酸。若控制反应条件，如在含有 $6\% \sim 12\%$ H_2O_2 的氢氧化钠溶液中水解，可使反应停留在酰胺阶段。

$$RCN \xrightarrow[]{6\% \sim 12\% H_2O_2, NaOH} \overset{O}{\overset{\|}{RC}}-NH_2 + \frac{1}{2}O_2$$

② 醇解反应

腈在酸催化下醇解，可生成酯，例如：

$$CH_3CH_2CN \xrightarrow[H^+]{CH_3OH} CH_3CH_2COOCH_3 + NH_3$$

③ 还原反应

腈催化加氢或用氢化铝锂还原，能生成相应的伯胺，这是制备伯胺的一种方法。例如：

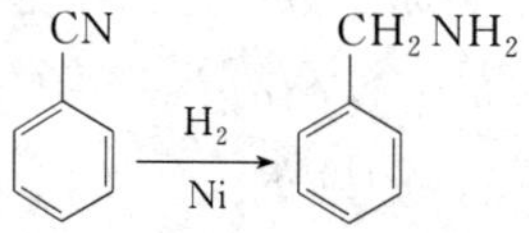

④ α-H 的反应

氰基是强吸电子基，使其 α-H 具有一定的酸性，能被强碱作用形成碳负离子，发生缩合反应。

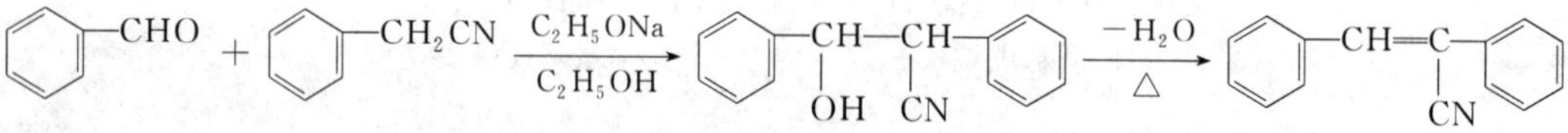

思考与练习

5-8 完成下列化学反应式

（1）$CH_2=CHCH_2\underset{\underset{CH_3}{|}}{CH}CN \xrightarrow[H^+]{H_2O}$

（2）$CH_2=CHCH_2\underset{\underset{CH_3}{|}}{CH}CN \xrightarrow{6\% \sim 12\% H_2O_2, NaOH}$

（3）——$CH_2CN \xrightarrow[H^+]{CH_3CH_2OH}$

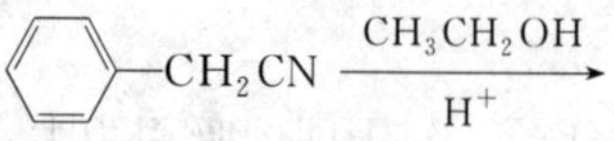

（4）——$CH=CHCN \xrightarrow{LiAlH_4}$

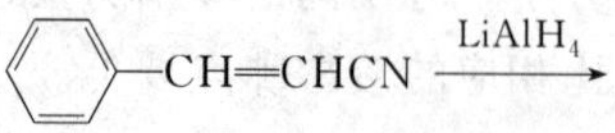

8. 芳香族重氮化合物和偶氮化合物

（1）重氮化合物和偶氮化合物的结构与命名

分子中含有—N=N—原子团的化合物，依原子团所连接的取代基的不同分别形成重氮化合物和偶氮化合物。原子团两端均与烃基相连的化合物称为偶氮化合物。原子团的一端与烃基相连，而另一端与除碳以外的其他原子或原子团相连，则称为重氮化合物。例如：

$CH_3-N=N-CH_3$
偶氮甲烷
（偶氮化合物）

偶氮苯
（偶氮化合物）

对二甲氨基偶氮苯
（偶氮化合物）

对羟基偶氮苯
（偶氮化合物）

重氮氨基苯
（重氮化合物）

氢氧化重氮苯
（重氮化合物）

重氮盐的命名与盐的命名相似，先命名负离子，再命名重氮基。例如：

$-N_2^+\ Cl^-$ $CH_3-\ -N_2^+\ Br^-$ $-N_2^+\ HSO_4^-$
氯化重氮苯   溴化对甲基重氮苯   硫酸氢重氮苯

芳香族重氮盐 $ArN_2^+\ X^-$ 易溶于水，在水中能离解为重氮正离子 ArN_2^+ 和 X^-。重氮盐为线性结构，存在 π，π 共轭（见图 5-7 所示）。

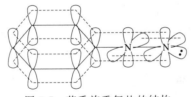

图 5-7 芳香族重氮盐的结构

👥 思考与练习

5-9 命名下列化合物。

（1）H_3C-　　$-N_2^+\ Cl^-$ （2）$-N=N-$　　$-CH_3$

（3）$-N=N-$　　$-NHCH_3$ （4）$-N_2^+\ HSO_4^-$

（2）芳香族重氮盐的化学性质

扫码看课件

① 取代反应

重氮盐分子中的重氮基可被羟基、氰基、卤原子、氢原子等取代，同时放出氮气，所以又称为放氮反应。

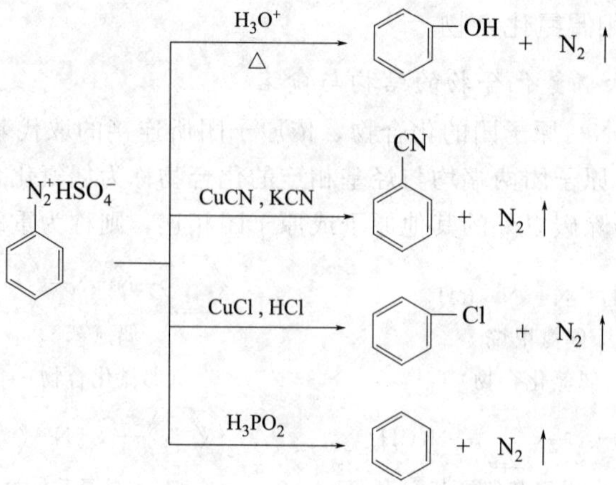

知识应用

由于重氮盐由芳香族伯胺制得，该反应的意义在于提供了一种从苯环上除去氨基（或硝基）或将一些难引入的基团（如—OH、—CN、—X 等）连接到苯环上的方法，在有机合成中应用广泛。例如，以苯为原料合成 1,3,5-三溴苯。

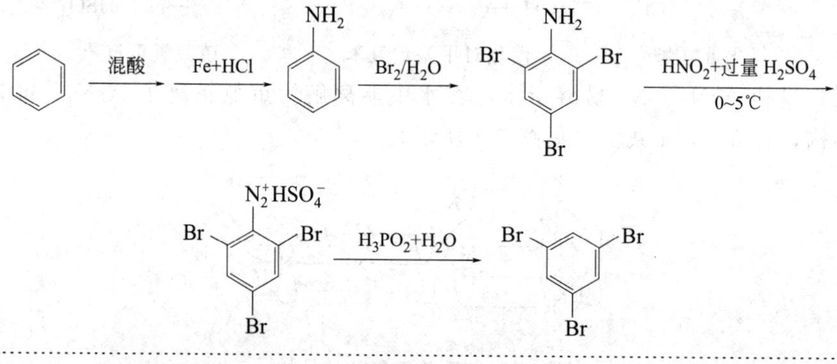

② 还原反应

用锌粉/盐酸、氯化亚锡/盐酸或亚硫酸钠等还原剂，都可以将重氮基还原为肼基。例如：

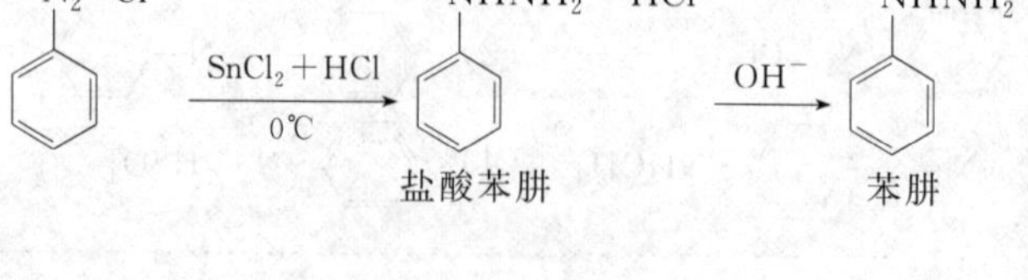

安全提示

苯肼是常用的羰基试剂，毒性较大，不可与皮肤接触，一般以苯肼盐酸盐的形式保存。

③ 偶联反应

在酸或碱作用下，重氮盐与酚或芳胺反应，能生成有颜色的偶氮化合物，该反应称为偶联反应或偶合反应。例如：

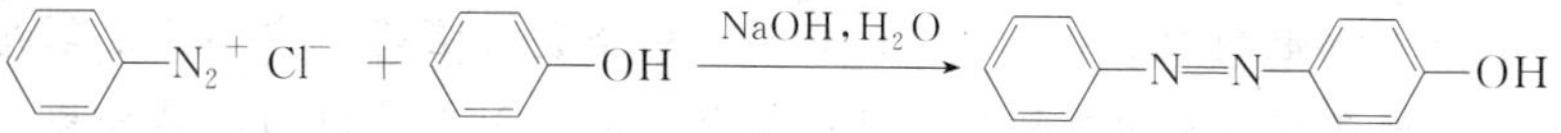

对羟基偶氮苯（橘黄色）

对二甲氨基偶氮苯（黄色）

小知识

偶氮化合物是有色固体，物质的颜色与其分子结构有关。偶氮芳烃分子中—N＝N—与 2 个芳环都形成 π，π 共轭，共轭体系使吸收光的波段转移到可见光区，化合物就显色。在有机分析中，常利用偶联反应产生的颜色来鉴定具有苯酚或芳胺结构的化合物。有些偶氮化合物可凝固蛋白质，在医药上作为杀菌消毒剂；有些能随着溶液酸碱度的改变而灵敏变色，可作为酸碱指示剂（如甲基橙指示剂）；有些可作为工业染料，牢固附着在纤维织品上；有些可作为食用色素。

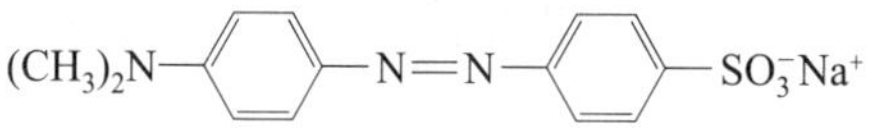

甲基橙（酸碱指示剂）

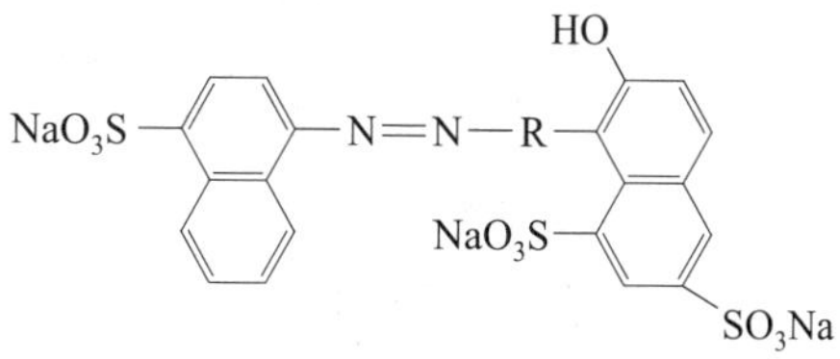

胭脂红（食用色素）

偶联反应属于亲电取代反应。重氮阳离子是一个弱的亲电试剂，它只能进攻酚或芳胺等活性高的芳环。由于对位电子云密度较高而空间位阻小，因此偶联反应一般发生在羟基或氨基的对位上。若对位已有取代基，则偶联反应发生在邻位，若邻位、对位均被其他基团占据，则不发生偶联反应。例如：

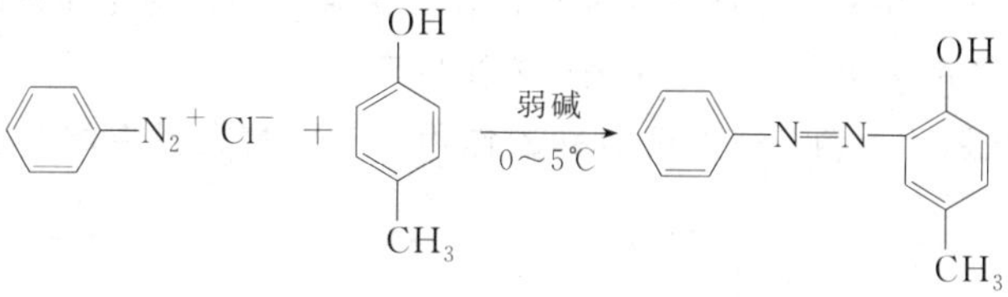

偶联反应的介质随偶联组分的不同而异。重氮盐与酚偶联时，一般在弱碱介质中（pH 8～10）进行。这是因为酚为弱酸性物质，在碱液中会生成酚盐。酚盐中的氧负离子是比羟基还强的致活基，更易发生亲电取代反应。重氮盐与芳胺偶联时，一般在中性或弱酸性溶液中进行。因为在强酸中，氨基转变为—NH_3^+，这是个致钝基，不利于亲电取代反应。

🌱 小故事

　　英国化学家帕金的意外发现，为合成染料工业的发展打开了大门。当时他只有18岁，试图用重铬酸钾氧化 N-烯丙基甲苯胺来合成抗疟药奎宁。虽然合成奎宁以失败而告终，但在实验中回收到的一种红棕色沉淀，引起了他的浓厚兴趣，于是他改用更简单的苯胺来试验，当他用重铬酸钾氧化苯胺硫酸盐时，得到了一种黑色沉淀，后者用乙醚萃取时，可得到一种漂亮的紫色沉淀。经过实验，证实该紫色溶液是一种优良染料。帕金所得到的这个染料是第一个有机合成染料，被称为苯胺紫而闻名于世。不久之后，法国成功合成了副品红、孔雀绿和结晶紫等染料，之后，人们又陆续合成出茜素、靛蓝和偶氮染料等，推动了合成染料的快速发展。

　　目前，合成染料中最重要，用量最大的是偶氮染料。它除了可以染色外，还可作为食用色素、涂料中的成分等。因为在形成偶氮键时偶联有多种可能性，所以其颜色范围极其广泛。

👥 思考与练习

　　5-10　完成下列化学反应式。

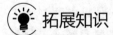

📖 供选实例

　　(1) 实验室以 N,N-二甲基苯甲酰胺为原料，在一定条件下，用还原剂四氢化铝锂还原制备 N,N-二甲基苯甲胺。试用化学方法对产品进行初步鉴定。

　　(2) 实验室以丙酰胺为原料，在次卤酸钠的作用下，由霍夫曼降解制乙胺。试用化学方法对产品进行初步鉴定。

💡 拓展知识

磺胺类药物

　　磺胺类药物（SAs）是指具有对氨基苯磺酰胺结构的一类药物的总称，是一类用于预防和治疗细菌感染性疾病的化学治疗药物。SAs 种类可达数千种，其中应用较广并具有一定疗效的就有几十种。磺胺药是现代医学中常用的一类抗菌消炎药，其品种繁多，已成为一个庞大的"家族"了。可是，最早的磺胺却是染料中的一员。

在磺胺问世之前，西医对于炎症，尤其是对流行性脑膜炎、肺炎、败血症等，都因无特效药而感到非常棘手。1932 年，德国化学家合成了一种名为"百浪多息"的红色染料，因其中包含一些具有消毒作用的成分，所以曾被零星用于治疗丹毒等疾患。然而在实验中，它在试管内却无明显的杀菌作用，因此没有引起医学界的重视。

同年，德国生物化学家杜马克在试验过程中发现，"百浪多息"对于感染溶血性链球菌的小白鼠具有很高的疗效。后来，他又用兔、狗进行试验，都获得成功。这时，他的女儿得了链球菌败血病，奄奄一息，他在焦急不安中，决定使用"百浪多息"，结果女儿得救了。

令人奇怪的是"百浪多息"只有在体内才能杀死链球菌，而在试管内则不能。巴黎巴斯德研究所的特雷富埃尔和他的同事断定，"百浪多息"一定是在体内变成了对细菌有效的另一种东西。于是他们着手对"百浪多息"的有效成分进行分析，分解出"氨苯磺胺"。其实，早在 1908 年就有人合成过这种化合物，可惜它的医疗价值当时没有被人们发现。磺胺的名字很快在医疗界广泛传播开来。

1937 年制出"磺胺吡啶"，1939 年制出"磺胺噻唑"，1941 年制出了"磺胺嘧啶"。这样，医生就可以在一个"人丁兴旺"的"磺胺家族"中挑选适用于治疗各种感染的药了。

1939 年，杜马克被授予诺贝尔生理学与医学奖。

磺胺类药物临床应用已有几十年的历史，它具有较广的抗菌谱，而且疗效确切、性质稳定、使用简便、价格便宜，又便于长期保存，故目前仍是仅次于抗生素的一大类药物，特别是高效、长效、广谱的新型磺胺和抗菌增效剂合成以后，使磺胺类药物的临床应用有了新的广阔前景。

自测题

1. 命名下列化合物。

(1) 结构式 O₂N、CH₃、NO₂、NO₂ 取代的苯环

(2) $CH_2{=}CHCH_2CN$

(3) CH_3CHCN，CH_3

(4) $(CH_3)_2CHNHCH_3$

(5) $C_6H_5{-}N(CH_3)_2$

(6) 环己基${-}NHC_2H_5$

(7) $[(CH_3)_4N]^+OH^-$

(8) $[(CH_3)_2NHCH_2CH_3]^+Cl^-$

(9) 苯${-}N{=}N{-}NH{-}$苯

(10) 苯${-}N{=}N{-}$苯${-}N(CH_3)_2$

2. 写出下列化合物的构造式。

(1) 间硝基苯胺
(2) N-甲基-N-乙基苯胺
(3) 溴化四乙基铵
(4) 甲基异丙基胺
(5) 对氨基偶氮苯
(6) 丙烯腈

3. 将下列化合物按碱性由强到弱的顺序排列。

(1) 乙酰胺、乙胺、二乙胺、三甲胺、氢氧化四甲铵

（2）苯胺、对甲氧基苯胺、对氯苯胺、对甲基苯胺

4.完成下列化学反应方程式。

（1）$CH_3CH_2CN \xrightarrow[H^+]{H_2O} ? \xrightarrow{C_2H_5OH}$

（2）

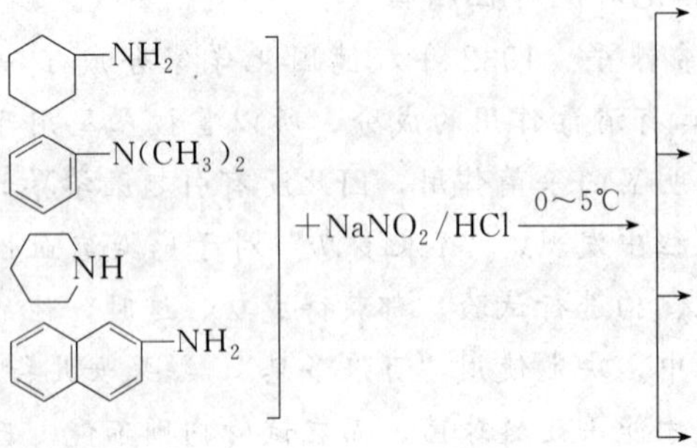

$+NaNO_2/HCl \xrightarrow{0\sim5℃}$

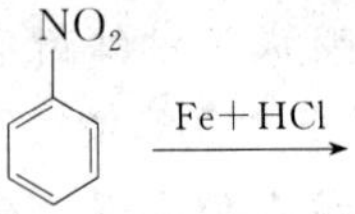

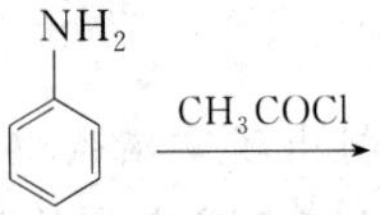

（3）

$\xrightarrow{Fe+HCl}$

（4）

$\xrightarrow{CH_3COCl}$

（5）

$+(CH_3)_2CHNH_2 \longrightarrow$

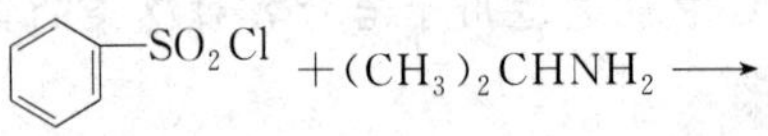

（6）

$N_2^+\ HSO_4^- +$ $OH \xrightarrow{NaOH,H_2O}$

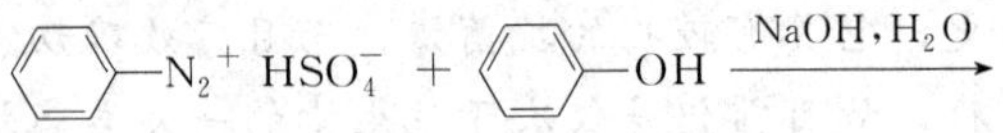

5.用化学方法鉴别下列各组化合物。

（1）苄胺、苯酚、苯胺、N-甲基环己胺

（2）氯苯、2,4-二硝基氯苯、2,4-二硝基苯酚、苯胺

6.化合物 A、B、C 分子式均为 $C_7H_7NO_2$。化合物 A 既能溶于酸又能溶于碱，不能与 $FeCl_3$ 显色，其苯环上发生一溴代反应时，主要产物只有一种。化合物 B 能溶于酸而不溶于碱，低温与亚硝酸反应后升至室温有氮气放出，与热的氢氧化钠水溶液反应酸化后生成两种产物，其中一种能发生银镜反应，另一种能与 $FeCl_3$ 显色，苯环上两基团的相对位置与 A 相同。化合物 C 既不溶于酸也不溶于碱，其被酸性高锰酸钾氧化后再用 Fe/HCl 还原可得到 A。试推断 A、B、C 的构造式。

7.完成下列转化。

（1）

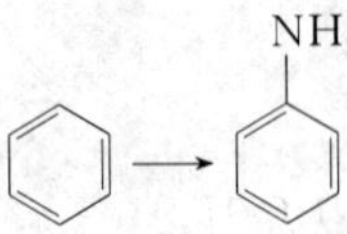

（2）

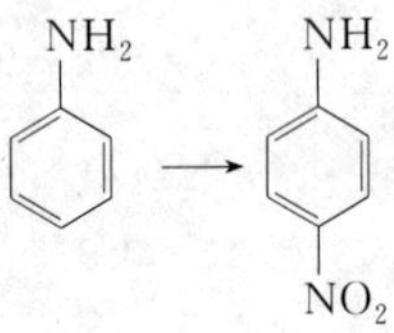

（3）

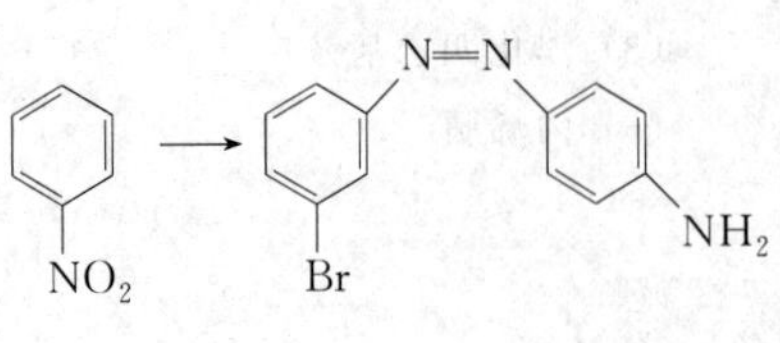

(4)

(5)

(6)

(7)

模块六
有机化合物的异构现象

 学习指南

同分异构现象是有机物在合成，研究和生产过程中经常会遇到的问题，模块二中介绍了同分异构的一种类型——构造异构，还有一类异构称为立体异构，是由于分子中原子或原子团在空间的排列位置不同而引起的异构，立体异构包括顺反异构、对映异构和构象异构。本模块通过"拆分外消旋体"一个任务，认识有机物的立体异构现象；熟悉物质旋光性和手性的关系；学习对映异构的构型表示方法；感知手性化合物的拆分过程与方法。

目标导学

知识目标

认识顺反异构及其命名方法；

知晓构象异构产生的原因；

知道物质的旋光性，以及手性和对称因素；

认知对映体、外消旋体的概念；

认知构型的表示方法费歇尔投影式；

叙述构型的 D-L 标记法和 *R-S* 标记法。

技能目标

能正确命名顺反异构体；

能判断给定结构是否存在对映异构，能用费歇尔投影式表示对映异构体，并能正确使用 D-L 标记法和 *R-S* 标记法命名；

能由给定脂肪烃的结构推测其在给定反应条件下发生的化学变化；

能按对映异构体的拆分过程，完成拆分路线选择，拆分方案制定，拆分过程实施，产品测定等工作过程。

素质目标

树立严肃认真的学习态度；

培养思考问题，分析问题能力；

锻炼举一反三的学习能力；

养成严谨的工作态度，严密的思维方法；

形成坚持不懈，求真务实的科学精神；

具有认真仔细的工作态度，实事求是的科学精神。

任务　拆分外消旋体

任务分析

　　同分异构现象普遍存在于有机化合物中，对映异构是同分异构的一种常见形式，因构型不同的两个分子呈镜像对映关系而得名，例如在药物合成或其他工业生产中，得到的产品是2 种对映异构体的混合物，混合物之一是有药用作用的，另一种非但无药用作用，还有毒，这时，必须将两种物质拆分。对映异构是立体异构中的一种，如何分离对映异构体，特别是性质相差不大的同分异构体的拆分是化学合成及药物合成中经常遇到的问题。

　　人们经常用物理、化学或生物的手段将一外消旋体拆分为纯的左旋体和右旋体。拆分的方法有：手工或机械法、播种法、生物法、选择吸附法、偏振光照射法、消旋归还拆分法、化学法等，其中化学拆分法是目前最常用的一种拆分方法。

工作过程

　　（1）了解待拆分的对映异构体。详细了解待拆分物来源、价值、性质和用途，明确对映体的物理性质、化学性质差异，为拆分方案做准备。

　　（2）选择适合的拆分方法。

　　（3）拟定拆分方案。根据有机物的性质差异，实验员拟定有机物拆分方案，设计拆分实施步骤。

　　（4）拆分实验。根据拆分方案进行拆分实验，并对拆分后的对映体进行旋光性测定。

　　（5）给出拆分结论。根据拆分结果，按模块二中"有机合成实验报告"的撰写格式，完成"对映体拆分实验报告"，签字确认。

行动知识

1. 外消旋体拆分的常用方法

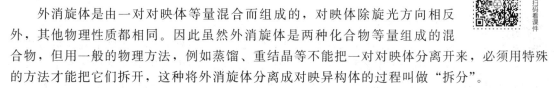

　　外消旋体是由一对对映体等量混合而组成的，对映体除旋光方向相反外，其他物理性质都相同。因此虽然外消旋体是两种化合物等量组成的混合物，但用一般的物理方法，例如蒸馏、重结晶等不能把一对对映体分离开来，必须用特殊的方法才能把它们拆开，这种将外消旋体分离成对映异构体的过程叫做"拆分"。

　　拆分的方法很多，一般有下列几种：

　　（1）机械法

　　利用对映体结晶形态上的差异，借助肉眼或放大镜辨认，把一组对映体的不同结晶分拣出来。1848 年 Pasteur 曾在研究外消旋酒石酸钠铵时发现它们有两种不对称的晶体，并借助肉眼将它们分离，得到左旋和右旋的酒石酸钠铵。此法目前极少应用。但若对映体结晶形态明显不对称，结晶颗粒又宜手工分离时，在实验室少量制备时偶尔会采用。晶种拆分法是机械拆分法的一种改良。

（2）微生物法

微生物拆分法就是利用酶或微生物作为拆分试剂来拆分外消旋体的方法。酶或微生物都是手性物质，它们对手性物质反应的催化作用具有立体专一性。所以它们可以选择性地使对映体之一被转化为其他不易再复原的物质，另一个被保留下来。例如，以 L-氨基酸氧化酶拆分（±）-丙氨酸时，L-氨基酸氧化酶能使 L-（＋）-丙氨酸氧化为丙酮酸，而留下 D-（－）-丙氨酸。

（3）晶种结晶法

在外消旋体的过饱和溶液中，加入一定量的左旋体或右旋体作为晶种，则与晶种相同的异构体便优先析出，把这种晶体滤出后，再向滤液加入外消旋体制成过饱和溶液，于是溶液中的另一种异构体优先结晶析出。如此反复处理就可以得到左旋体和右旋体。这种方法已用于工业，合成的氯霉素就是利用此法分离出具有较强药效的（－）-氯霉素。

（4）选择吸附法

用某种旋光性物质作为吸附剂，使它选择性地吸附外消旋体中的一种异构体，从而达到拆分的目的。

（5）偏振光照射法

用一定波长的偏振光照射某些外消旋体时，能将其中一个对映体破坏而得到另一个对映异构体。

（6）消旋归还拆分法

一些外消旋化合物在某些手性试剂的作用下，能使对映体之间经中间平衡而发生转化，将不需要的一个异构体转变为需要的对映体。

（7）化学法

这种方法应用较广，它的原理是把对映体转变成非对映体，然后加以分离。将对映体转变成非对映体的方法是使它们和某一种旋光性化合物发生反应，生成非对映体。由于非对映体的物理性质不同，就可以用一般的物理方法把它们拆分开来，然后去掉与它们发生反应的旋光物质，就可得到纯（＋）（右旋）和（－）（左旋）异构体。这种方法最适用于酸或碱的外消旋体的拆分，如果外消旋体不是酸碱，可以通过一定的方法将其转变为酸碱，然后再将其分离。

2.重结晶操作

重结晶操作不仅广泛应用于有机合成的后处理中，在外消旋体拆分中也是常用的分离方法之一。该操作是利用混合物中各组分在某种溶剂中溶解度不同或在同一溶剂中不同温度时的溶解度不同而使组分相互分离，适用于产品与杂质性质差别较大、产品中杂质含量小于 5% 的体系。

固体有机物在溶剂中的溶解度易随温度的变化而改变，通常温度升高，溶解度增大；反之，则溶解度降低。热的饱和溶液，降低温度，溶解度下降，溶液变成过饱和析出结晶。也可利用溶剂对被提纯化合物及杂质的溶解度的不同，以达到分离纯化的目的。

（1）重结晶操作的溶剂选择

在重结晶操作中，最重要的是选择合适的溶剂。重结晶可以用单一溶剂，也可以用混合溶剂。无论何种溶剂，选择时均应符合一定的条件：与被提纯的物质不发生化学反应；对被提纯的物质的溶解度随温度变化明显，即温度高时溶解度较大，温度低时溶解度较小；杂质在溶剂中的溶解度非常大或非常小，以使杂质留在母液中不析出，或使杂质在热过滤时被除去；对被提纯物质能生成较整齐的晶体；溶剂对环境、健康危害较小（常用溶剂毒性情况见模块三任务1的行动知识）。

单一溶剂选择可通过一定的实验方法，即：在一试管中置入约0.1g待重结晶固体，逐滴加入约1mL待选溶剂，边加边振荡，观察其溶解情况。若固体试样在常温下很快溶解，该溶剂不宜作重结晶溶剂；若常温不溶，则逐渐加热升温，并可分批增加溶剂的量至3～4mL，在此条件下能完全溶解，且冷却后能自行析出较多固体，则该溶剂可作为重结晶溶剂。

如果难以选择一种适宜的溶剂进行重结晶，可考虑选用混合溶剂。混合溶剂一般由两种能互相溶解的溶剂组成，目标物质易溶于其中一种溶剂，而难溶于另一种溶剂。

（2）重结晶操作步骤

重结晶与结晶的操作步骤基本相同，主要包括以下过程：首先将需要纯化的物质溶解于沸腾或将近沸腾的适宜溶剂中；趁热抽滤热溶液，以除去不溶的杂质；将滤液冷却，使结晶析出；滤出结晶，必要时用适宜的溶剂洗涤结晶。

在实施结晶和重结晶的操作时要注意以下几个问题：

a. 在通常的情况下，溶解度曲线在接近溶剂沸点时陡峭地升高，故在重结晶时应将溶剂加热到沸点。

b. 为提高重结晶收率，溶剂的量尽可能少，因此，在开始加入重结晶溶剂时，不宜将待重结晶固体全部溶解，在加热的过程中可以小心地补加溶剂，直到沸腾时固体物质全部溶解为止。

c. 在使用混合溶剂进行结晶和重结晶时，最好将待重结晶固体溶于少量溶解度较大的溶剂中，然后趁热慢慢地分批加入另一溶解度较小的溶剂，直到所出现的浑浊不再消失，再加入少量溶解度大的溶剂或稍加热，使其恰好透明为止。

d. 如有必要可在待重结晶固体溶解后加入活性炭进行脱色（用量约相当于欲纯化的物质质量的1/50～1/20），或加入滤纸浆、硅藻土等使溶液澄清。加入脱色剂之前要先将溶剂稍微冷却，因为加入的脱色剂可能会自动引发原先抑制的沸腾，从而发生激烈的、爆炸性的暴沸。活性炭内含有大量的空气，故能产生泡沫。加入活性炭后可煮沸5～10min，然后趁热抽滤除去活性炭。在非极性溶剂，如苯、石油醚中活性炭脱色效果不好，可试用其他办法，如用氧化铝吸附脱色等。

e. 当滤液冷却后晶体仍未析出时，可加入该晶体化合物的结晶作为晶种来促使晶体的析出。或用玻璃棒摩擦器壁也能形成晶核，此后晶体即沿此核心生长。

f. 结晶的速度有时很慢，冷溶液的结晶有时要数小时才能完全。在某些情况下数星期或数月后还会有晶体继续析出，所以不应过早将母液弃去。

g. 为了降低待重结晶固体在溶液中的溶解度，以便析出更多的结晶，提高产率，往往对溶液采取冷冻的方法，可以放入冰箱中或用冰、混合制冷剂冷却。

3. 旋光度的测定

（1）物质的旋光性

光波是一种横波，其振动方向垂直于前进方向。普通光是在不同方向上振动的，但当光通过尼柯尔（Nicol）棱镜时，则变成只在一个平面上振动的光，这种光称为平面偏振光，简称偏振光，如图 6-1 所示。

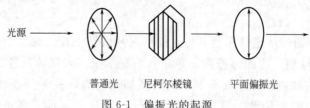

普通光　尼柯尔棱镜　平面偏振光

图 6-1　偏振光的起源

当偏振光通过某介质时，有的介质对偏振光没有作用，即通过介质的偏振光的振动方向没有变化；而有的介质却能使偏振光的振动方向发生旋转，这种能使偏振光的振动方向旋转的性质叫做旋光性，具有旋光性的物质叫做旋光性物质或光学活性物质，偏振光振动平面的旋转角度，称为旋光度。

某物质是否有旋光性及旋光度是多少，可用旋光仪准确地测定出来，如图 6-2 所示。旋光仪中有两块尼柯尔棱镜（起偏镜 T_1 和连有刻度盘的检偏镜 T_2）。装有样品溶液的样品管放在 T_1 和 T_2 间的光通道上。当样品无旋光性时，经过 T_1 的偏振光不旋转，直接到达 T_2，T_2 处可观察到明亮的视场。当样品具有旋光性时，则偏振光会旋转一个角度 α，此时若 T_2 不相应转一个角度 α，则观察到灰暗的视场，只有 T_2 相应转一个角度 α，才能观察到明亮视场。T_2 所转的角度 α 就是旋光度。使偏振光的振动方向向右旋转为右旋，记做 $+\alpha$；向左旋转为左旋，记作 $-\alpha$。

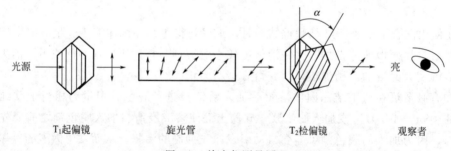

T_1 起偏镜　旋光管　T_2 检偏镜　观察者

图 6-2　旋光仪测量原理

（2）比旋光度

一种旋光性物质的旋光度与测定的温度、光源的波长、浓度、样品管长度等因素有关。为了便于比较，国际上需要一个统一的标准。通常规定在 20℃、波长为 589nm（钠光谱的 D 线），偏振光通过长为 1dm、装有浓度为 1.0g/mL 溶液的样品管时，测得的旋光度为比旋光度，用 $[\alpha]_D^{20}$（S）表示，其中 S 表示测定时所用溶剂。

但实际测定物质的旋光度时，不一定是标准条件，盛液管可能是任意长度，被测样品的浓度也不一定是 1.0g/mL。比旋光度与实测旋光度的关系为：

$$[\alpha]_D^{20} = \frac{\alpha}{cl} \tag{6-1}$$

式中　α——实测旋光度；

　　　c——溶液浓度，g/mL；

l——样品管长度，dm。

比旋光度必须表示出旋光方向，有些物质使偏振面向右旋（顺时针方向旋转），可用（＋）表示。有些物质使偏振面向左旋（逆时针方向旋转），可用（－）表示。例如，在20℃时用钠光灯作光源，测得乳酸水溶液是右旋的，比旋光度为3.8，则表示为：$[\alpha]_D^{20}=$＋3.8°（水）。

可见在一定温度、一定波长下测得的比旋光度是旋光性物质的一项重要物理常数，比旋光度和熔点、沸点、密度、折射率一样，也是化合物的一种性质。一些重要的旋光性物质的比旋光度都被摘录在大型的化学手册中，以备查用及进行旋光性物质的定性鉴定。

（3）旋光仪的使用 ⸱⸱

扫码看课件 扫码看视频

目前市场上旋光仪的型号较多，常用的为国产 WXG-4 型系列半荫式旋光仪或者 WZZ-25 型自动旋光仪。构造如图 6-3 和图 6-4 所示。

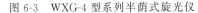

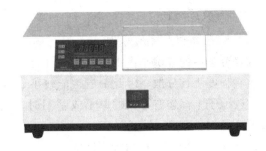

图 6-3　WXG-4 型系列半荫式旋光仪　　　　图 6-4　WZZ-2S 型自动旋光仪

自动旋光仪的使用较为简单，主要操作步骤如下（不同型号的旋光仪略有不同）：

① 将仪器电源插头插入 220V 交流电源，并将接地脚可靠接地。

② 按下电源开关，这时钠光灯应点亮，使钠光灯内的钠充分蒸发、发光稳定需 15min 预热。

③ 按下测量开关，机器处于自动平衡状态。按复测 1～2 次，再按清零按钮清零。

④ 将装有蒸馏水或其他空白溶剂试管放入样品室，盖上箱盖，待示数稳定后，按清零按钮清零。试管通光面两端的雾状水滴，应用软布拭干。试管螺帽不宜旋得过紧，以免产生应力，影响读数。试管安放时应注意标记的位置和方向。

⑤ 取出试管，将待测样品注入试管，按相同的位置和方向放入样品室内，盖好箱盖。仪器读数窗将显示出该样品的旋光度。等到测数稳定，再读取读数。

📑 理论知识

学习同分异构的有关理论知识是拆分对映异构的基础，在实际拆分中经常遇到偏振光、旋光性、立体异构、光学异构、对称因素、手性碳原子、手性分子、对映体、非对映体、外消旋体、内消旋体等基本概念。通过理论知识的学习可以更好地理解和掌握对映异构体的拆分方法。

1. 有机物的异构现象及种类

同分异构现象的具体分类可归纳如下：

- 同分异构
  - 构造异构
    - 碳架异构
    - 官能团异构
    - 官能团位置异构
    - 互变异构
  - 立体异构
    - 构型异构
      - 顺反异构
        - 顺式
        - 反式
      - 旋光异构
        - 对映异构
          - 右旋体
          - 左旋体
          - 内消旋体
          - （右旋体、左旋体）外消旋体
        - 非对映异构
    - 构象异构

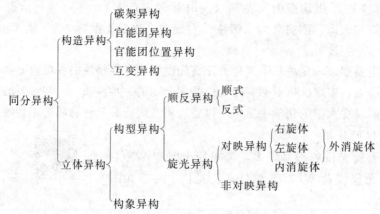

本模块重点介绍立体异构中的顺反异构和对映异构。

2. 顺反异构及其命名

（1）顺反异构产生的原因

烯烃分子中的双键是由 1 个 σ 键和 1 个 π 键组成的，π 键是原子轨道肩并肩重叠形成的，重叠程度小且分散，因此 π 键键能较小，容易断裂，也不能像 σ 键一样自由旋转，当两个双键碳原子上都连有不同的原子或基团时，就会产生两种不同的空间排列方式（构型），形成顺反异构。

以 2-丁烯为例，存在两种不同的构型：

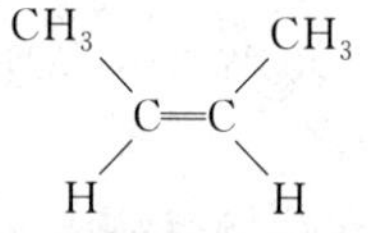

顺-2-丁烯

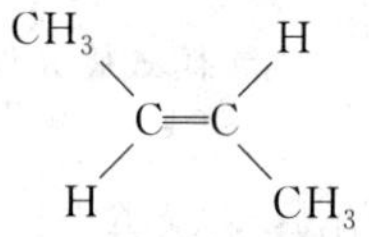

反-2-丁烯

并不是所有的烯烃都存在顺反异构体，只有当双键碳原子上连接两个不同的原子或基团才会产生顺反异构现象，即：abC ═Cab、abC ═Cac、abC ═Ccd 这样结构的烯烃都存在顺反异构体。

另外，在脂环类化合物中，由于环的存在，使环上碳碳 σ 键的自由旋转受到阻碍，也存在顺反异构体。

（2）顺反异构体的命名

① 习惯命名法

扫码看课件

习惯命名法适用于 abC ═Cab、abC ═Cac 结构的烯烃，相同的原子或基团在双键（或环平面）的同侧，叫做顺式异构体；在双键（或环平面）的两侧，叫做反式异构体。例如：

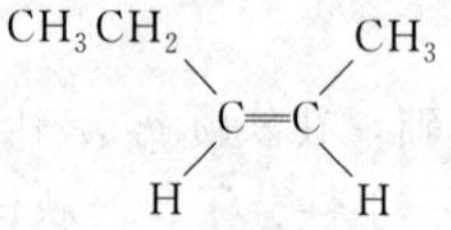

顺-2-戊烯

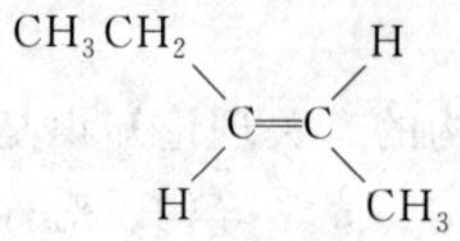

反-2-戊烯

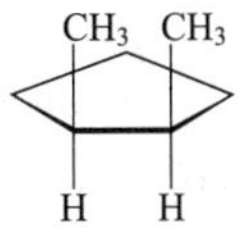

顺-1,2-二甲基环戊烷 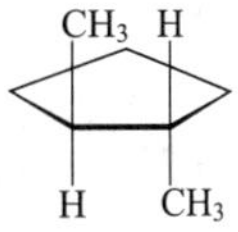　　　　　　　反-1,2-二甲基环戊烷

② 系统命名法（*Z-E* 标记法）

扫码看课件

对于不能用上述命名法命名的较为复杂的顺反异构体，系统命名法通常采用 *Z-E* 标记。即按照"次序规则"比较两个双键碳原子所连接的两个原子或基团的相对次序，两个"优先"基团在双键的同侧，称之为 *Z* 式；两个"优先基团"在双键的两侧，则称之为 *E* 式。

"次序规则"的主要内容如下：

a. 比较与双键碳原子直接相连的原子的原子序数，原子序数大的取代基排列在前，为"优先"基团，原子序数小的排列在后。几种常见原子按原子序数减小的次序排列为：

$$I>Br>Cl>S>F>O>N>C>H$$

因此，Br 优先于 Cl，OH 或 OR 优先于 NH_2，排在 C 以前的元素都比烃基（R）优先。

b. 如果与双键碳原子直接连接的原子的原子序数相同，则从这个原子向外比较，依次外推，直到能够比较它们的优先次序为止。例如，CH_3 和 CH_2CH_3 直接连接的都是碳原子，但与 CH_3 中的碳相连接的是氢原子（H、H、H），与 CH_2CH_3 相连的是一个碳原子和两个氢原子（C、H、H），碳的原子序数大于氢，所以 $CH_3CH_2>CH_3$。一些简单基团的优先次序为：

$$-C(CH_3)_3>-CH(CH_3)_2>-CH_2CH_3>-CH_3$$

同理：

$$-CH_2OH>-CH_2CH_3，-CH_2Br>-CH_2Cl，-CH_2OCH_3>-CH_2OH，-CH_2Br>-CCl_3$$

c. 如果基团是不饱和基团时，则把双键或三键看做是 2 个或 3 个与相同原子成键的单键。例如：

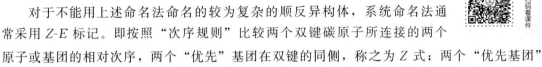

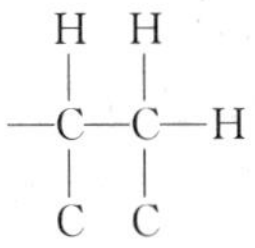

按照 *Z-E* 标记法，下面两个异构体中，前一个为 *E* 型，后一个为 *Z* 型。

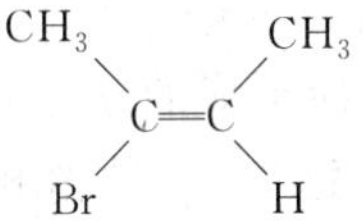

E-2-溴-2-丁烯 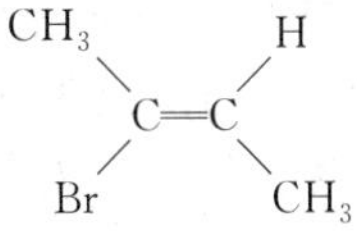　　　　　　　*Z*-2-溴-2-丁烯

值得注意的是，*Z-E* 标记法和顺反命名法是两种不同的命名方法，*Z* 式不一定是顺式，*E* 式也不一定是反式。例如：

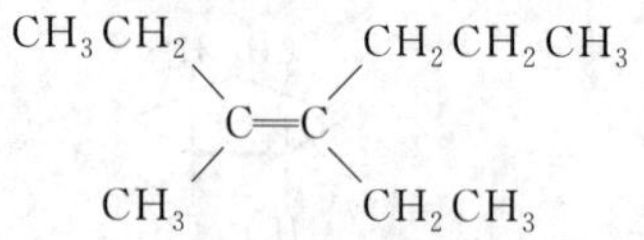

$$CH_3CH_2 \quad \diagdown \quad C=C \quad \diagup \quad CH_2CH_2CH_3$$
$$CH_3 \quad \diagup \quad \diagdown \quad CH_2CH_3$$

反-3-甲基-4-乙基-3-庚烯

或 Z-3-甲基-4-乙基-3-庚烯

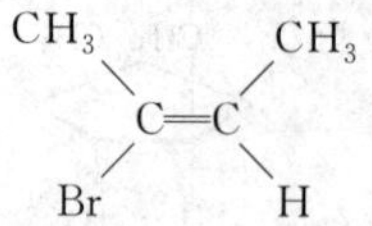

$$CH_3 \quad \diagdown \quad C=C \quad \diagup \quad CH_3$$
$$Br \quad \diagup \quad \diagdown \quad H$$

顺-2-溴-2-丁烯

或 E-2-溴-2-丁烯

思考与练习

6-1　用系统命名法命名下列化合物。

(1) 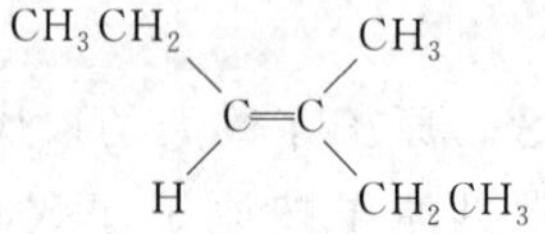
$$CH_3CH_2 \quad \diagdown \quad C=C \quad \diagup \quad CH_3$$
$$H \quad \diagup \quad \diagdown \quad CH_2CH_3$$

(2)
$$CH_3 \quad \diagdown \quad C=C \quad \diagup \quad Br$$
$$Cl \quad \diagup \quad \diagdown \quad CH_3$$

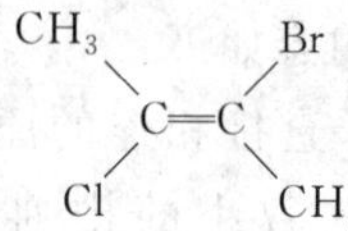

扫码看微课

3. 物质的旋光性与对映异构

（1）物质的旋光性和对映异构的关系

并不是所有的有机物都具有旋光性，研究表明，分子的旋光性与其手性有关。

任何物体都可在平面镜里映出一个与该物体相对应的镜像。当物体能够和它的镜像完全重合时，则它们是对称性的，在它们内部至少可找到一个对称中心或对称面。反之，若物体和它的镜像不能重合，则在它们内部找不到任何对称中心或对称面，是不对称的。正像我们的左右手那样，互为镜像，但不能重合，因此将这种实物与其镜像不能重叠的特性叫做手征性，或称手性。

扫码看动画

同样，大部分有机物分子与它们的镜像能重合，是对称分子。对称分子对偏振光没有作用。但有一些有机分子与它们的镜像不能重合，是不对称分子，也称手性分子。手性分子具有旋光性。例如乳酸的分子式为 $CH_3CH(OH)COOH$，如前所述，肌肉中发现的乳酸，比旋光度为 $+3.8°$，称为右旋乳酸〔也称为（+）-乳酸或 D-乳酸〕。而发酵过程中产生的乳酸，比旋光度为 $-3.8°$，称为左旋乳酸〔也称为（-）-乳酸或 L-乳酸〕。这两种乳酸具有不同的旋光性，就是因为乳酸是不对称分子。

乳酸是不对称分子，和它的镜像不能重合，它们组成了一对对映异构体，如图 6-5 所示。

这种互为镜像的一组异构体称为"对映异构体"，简称"对映体"，因它们的理化性质相同，但在光学活性上有区别，故又称"旋光异构体"。

对映异构体实质上是原子或基团在空间的排布不同所形成的立体异构体。前述的（+）-乳酸与（-）-乳酸为对映异构体。对映异构体的比旋光度 $[\alpha]_D^t$ 数值相等，但符号相反。如果把对映异构体等量混合，则两种异构体因旋光方向相反，旋光度刚好相互抵消，不再显示出旋光性。这种对映体的等量混合物称为"外消旋体"。

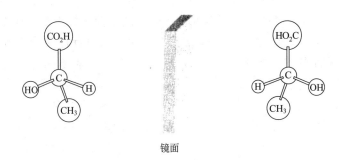

图 6-5 乳酸分子的模型

（2）对称因素

分子是否具有手性，与分子的对称性有关。通过分析分子中有无对称因素就能判断它是否有手性，一般说来没有对称因素的分子是手性分子。判断一个分子是否有手性，主要是看该分子是否含有对称面和对称中心，分子中有对称中心和对称面的分子没有手性。

① 对称面

假设有一个能把分子分割成为镜像关系的平面，则该假设平面就是分子的对称面，如图 6-6 所示，由此可知，顺-1,2-二氯乙烯和 1-丙醇不是手性分子。

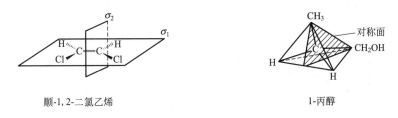

顺-1,2-二氯乙烯   1-丙醇

图 6-6 有对称面的分子

② 对称中心

假设分子中有一个中心点，从分子中任何一个原子向中心作连线，并将此线延长，则在与该点前一段等距离处，可遇到一个同样的原子，这个点就是该分子的对称中心。如图 6-7 中箭头所指即为 1,3-二氯-2,4-二溴环丁烷分子的对称中心，因此它不是手性分子。

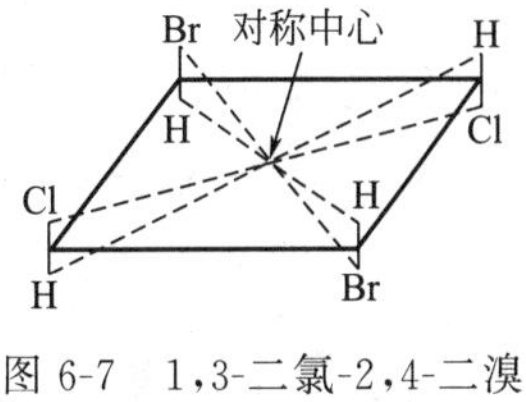

（3）手性分子和手性碳原子

一个分子，若与它的镜像不能重合，则称为手性分子。凡手性分子都有对映异构体，都有旋光性。

图 6-7 1,3-二氯-2,4-二溴
环丁烷分子的对称中心

手性分子的结构特点是：在分子中找不到任何对称中心或对称面，这种结构特点叫手性因素。最普遍的手性因素是手性碳原子，即连有 4 个不同的原子或基团的碳原子。手性碳原子常用 * 标出。例如：

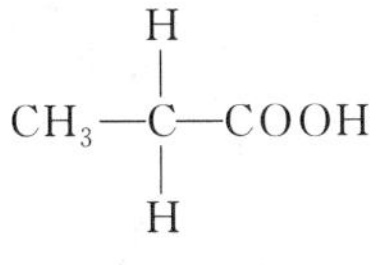

$$CH_3—C—COOH \qquad CH_3—C^*—COOH$$

丙酸(无手性碳原子,无旋光性) 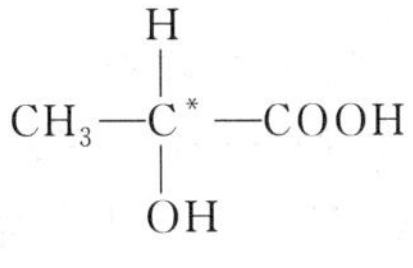   乳酸(有手性碳原子,有旋光性)

　　当然手性碳原子并不是决定分子是否具有手性的决定因素，主要是要看镜像和实物能否重叠。有些分子中虽无手性碳原子，但因分子无对称中心和对称面，其镜像和实物不能重叠，这些分子就是手性分子，如图6-8所示。

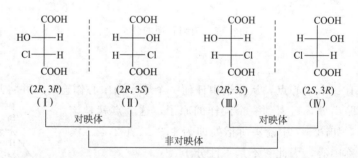

图6-8　累积双键化合物和σ键旋转受阻的联苯类化合物

　　当分子中含有一个手性碳原子时，可形成一对对映体。如前所述的乳酸有S-乳酸和R-乳酸一对对映体。

$$
\begin{array}{cc}
\text{COOH} & \text{COOH} \\
\text{HO}\!-\!\!-\!\!-\!\text{H} & \text{H}\!-\!\!-\!\!-\!\text{OH} \\
\text{CH}_3 & \text{CH}_3 \\
S\text{-乳酸} & R\text{-乳酸}
\end{array}
$$

　　有些分子中含两个手性碳原子，例如 2-羟基-3-氯丁二酸，分子中存在两个不同的手性碳原子，有 4 个对映异构体（见图6-9）。

COOH	COOH	COOH	COOH
HO—H	H—OH	HO—H	H—OH
Cl—H	H—Cl	H—Cl	Cl—H
COOH	COOH	COOH	COOH
(2R, 3R)	(2R, 3S)	(2R, 3S)	(2S, 3R)
（Ⅰ）	（Ⅱ）	（Ⅲ）	（Ⅳ）

对映体（Ⅰ-Ⅱ）　　对映体（Ⅲ-Ⅳ）

非对映体

图6-9　2-羟基-3-氯丁二酸的 4 个对映异构体

　　其中，（Ⅰ）与（Ⅱ），（Ⅲ）与（Ⅳ）互为实物与镜像的关系，分别形成两对对映体。（Ⅰ）与（Ⅱ）等量混合或（Ⅲ）与（Ⅳ）等量混合都要组成外消旋体。但（Ⅰ）与（Ⅲ）或（Ⅳ），（Ⅱ）与（Ⅲ）或（Ⅳ）之间不能互为实物与镜像，则为非对映体。这种不对映的构型异构体叫做非对映体。非对映体与对映体的旋光度不同，旋光方向可能相同也可能不同，其他物理性质则也不相同，不能组成外消旋体。

　　分子中含有手性碳原子越多，异构体的数目也越多。含有两个不同手性碳原子的，有 4 个对映异构体，即 2 对对映体（两组外消旋体）；含有 3 个不同手性碳原子的，有 8 个对映异构体，即有 4 对对映体（四组外消旋体），以此类推，一个化合物有 n 个不同的手性碳原子，便有 2^n 个对映异构体，有 2^{n-1} 组对映体（即外消旋体）。

小故事

1808 年法国物理学家马吕斯首次在研究反射光时发现了平面偏振光。随后法国物理学家拜奥特等人发现很多无机晶体和有机溶液都能使平面偏振光发生偏转。1848 年，法国化学家巴斯德研究并分离出了酒石酸盐的两种旋光异构体，提出了分子不对称的概念，从而开创了立体化学。

思考与练习

6-2　判断下列化合物有无对称面或对称中心。

(1) 　　　　　　(2)

6-3　解释下列名词的含义。

(1) 手性分子　　　(2) 对映体

4.含一个手性化合物的对映异构体的表示方法及构型标记

（1）构型的表示法

表示构型不同的对映异构体，可用分子模型、费歇尔投影式及透视式等，但分子模型书写麻烦，通常采用费歇尔投影式和透视式。

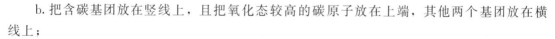

① 费歇尔（Fischer）投影式

费歇尔投影式是利用模型在纸上投影得到的表达式，其投影原则如下：

a.以手性碳为中心，画十字线，十字线的交叉点代表手性碳原子；

b.把含碳基团放在竖线上，且把氧化态较高的碳原子放在上端，其他两个基团放在横线上；

c.竖线上两个基团表示伸向纸面的后方，横线上两个基团表示指向纸面的前方。

例如，乳酸分子的一对对映体用模型和费歇尔投影式分别表示如下：

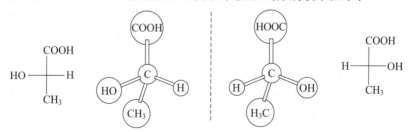

若投影时，不把碳链直立、氧化数高的碳原子放在上端，所得的投影式就不是规范化的费歇尔投影式。非规范化的费歇尔投影式可以通过基团交换得到规范化的费歇尔投影式。但须注意：基团交换 1 次得到的是原结构的对映体，交换两次得到的是原结构。另外，费歇尔投影式可在纸面上旋转 180°或它的倍数，而不会改变原化合物的构型。

② 透视式

有时为了更直观地表示分子构型，也常采用透视式。透视式是将手性碳原子置于纸面，与手性碳原子相连的 4 个键中 2 个键用细实线表示处于纸平面上，另 2 个键一个用楔形实线表示伸向纸面前方，一个用虚线表示伸向纸面后方。例如乳酸的一对对映体可表示如下：

$$
\begin{array}{cc}
\text{COOH} & \text{COOH} \\
\text{HO} \backslash\!\!\!\diagup \text{CH}_3 & \text{H}_3\text{C} \diagup\!\!\!\backslash \text{OH}
\end{array}
$$

透视式虽然直观，但书写比较麻烦，对于结构较复杂的化合物，则更增加了书写的难度。相比较而言，用费歇尔投影式表示分子构型比较普遍。

········(2) 构型的标记

为准确命名不同构型的对映异构体，需对其构型给予一定的标记。

① D-L 标记法

在研究对映异构现象的早期，因技术因素仅能通过旋光仪测定物质的旋光性，无法确定对映异构体的真实构型。为了研究的方便，人们以甘油醛为标准构型物，人为地规定：在甘油醛的费歇尔投影式中，手性碳原子上的羟基在右边的表示右旋甘油醛，为 D-构型，在左边的表示左旋甘油醛，为 L-构型，如下式所示：

$$
\begin{array}{cc}
\text{CHO} & \text{CHO} \\
\text{H}-\text{C}-\text{OH} & \text{HO}-\text{C}-\text{H} \\
\text{CH}_2\text{OH} & \text{CH}_2\text{OH}
\end{array}
$$

$$\qquad\text{D-(+)-甘油醛}\qquad\qquad\qquad\text{L-(−)-甘油醛}$$

以 D-(+)-甘油醛和 L-(−)-甘油醛为参照标准，可以确定与甘油醛结构上相关联的或相似的手性分子的构型。凡是经 D-甘油醛反应所得化合物，或可通过反应转变为 D-甘油醛的化合物，都可认为和 D-甘油醛具有相同的构型，即 D 型。同样道理，可转化为 L-甘油醛，或经 L-甘油醛转变所得的化合物为 L 型。需强调的是，这里所涉及的化学反应中不涉及手性碳原子，即构型不能发生改变。

例如，在不涉及手性碳原子的前提下，D-(−)-乳酸可以通过 D-(+)-甘油醛经氧化、还原得到。

$$
\begin{array}{ccccc}
\text{CHO} & & \text{COOH} & & \text{COOH} \\
\text{H}-\text{C}-\text{OH} & \xrightarrow{[O]} & \text{H}-\text{C}-\text{OH} & \xrightarrow{[H]} & \text{H}-\text{C}-\text{OH} \\
\text{CH}_2\text{OH} & & \text{CH}_2\text{OH} & & \text{CH}_3
\end{array}
$$

$$\quad\text{D-(+)-甘油醛}\qquad\qquad\text{D-(−)-甘油酸}\qquad\qquad\text{D-(−)-乳酸}$$

在上述反应的第一步，醛基上的氢原子被氧化为—OH；第二步，—CH$_2$OH 上的—OH 被还原为—H，并没有涉及手性碳原子上键的断裂。因此反应中所涉及三种物质（甘油醛、甘油酸、乳酸）的空间构型相同，均为 D 型。需注意的是，D、L 构型是人为规定的，不能代表物质的实际旋光性。上述反应中，D-甘油醛的旋光性为右旋，但 D-甘油酸和 D-乳酸则为左旋。

D-L 标记法以甘油醛为标准构型物有它的局限性，有的对映异构体的构型无法以甘油醛为标准来确定。例如，下列化合物就无法用相对构型表达：

$$
\text{H}_3\text{COC}\cdots\diagdown\!\!\!\diagup\text{COOCH}_3 \qquad\qquad \text{（吡咯烷-2-甲醛结构）}
$$

目前，除在氨基酸、肽类和碳水化合物仍采用 D-L 标记法外，一般采用 *R-S* 标记法。

② *R-S* 标记法

R-S 标记法是以手性碳原子所连接的基团在空间不同方向上的排布为特征的构型标记法，该标记法的确定步骤为：

a. 把手性碳原子所连的 4 个不同的原子或基团（a、b、c、d）根据次序规则，由大到小排列成序。假设：a＞b＞c＞d。

b. 将次序最小的原子或基团（d）放在距离观察者最远处，并将最小的原子或基团（d）、手性碳和眼睛三者成为一条直线，这时，其他原子或基团（a、b、c）则分布在距眼睛最近的同一平面上。

c. 按优先次序观察 a、b、c 的排列顺序，如果 a→b→c 按顺时针排列，该化合物的构型为 *R* 型，若按逆时针排列，则为 *S* 型，如图 6-10 所示。

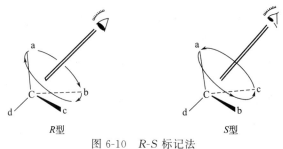

图 6-10　*R-S* 标记法

依据 *R-S* 标记法，就可以确定任何手性化合物中手性碳原子的构型。例如：

R-2-氯丁烷　　　　　　　　　　　*S*-2-氯丁烷
（顺时针排列，*R*-构型）　　　　（逆时针排列，*S*-构型）

R-S 标记法，突破了 D-L 标记法必须与甘油醛相关联的局限，如下面两个化合物，用 D-L 标记法无法确定构型，但在 *R-S* 标记法中，只要知道最小位次的原子或基团的空间位置，就可确定其构型。

S-1-庚烯-4-醇　　　　　　　*R*-环戊烯-3-甲酸

当化合物的构型以费歇尔投影式表示时，*R-S* 标记法构型确定方法是：当优先次序中最小原子或基团处于投影式的竖线上时，其他原子或基团的顺序，若按顺时针由大到小排列，该化合物的构型为 *R* 型；如按逆时针排列，则是 *S* 型。例如：

$$
\begin{array}{c}
CHO \\
HO \!-\!\!\!\!-\!\!\!\!- CH_2OH \\
H
\end{array}
\qquad
\begin{array}{c}
OH \\
CH_3CH_2 \!-\!\!\!\!-\!\!\!\!- CH_3 \\
H
\end{array}
$$

R-甘油醛　　　　　　　　　*S*-2-丁醇

当优先次序中最小的原子或基团处于投影式的横线上时，若其他原子或基团按顺时针由大到小排列，该化合物的构型为 *S* 型，若按逆时针由大到小排列，则是 *R* 型。例如：

$$\begin{array}{c} \text{CHO} \\ \text{H} \!\!-\!\!\!\stackrel{|}{-}\!\!\!-\!\! \text{OH} \\ \text{CH}_2\text{OH} \end{array} \qquad \begin{array}{c} \text{CHO} \\ \text{HO} \!\!-\!\!\!\stackrel{|}{-}\!\!\!-\!\! \text{H} \\ \text{CH}_2\text{OH} \end{array}$$

R-甘油醛   S-甘油醛

注意，用费歇尔投影式直接标注构型和用透视式标注构型两种方式的方向相反，但结论相同。

这里应强调指出：D-L 法与 R-S 法是两种不同的构型标记法，它们之间无固定关系，一个 D 型化合物若按 R-S 法标记可能是 R 型也可能是 S 型。另外，R-S 标记法也不能确定旋光方向，旋光方向仍需实验测定。

小知识

旋光性是药物较为常见的物理性质，氯霉素、氨苄西林、布洛芬等药物都存在旋光异构体。氯霉素的左旋体具有抗菌能力，右旋体则不具备；氨苄西林临床用其右旋体；尽管布洛芬的药理活性主要来自右旋体，但由于左旋布洛芬在体内也可以转化为右旋，且没有额外的毒副作用，故布洛芬消旋体也可用于临床，只是左旋转化为右旋需要时间，消旋体起效会慢些。

思考与练习

6-4　指出下列各结构式之间的相互关系，为同一化合物还是对映异构体？

$$(1)\ \begin{array}{c} \text{COOH} \\ \text{Cl} \!\!-\!\!\!\stackrel{|}{-}\!\!\!-\!\! \text{H} \\ \text{CH}_3 \end{array} \qquad (2)\ \begin{array}{c} \text{COOH} \\ \text{Cl} \!\!-\!\!\!\stackrel{|}{-}\!\!\!-\!\! \text{CH}_3 \\ \text{H} \end{array}$$

$$(3)\ \begin{array}{c} \text{Cl} \\ \text{H} \!\!-\!\!\!\stackrel{|}{-}\!\!\!-\!\! \text{COOH} \\ \text{CH}_3 \end{array} \qquad (4)\ \begin{array}{c} \text{COOH} \\ \text{CH}_3 \!\!-\!\!\!\stackrel{|}{-}\!\!\!-\!\! \text{H} \\ \text{Cl} \end{array}$$

6-5　判断下列分子的构型（R 或 S）。

$$(1)\ \begin{array}{c} \text{CHO} \\ \text{CH}_3 \!\!-\!\!\!\stackrel{|}{-}\!\!\!-\!\! \text{H} \\ \text{CH}_2\text{OH} \end{array} \qquad (2)\ \begin{array}{c} \text{Cl} \\ \text{CH}_3 \!\!-\!\!\!\stackrel{|}{-}\!\!\!-\!\! \text{COOH} \\ \text{NH}_2 \end{array}$$

5. 外消旋体的拆分原理

在实验室内由不旋光的化合物合成手性化合物时，通常得到的多是由等量的对映体组成的外消旋体。如果要得到其中一个对映体，都需要经过一定的方法，才能把外消旋体拆分成为纯态的右旋体和左旋体。由于对映体除了旋光方向相反外，其他的物理性质、化学性质都相同，因此用一般的物理方法不能达到分离的目的，而必须采用其他有效的方法。最常用的方法是化学拆分法，介绍如下。

把组成外消旋体的一对对映体与一个有旋光性的物质（称为解拆剂）反应，使之生成非对映体，由于非对映体的物理性质不同，就可以用一般的物理方法把它们拆分开来，然后去掉与它们发生反应的旋光物质，就可得到纯（+）和（-）异构体。这种方法最适用于酸或碱的外消旋体的拆分。例如，对于外消旋酸的拆分可用旋光性的碱如吗啡、奎宁、士的宁等。可用通式表示如下：

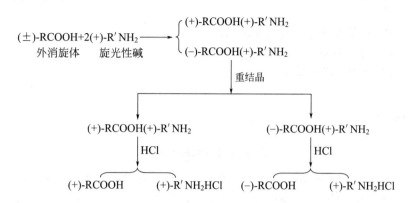

拆分外消旋碱时，则需用具有旋光性的酸（右旋或左旋），常用的是酒石酸、苹果酸和樟脑-β-磺酸。例如，分离外消旋 α-苯乙胺，用（＋）-酒石酸为解拆剂，与外消旋 α-苯乙胺作用，产物是非对映体的盐，可用分步结晶法把两个非对映体的盐分离。分离后分别水解，从而获得纯的（＋）-α-苯乙胺和（－）-α-苯乙胺。以上过程可用下式表示：

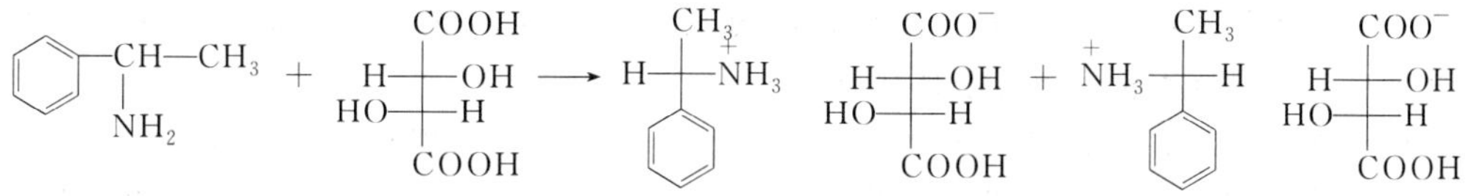

（±）-α-苯乙胺　　（＋）-酒石酸　（－）-α-苯乙胺-（＋）-酒石酸盐　（＋）-α-苯乙胺-（＋）-酒石酸盐

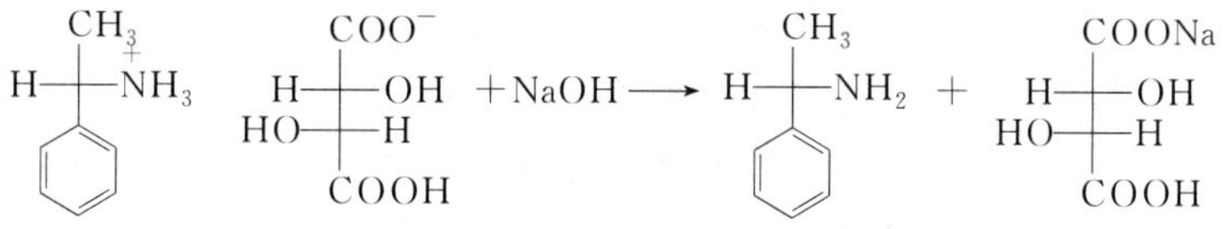

（－）-α-苯乙胺-（＋）-酒石酸盐　　　　（－）-α-苯乙胺

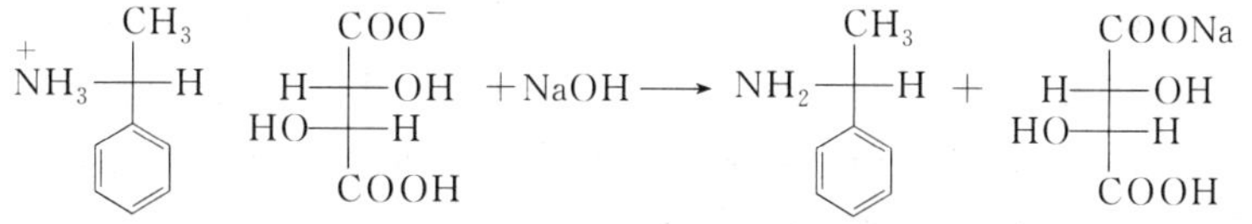

（＋）-α-苯乙胺-（＋）-酒石酸盐　　　　（＋）-α-苯乙胺

拆分对象不是酸碱的，可设法转变成酸碱后拆分，拆分后再将酸碱经反应回到原来的旋光化合物。例如，2-己醇的拆分就可以先转变为酸，再进行拆分，拆分后再还原为起始底物。以上过程可用下式表示：

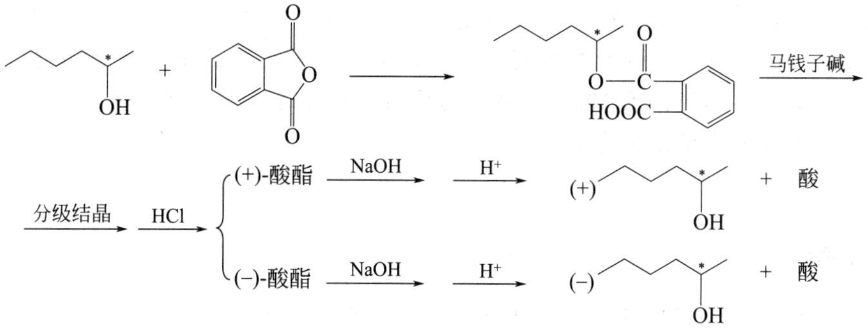

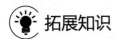

供选实例

(1) 10％葡萄糖和 10％果糖旋光度的测定。

(2) (±)-α-苯乙胺的拆分。

(3) 外消旋体苦杏仁酸的拆分。

拓展知识 ....

手性技术与手性药物

1953 年，联邦德国 Chemie 制药公司研究了一种名为"沙利度胺"的新药，该药对孕妇的妊娠呕吐疗效极佳，Chemie 公司在 1957 年将该药以商品名"反应停"正式推向市场。两年以后，欧洲的医生开始发现，本地区畸形婴儿的出生率明显上升，此后又陆续发现 12000 多名因母亲服用反应停而导致的海豹婴儿！这一事件成为医学史上的一大悲剧。

后来研究发现，反应停是一种手性药物，是由分子组成完全相同仅立体结构不同的左旋体和右旋体混合组成的，其中右旋体是很好的镇静剂，而左旋体则有强烈的致畸作用。

目前临床上常用的近 2000 种药物中，有约 62％是手性药物。像大家所熟知的紫杉醇、青蒿素、沙丁胺醇和萘普生都是手性药物。

绝大多数的昆虫信息素都是手性分子，人们利用它来诱杀害虫。很多农药也是手性分子，比如除草剂 Metolachlor，其左旋体具有非常高的除草性能，而右旋不仅没有除草作用，而且具有致突变作用，每年有 2000 多万吨投放市场，其中 1000 多万吨是环境污染物。Metolachlor 自 1997 年起以单旋体上市，10 年间少向环境投放约 1 亿吨化学废物。研究还发现，单旋体手性材料可以作为隐形材料用于军事领域。

左旋体和右旋体在生物体内的作用为什么有这么大的差别呢？由于生物体内的酶和受体都是手性的，它们对药物具有精确的手性识别能力，只有匹配时才能发挥药效，误配就不能产生预期药效。正如"一把钥匙开一把锁！"。因此，1992 年美国 FDA（Food and Drug Administration，食品和药物管理局）规定，新的手性药物上市之前必须分别对左旋体和右旋体进行药效和毒性试验，否则不允许上市。2006 年 1 月，我国 CFDA（China Food and Drug Administration，国家食品药品监督管理总局）也出台了相应的政策法规。

怎样才能将非手性原料转变成手性单旋体呢？从化学角度而言，有手性拆分和手性合成两种方法。经典化学反应只能得到等量左旋体和右旋体的混合物，手性拆分是用手性拆分试剂将混旋体拆分成左旋体和右旋体，其中只有一半是目标产物，另一半是副产物，而且需要消耗大量昂贵的手性拆分试剂。化学家一直在探索，是否有更经济的方法，将非手性原料直接转化为手性单旋体呢？

20 世纪 60 年代初，科学家们开始研究在极少量的手性催化剂作用下获得大量的单旋体，这就是手性合成技术。最初只获得了 3％的收率，经过近三十年的努力终于获得了成功。目前最高的产率已经接近 100％，特别需要指出的是这种技术可以使人们随心所欲地合成自然界中不存在的左旋体或右旋体。

....

自测题

1. 一种天然提取的旋光性植物碱，其分子量为 365，取它的 0.2mol/L 氯仿溶液盛于 20cm 的旋光管中，于 25℃时测出旋光度为 +8.17°，计算它的比旋光度。

2.已知葡萄糖的 $[\alpha]_D^{20} = +52.5°$，在 0.1m 长的样品管中盛有未知浓度的葡萄糖溶液，测得其旋光度为 +3.4°，求此溶液的浓度。

3.下列化合物是否有对映异构体？如果有，请写出它们的一对对映异构体。

1-戊醇　　2-戊醇　3-戊醇　苹果酸　柠檬酸　2,3-戊二酸

4.写出下列化合物的费歇尔投影式。

(1) S-2-氯戊烷　　　　　　　　(2) R-2-丁醇

(3) S-α-溴乙苯　　　　　　　 (4) CHClBrF（S 型）

(5) R-甲基仲丁基醚　　　　　　(6)（$2R$,$3S$)-2,3-二溴丁烷

5.判断下列概念正确与否，并解释。

(1) 含手性碳原子的化合物都有旋光性。

(2) 对映异构体的物理性质（旋光方向除外）和化学性质都相同。

(3) 非对映异构体的物理性质和化学性质都相同。

(4) 含 4 个相同基团的手性碳原子的化合物都是对映体。

6.找出下列化合物中的手性碳原子，用 R-S 法标明下列化合物中手性碳原子的构型。

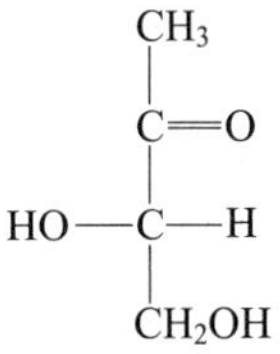

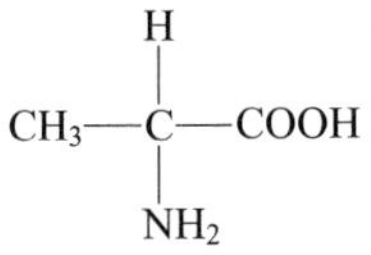

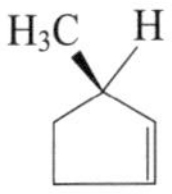

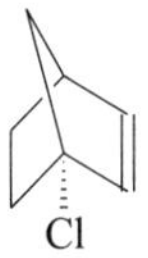

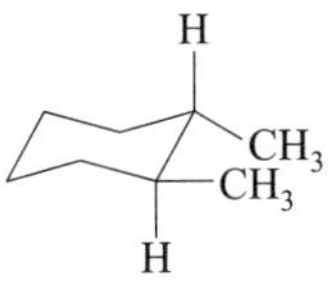

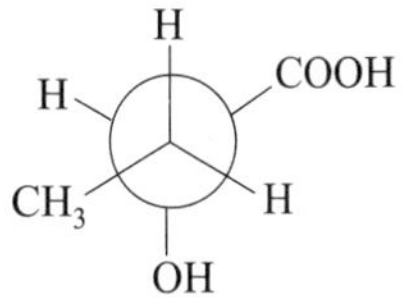

7.分子式是 $C_5H_{10}O_2$ 的酸，有旋光性，写出它的一对对映体的投影式，用 R-S 标记法命名。

8.某醇 $C_5H_{10}O$(A) 具有旋光性，催化氢化后生成的醇 $C_5H_{12}O$(B) 没有旋光性。试写出 A 和 B 的结构式。

9.化合物 A 的分子式为 C_7H_{14}，具有光学活性。它与 HBr 作用生成主要产物 B，B 的结构为

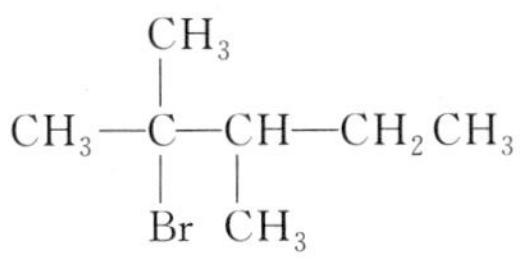

时，请推导出 A 的结构式。

模块七
生命活动的物质基础

学习指南

　　生物体的生命活动中有许多共同的物质基础，组成生物体的物质基础主要包括糖类、核酸、蛋白质和脂类等有机化合物，以及水和无机盐等无机化合物。其中，广泛存在于自然界中，在生物体内合成的有机化合物称为天然有机化合物，简称天然有机物。天然有机物是药物、食品添加剂、保健品以及化妆品等活性成分的一个重要来源。

　　本模块通过"提取天然有机化合物"这一个任务，使学习者认识杂环化合物、油脂、糖类及氨基酸等这些与生命活动休戚相关的物质，了解其基本性质，学习天然有机化合物的溶剂提取方法。

目标导学

知识目标

　　认知常见的五元、六元杂环化合物的结构及性质；

　　知道油脂的概念及其基本性质；

　　认识重要的单糖及其衍生物，理解单糖的结构及其反应；

　　认识重要的双糖、多糖；

　　知晓氨基酸的结构、分类及性质；

　　认识蛋白质的分类、结构及其基本性质。

技能目标

　　能由给定含杂环化合物的结构推测其在给定反应条件下发生的化学变化；

　　能判断给定化合物是否为油脂；

　　能推测给定油脂在一定反应条件下发生的化学变化；

　　能区分常见的单糖和多糖；

　　能利用糖类的性质解释实际问题；

　　能区分氨基酸、蛋白质的基本种类；

　　能利用氨基酸、蛋白质的性质解释实际问题。

素质目标

　　启发创新意识；

　　形成分析问题的能力；

　　形成求真务实的科学精神；

　　养成安全环保，绿色低碳的社会责任。

任务　提取天然有机化合物

⟳ 任务分析

动物、植物等是天然有机物的主要来源，其中蕴含的有机物成分有重要的应用价值。例如，天然药物中的黄酮类物质具有抗菌、抗病毒和抗肿瘤等作用；生物碱类中的麻黄碱、毛果芸香碱等则是应用广泛的药物有效成分；从动植物中提取的皂苷类、挥发油是肥皂、香料的原料。这些天然有机物在动、植物体中含量较低，与其他成分共存，要很好利用这些天然有机物需要经过提取和纯化的过程。

天然有机物的提取方法很多，按形成的先后可以分为经典提取法和现代提取法。经典提取法主要有溶剂提取法、水蒸气蒸馏法等。现代提取法是以现代先进仪器为基础，运用超临界流体萃取技术、酶法提取技术等新发展起来的提取方法。

溶剂法是提取天然有机物的一种经典、有效方法，依据相似相溶原理，选择适当的溶剂使有效成分从原料表面或组织内部向溶剂中转移。提取过程根据天然有机化合物的物理、化学性质选择适宜的试剂及索氏提取器、烧杯、圆底烧瓶、蒸汽发生器，直形冷凝管等仪器。少数天然有机物（如樟脑）也可以采用升华法提取，这一提取过程需选择蒸发皿、漏斗等仪器。

✲ 工作过程

（1）提取准备

查阅国内外相关文献，充分了解待提取天然原料的来源、质量优劣、价值，以及其中主要组成成分，尤其是提取目标有机物的物理化学性质、稳定性以及结构特征等。

（2）原料预处理

天然物质提取前通常进行干燥、粉碎等预处理。干燥是为了除去原料中的水分，同时也便于后续粉碎操作的进行。粉碎方式有人工粉碎和机械粉碎两种。少量原料的粉碎可以人工进行，大量的则必须采用机械粉碎。不同原材料预处理操作不同，除了粉碎外，湿材料尤其动物组织材料一般是制备成匀浆，匀浆常指用研磨器充分混匀的生物组织。

（3）提取条件的设计

溶剂法提取条件包括提取溶剂、提取方法、提取温度、提取时间、提取次数等。根据待提取组分及杂质的物理化学性质及生物学性质选择适宜的提取溶剂，确定溶剂用量。根据原料性质及实际条件选择煎煮法、浸取法等提取方法。由待提取组分的稳定性，及其在溶剂中的溶解度和温度的关系，设定提取温度、时间等操作条件。在设计提取条件的同时还应考虑溶剂回收方法。此外操作注意事项、安全和环保的要求也应在提取条件中涉及。

（4）提取过程的实施

根据提取条件，选择不同的溶剂，按设定提取条件进行提取，最后通常还需要取少量提取产物进行定性鉴定。

（5）填写提取记录

根据提取过程和现象，实验员填写表 7-1，并签字确认。

表 7-1　天然有机物提取实验记录

待提取原料	状态	提取方法	提取操作	定性鉴定结果	提取收率

实验员
提取时间

行动知识

1. 天然有机物提取的要求

提取是研究天然有机物的前提，除一般有机物提取的要求外，天然有机物的提取过程需保持物质原有的天然属性，要求提取工艺简单、成本较低，不能使用有毒、有害的提取试剂，并且该试剂应易于分离，同时还要减少杂质的夹带，等等。

2. 溶剂提取法的操作方式

溶剂提取法的操作方式有：浸取法、渗漉法、煎煮法、回流提取法、连续提取法等。可以根据提取对象、硬件设施条件选择进行。

浸取法是将原料置于适当的溶剂中浸泡得到有效成分的方法。浸泡的温度通常为常温或温热。浸泡过程中要求加盖密封，并可结合间断式搅拌或振摇，至规定时间后，取上层清液，过滤浓缩即可。

渗漉法是将适度粉碎的天然原材料润湿膨胀后置于渗漉筒中，顶部以纱布覆盖、压紧，由上部不断添加溶剂（液面超出原料 1/3），溶剂渗过原料层向下流动过程中浸出有效成分的方法。由于不断加入溶剂，可以连续收集提取液，提取比较完全。

煎煮法通常以水为溶剂，是将粉碎后的天然原材料放入适当容器，加水没过原料面，加热煎煮一定时间后，分离、收集煎出液，并浓缩至规定浓度的方法。该法是最早使用的一种简易浸出方法，至今仍是制备浸出制剂最常用的方法。由于浸出溶剂通常用水，故有时也称为"水煮法"或"水提法"。

回流提取法是用乙醇等易挥发的有机溶剂提取原料成分，将浸出液加热蒸馏，溶剂在蒸发的同时带出部分天然有机物，挥发性溶剂馏出后又被冷却，重复流回浸出容器中浸提原料，直至有效成分回流提取完全的方法。回流法提取液在蒸发锅中受热时间较长，故不适用于受热易破坏的原料成分的浸出。

连续提取法又名索氏提取法，是利用溶剂回流和虹吸原理，使固体物质每一次都能被纯溶剂所萃取的方法。比较而言，这种方法弥补了回流法中溶剂消耗量大、操作麻烦的不足。这是一种相对操作简便、溶剂需求量小、耗时较短的有效提取天然有机物的方法，因此在实验室中多采用索氏提取器来提取天然化合物。其结构与操作方法已在前面的模块二、四中做了具体介绍，此处不再重述。

在以上提取方法中，连续提取法是操作相对方便、提取效率较高的一种方法。

3. 提取溶剂的选择

用溶剂法提取天然有机物时，溶剂的选择是关键。合适的溶剂能顺利地提取有效成分，反之则很难提取甚至完全不能提取。

提取溶剂的选择应遵循"相似相溶"原理，使目标组分在溶剂中溶解性大，其他杂质溶解性小。选择溶剂时应根据溶剂的极性和目标组分、杂质的极性进行判断。通常极性化合物易溶于极性溶剂，非极性化合物易溶于非极性溶剂，分子量太高的天然有机物往往不溶于任何溶剂。已知化学结构的化合物可以根据分子中基团的种类、数量以及分子的缔合程度判断分子极性的大小。如分子中羟基、羧基越多，极性就越大，亲水性就越强；反之极性越小，亲油性越强。

此外，提取溶剂还应符合以下要求：性质稳定，易于保存；不与目标组分发生化学反应；价廉、易得；浓缩等后处理操作方便；安全无毒。

4. 升华操作

升华是指物质从固态直接变成气态的相变过程。白炽灯的钨丝用久了会变细，就是钨丝中部分钨升华的结果。并不是所有的固体物质都能升华，只有那些在熔点温度以下具有较高蒸气压（一般高于 2.67kPa）的固态物质（如樟脑、苯甲酸、水杨酸等）受热至一定温度（低于其熔点）时，才能出现升华现象。其蒸气受冷直接凝结成固体的过程称为凝华。固体物质的蒸气压与外压相等时的温度，称为该物质的升华点。

利用升华-凝华的循环可以实现固体的提取。如天然原料中的某些成分具有升华的特性，可以利用升华法直接将该物质提取出来。早在 400 多年前，李时珍在《本草纲目》中已详细记载从樟木中升华提取樟脑的过程，这是世界上最早应用升华法提取药材有效成分的记载。

（1）常压升华

常压升华是在常压下，由固态转变为气态的过程。实验室中少量物质的升华可在蒸发皿中进行，所用装置如图7-1 所示。操作过程中将粉碎过的原料放入蒸发皿中，覆盖一张刺有许多小孔的滤纸（该滤纸不妨碍升华蒸气的通过，还可以避免凝华得到的固体再落回蒸发皿），再将一大小合适的漏斗倒盖在上面，漏斗的颈部用玻璃纤维或脱脂棉塞住，以防止蒸气逸出。升华过程中可通过石棉网直接加热，也可根据实际情况选择砂浴或其他热浴，控制加热温度低于被升华物质的熔点，使其慢慢升华。受热后，蒸气通过滤纸小孔上升，冷却后凝结在滤纸或漏斗壁上，如有必要可在漏斗外壁用湿布冷却。

（2）减压升华（真空升华）

升华与固体蒸气压和外压的相对大小有关，通过降低外压可达到加快升华速度、降低升华温度的效果。减压升华可防止被升华的物质因温度过高而分解或在升华时被氧化，也可应用于在常压下不能升华或升华很慢的物质。

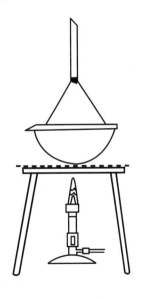

图 7-1 升华装置

（3）低温升华

这是 1976 年，J. W. 米切尔提出的一项升华技术，即将温度和压力维持在升华物质的三相点以下，使它在很低的压力（几毫米汞柱）下升华，经冷凝后捕集在冷阱中而与其他杂质分离。低温升华操作简单，得到的产品纯度很高。

✈ 操作提示

升华过程中要控制好温度和时间，以免影响升华效果；升华设备一般需用电源或热源，使用时应注意安全，防止触电和火灾的发生。

📄 理论知识

天然有机化合物种类繁多。就来源而言，一切动物、植物及微生物都是天然有机化合物的来源；就类别而言，可以分为杂环化合物、糖类、氨基酸及肽、脂类等。

1. 杂环化合物的分类与命名

有机化学将除碳原子外的原子均称为杂原子，常见的杂原子包括 O、S、N 等。分子中含有杂环结构的有机化合物称为杂环化合物。

杂环化合物种类繁多，广泛存在于自然界，有很多重要功用，与生物学有关的重要化合物多数为杂环化合物。例如，中草药的有效成分生物碱大多是含氮原子的杂环化合物，在动植物体内有重要生理作用的血红素、核酸的碱基等也是含氮杂环化合物。此外人工合成的杂环化合物广泛应用于药物、杀虫剂、除草剂、燃料、塑料等行业。其中在现有的药物中，含杂环结构的约占半数。因此杂环化合物在农药、医药和生命科学中起重要作用，是当代有机化学领域的研究热点。

扫码看课件

（1）杂环化合物的分类

杂环化合物可分为单杂环和稠杂环两大类。最常见的单杂环为五元杂环和六元杂环。稠杂环由苯环与一个单杂环或两个及以上单杂环通过共用两个碳原子稠并而成。

杂环化合物还可按杂原子的数目分为含一个、两个和多个杂原子的杂环，见表 7-2。

表 7-2　常见杂环化合物的分类、结构和名称

杂环的分类			常见的杂环化合物
单杂环	五元杂环	含一个杂原子的五元杂环	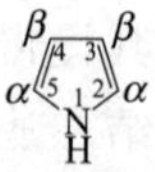 吡咯 Pyrrole　　呋喃 Furan　　噻吩 Thiophene
		含两个杂原子的五元杂环	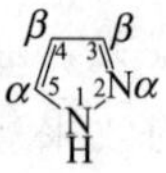 吡唑 Pyrazole　　咪唑 Imidazole　　噁唑 Oxazole　　异噁唑 Isoxazole　　噻唑 Thiazole

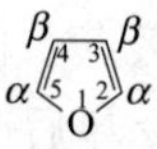

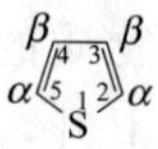

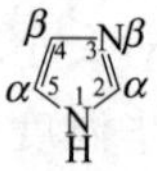

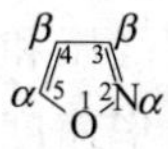

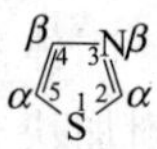

续表

杂环的分类			常见的杂环化合物
单杂环	六元杂环	含一个杂原子的六元杂环	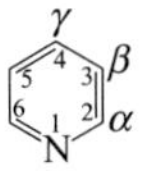 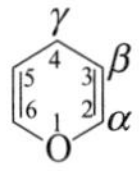 吡啶 Pyridine 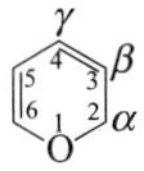　2H-吡喃 2H-Pyran　4H-吡喃 4H-Pyran
		含两个杂原子的六元杂环	 哒嗪 Pyridazine 　嘧啶 Pyrimidine 　吡嗪 Pyrazine
稠杂环		五元稠杂环	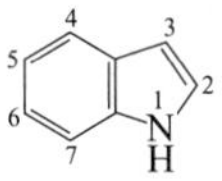 吲哚 Indole 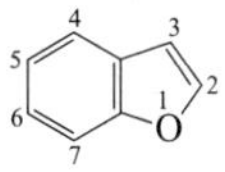　苯并呋喃 Benzofuran 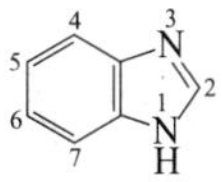　苯并咪唑 Benzimidazole 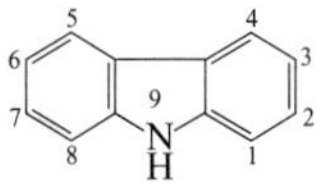　咔唑 Carbazole
		六元稠杂环	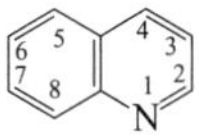 喹啉 Quinoline 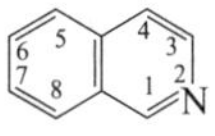　异喹啉 Isoquinoline 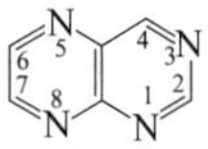　蝶啶 Pteridine 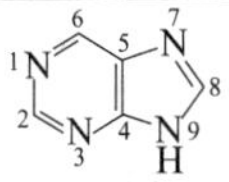　嘌呤 Purine

（2）杂环化合物的命名

杂环化合物的命名常采用音译法，选用同音汉字加"口"旁组成音译名，其中"口"代表环的结构。例如：

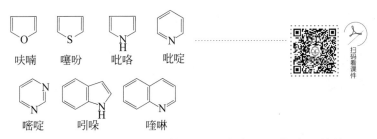

呋喃　噻吩　吡咯　吡啶

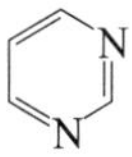

嘧啶　吲哚　喹啉

如杂环上有取代基，则必须先将杂环编号。编号时应使杂原子位次尽可能小，并按 O、S、N 的优先顺序决定优先的杂原子。取代基的位次用 1，2，3，4，5…（或可将杂原子旁的碳原子依次编为 α，β，γ，δ …）来编号（见表 7-2）。当杂环上连有—R、—X、—OH、—NH$_2$ 等取代基时，以杂环为母体；连有—CHO、—COOH、—SO$_3$H 等基团时，则以杂环为取代基。

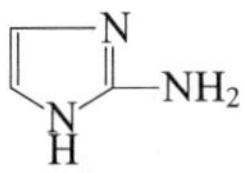

2-氨基咪唑 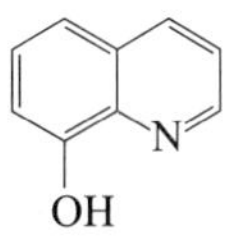　　8-羟基喹啉

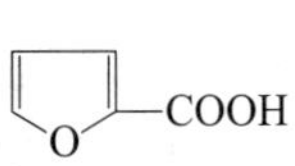

2-呋喃甲酸 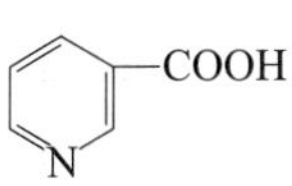　　3-吡啶甲酸 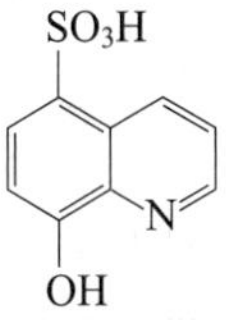　　8-羟基喹啉-5-磺酸

思考与练习

7-1　命名下列杂环化合物。

(1)　(2)　(3)

(4)　(5)　(6)

7-2　写出下列化合物的结构式。

(1) 5-硝基-2-呋喃甲醛　　　(2) 3-吲哚乙酸

2.五元杂环化合物的结构及基本性质

含一个杂原子的五元杂环化合物中最典型的是呋喃、噻吩和吡咯。

（1）呋喃、噻吩和吡咯的结构

据现代物理方法证明：呋喃、噻吩、吡咯都是平面的五元环结构（见图 7-2），碳原子与杂原子均以 sp^2 杂化轨道与相邻的原子彼此以 σ 键构成五元环。环上每个原子都有一个未参与杂化的 p 轨道与环平面垂直。碳原子的 p 轨道有一个电子，而杂原子 p 轨道上有两个电子。这些 p 轨道侧面互相重叠而形成一个与苯环相似的闭合共轭体系，五元环的 6 个 π 电子分布在包括环上 5 个原子在内的分子轨道上。

扫码看动画

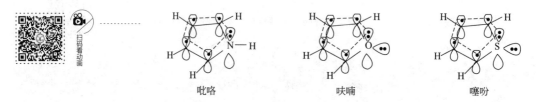

吡咯　　　　　呋喃　　　　　噻吩

图 7-2　吡咯、呋喃和噻吩的分子轨道示意图

五元杂环化合物的键长数据如下（单位：pm）：

从键长数据来看，五元杂环键长没有完全平均化，芳香性不如苯和吡啶强，其稳定性比苯和吡啶差，其芳香性次序为：苯 > 噻吩 > 吡咯 > 呋喃。

扫码看课件　（2）呋喃、噻吩和吡咯的性质

呋喃是一种有类似氯仿气味的无色液体，沸点 31.36℃。有麻醉和弱刺激作用，极易燃，人体吸入后可引起头痛、头晕、恶心、呼吸衰竭。呋喃是有机合成的常用试剂，也是一种重要溶剂。自然界中呋喃存在于少数精油和松木焦油中，遇盐酸浸湿的松木片呈绿色，这一现象称为松木片反应。由于从天然原料中提取呋喃效率较

低，工业上呋喃的制备主要在钯的催化下对糠醛脱羰基，或者在氯化铜的催化下氧化 1,3-丁二烯。呋喃糠醛的制备可从天然化合物，例如从玉米芯、棉籽壳、稻壳、甘蔗渣等农业废弃物中先提取得到聚戊糖，再将其裂解蒸馏得到糠醛。

噻吩是一种无色、有恶臭、能催泪的液体，沸点为 84.2℃。溶于乙醇、乙醚、丙酮、苯等有机溶剂。噻吩与苯天然共存于石油（主要是煤焦油和页岩油）中，含量可高达数个百分点，目前主要运用溶剂萃取法从石油中提取噻吩。

吡咯是黄色或棕色、具有类似苯胺气味的油状无色液体，沸点为 130～131℃。微溶于水，易溶于乙醇、乙醚等有机溶剂。吡咯及其甲基取代的同系物存在于煤焦油和骨焦油内。吡咯在微量氧的作用下变黑，松木片反应呈红色，在盐酸作用下聚合成为吡咯红。吡咯衍生物广泛存在于自然界，如叶绿素、胆汁色素、血红素及多种生物碱中均含有吡咯。

小知识

> 在浓硫酸溶液中，噻吩和靛红共热会发生"靛吩啉反应"，因生成产物靛吩啉而得名。靛吩啉是一种蓝色、不溶于水的物质，因此反应后溶液变为蓝色，可用于噻吩的鉴别。

① 亲电取代反应

由于五元杂环上 5 个原子共有 6 个 π 电子，故电子云密度比苯高，亲电取代反应比苯更容易发生，反应活性顺序为：吡咯＞呋喃＞噻吩＞苯。因此亲电取代反应只需在较弱的亲电试剂和温和的条件下进行，反应主要发生在 α-位。

a. 卤代反应。呋喃、噻吩、吡咯的卤代反应一般不需催化剂就可直接进行。

$$\overset{\hphantom{x}}{\underset{O}{\square}} + Br_2 \xrightarrow[0℃]{1,4\text{-二氧六环}} \overset{\hphantom{x}}{\underset{O}{\square}}\text{—Br}$$

2-溴呋喃

$$\overset{\hphantom{x}}{\underset{S}{\square}} + Br_2 \xrightarrow{\text{乙酸}} \overset{\hphantom{x}}{\underset{S}{\square}}\text{—Br}$$

2-溴噻吩

$$\underset{\underset{H}{N}}{\square} + 4I_2 + 4NaOH \longrightarrow \underset{\underset{H}{N}}{\overset{I\quad I}{\underset{I\quad\quad I}{\square}}} + 4NaI + 4H_2O$$

2,3,4,5-四碘吡咯

2-溴噻吩是合成噻吩乙胺的原料，后者可用于嘧啶酮衍生物等心脑血管疾病、抗艾滋病药物的合成。

b. 硝化反应。呋喃、噻吩和吡咯易氧化，一般不用硝酸或混酸直接硝化，只能用比较温和的非质子硝化试剂，如硝酸乙酰酯，并且反应需要在低温下进行。

$$\overset{\hphantom{x}}{\underset{O}{\square}} + CH_3COONO_2 \xrightarrow[-30～-5℃]{\text{吡啶}} \overset{\hphantom{x}}{\underset{O}{\square}}\text{—NO}_2$$

2-硝基呋喃

$$\text{（furan环）} + CH_3COONO_2 \xrightarrow[0℃]{(CH_3CO)_2O} \text{（2-硝基噻吩环）—NO}_2$$

2-硝基噻吩

$$\text{（pyrrole环）} + CH_3COONO_2 \xrightarrow[-10℃]{(CH_3CO)_2O} \text{（2-硝基吡咯环）—NO}_2$$

2-硝基吡咯

2-硝基噻吩可用于合成抗生素等药物。

c. 磺化反应。吡咯和呋喃性质活泼，其磺化反应需要使用比较温和的非质子性的磺化试剂，如吡啶三氧化硫。例如：

$$\text{（呋喃）} + \text{（吡啶-N-SO}_3^-\text{）} \xrightarrow[]{\text{二氯乙烷} \quad HCl} \text{（2-呋喃磺酸）—SO}_3H$$

2-呋喃磺酸

$$\text{（吡咯）} + \text{（吡啶-N-SO}_3^-\text{）} \xrightarrow[1,2\text{-二氯乙烷}]{100℃} \text{（2-吡咯磺酸）—SO}_3H$$

2-吡咯磺酸

噻吩比较稳定，可直接用硫酸进行磺化反应生成 2-噻吩磺酸。2-噻吩磺酸能溶于浓硫酸，且易发生水解反应。

$$\text{（噻吩）} \xrightarrow{\text{浓}H_2SO_4} \text{（2-噻吩磺酸）—SO}_3H$$

2-噻吩磺酸

$$\text{（噻吩）—SO}_3H + H_2O \xrightarrow{100\sim150℃} \text{（噻吩）} + H_2SO_4$$

利用此反应可以把煤焦油中共存的苯和噻吩分离开来，提取得到较纯的产物。

d. 傅-克酰基化反应。呋喃、噻吩在较温和的催化剂，如 BF$_3$ 等作用下就可发生酰基化反应。活性较大的吡咯可不用催化剂，直接用酸酐酰化。

$$\text{（呋喃）} \xrightarrow[BF_3]{(CH_3CO)_2O} \text{（2-乙酰基呋喃）—COCH}_3$$

2-乙酰基呋喃

$$\text{（噻吩）} \xrightarrow[H_3PO_4]{(CH_3CO)_2O} \text{（2-乙酰基噻吩）—COCH}_3$$

2-乙酰基噻吩

$$\text{（吡咯）} \xrightarrow[150\sim200℃]{(CH_3CO)_2O} \text{（2-乙酰基吡咯）—COCH}_3$$

2-乙酰基吡咯

② 加成反应

和芳烃一样，呋喃、噻吩和吡咯也能发生催化氢化等加成反应。

$$\text{（呋喃）} \xrightarrow[100℃,5MPa]{H_2, Ni} \text{（四氢呋喃）}$$

四氢呋喃（THF）

$$\text{（噻吩）} \xrightarrow[0.2\sim0.4MPa]{H_2, Pd} \text{（四氢噻吩）}$$

四氢噻吩

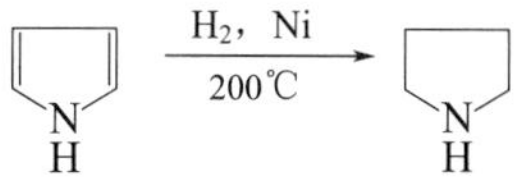

四氢吡咯

知识应用

四氢呋喃，化学式：C_4H_8O，是一种无色液体，又称氧杂环戊烷、1,4-环氧丁烷，是重要的有机溶剂，也是常用的有机合成中间体、分析试剂。

四氢噻吩，化学式：C_4H_8S，是一种无色液体，可用作医药和农药原料，因有特殊的臭味，是常用的煤气、石油液化气、天然液化气等燃料气体的加臭剂。

四氢吡咯，化学式：C_4H_9N，是无色至黄色液体，主要用于药物、杀菌剂、杀虫剂等的制备。

（3）α-呋喃甲醛

α-呋喃甲醛，又称糠醛，是呋喃最重要的衍生物。糠醛是无色液体，熔点$-38.7℃$，沸点$161.7℃$，相对密度1.1594。在空气中容易变黑。在水中的溶解度为$9.1g(13℃)$，溶于乙醇、乙醚等有机溶剂。

工业上制取糠醛是将农副产品如花生壳、高粱秆等粉碎后，加10%硫酸，并通入水蒸气加热，使原料中所含的聚戊糖水解为戊糖，后者脱水即得糠醛。

糠醛兼有芳香醛和呋喃环的双重化学性质，侧链上的醛基能发生氧化还原反应，亦能发生歧化反应。

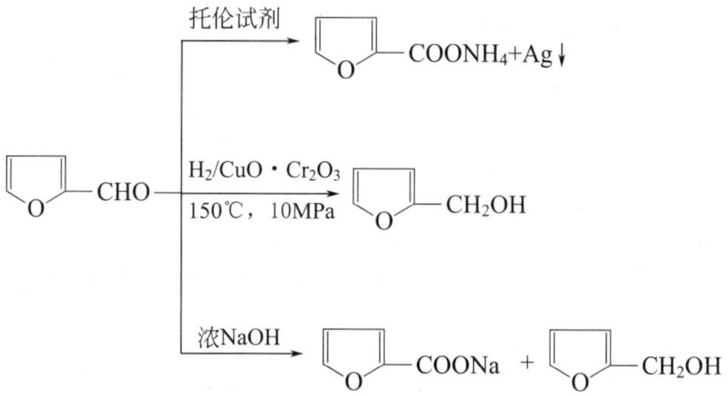

知识应用

糠醛是一种重要的工业试剂，也是常用的有机合成原料。气态糠醛经触媒氧化可制备失水苹果酸；糠醛也可在催化剂的作用下，与水蒸气反应制备呋喃。糠醛还可与一些物质发生缩合反应：与酚类化合物缩合生成热塑性树脂；与尿素、三聚氰胺缩合制造塑料；与丙酮缩合制取糠酮树脂。

思考与练习

7-3 完成下列化学反应式

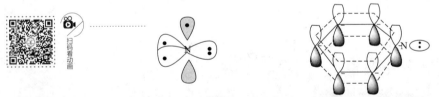

（1） 略
（2）
（3）

3. 六元杂环化合物的结构及基本性质

六元杂环，尤其是含氮的六元杂环化合物，是杂环类化合物的重要组成部分，其衍生物广泛存在于自然界中，是从天然原料中待提取的有效成分之一，其中最具代表性的是吡啶。

吡啶的构造式为 ![pyridine] ，可以看做苯分子中的一个（CH）被 N 取代的化合物，故又称氮苯。近代物理方法测得，吡啶是一个平面六元环，分子中碳、氮原子都是 sp^2 杂化。吡啶环上的 5 个碳原子和 1 个氮原子间的 sp^2 杂化轨道以"头碰头"的方式相互重叠，形成 σ 键。另外，环上每个原子还有 1 个未参与杂化的 p 电子，其轨道与环平面垂直，侧面相互重叠形成闭合共轭体系，即形成闭合共轭大 π 键。如图 7-3 所示。

图 7-3 氮原子的杂化轨道、吡啶分子的轨道示意图

吡啶为无色、有特殊恶臭的液体，沸点 115.5℃，相对密度 0.982，可与水、乙醇、乙醚、苯等溶剂以任意比混溶，吡啶能溶解大部分极性或非极性有机化合物，甚至能溶解很多无机盐，是一种应用广泛、性能优良的溶剂。吡啶的良好溶解性是区别于其他天然有机化合物，能用于提取吡啶的一项重要依据。由于吡啶在水和有机溶剂中都有良好的溶解性，因此还具有一些无机碱无法达到的催化作用。在自然界中吡啶及其同系物主要存在于骨焦油、煤焦油、煤气、页岩油、石油中。工业上从煤焦油部分提取吡啶和甲基吡啶，但随着吡啶需求的增加，越来越多的吡啶来源于工业合成。

小故事

吡啶是苏格兰化学家托马斯·安德森于 1849 年在骨焦油中发现，安德森在两年后通过分馏得到纯品，由于吡啶具有易燃的特性而对其命名为 pyridine（词源希腊文 pyr 为火）。

（1）吡啶的碱性

吡啶分子中氮原子上有一对未共用电子对没有参加共轭，可接受质子而显碱性。吡啶的碱性较弱，比氨和脂肪胺的碱性都弱，但比芳胺（如苯胺，$pK_a = 4.6$）稍强。

由于吡啶的弱碱性，可以与强酸形成吡啶盐，得到的盐类碱化又可重新得到吡啶。利用这一特性，可以分离、鉴定及提纯吡啶。

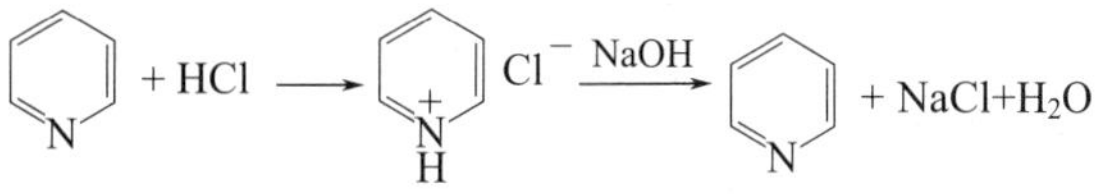

吡啶盐酸盐

吡啶还能与三氧化硫反应，生成吡啶三氧化硫。

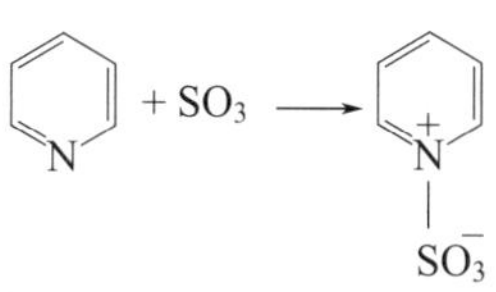

吡啶三氧化硫是一个重要的非质子型的磺化试剂，适用于对于强酸敏感的化合物如呋喃、吡咯等的磺化。

（2）亲电取代反应

吡啶环上的氮原子的电负性较大，使 π 电子云向氮原子偏移，导致氮原子周围电子云密度高，而吡啶环的其他部分电子云密度降低，尤其是邻、对位降低显著，故吡啶的亲电取代反应活性比苯差，和硝基苯相似，不发生傅-克酰基化和烷基化反应。吡啶可发生卤化、硝化和磺化反应，由于 β-位电子云密度相对较大，所以亲电取代反应主要发生在 β-位（3 位）。

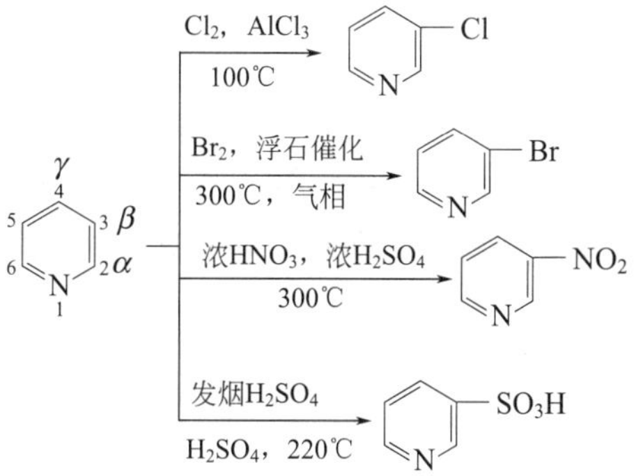

（3）亲核取代反应

由于氮原子的吸电子作用，吡啶环的电子云密度较低，易于进行亲核取代反应。吡啶的亲核取代反应主要发生在 C2 位上。

例如，吡啶与氨基钠的反应。以 N,N-二甲基苯胺为溶剂，110℃回流条件下，吡啶环上 C2 位氢被亲核性极强的氨基取代，同时释放出氢气。该反应称为齐齐巴宾（Chichibabin A E）反应。

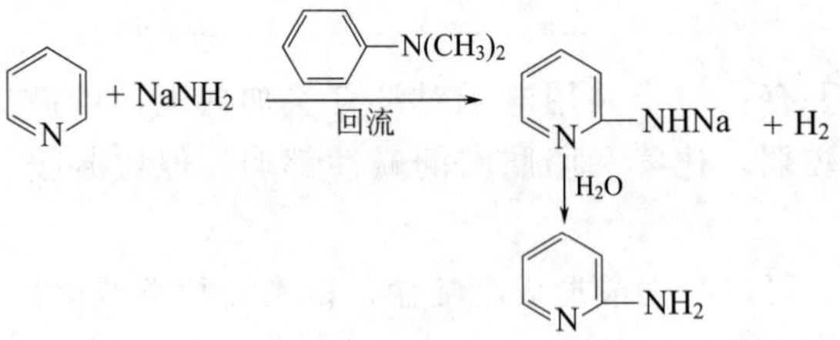

（4）氧化还原反应

由于吡啶环电子云密度低，一般情况不易被氧化，当环上有侧链时，侧链易被氧化为羧基，与苯环侧链的氧化反应类似，需含 α-氢的侧链才能被氧化。

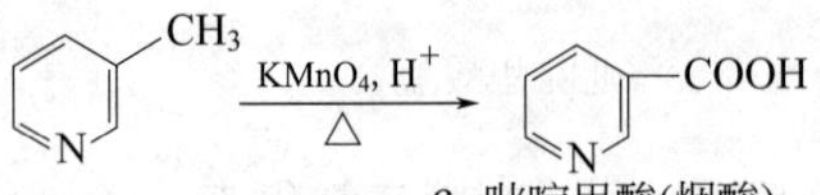

β-吡啶甲酸(烟酸)

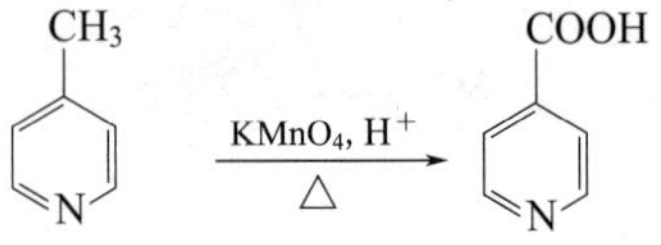

γ-吡啶甲酸(异烟酸)

吡啶环对还原剂比苯环活泼。用催化加氢和钠的乙醇溶液等试剂都可以还原吡啶环。

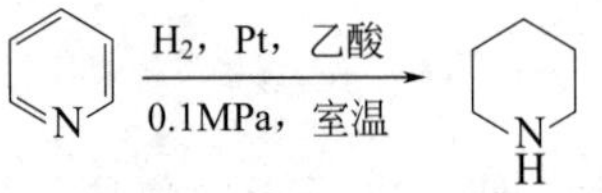

哌啶

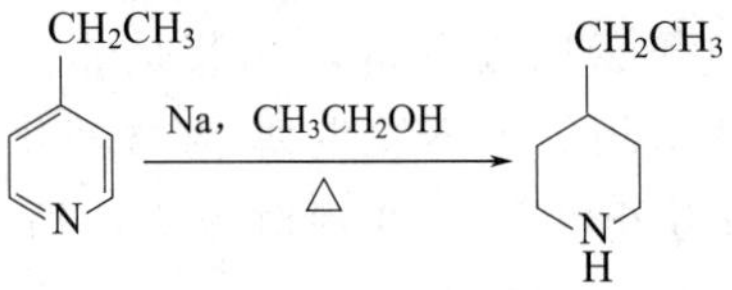

小知识

吡啶衍生物在自然界中广泛存在，如维生素 B_3、维生素 B_6 的分子结构中就存在吡啶环。药物中也大量存在吡啶的衍生物，如抗肺结核药物异烟肼、柳氮磺吡啶等磺胺类药物等。

思考与练习

7-4　请比较吡啶和苯胺的碱性强弱并说明原因。

7-5　请分析吡啶溴代为什么不使用路易斯酸（如 $FeBr_3$ 等）作为催化剂。

4. 油脂的概念及基本性质

（1）油脂的基本概念

油脂是生物体内储存和供应能量的主要物质，也是维生素等许多活性物质的溶剂。油脂

广泛存在于植物的种子、动物的组织和器官中，因此，从来源上油脂可分为植物油脂（简称
"植物油"）和动物油脂两大类。

从结构上分析，油脂是高级脂肪酸的甘油酯。油脂的结构可表示为：

$$
\begin{array}{l}
R^1COO-CH_2 \\
\quad\quad\quad| \\
R^2COO-CH \\
\quad\quad\quad| \\
R^3COO-CH_2
\end{array}
$$

如 R^1、R^2、R^3 相同，该油脂称为单甘油酯；如 R^1、R^2、R^3 不同，则称为混甘油酯。
天然油脂大都是混甘油酯。如 R^1、R^2、R^3 结构中含不饱和键，称为不饱和脂肪酸甘油酯；
反之则称为饱和脂肪酸甘油酯。

天然油脂的提取中应用最多的是植物油的提取。植物油主要含不饱和脂肪酸结构，在室
温下呈液态。不饱和脂肪酸是一类人体必需的脂肪酸，具有调节血脂、清理血栓、调节人体
免疫力等作用。植物油大多来源于植物的种子，是关系国计民生的重要农产品。传统的植物
油提取方法主要有压榨法和浸出法。压榨法是借助机械外力的作用，将油脂从油料中挤压出
来的方法，是目前国内植物油提取的主要方法。浸出法是利用适当的有机溶剂将油脂萃取出
来的一种方法。

（2）油脂的基本性质

油脂不溶于水，易溶于乙醚、苯等有机溶剂，比水轻。其化学性质表
现如下。

① 水解反应

在酸性、碱性或解脂酶条件下，油脂水解生成相应的酸和甘油。例如：

$$
\begin{array}{l}
C_{17}H_{35}COO-CH_2 \\
\quad\quad\quad\quad\quad| \\
C_{17}H_{35}COO-CH \quad +3H_2O \xrightarrow{H^+} 3C_{17}H_{35}COOH+ \\
\quad\quad\quad\quad\quad| \\
C_{17}H_{35}COO-CH_2
\end{array}
\quad
\begin{array}{l}
CH_2-OH \\
\quad\quad| \\
CH-OH \\
\quad\quad| \\
CH_2-OH
\end{array}
$$

油脂在碱性条件下的水解反应称为"皂化反应"。例如：

$$
\begin{array}{l}
C_{17}H_{35}COO-CH_2 \\
\quad\quad\quad\quad\quad| \\
C_{17}H_{35}COO-CH \quad +3NaOH \longrightarrow 3C_{17}H_{35}COONa+ \\
\quad\quad\quad\quad\quad| \\
C_{17}H_{35}COO-CH_2
\end{array}
\quad
\begin{array}{l}
CH_2-OH \\
\quad\quad| \\
CH-OH \\
\quad\quad| \\
CH_2-OH
\end{array}
$$

这一反应是制肥皂流程中的重要步骤，因此而得名。反应所得产物脂肪酸钠是一种阴离
子表面活性剂，称为钠肥皂（普通肥皂），具有较好的去污、发泡、分散、乳化等作用，广
泛应用于洗涤剂、起泡剂、乳化剂等领域。在这一反应过程中使 1g 油脂完全皂化所需要的
KOH 的质量（mg）称为该油脂的"皂化值"。皂化值越大，说明油脂的平均分子量越小。

② 油脂的醇解

用醇置换油脂中的甘油，生成脂肪酸酯的反应称为油脂的醇解反应，是油脂的酯交换反
应的一种类型。工业上常用该反应来制备高纯度的高碳脂肪酸的甲酯或乙酯，进一步还原可
得高碳脂肪醇：

$$
\begin{array}{l}
R^1COO-CH_2 \\
\quad\quad\quad| \\
R^2COO-CH \quad +3CH_3OH \xrightarrow[\text{高温、高压}]{\text{催化剂}} \\
\quad\quad\quad| \\
R^3COO-CH_2
\end{array}
\quad
\begin{array}{l}
CH_2-OH \\
\quad\quad| \\
CH-OH \quad + \\
\quad\quad| \\
CH_2-OH
\end{array}
\quad
\begin{array}{l}
R^1COO-CH_3 \\
\\
R^2COO-CH_3 \\
\\
R^3COO-CH_3
\end{array}
$$

③ 油脂的加成

a. 油脂的加氢，亦称为油脂的硬化，指含有不饱和键的油脂催化加氢的过程，反应后生成饱和脂肪酸酯。人造脂肪就是通过这一方式将液态植物油转变而得。

$$
\begin{array}{l}
C_{17}H_{33}COO\!-\!CH_2 \\
C_{17}H_{33}COO\!-\!CH \quad +3H_2 \longrightarrow \\
C_{17}H_{33}COO\!-\!CH_2
\end{array}
\qquad
\begin{array}{l}
C_{17}H_{35}COO\!-\!CH_2 \\
C_{17}H_{35}COO\!-\!CH \\
C_{17}H_{35}COO\!-\!CH_2
\end{array}
$$

b. 油脂加卤素，是指含有不饱和酸的油脂与 X_2 发生的加成反应。通常将 100g 油脂所能吸收的碘的质量称为"碘值"。碘值越大，油脂的不饱和程度越大。

④ 油脂的酸败

久置的油脂颜色易加深并产生难闻的气味，这是因为油脂在空气中受光、热、氧气和微生物等的作用，油脂中的不饱和脂肪酸的双键被氧化，再经分解等作用，生成低级醛、酮和脂肪酸等具有臭味的物质，这一过程称为油脂的酸败。中和 1g 油脂中的游离脂肪酸所需要 KOH 的质量（mg）称为油脂的酸值，通过测定油脂的酸值可以衡量油脂的酸败程度，酸值越大，油脂的酸败程度越大，通常认为酸值大于 6.0 的油脂不宜食用。

🧲 小知识

油脂的主要生理功能是贮存和供应能量，是一种高热量物质。1g 油脂在体内完全氧化（生成 CO_2 和 H_2O）时，约放热 39.8kJ，同样条件下 1g 糖类或蛋白质约放热 16.7kJ，放热量只有油脂的一半不到。

👥 思考与练习

7-6　在测定油脂的皂化值和酸值时均需使用 KOH，请分析测定原理的差异。

5. 认识糖类化合物

糖类是一切生命体维持生命活动所需能量的主要来源。糖类是在自然界分布最广的有机化合物，几乎存在于所有的生物体中。有的是能源物质，如淀粉等；有的还具有特殊的生理作用，例如我国产担子菌中含具有抑制癌细胞作用的多糖。因此，对糖类化合物的研究具有重大的理论和实际意义。

糖类化合物的提取来源广泛。从甘蔗、甜菜中可提取蔗糖；从虾等甲壳中可提取甲壳素；从农产品的废弃部分，如玉米的穗轴、秸秆以及棉桃的外皮等能提取无热量的甜味剂木糖等。

糖主要由碳、氢和氧 3 种元素组成。由于最初发现的糖都符合 $C_m(H_2O)_n$ 的通式，故又称为碳水化合物。但后来研究发现有些结构和性质上应该属于糖类的化合物如鼠李糖（$C_6H_{12}O_5$），其分子组成并不符合上述通式；而有些化学式符合的化合物如乙酸（$C_2H_4O_2$），其结构和性质却完全不同于糖类。因此，用"碳水化合物"这个名称来代表糖类化合物是不确切的，但因沿用已久，至今仍在使用。

随着对糖类化合物研究的深入，现在认为糖是多羟基醛或多羟基酮，以及水解后能生成多羟基醛或多羟基酮的有机化合物。

根据糖类化合物能否水解，以及水解产物的数目可分为单糖、二糖和多糖三大类。

（1）单糖

单糖是不能水解成更小分子的糖。如葡萄糖、果糖、核糖等，单糖就是多羟基醛或多羟基酮。

根据构造，分子中含有醛基的单糖称为醛糖；含有酮基的单糖称为酮糖。根据分子中碳原子数目单糖又分为丙（三碳）糖、丁（四碳）糖、戊（五碳）糖、己（六碳）糖和庚（七碳）糖等。单糖中最重要的是葡萄糖和果糖，分别属于己醛糖和己酮糖。天然存在的葡萄糖和果糖均为 D 构型，其结构式分别为：

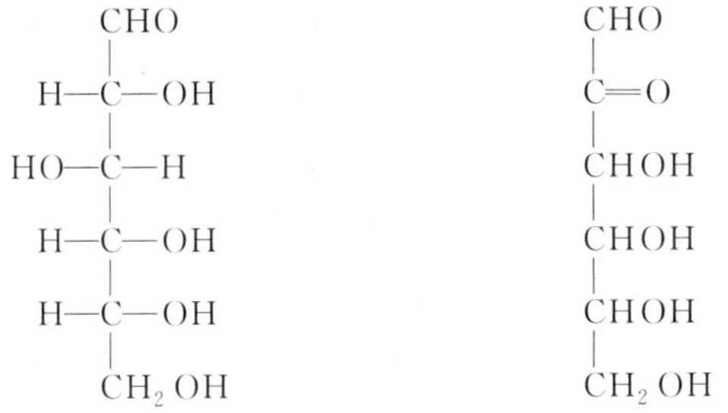

己醛糖（D-葡萄糖）　　己酮糖（D-果糖）

单糖都是无色晶体，具有不同程度的甜味，有吸湿性。极易溶于水，难溶于乙醇，不溶于乙醚，因此可用水作溶剂提取、提纯得到单糖。除二羟基丙酮外单糖都有旋光性，其溶液有变旋现象。单糖分子中有羟基，显示醇的一般性质，如成酯、成醚等。单糖分子中又有醛基，能与亲核试剂发生加成反应，也能发生氧化、还原反应。因为羟基和醛基在分子中相互影响，所以单糖又显示出一些特殊的性质，最典型的是成脎反应。

① 成脎反应

苯肼与单糖的羰基作用生成苯腙，在过量苯肼存在的条件下，α-羟基能继续与苯肼反应，生成糖的二苯腙，称为糖脎，这一过程称为成脎反应。脎是一种亮黄色的晶体，在单糖提取过程中可用于单糖的定性鉴定。例如，D-葡萄糖和苯肼反应生成 D-葡萄糖脎：

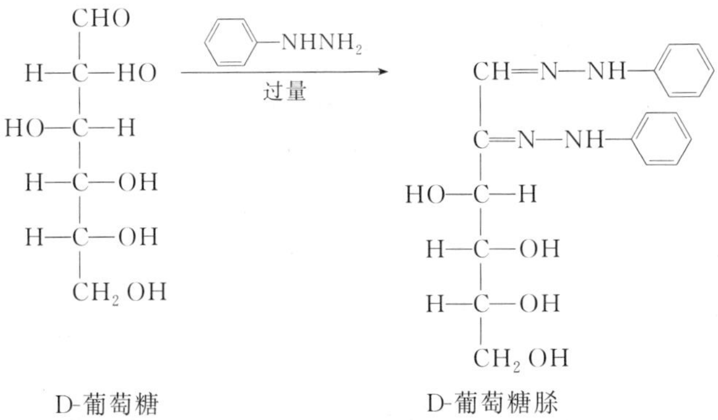

D-葡萄糖　　　　　　　　　　D-葡萄糖脎

② 氧化反应

醛糖和酮糖都可能被托伦试剂、斐林试剂等碱性弱氧化剂氧化。前者发生银镜反应，后者反应生成砖红色氧化亚铜沉淀。这种能被托伦试剂和斐林试剂氧化的糖称为还原糖，相反则称为非还原糖。

$$
\begin{array}{c}
CHO \\
| \\
(CHOH)_4 \\
| \\
CH_2OH
\end{array}
+2\,[Ag(NH_3)_2]\,OH \longrightarrow
\begin{array}{c}
COONH_4 \\
| \\
(CHOH)_4 \\
| \\
CH_2OH
\end{array}
+2Ag\downarrow+3NH_3+H_2O
$$

葡萄糖酸铵

$$
\begin{array}{c}
CHO \\
| \\
(CHOH)_4 \\
| \\
CH_2OH
\end{array}
+2Cu(OH)_2+NaOH \longrightarrow
\begin{array}{c}
COONa \\
| \\
(CHOH)_4 \\
| \\
CH_2OH
\end{array}
+Cu_2O\downarrow+3H_2O
$$

利用这两个反应可以鉴别还原糖。此外，醛糖亦可被溴水氧化成糖酸，但酮糖不与溴水反应，可以利用这个反应来鉴别醛糖和酮糖。

$$
\begin{array}{c}
CHO \\
| \\
(CHOH)_4 \\
| \\
CH_2OH
\end{array}
\xrightarrow{\text{溴水}}
\begin{array}{c}
COOH \\
| \\
(CHOH)_4 \\
| \\
CH_2OH
\end{array}
$$

葡萄糖　　　　　　　葡萄糖酸

🌱 小故事

　　19世纪，德国化学家伯恩哈德·多伦发现银氨溶液与醛反应会形成"漂亮且闪亮的银镜"，这一反应就被称为银镜反应，银氨溶液也因此被称为托伦试剂。现在银镜反应已成为检验含醛基化合物的重要方法。

③ 还原反应

用催化氢化或硼氢化钠等还原剂，可将单糖中羰基还原成羟基，产物为多元醇，即糖醇。例如，硼氢化钠可将木糖还原成木糖醇。

$$
\begin{array}{c}
CHO \\
| \\
H-C-OH \\
| \\
HO-C-H \\
| \\
H-C-OH \\
| \\
CH_2OH
\end{array}
\xrightarrow{\text{NaBH}_4}
\begin{array}{c}
CH_2OH \\
| \\
H-C-OH \\
| \\
HO-C-H \\
| \\
H-C-OH \\
| \\
CH_2OH
\end{array}
$$

木糖　　　　　　　　木糖醇

反应产物木糖醇是一种用途广泛的甜味剂。

（2）二糖

二糖又称双糖，是由两分子单糖脱水生成的化合物。蔗糖是最常见的二糖，麦芽糖、乳糖等也是二糖，它们的化学式均为 $C_{12}H_{22}O_{11}$。一部分二糖不能成脎，没有还原性（和托伦试剂、斐林试剂不反应），称为非还原性二糖，如蔗糖。还有一部分二糖能生成脎，有还原性，称为还原性二糖，如麦芽糖、乳糖。

蔗糖是人类基本的食品添加剂之一，人类对蔗糖的认识和使用已有几千年历史。蔗糖是植物光合作用的主要产物，广泛分布于植物体内，尤其是甜菜、甘蔗和水果中蔗糖含量极高。日常生活中使用的白糖、红糖和冰糖都是蔗糖。

（3）多糖

多糖是水解后能产生 10 个以上单糖的糖类。它们是十个到几千个单糖形成的高聚物，属于天然高分子化合物，如淀粉、纤维素。多糖不是一种单一的化学物质，而是聚合程度不同的多种高分子化合物的混合物。多糖大多为无定形粉末，一般不溶于水，个别能在水中形成胶体溶液，无甜味，无还原性，完全水解得到单糖。

 小知识

> 　　纤维素是地球上最古老的天然高分子化合物，在蔬菜和粗加工的谷类中含有丰富的纤维素。由于人体内没有 β-糖苷酶，无法消化吸收纤维素，但纤维素能促进肠道蠕动，加快粪便排出。纤维素能吸收大量水分，增加粪便量、缩短排空时间，因此具有治疗便秘、预防肠癌的作用。此外，纤维素对糖尿病、冠心病、高血压等疾病都有一定的预防和治疗作用。

思考与练习

> 　　7-7　请判断下列说法的正误
> （1）单糖为有甜味的固体，难溶于水。（　　　）
> （2）单糖和二糖都能发生成脎反应。（　　　）
> （3）不是所有的糖都符合 $C_m(H_2O)_n$ 的通式。（　　　）
> （4）托伦试剂、斐林试剂可用于鉴别还原糖。（　　　）

6.认识氨基酸

氨基酸是生物有机体的重要组成部分，是组成蛋白质的基本单元，在生物代谢过程中发挥重要作用。和糖类一样，几乎所有的生物体中都含有氨基酸。各种动、植物资源，以及各类发酵液是氨基酸提取的主要来源。

（1）氨基酸的结构、分类和命名

氨基酸是分子中同时含有氨基和羧基的一类有机化合物。天然存在的不同氨基酸只是烃基（R）不同，其通式可用下式表示：

$$\begin{array}{c} H \\ | \\ R-C-COOH \\ | \\ NH_2 \end{array}$$

氨基酸的系统命名法是以羧酸为母体，氨基为取代基。但是通常根据氨基酸的来源和性质，以俗名表示。例如：

$$H_2N-CH_2-COOH \qquad\qquad \underset{\underset{NH_2}{|}}{HOOC-CH-CH_2-CH_2-COOH}$$

α-氨基乙酸（甘氨酸）　　　　　　　　　　α-氨基戊二酸（谷氨酸）

　　天然存在的氨基酸以及蛋白质完全水解生成的氨基酸在结构上都有一个共同特点，即在 α-碳原子上有一个氨基，这类氨基酸称为 α-氨基酸。蛋白质中存在的一些 α-氨基酸见表 7-3，从结构通式可以看出 α-氨基酸中的 α-C 都是手性碳原子，且天然氨基酸大多为 L 构型。除此之外，根据氨基和羧基的相对位置不同，还有 β-氨基酸、γ-氨基酸或 δ-氨基酸。例如：

$$\underset{\underset{NH_2}{|}}{CH_3CH_2CHCOOH}$$

$$\underset{\underset{NH_2}{|}}{CH_3CHCH_2COOH}$$

$$\underset{\underset{NH_2}{|}}{CH_2CH_2CH_2COOH}$$

α-氨基丁酸 　　　　　　　　β-氨基丁酸 　　　　　　　　γ-氨基丁酸

表 7-3　蛋白质中常见 α-氨基酸的名称

中文名称		英文名称	缩写	构造式（简写式）
系统命名	俗名			
氨基乙酸	甘氨酸	glycine	Gly	$CH_2(NH_2)COOH$
α-氨基丙酸	丙氨酸	alanine	Ala	$CH_3CH(NH_2)COOH$
α-氨基-β-羟基丙酸	丝氨酸	serine	Ser	$CH_2(OH)CH(NH_2)COOH$
α-氨基-β-巯基丙酸	半胱氨酸	cysteine	Cys	$CH_2(SH)CH(NH_2)COOH$
α-氨基-β-羟基丁酸	苏氨酸	threonine	Thr	$CH_3CH(OH)CH(NH_2)COOH$
β-甲基-α-氨基丁酸	缬氨酸	valine	Val	$(CH_3)_2CHCH(NH_2)COOH$
γ-甲基-α-氨基戊酸	亮氨酸	leucine	Leu	$(CH_3)_2CHCH_2CH(NH_2)COOH$
β-甲基-α-氨基戊酸	异亮氨酸	isoleucine	Ile	$CH_3CH_2CH(CH_3)CH(NH_2)COOH$
α-氨基-β-苯基丙酸	苯丙氨酸	phenylalanine	Phe	⬡—$CH_2CH(NH_2)COOH$
β-对羟苯基-α-氨基丙酸	酪氨酸	tyrosine	Tyr	HO—⬡—$CH_2CH(NH_2)COOH$
α-吡咯烷甲酸	脯氨酸	proline	Pro	⬠—$COOH$
α-氨基丁二酸	天门冬氨酸	aspartic acid	Asp	$HOOCCH_2CH(NH_2)COOH$
α-氨基戊二酸	谷氨酸	glutamic acid	Glu	$HOOCCH_2CH_2CH(NH_2)COOH$
α,ω-二氨基己酸	赖氨酸	lysine	Lys	$H_2N(CH_2)_4CH(NH_2)COOH$

　　根据氨基酸分子中氨基、羧基数目的不同可将氨基酸分为不同的种类。如分子中氨基和羧基的数目相等的氨基酸称为中性氨基酸，例如缬氨酸；氨基数目小于羧基的，称为酸性氨基酸，例如天门冬氨酸；氨基数目大于羧基的，则称为碱性氨基酸，例如，赖氨酸。

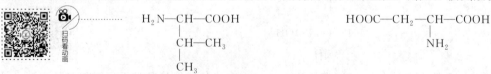

$$\underset{\underset{\underset{CH_3}{|}}{CH-CH_3}}{H_2N-CH-COOH}$$
　　　　　　　　　　　　　　　$$\underset{\underset{NH_2}{|}}{HOOC-CH_2-CH-COOH}$$

β-甲基-α-氨基丁酸（缬氨酸） 　　　　　　　　　α-氨基丁二酸（天门冬氨酸）

$$\underset{\underset{NH_2}{|}}{H_2N-CH_2-CH_2-CH_2-CH_2-CH-COOH}$$

α,ω-二氨基己酸（赖氨酸）

小知识

> 谷氨酸，即 α-氨基戊二酸，化学式为：$C_5H_9NO_4$，是一种酸性氨基酸，在蛋白质代谢过程中发挥重要作用。其钠盐谷氨酸钠俗称味精，是重要的鲜味剂。

（2）氨基酸的性质

氨基酸均为无色晶体，大多易溶于水、强酸和强碱，难溶于有机溶剂，熔点约在230℃以上，熔融时分解并放出 CO_2。

由于氨基酸分子中存在—NH_2 和—COOH，因此分别具有—NH_2 和—COOH 的性质，如氨基的酰化、烷基化等，羧基的成酯、成酰氯等。这些性质在模块四、模块五已阐述，本模块主要讨论氨基酸的特性及其在提取中的应用。

① 氨基酸的两性

氨基酸分子中的氨基是碱性的，羧基是酸性的，但它们的解离常数比—COOH 和—NH_2 都低很多。例如，甘氨酸的 $K_a = 1.6 \times 10^{-10}$，$K_b = 2.5 \times 10^{-12}$，而大多数羧酸的 K_a 约为 10^{-5}，大多数脂肪胺的 K_b 约为 10^{-4}。这是因为氨基酸不是以游离的氨基或羧基存在，而是两性电离，形成内盐。

$$
\underset{NH_2}{R-CH}-\overset{O}{\overset{\|}{C}}-OH \rightleftharpoons \underset{{}^+NH_3}{R-CH}-\overset{O}{\overset{\|}{C}}-O^-
$$

氨基酸与强酸、强碱都能反应成盐。

$$
\underset{NH_2}{R-CH}-\overset{O}{\overset{\|}{C}}-OH \quad
\begin{array}{l}
\xrightarrow{NaOH} \underset{NH_2}{R-CH}-COONa \\[2ex]
\xrightarrow{HCl} \underset{NH_3Cl}{R-CH}-\overset{O}{\overset{\|}{C}}-OH
\end{array}
$$

② 氨基酸的等电点

氨基酸在水溶液中可发生不同程度的离子化，外加酸或碱可以抑制氨基酸分子中的羧基或氨基的离子化程度。通过控制酸或碱的加入量，可使氨基酸分子中羧基和氨基的离子化程度相等，即氨基酸分子呈电中性，在外界电场的作用下，氨基酸不向电场的任何一极移动，这一条件下的氨基酸处于等电状态。这时氨基酸所在溶液的 pH 值就称为该氨基酸的等电点，通常用 pI 表示。不同组成的氨基酸等电点不同。

中性氨基酸的等电点为：5.6～6.8。

酸性氨基酸的等电点为：2.8～3.2。

碱性氨基酸的等电点为：7.6～10.8。

在等电点时，氨基酸具有一些特性：

a.溶解度最小。利用等电点，可分离提取各种不同的氨基酸。

b.等电点是每一种氨基酸的特定常数，氨基酸不同，等电点不同。所以可以通过测定氨基酸的等电点来鉴别氨基酸。

③ 氨基酸与茚三酮的反应

α-氨基酸在碱性溶液中与茚三酮作用，生成显蓝色或紫红色的有色物质，这是鉴别 α-氨基酸的有效方法。

水合茚三酮

(紫色)

7. 认识蛋白质

蛋白质是构成机体组织、器官的重要成分，人体中蛋白质的含量仅次于水，约占体重的 1/5。蛋白质是生命的物质基础之一，各种形式的生命活动都和蛋白质有密切关系。例如，促进消化的酶蛋白；运输脂类的载脂蛋白；遗传的物质基础核蛋白；具有免疫作用的抗体也是蛋白，记忆的本质也与蛋白质相关，等等。

（1）蛋白质的存在与分类

人体的肌肉及心、肝、肾等器官都含有大量的蛋白质，骨骼和牙齿中含有大量的胶原蛋白，指甲中含有角蛋白，细胞中从细胞膜到细胞内的各种结构中均含有蛋白质。

蛋白质是由相邻 α-氨基酸分子间脱水、以酰胺键（亦称肽键）连接的长链分子。这种长链称为肽链，每一条肽链含有二十至数百个氨基酸残基（氨基酸脱水后保留部分），各种氨基酸残基按一定顺序排列，组成特定的蛋白质。氨基酸残基的排列顺序称为相应蛋白质的氨基酸序列。

蛋白质的种类繁多，结构复杂，根据蛋白质分子的不同特征有不同的分类。根据蛋白质的形状可分为球状蛋白质和纤维状蛋白质。球状蛋白质的分子外形接近球形或椭球形，如蛋清蛋白、酪蛋白等；纤维状蛋白质的分子外形类似纤维或细棒，又可细分为可溶性纤维状蛋白质和不溶性纤维状蛋白质，如丝蛋白、角蛋白等。

根据蛋白质的组成可分为单纯蛋白质和结合蛋白质：单纯蛋白质分子中只含有氨基酸残基，这类蛋白质水解的最终产物是 α-氨基酸；结合蛋白质是由单纯蛋白质和非蛋白质部分结合而成的，非蛋白质部分称为辅基。例如：单纯蛋白质与脂类结合的称为脂蛋白，与糖类结合的称糖蛋白，等等。

（2）蛋白质的基本性质

不论何种蛋白质，分子中均含有氨基和羧基。这些基团都能在溶液中碱性游离或酸性游离，和氨基酸类似，凭借游离的氨基和羧基而具有两性特征，在等电点易生成沉淀。不同的蛋白质等电点不同，这一特性是分离提取蛋白质的依据之一。另外，蛋白质还具有一些特殊的性质。

① 蛋白质的变性

在紫外线照射、加热煮沸或者用强酸、强碱、重金属盐或有机溶剂处理蛋白质时，可使其内部结构和性质发生改变，这种现象称为蛋白质的变性，蛋白质变性后最显著的表现是溶解度降低，另外也会伴随黏度增高、对水解酶抵抗力下降以及丧失生物活性等。食物蛋白经烹调加工有助于消化等，就是利用了这一特性。

② 蛋白质的沉淀

蛋白质的水溶液通常不是十分稳定，在一定外在条件的影响下，容易析出沉淀。

a. 盐析沉淀。在蛋白质水溶液中加入某些中性盐，如硫酸铵、硫酸钠等，达到一定浓度时，使蛋白质颗粒凝聚、沉淀，这一作用称盐析。这时沉淀出来的蛋白质一般不变性。

b. 化学试剂沉淀。一些重金属盐类，如 Ag^+、Cu^{2+} 等能与蛋白质结合生成沉淀，这时的蛋白质发生了变性。临床上给重金属盐中毒患者服用大量生鸡蛋清和牛奶解毒，正是利用这一特性来服用外源蛋白质，使之与重金属盐在消化道中生成沉淀物，从而阻止有毒重金属离子被人体吸收。

（3）蛋白质的显色反应

蛋白质与硫酸铜的强碱溶液也反应呈紫色。蛋白质中有苯环的氨基酸遇浓硝酸显深黄色，遇碱后则转为橙黄色，皮肤遇浓硝酸变黄就是这个原因。和 α-氨基酸一样，蛋白质也能与茚三酮溶液共热反应，呈蓝色。以上这些蛋白质的显色反应适用于蛋白质的鉴别。

思考与练习

7-8 α-氨基酸在碱性溶液中与茚三酮作用，呈_____或_____；蛋白质与茚三酮共热，显_____。这两个反应现象明显，可用于 α-氨基酸和蛋白质的鉴别。

7-9 氨基酸呈_____（填"酸性""中性""碱性"），大多易溶于_____、_____和_____，难溶于有机溶剂。

供选实例

（1）设计以甘蔗渣为原料，提取制备糠醛的方案。
（2）论述以花生为原料，提取花生油的常用方法。

拓展知识

绿色荧光蛋白

绿色荧光蛋白简称 GFP，这种蛋白质最早是由下村修等人于 1962 年在一种学名 Aequorea victoria 的水母中发现。其基因所产生的蛋白质，在蓝色波长范围的光线激发下，会发出绿色荧光。

对生物活体样本的实时观察，在绿色荧光蛋白被发现和应用以前，是根本不可想象的。

绿色荧光蛋白分子的形状呈圆柱形，就像一个桶，负责发光的基团位于桶中央，因此，绿色荧光蛋白可形象地比喻成一个装有色素的"油漆桶"。装在"桶"中的发光基团对蓝色光照特别敏感。当它受到蓝光照射时，会吸收蓝光的部分能量，然后发射出绿色的荧光。利用这一性质，生物学家们可以用绿色荧光蛋白来标记几乎任何生物分子或细胞，然后在蓝光照射下进行显微镜观察。原本黑暗或透明的视场马上变得星光点点——那是被标记了的活动目标。

美籍华人钱永健系统地研究了绿色荧光蛋白的工作原理，并对它进行了大刀阔斧的化学改造，不但大大增强了它的发光效率，还发展出了红色、蓝色、黄色荧光蛋白，使得荧光蛋白真正成了一个琳琅满目的工具箱，供生物学家们选用。目前生物实验室普遍使用的荧光蛋白，大部分是钱永健改造的变种。

有了这些荧光蛋白，科学家们就好像在细胞内装上了"摄像头"，得以实时监测各种病毒"为非作歹"的过程。通过沙尔菲的基因克隆思路，科学家们还培育出了荧光老鼠和荧光猪，由于沙尔菲与钱永健的突出贡献，他们与绿色荧光蛋白的发现者下村修共享了 2008 年的诺贝尔化学奖。

瑞典皇家科学院将绿色荧光蛋白的发现和改造与显微镜的发明相提并论，成为当代生物科学研究中最重要的工具之一。

自测题

1.完成下列化学反应式。

(1) 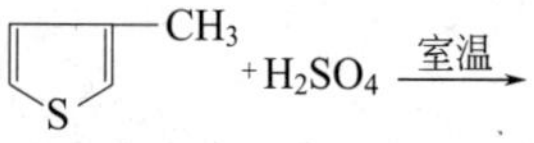 +H₂SO₄ $\xrightarrow{室温}$

(2)  Cl—[呋喃]—CHO $\xrightarrow{浓OH^-}$

(3) 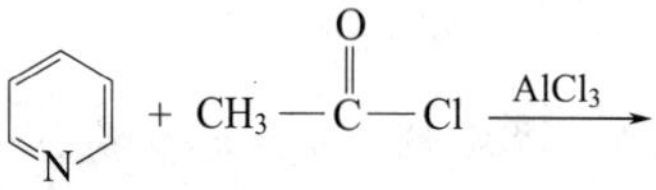 [吡啶] + CH₃—C(=O)—Cl $\xrightarrow{AlCl_3}$

(4) [呋喃] +H₂SO₄ $\xrightarrow{25℃}$

(5) [4-甲基吡啶] $\xrightarrow[\triangle]{Na，CH_3CH_2OH}$

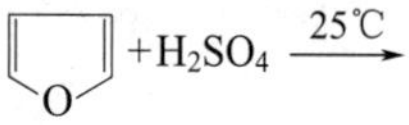

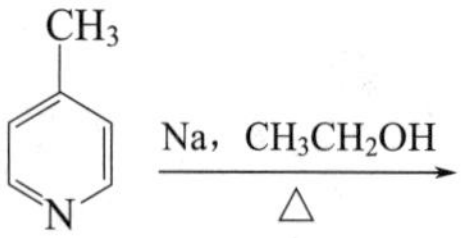

(6) [噻吩] + CH₃—C(=O)—O—C(=O)—CH₃ $\xrightarrow{AlCl_3}$

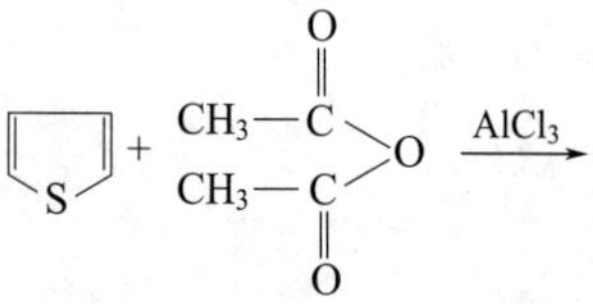

2.按碱性由强到弱将下列化合物排序。

(1) 苯胺　(2) 氨　(3) 吡啶　(4) 乙胺

3.请鉴别下列各组化合物。

(1) 吡啶、苯、呋喃、苯酚

(2) 苯、噻吩、苯甲醛、糠醛

(3) 葡萄糖、淀粉、蔗糖、丙氨酸

4.请从亮氨酸和赖氨酸的混合物中分离提取亮氨酸。

参 考 文 献

[1] 王如定.有机物的颜色与分子结构的关系.舟山师专学报（自然科学版），1997，3：40-44.

[2] 黄秀山.有机物颜色与分子结构.菏泽师专学报，1999（5）：17-22.

[3] 曾昭琼.有机化学（上）.5版.北京：高等教育出版社，2011.

[4] 邢其毅，裴伟伟，等.基础有机化学.4版.北京：高等教育出版社，2016.

[5] 王积涛，王永梅，等.有机化学.3版.天津：南开大学出版社，2009.

[6] 伍越寰.有机化学.2版.合肥：中国科技大学出版社，2017.

[7] 李斯.化验室常用分析测试技术标准应用手册.北京：万方数据电子出版社，2002.

[8] 许琳.分子间作用力对有机物物理性质的影响.燕北师范学报，1998（10）：22-24.

[9] 潘华英.有机化学.2版.北京：化学工业出版社，2014.

[10] 曹静思，韦美菊，陈飞武.极性分子键角与键偶极矩的关系.大学物理.2016（32）：1639-1648.

[11] 袁红兰，金万祥.有机化学.3版.北京：化学工业出版社，2018.

[12] 张法庆.有机化学.3版.北京：化学工业出版社，2019.

[13] 裴伟伟.有机化学核心教程.北京：科学出版社，2008.

[14] 李良学.有机化学.北京：化学工业出版社，2010.

[15] 刘军，张文雯，申玉双.有机化学.3版.北京：化学工业出版社，2015.

[16] 王建梅，刘晓薇.化学实验基础.3版.北京：化学工业出版社，2015.

[17] 陶满庆，李峰.化学实验基本技术.3版.郑州：河南科学技术出版社，2016.

[18] 徐惠娟，龙德清.有机化学实验技术.2版.北京：化学工业出版社，2019.

[19] 徐雅琴，等.有机化学实验.北京：化学工业出版社，2010.

[20] 朱靖，等.有机化学实验.北京：化学工业出版社，2011.

[21] 周霞.α-苯乙胺的合成及拆分.广东化工，2008，35（7）.

[22] 苏贤斌，张奇涵.用α-苯乙胺拆分制备高光学活性线性二级醇.有机化学，2002，22（7）.

[23] 姚映钦.有机化学实验.3版.武汉：武汉理工大学出版社，2011.

[24] 池秀梅，金玲.有机化学.2版.北京：石油工业出版社，2018.

[25] 王积涛，胡青眉.有机化学.3版.天津：南开大学出版社，2006.

[26] 周霞.α-苯乙胺的合成及拆分.广东化工，2008，35（7）.

[27] 苏贤斌，张奇涵.用α-苯乙胺拆分制备高光学活性线性二级醇.有机化学，2002，22（7）.

[28] 复旦大学，兰州大学化学系有机化学教研室.有机化学实验.2版.北京：高等教育出版社，1994.

[29] 汪茂田，等.天然有机化合物提取分离与结构鉴定.北京：化学工业出版社，2004.

[30] 张金龙，王静康，尹秋响.氨基酸的提取与精制.化学工业与工程，2004（3）：101-106.